江苏高校品牌专业建设工程资助项目

应用型本科 电气工程及自动化专业“十二五”规划教材

供电与电力牵引

钱爱玲 钱显毅 编 著

黄红云 邹一琴 副主编

西安电子科技大学出版社

内容简介

本书主要介绍供电与电力牵引两个方面的内容，具体包括：高效电能传输线路、高效节能用电、轨道交通供电系统、电力牵引与电气计算、电力监控系统等。本书符合教育部关于600所本科院校转型的精神和“卓越工程师教育培养计划”及转型课程改革的要求，可作为城市轨道交通、电力、电子、机械、交通、电气、自动化等专业的教材使用。

图书在版编目(CIP)数据

供电与电力牵引/钱爱玲，钱显毅编著. —西安：西安电子科技大学出版社，2016.6
应用型本科 电气工程及自动化专业“十二五”规划教材
ISBN 978-7-5606-3886-7

Ⅰ. ① 供…　Ⅱ. ① 钱…　② 钱…　Ⅲ. ① 牵引供电系统—高等学校—教材
Ⅳ. ① TM922.3

中国版本图书馆 CIP 数据核字(2016)第 079986 号

策划编辑　马晓娟
责任编辑　王斌　马晓娟
出版发行　西安电子科技大学出版社(西安市太白南路2号)
电　　话　(029)88242885　88201467　　邮　　编　710071
网　　址　www.xduph.com　　电子邮箱　xdupfxb001@163.com
经　　销　新华书店
印刷单位　陕西华沐印刷科技有限责任公司
版　　次　2016年6月第1版　2016年6月第1次印刷
开　　本　787毫米×1092毫米　1/16　印张　18.5
字　　数　437千字
印　　数　1～3000册
定　　价　33.00元
ISBN 978-7-5606-3886-7/TM
XDUP　4178001-1

前　言

安全可靠的电力供应是保障人民生活和各项事业的基础，同时电力消费水平也是各国社会经济发展的重要标志。2012 年，中国大陆发电量 49 377.7 亿千瓦时，占全球的 21.94%，中国台湾地区发电量 2503.07 亿千瓦时，仅 2012 年 1 月 4 日一天 24 小时，我国电力在传输过程中的损耗就为 11.5 亿千瓦时。目前我国发电量总量已超过美国，居世界第一，接近于美、日两国发电量之和，但这背后是能源的巨大消耗和环境的严重污染。另外，城市汽车尾气排放，也是城市环境污染的原因之一。因此，研究和采用高效环保发电、节能电力传输、提高电能利用效率、发展轨道交通是减少环境污染，提高人民生活质量的重要措施，其具有重要的长远和现实意义。许多相关专业技术人员和高校的科研、教学都急需这方面的技术资料。

本书的主要内容包括供电与电力牵引两个方面，具体包括：高效电能传输线路、高效节能用电、轨道交通供电系统、电力牵引与电气计算、电力监控系统等。为了扩大本书的适用范围，并考虑到相关工程技术人员解决工程问题参考和培养工程应用型人才的需求，本书参考了《教育部关于实施卓越工程师教育培养计划的若干意见》，符合教育部关于 600 所本科院校转型的精神的要求。

本书具有以下特点：

(1) 特色鲜明，实用性强，方便读者自学。相关章节中安排有高效环保发电、节能电力传输、提高电能利用效率、发展轨道交通的阅读材料，方便相关工程技术人员自学，将每个知识点和关键技术与相关学科紧密结合，适用于不同基础的相关工程技术人员解决实际工程参考和学生学习之用。

(2) 重点突出，简明清晰，结论表述准确。对高效环保发电、节能电力传输、提高电能利用效率、发展轨道交通涉及的公式不要求有严格的证明过程，但对其原理表述清晰，结论准确，不但有利于帮助学生建立数理模型，还有利于专业技术人员进行理论分析和科研参考。

(3) 难易适中，适用面广，适于因材施教，可用于不同的工程技术人员研究、学习和参考，也可用于普通高校教学，尤其适用于卓越工程师人才的培养。

(4) 系统性强，强化应用，注重动手能力的培养，特别适用于培养创新型、实用型人才。

本书由台州学院钱爱玲和常州工学院钱显毅、黄红云等老师在长期从事供电与轨道交通相关教学与研究的基础上编写而成。其中，第 1～5 章由黄红云编写，第 7、8 章由钱爱玲编写，第 6、9、10、11、12 章由钱显毅编写。本书在编写过程中，得到了邹一琴老师的指导，在此表示感谢。

由于作者水平有限，书中难免有疏漏之处，敬请广大读者批评指正。如需要交流和使用科研教学资料或 PPT，请通过 QQ(1601907371)与作者联系。

作　者
于台州学院
2016 年 1 月

目　　录

第 1 章　供电与电力负荷计算

内容摘要：本章首先介绍了电力系统及对电力系统的要求，其次介绍了负荷与电能损耗方面的计算，最后介绍了高压输电。

理论教学要求：教学的重点、难点是负荷与电能损耗，要求学生理解概念，掌握计算方法。

工程教学要求：能运用所学知识，解决实际工程安装方面的问题。

电力系统是指由发电、变电、输电、配电和用电等环节组成的电能生产与消费系统。它的功能是将自然界的一次能源通过发电动力装置(主要包括锅炉、汽轮机、发电机及电厂辅助生产系统等)转化成电能，再经输、变电系统及配电系统将电能供应到各负荷中心，通过各种设备再转换成动力、热、光等不同形式的能量，为各地区经济和人民生活服务。由于电源点与负荷中心多数处于不同地区，电能也无法大量储存，故其生产、输送、分配和消费都在同一时间内完成，并在同一地域内有机地组成一个整体。电能生产必须时刻保持与消费平衡，电能的集中开发与分散使用，以及电能的连续供应与负荷的随机变化，都制约了电力系统的结构和运行。据此，电力系统要实现其功能，就需在各个环节和不同层次设置相应的信息与控制系统，以便对电能的生产和输送过程进行测量、调节、控制、保护、通信和调度，确保用户获得安全、经济、优质的电能。

建立结构合理的大型电力系统不仅便于电能生产与消费的集中管理、统一调度和分配，减少总装机容量，节省动力设施投资，而且有利于各地区能源资源的合理开发利用，更大限度地满足各地区国民经济日益增长的用电需要。电力系统建设往往是国家及地区国民经济发展规划的重要组成部分。

电力系统的出现使高效、无污染、使用方便、易于调控的电能得到广泛应用，推动了社会生产各个领域的变化，开创了电力时代，推动了第二次技术革命。电力系统的规模和技术水准已成为一个国家经济发展水平的标志之一。

在电能应用的初期，由小容量发电机单独向灯塔、轮船、车间等的照明供电系统，可看成是简单的住户式供电系统。自白炽灯发明后，出现了中心电站式供电系统，如 1882 年托马斯·阿尔瓦·爱迪生在纽约主持建造的珍珠街电站。它装有 6 台直流发电机(总容量约为 670 千瓦)，以 110 伏电压供 1300 盏电灯来照明。19 世纪 90 年代，三相交流输电系统研制成功，并很快取代了直流输电，成为电力系统大发展的里程碑。

20 世纪以后，人们普遍认识到扩大电力系统的规模可以在能源开发、工业布局、负荷调整、系统安全与经济运行等方面带来显著的社会经济效益，于是，电力系统的规模迅速增长。世界上覆盖面积最大的电力系统是前苏联的统一电力系统。它东西横越 7000 千米，南北纵贯 3000 千米，覆盖了约 1000 万平方千米的土地。

我国的电力系统从 20 世纪 50 年代开始迅速发展。截至 2012 年年底，全国发电装机容量达到 114 491 万千瓦，同比增长 7.8%；其中，水电为 24 890 万千瓦(含抽水蓄能 2031 万千瓦)，占全部装机容量的 21.7%；火电为 81 917 万千瓦(含煤电 75 811 万千瓦、天然气电 3827 万千瓦)，占全部装机容量的 71.5%；核电为 1257 万千瓦，并网风电为 6083 万千瓦，并网太阳能发电为 328 万千瓦。

电力在传输过程中，传输损耗占很大的比例。减少电力传输过程中的损耗，不仅有利于节约能源，更重要的是有利于保护环境。根据世界银行收集的数据，美、日和金砖四国在过去的 40 年(1971 — 2010 年)电力传输和分配过程中的损失率及其变化如图 1-1 所示。损失率为传输和配电所导致的电力损失占当年总发电量的比例。

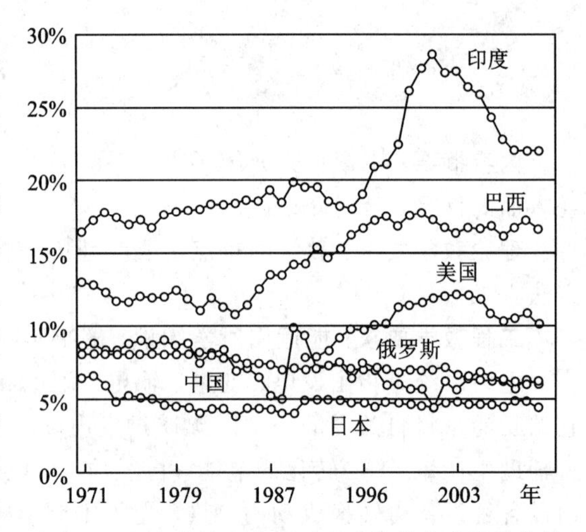

图 1-1　电力传输和分配过程中的损失率及其变化

从图 1-1 可以看出，我国的电能在传输过程中，损耗大约为 8.5%，并呈现逐年下降的趋势。根据相关部门网站，2013 年元旦过后，全国日发电量继续保持高位，1 月 4 日达到 153.13 亿千瓦时，突破 2012 年 7 月 12 日的日最大发电量 152.81 亿千瓦时，仅仅 1 月 4 日一天这 24 小时，电力传输过程中的损耗约为 11.5 亿千瓦时。因此，研究减少电能在传输过程中的损耗意义重大。

1977 年 7 月 13 日晚上，由于纽约州的哈得逊河谷遭受雷雨袭击，酿成了长时间大面积的停电事故，其中包括占地 600 平方英里、人口约为 832 万的负荷密度高的纽约市，造成的社会影响极大，估计损失达 100 亿美元以上。因此，供电安全也是电力传输的重要研究课题。

目前，我国高速铁路、动车和轨道交通高速发展，有大量的电力牵引方面的问题值得研究。本书主要研究减少供电损耗、供电安全和电力牵引等问题。

1.1 电力系统

现代一切大规模工农业生产、交通运输和人民生活都需要大量的电能。电能是由发电厂生产的，而发电厂多建立在一次能源所在地，距离城市和工业企业可能很远，这就需要将电能输送到城市或工业企业，之后再分配到用户或生产车间的各个用电设备。为了保证电能的经济输送、合理分配，满足各电能用户安全生产的不同要求，需要变换电能的电压。下面简要介绍电能的生产、变压、输配和使用几个环节的基本概念。

1.1.1 发电厂

发电是指将其他形式的能量转化为电能的过程。发电厂是生产电能的工厂，又称为发电站。它把其他形式的一次能源，如煤炭、石油、天然气、水能、原子核能、风能、太阳能、地热、潮汐能等，通过发电设备转换为电能。

由于所利用一次能源的形式不同，发电厂可分为火力发电厂、水力发电厂、原子能发电厂、潮汐发电厂、地热发电厂、风力发电厂和太阳能发电厂等。我国电能的获得形式当前主要是火电，其次是水电和原子能发电，至于其他形式的发电，所占比例都较小。不同的发电形式分述如下：

(1) 火力发电：是指以煤、油、天然气等为燃料的发电形式。其中，原动机多为汽轮机，个别的也有用柴油机和燃气轮机的。火力发电厂又可分为凝汽式火电厂和热电厂。

(2) 水力发电：是指把水的位能和动能转变成电能的发电形式。其发电厂主要可分为堤坝式和引水式水力发电厂。例如，三峡水电站即为堤坝式水力发电厂，建成后坝高185 m，水位为 175 m，总装机容量为 1768 万千瓦，年发电量可达 840 亿千瓦时，居世界首位。

(3) 原子能发电：是指利用核裂变能量转化为热能，再按火力发电的方式发电，只是它的"锅炉"为原子核反应堆。原子能发电厂又称为核电站，如我国的秦山、大亚湾核电站。

(4) 风能发电：是指把风能转变为电能，是风能利用中最基本的一种方式。风力发电机一般由风轮、发电机(包括装置)、调向器(尾翼)、塔架、限速安全机构和储能装置等构件组成。风力发电机的工作原理比较简单，风轮在风力的作用下旋转，把风的动能转变为风轮轴的机械能，发电机在风轮轴的带动下旋转发电。

(5) 太阳能发电。太阳能发电有两种方式：一种是光—热—电转换方式；另一种是光—电直接转换方式。其中，光—热—电转换方式通过利用太阳辐射产生的热能发电，一般是由太阳能集热器将所吸收的热能转换成工质的蒸汽，再驱动汽轮机发电。前一个过程是光—热转换过程；后一个过程是热—电转换过程。与普通的火力发电一样，太阳能热发电的缺点是效率很低而成本很高，估计它的投资至少要比普通火电站贵 5～10 倍。光—电直接转换方式是利用光电效应，将太阳辐射能直接转换成电能。光—电转换的基本装置就是太阳能电池。太阳能电池是一种由于光生伏特效应而将太阳光能直接转化为电能的器件，它是一个半导体光电二极管，当太阳光照到光电二极管上时，光电二极管就会把太阳的光能变成电能，产生电流。当许多个电池串联或并联起来就可以成为有比较大的输出功率的太阳能电池方阵了。太阳能电池是一种新型电源，具有永久性、清洁性和灵活性三大优点。太阳能电池寿命长，只要太阳存在，太阳能电池就可以一次投资而长期使用。与火力发电、核能发电相比，太阳能电池不会引起环境污染。

(6) 核裂变发电：核裂变又称为核分裂，是指由重的原子(主要是指铀或钚)分裂成较轻的原子的一种核反应形式。原子弹以及裂变核电站、核能发电厂的能量来源都是核裂变。其中，铀裂变在核电厂最常见，加热后铀原子放出 2～4 个中子，中子再去撞击其他原子，从而形成链式反应而自发裂变。

只有一些质量非常大的原子核(如铀(yóu)、钍(tǔ)和钚(bù)等)的原子核才能发生核裂变。这些原子的原子核在吸收一个中子以后会分裂成两个或更多个质量较小的原子核，同时放出 2～3 个中子和很大的能量，又能使别的原子核接着发生核裂变……使过程持续进行下去，这样的过程称为链式反应。原子核在发生核裂变时，释放出巨大的能量称为原子核能，俗称原子能。1 千克铀-235 全部核裂变将产生 20 000 兆瓦时的能量(足以让 20 兆瓦的发电站运转 1000 小时)，与燃烧 2500 吨煤释放的能量一样多。

核电站的关键设备是核反应堆，它相当于火电站的锅炉，受控的链式反应就在核反应堆中进行。由于核裂变过程释放出大量能量，因此可将水加热成高温、高压的水蒸气而发电。

1.1.2　变电站

变电站又称为变电所，是指变换电压、接受电能与分配电能的场所，是联系发电厂和用户的中间枢纽。它主要由电力变压器、母线和开关控制设备等组成。变电站如果只有配电设备等而无电力变压器，仅用以接受和分配电能，则称为配电站。凡是担负把交流电能变换成直流电能的变电站统称为变流站。

变电站有升压和降压之分。升压变电站多建立在发电厂内，把电能电压升高后，再进行长距离输送。降压变电站多设在用电区域，将高压电能适当降低电压后，对某地区或用户供电。降压变电站就其所处的地位和作用又可分为以下三类：

(1) 地区降压变电站又称为一次变电站，位于一个大的用电区或一个大城市附近，从220 kV～500 kV的超高压输电网或发电厂直接受电，通过变压器把电压降为35 kV～110 kV，供给该区域的用户或大型工业企业用电。其供电范围较大，若全地区降压变电站停电，将使该地区中断供电。

(2) 终端变电站又称为二次变电站，多位于用电的负荷中心，高压侧从地区降压变电站受电，经过变压器，电压降到6 kV～10 kV，对某个市区或农村城镇用户供电。其供电范围较小，若全终端变电站停电，只是该部分用户中断供电。

(3) 企业降压变电站又称为企业总降压变电站，与终端变电站相似，它是对企业内部输送电能的中心枢纽。而车间变电站用于接收企业降压变电站所提供的电能，将电压降为220 V/380 V，对车间各用电设备直接进行供电。

1.1.3　电力网

电力网是输电线路和配电线路的统称，也是输送电能和分配电能的通道。电力网是把发电厂、变电站和电能用户联系起来的纽带。它由各种不同电压等级和不同结构类型的线路组成，按电压的高低可将电力网分为低压网、中压网、高压网和超高压网等。电压在1 kV以下的称为低压网；1 kV到10 kV的称为中压网；高于10 kV、低于330 kV的称为高压网；330 kV及以上的称为超高压网。

1.1.4　电能用户

所有的用户单位均称为电能用户，其中主要是工业企业。据1982年的资料统计，我国工业企业用电占全年总发电量的63.9%，是最大的电能用户。因此，研究和掌握工业企业供电方面的知识和理论，对提高工业企业供电的可靠性，改善电能品质，做好企业的计划用电、节约用电和安全用电是极其重要的。

为了提高供电的可靠性和经济性，现今广泛地将各发电厂通过电力网连接起来，并联运行，组成庞大的联合动力系统。其中，由发电机、变电站、电力网和电能用户组成的系统称为电力系统，其示意图如图1-2所示。发电机生产的电能，受发电机制造电压的限制，不能远距离输送。发电机的电压一般为6.3 kV、10.5 kV、13.8 kV、15.75 kV，少数大容量的发电机采用18 kV或20 kV。这样低的电压级只能满足自用电和给附近的电能用户直接供电。要想长距离输送大容量的电能，就必须把电能电压升高，因为输送一定的容量，输出电压越高，电流越小，线路的电压损失和功率损失也就越小。因此，通常使发电机的电压经过升压达 330 kV～500 kV，再通过超高压远距离输电网送往远离发电厂的城市或工业集中地区，再通过那里的地区降压变电站将电压降到 35 kV～110 kV，然后再用 35 kV～110 kV 的高压输电线路将电能送至终端变电站或企业降压变电站。

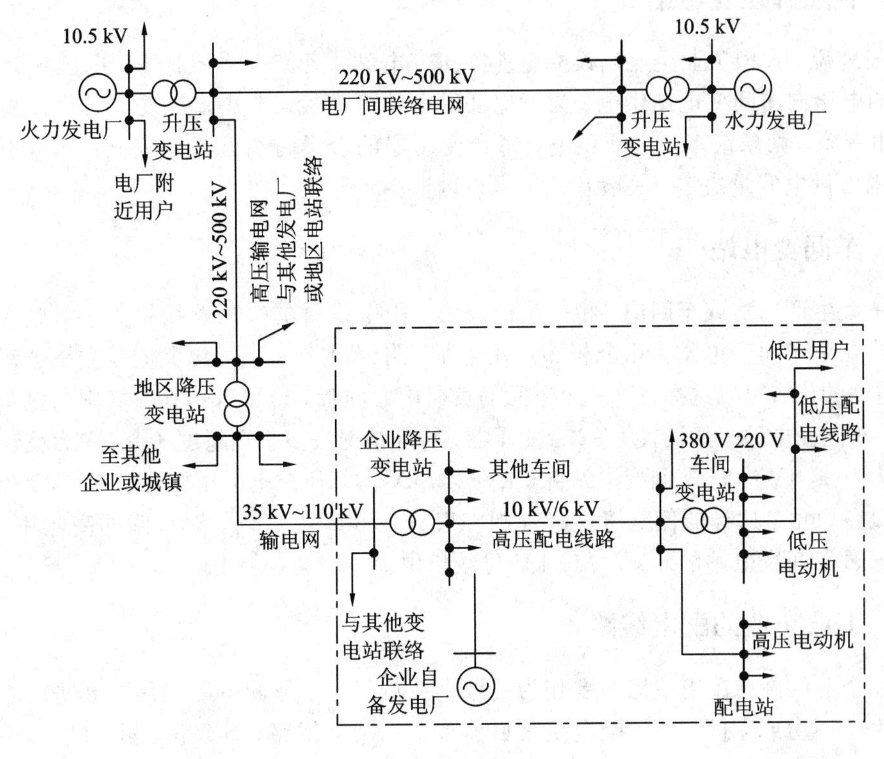

图 1-2　电力系统示意图

对于用电量较大的厂房或车间，可以直接用 35 kV～110 kV 电压将电能送到厂房或车间附近的降压变电站，变压后对厂房或车间供电。这对于减少网络损耗和电压损失，保证电能品质具有十分重要的意义。

1.2　工业企业供电系统

2012 年，全国用电量达 4.96 万亿千瓦时，其中，轻、重工业用电量占全社会用电量的比重分别为 12.27％和 60.45％，工业企业用电量占全社会用电量合计为 72.72％，也就是 3.61 万亿千瓦时，因此研究工业企业用电具有很重要的意义。

工业企业供电系统由企业降压变电站、高压配电线路、车间变电站、低压配电线路及用电设备组成。工业企业供电系统一般都是联合电力系统的一部分，其电源绝大多数是由国家电网供电的，但在下述情况时，可以建立工业企业自用发电厂：

(1) 距离系统太远。

(2) 本企业生产及生活需要大量热能。

(3) 本企业有大量重要负荷，需要独立的备用电源。

(4) 本企业或所在地区有可供利用的能源。

对于重要负荷不多的工业企业，作为解决第二能源的措施，发电机的原动机可利用柴油机或其他小型动力机械。大型企业或工业区若符合上述条件(2)，一般建设热、电并供的热电厂，机组台数不超过两台，容量一般不超过 25 000 千瓦/台。

1.2.1　企业降压变电站

一般来说，大型工业企业均设立企业降压变电站，把 35 kV～110 kV 电压降为 6 kV～10 kV 的电压向车间变电站供电。为了保证供电的可靠性，企业降压变电站多设置两台变压器，由一条、两条或多条进线供电，每台变压器的容量可为几千伏安到几万千伏安。其供电范围由供电容量决定，一般在几千米以内。

1.2.2　车间变电站

在一个生产厂房或车间内，根据生产规模、用电设备的布局及用量大小等情况，可设立一个或几个车间变电站。几个相邻且用电量都不大的车间，可以共同设立一个车间变电站，变电站的位置可以选择在这几个车间的负荷中心附近，也可以选择在其中用电量最大的车间内。车间变电站一般设置 1～2 台变压器，特殊情况最多不宜超过 3 台。单台变压器容量通常均为 1000 kV·A。车间变电站将 6 kV～10 kV 的高压配电电压降为 220 V/380 V，对低压用电设备供电。这样的低电压供电范围一般只在 500 m 以内。对车间的高压用电设备，则直接通过车间变电站的 6 kV～10 kV 母线供电。

1.2.3　工业企业的配电线路

工业企业的高压配电线路主要作为工业企业内输送、分配电能之用，通过它把电能送到各个生产厂房或车间。高压配电线路目前多采用架空线路，其建设投资少且便于维护与检修。但在某些企业的厂区内，由于厂房和其他构筑物较密集，架空敷设的各种管道在有些地方纵横交错，或者由于厂区的个别地区扩散于空间的腐蚀性气体较严重等因素的限制，不宜于敷设架空线路。此时可考虑敷设地下电缆线路。最近几年来由于电缆制造技术的迅速发展，电缆质量不断提高且成本下降，同时为了美化厂区环境以利于文明生产，现代化企业的厂区高压配电线路已逐渐向电缆化方向发展。

工业企业低压配电线路主要用以向低压用电设备供电。在户外敷设的低压配电线路目前多采用架空线路且尽可能与高压线路同杆架设以节省建设费用。在厂房或车间内部，则应根据具体情况确定，或采用明线配电线路，或采用电缆配电线路，由动力配电箱到电动机的配电线路一律采用绝缘导线穿管敷设或采用电缆线路。

对于矿山来说，井筒及井巷内的高低压配电线路均应采用电缆线路，沿井筒壁或井巷壁敷设，每隔 2 m～4 m 用固定卡加以固定。在露天采矿场内多采用移动式架空线路，但对高低压移动式用电设备，如电铲、钻机等应采用橡套电缆进行供电。

车间内电气照明线路和动力线路通常是分开的，一般多由一台配电用变压器分别供电，如采用 220 V/380 V 三相四线制线路供电，动力设备由 380 V 三相线供电，而照明负荷则由 220 V 相线和零线供电，但各相所供应的照明负荷应尽量平衡。如果动力设备冲击负荷使电压波动较大，则应使照明负荷由单独的变压器供电。事故照明必须由可靠的独立电源供电。

工业企业低压配电线路虽然距离不长，但用电设备多，支路也多，设备的功率虽然不大，电压也较低，然而电流却较大，导线的有色金属消耗量往往超过高压配电线路。因此，正确解决工业企业低压配电系统的问题，是一项既复杂又重要的工作。

1.3　电力系统的额定电压

为使电气设备生产标准化，便于大量成批生产，使用中又易于互换，对发电、供电、受电等所有设备的额定电压都必须统一规定。电力系统额定电压的等级是根据国民经济发展的需要，考虑技术经济上的合理性以及电机、电器制造工业的水平发展趋势等一系列因素，经全面研究分析，由国家制定颁布的。我国 1981 年颁布的额定电压国家标准为 GB156—80。

电气设备的额定电压是指能使发电机、变压器和一切用电设备在正常运行时获得的最有经济效果的电压。按照 GB156—80 的规定，额定电压分为以下两类。

1.3.1　3 kV 以下的设备与系统的额定电压

3 kV 以下的额定电压包括直流、单相交流和 3 kV 以下的三相交流等三种，如表 1-1 所示。在国家标准中规定，受电设备的额定电压和系统的额定电压是一致的。供电设备的额定电压是指电源(蓄电池、交直流发电机和变压器二次绕组等)的额定电压。

表 1-1　3 kV 以下的额定电压(单位为 V)

直　流		单相交流		三相交流		备　注
受电设备	供电设备	受电设备	供电设备	受电设备	供电设备	
1.5	1.5					(1) 直流电压均为平均值，交流电压均为有效值；(2) 标有＋号者只作为电压互感器、继电器等控制系统的额定电压；(3) 标有 * 号者只作为矿井下、热工仪表和机床控制系统的额定电压；(4) 标有 * * 号者为只准许在煤矿井下及特殊场所使用的电压；(5) 标有▽号者只作为单台设备的额定电压；(6) 带有斜线者，斜线之上为额定相电压，之下为额定线电压
2	2					
3	3					
6	6	6	6			
12	12	12	12			
24	24	24	24			
36	36	36	36	36	36	
		42	42	42	42	
48	48					
60	60					
72	72					
		100	100	100*	100*	
110	115					
		127*	133*	127*	133*	
220	230	220	230	220/380	230/400	
400▽，440	400▽，460			380/660	100/690	
800▽	800▽					
1000▽	1000▽					
				1140**	1200**	

1.3.2　3 kV 以上的设备与系统的额定电压及其最高电压

3 kV 以上的额定电压均为三相交流线电压，国家标准规定如表 1－2 所示。表中所列设备最高电压是指根据绝缘性能和与最高电压有关的其他性能而确定的该级电压的最高运行电压。表中对 13.8 kV、15.75 kV、18 kV、20 kV 的设备最高电压未做具体规定，可由供需双方研究确定。

表 1－2　3 kV 以上的额定电压及其最高电压(单位为 V)

受电设备与系统额定电压	供电设备额定电压	设备最高电压	备　注
3 6 9	3.15、3.3 6.3、6.6 10.5、11	3.5 6.9 11.5	设备最高电压，通常不超过该系统额定电压的 1.15 倍，但对 330 kV 以上者取 1.1 倍
	13.8 15.75 18 20		
35 60 110 220		40.5 69 126 252	
330 500 750		363 550	

从表 1－1 和表 1－2 可以看出，电压在 100 V 以上的供电设备额定电压均高于受电设备额定电压。这样规定的原因如下：

(1) 发电机通过线路输送电流时，必然产生电压损失，因此规定发电机额定电压应比受电设备额定电压高出 5%，以补偿线路上的电压损失。

(2) 变压器二次绕组额定电压高出受电设备额定电压的百分值，归纳起来有两种情况：一种情况是高出 10%；另一种情况是高出 5%。这是因为电力变压器二次绕组的额定电压均指空载电压，当变压器满载供电时，由于其一、二次绕组本身的阻抗将引起一个电压降，使变压器满载运行时，其二次绕组实际端电压较空载时约低 5%，比受电设备额定电压尚高出 5%。利用这 5%补偿线路上的电压损失，受电设备可以维持其额定电压。这种电压组合情况多用于变压器供电距离较远时。另一种情况是变压器二次绕组额定电压比受电设备额定电压只高出 5%，多适用于变压器靠近用户且配电距离较小的情况。由于线路很短，其电压损失可忽略不计。所高出的 5%电压，基本上用以补偿变压器满载时其一、二次绕组的阻抗压降。

由于变压器一次绕组均连接在与其额定电压相对应的电力网末端，相当于电力网的一个负载，因此规定变压器一次绕组的额定电压与受电设备额定电压相同。

电力网系统的额定电压虽然规定和受电设备额定电压相同，但实际上电力网从始端到末端，由于电压损失的影响，各处是一样的，距电源越远处其电压越低，并且随负荷的大小而变化。那么线路的电压究竟以哪个数值来表示最为合理呢？通常在计算短路电流时，为了简化计算且使问题的处理在技术上合理，习惯上用线路的平均额定电压 U_{av} 来表示线路的电压。线路的平均额定电压是指线路始端最大电压 U_1（指变压器空载电压）和末端受电设备额定电压 U_2 的平均值，即

$$U_{av}=\frac{U_1+U_2}{2}$$

由于工业企业内生产机械类型繁多，因而所配用的电动机和电器，从容量和电压等级来看，其类型也是繁多的。电压等级用得多，势必增加变电、配电以及控制设备的类型和投资，增加故障的可能性及继电保护的动作时限，不利于迅速切除故障和运行维护，而且要求企业备用的备品、备件的品种规格增多，极易造成积压浪费。因此在同一个企业内一般不应同时采用两种高压配电电压。

近年来，有些企业采用的大型生产机械日益增多，用电量剧增，因此已广泛采用 35 kV～110 kV 甚至更高的电压直接深入到负荷中心的供电方式。从发展趋势看，随着大规模生产的发展，35 kV～110 kV 等级的电压将成为大型企业的高压配电电压。

1.4　供电质量的主要指标

工业企业供电质量的主要指标为电压、频率和可靠性。

1.4.1　电压

当加于用电设备端的电网实际电压与用电设备的额定电压相差较大时，对用电设备的危害很大。以照明用的白炽灯为例，当加于灯泡的电压低于其额定电压时，发光效率降低，发光效率的降低会使工人的身体健康受到影响，也会降低劳动生产率；当电压高于额定电压时，则使灯泡经常损坏。例如，某车间由于夜间电压比灯泡额定电压高 5%～10%，致使灯泡损坏率达 30%以上。

对电动机而言，当电压降低时，转矩急剧减小。例如，当电压降低 20%时，转矩将降低到额定值的 64%，电流增加 20%～35%，温度升高 12%～15%。转矩减小，使电动机转速降低，甚至停转，导致工厂产生废品甚至招致重大事故，感应电动机本身也会因为转差率增大导致有功功率损耗增加，线圈过热，绝缘迅速老化，甚至烧毁。

某些电热及冶炼设备对电压的要求非常严格，电压降低使生产率下降，能耗显著上升，成本增高。

电网容量扩大和电压等级增多后，保持各级电网和用户电压正常是比较复杂的工作，因此，供电单位除规定用户电压质量标准外，还要进行无功补偿和调压规划的设计工作以及安装必要的无功电源和调压设备，并对用户用电和电网运行做出一些规定和要求。

1.4.2　频率

我国工业上的标准电流频率为 50 Hz，除此而外，在工业企业的某些方面有时采用较高的频率，以减轻工具的重量，提高生产效率，加热零件。例如，汽车制造或其他大型流水

作业的装配车间采用频率为 175 Hz～180 Hz 的高频工具，某些机床采用 400 Hz 的电机以提高切削速度，锻压、热处理及熔炼利用高频加热等。

当电网低频率运行时，所有用户的交流电动机转速都将相应降低，因而许多工厂的产量和产品的质量都将不同程度地受到影响。例如，当频率降至 48 Hz 时，电动机转速降低 4%，冶金、化工、机械、纺织、造纸等工业的产量相应降低，有些工业产品的质量也会受到影响，例如，纺织品出现断线、毛刺，纸张厚薄不匀且印刷品颜色深浅不规律。电网低频率运行时，可以用计算机进行监控。在计算机监控时，可以采用相应的信号表示。

频率的变化对电力系统运行的稳定性影响很大，因而对频率的要求要比对电压的要求严格得多，一般不得超过±0.5%。

电力系统变电站供电的工业企业，其频率是由电力系统保证的，即在任一瞬间电源发出的有效功率等于用户负荷所需的有效功率。当发生重大事故时，电源发出的有效功率与用户负荷所需的有效功率不再相等，以致影响到频率的质量。电力系统往往按照频率的降低范围，切除某些次要负荷，这是一套自动装置，也称为在故障情况下自动按频率减负荷装置。

1.4.3 可靠性

在工业企业中，各类负荷的运行特点和重要性不一样，它们对供电的可靠性和电能品质的要求也不相同。有的要求很高，有的要求很低，必须根据不同的要求来考虑供电方案。为了合理地选择供电电源及设计供电系统，以适应不同的要求，我国将工业企业的电力负荷按其对供电可靠性的要求不同划分为一级负荷、二级负荷和三级负荷三个等级。

(1) 一级负荷：这类负荷在供电突然中断时将造成人身伤亡，或造成重大设备损坏且难以修复，或给国民经济带来极大损失。因此一级负荷应要求由两个独立电源供电。而对特别重要的一级负荷，应由两个独立电源点供电。

独立电源的含义是：当采用两个电源向工业企业供电时，如果任一电源因故障而停止供电，另一电源不受影响，能继续供电，那么这两个电源的每一个都称为独立电源。凡同时具备下列两个条件的发电厂、变电站的不同母线均属独立电源：① 每段母线的电源来自不同的发电机；② 母线段之间无联系，或者虽有联系，但当其中一段母线发生故障时，能自动断开联系，不影响其余母线段继续供电。

独立电源点主要强调几个独立电源来自不同的地点，并且当其中任一独立电源点因故障而停止供电时，不影响其他电源点继续供电。例如，两个发电厂、一个发电厂和一个地区电力网或者电力系统中的两个地区变电站等都属于两个独立电源点。

特别重要的一级负荷通常又称为保安负荷。对保安负荷，必须备有应急使用的可靠电源，以便当工作电源突然中断时，保证企业安全停产。这种为安全停产而应急使用的电源称为保安电源。例如，为保证炼铁厂高炉安全停产的炉体冷却水泵，就必须备有保安电源。保安电源取自企业自备发电厂或其他总降压变电站，它实质上也是一个独立电源点。保安负荷的大小和企业的规模、工艺设备的类型以及车间电力装备的组成和性质有关。在进行供电设计时，必须考虑保安电源的取得方案和措施。

(2) 二级负荷：这类负荷如果突然断电，将造成生产设备局部破坏，导致生产流程紊乱且恢复较困难、企业内部运输停顿、出现大量废品或大量减产，因而会在经济上造成一定损失。这类负荷允许短时停电几分钟，它在工业企业内占的比例最大。

二级负荷应由两回线路供电。两回线路应尽可能引自不同的变压器或母线段。当取得两回线路确有困难时，允许由一回专用架空线路供电。

(3) 三级负荷：所有不属于一级和二级负荷的电能用户均属于三级负荷。三级负荷对供电无特殊要求，允许较长时间停电，可用单回线路供电。

在工业企业中，一、二级负荷占的比例较大(占 60%～80%)，因此即使短时停电所造成的经济损失一般都很大。掌握了工业企业的负荷分级及其对供电可靠性的要求后，在设计新建或改造企业的供电系统时，可以按照实际情况进行方案的拟定、分析和比较，使确定的供电方案在技术经济上更合理。

工业企业生产所需电能，一般由外部电力系统供给，经企业内各级变电站变换电压后，分配到各用电设备。工业企业变电站是企业电力供应的枢纽，所处地位十分重要，所以正确地计算和选择各级变电站的变压器容量及其他设备是实现安全可靠供电的前提。进行企业电力负荷计算的目的就是为正确选择企业各级变电站的变压器容量，各种电气设备的型号、规格以及供电网络所用导线牌号等提供科学的依据。

1.5　负荷曲线与负荷计算

在讨论电力负荷的计算方法之前，首先介绍一下有关电力负荷的基本概念。

1.5.1　负荷曲线

负荷曲线是一种表示电力负荷随时间变化情况的图形。它绘制在直角坐标系中，纵坐标表示负荷(有功功率或无功功率)，横坐标表示对应于负荷变动的时间(一般以小时为单位)。

负荷曲线按对象分可分为工厂的、车间的或某设备组的负荷曲线。按负荷性质可分为有功和无功负荷曲线。按所表示时间分可以分为年的、月的、日的或工作班的负荷曲线。

图 1-3 为某企业的日有功负荷曲线，它一般是利用全厂总供电线路上的有功功率自动记录仪所记录的半小时连续值求平均值得到的。

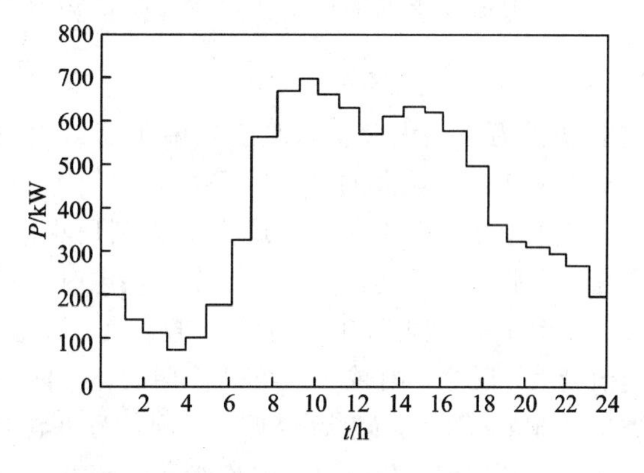

图 1-3　日有功负荷曲线

工厂的年负荷曲线是根据一年中有代表性的冬日和夏日的日负荷曲线来绘制的。年负荷曲线的横坐标是用一年 365 天的总时数 8760 h 来分格的。绘制时，冬日和夏日所占天数应视当地的地理位置和气温情况而定。在具体绘制时，应从最大负荷值开始，依负荷递减顺序进行。图 1-4 即为某厂的年负荷曲线的绘制，其中，负荷功率 P_1 在年负荷曲线上对应时间 T_1 等于与 P_1 相对应的夏日负荷曲线上时间 t_1 和 t_1' 之和，再乘以夏日的天数；而负荷功率 P_2 在年负荷曲线上所占时间 T_2 等于 P_2 对应夏日负荷曲线上时间 t_2 乘以夏日天数，再加上 P_2 对应冬日曲线上时间 (t_2+t_2'') 乘以冬日天数。其余类推可绘出该曲线。

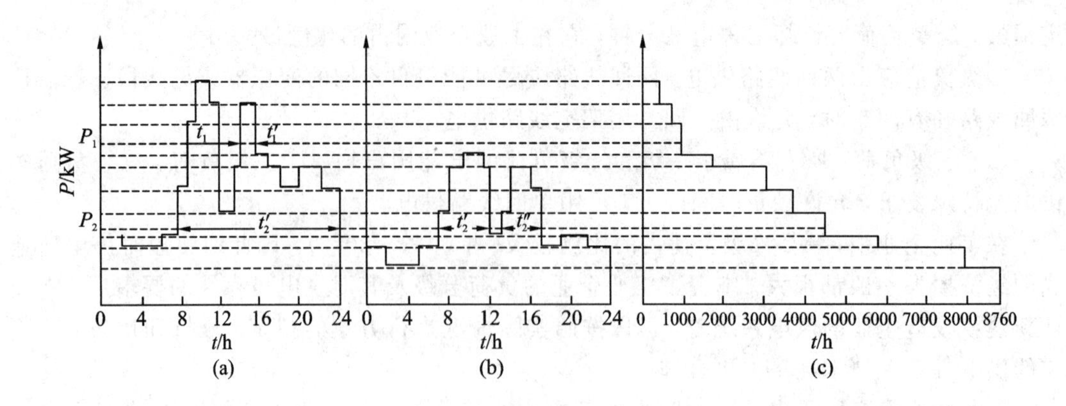

图 1-4　年负荷曲线的绘制

(a) 夏日负荷曲线；(b) 冬日负荷曲线；(c) 年负荷持续时间曲线

由上述负荷曲线可以明显看出企业在一年内不同负荷所持续的时间，但不能看出相应的负荷出现在什么时间，所以另有一种年每日最大负荷曲线，其横坐标以日期分格，曲线按每日最大负荷绘制，可以了解全年内负荷变动情况。

1.5.2　企业年电能需要量

企业年电能需要量就是企业在一年内所消耗的电能，它是企业供电设计的重要指标之一。

若已知企业的年负荷曲线，如图 1-5 所示，则负荷曲线下面的面积即为企业的有功年电能需要量 W_a，有

$$W_a = \int_0^{8760} p \cdot dt \tag{1-1}$$

将负荷曲线下面的面积用一个等值的矩形面积 $OABM$ 来代替，如图 1-4 所示，则

$$W_a = \int_0^{8760} p \cdot dt = P_{max} \cdot T_{max\cdot a} \tag{1-2}$$

式中，P_{max} 为年最大负荷，即全年中负荷最大工作日中消耗电能最大的半小时平均功率，$P_{max} = P_{oa}$；$T_{max\cdot a}$ 为企业的有功年最大负荷利用小时，它是一个假想的时间，8760 h 是全年用电时长。

由图 1-5 可知，年负荷曲线越平稳，$T_{max\cdot a}$ 的值越大；反之，则越小。经过长期观察，同一类型企业的 $T_{max\cdot a}$ 值大致相近。同理，无功电能耗用量也有类似的值 $T_{max\cdot T}$，称为无功年最大负荷利用小时。各类工厂的 $T_{max\cdot a}$ 和 $T_{max\cdot T}$ 如表 1-3所示。

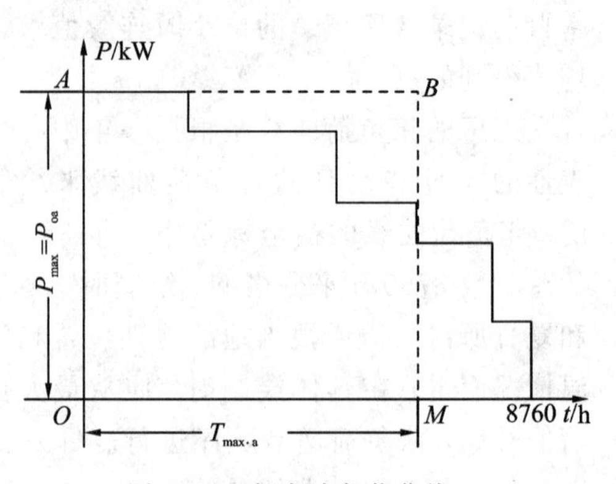

图 1-5　年有功负荷曲线

在估算企业年电能需要量时，可利用表 1-3 和式(1-3)直接计算得到。

表 1－3　各种企业的有功和无功年最大负荷利用小时数

工厂类别	$T_{max \cdot a}$ 有功年最大负荷利用小时数	$T_{max \cdot T}$ 无功年最大负荷利用小时数	工厂类别	$T_{max \cdot a}$ 有功年最大负荷利用小时数	$T_{max \cdot T}$ 无功年最大负荷利用小时数
化工厂	6200	7000	农业机械制造厂	5330	4220
苯胺颜料工厂	7100		仪器制造厂	3080	3180
石油提炼工厂	7100		汽车修理厂	4370	3200
重型机械制造厂	3770	4840	车辆修理厂	3560	3660
机床厂	4345	4750	电器工厂	4280	6420
工具厂	4140	4960	氮肥厂	7000～8000	
滚珠轴承厂	5300	6130	各种金属加工厂	4335	5880
起重运输设备厂	3300	3880	漂染工厂	5710	6650
汽车拖拉机厂	4960	5240			

1.5.3　负荷计算

通过负荷的经验统计求出的，用来代替实际负荷作为负荷计算和按发热条件选择供电系统各元件的负荷值，称为计算负荷。其物理意义是指由这个计算负荷所产生的恒定温升等于实际变化负荷所产生的最大温升。

由于一般 16 mm^2 以上导线的发热时间常数 τ 均在 10 min 以上，而导线达到稳定温升的时间约为 3τ，即 30 min，所以只有持续时间在半小时以上的负荷值，才有可能造成导体的最大温升，因此计算负荷一般取负荷曲线上的半小时最大负荷 P_{30}（即年最大负荷 P_{max}）。相应地其他计算负荷可分别表示为 Q_{30}、S_{30} 和 I_{30}。

1.6　用电设备的负荷计算公式

负荷计算目前常用的方法有需用系数法和二项式法。其他方法如以概率为理论依据的利用系数法，由于计算较繁琐，一般较少采用。

1.6.1　按需用系数法确定计算负荷

1. 基本公式

在进行负荷计算时，一般将车间内多台设备按其工作特点分组，即把负荷曲线图形特征相近的归成一个设备组，则该设备组总额定容量 $P_{N\Sigma}$ 应为该组内各设备额定功率之和，即 $P_{N\Sigma}=\sum P_N$。由于一组内设备不一定都同时运行，运行的设备也不一定都满负荷，同时设备本身和配电线路上都有功率损耗，因此用电设备组的计算负荷 P_{30} 可表示为

$$P_{30}=\frac{K_{\Sigma} \cdot K_{L}}{\eta \cdot \eta_{WL}} \cdot P_{N\Sigma} \tag{1-3}$$

式中，K_{Σ} 为设备组的同时使用系数（即最大负荷时运行设备的容量与设备组总额定容量

之比)；K_L为设备组的平均加权负荷系数(表示设备组在最大负荷时输出功率与运行的设备容量的比值)；η为设备组的平均加权效率；η_{WL}为配电线路的平均效率。

令式(1-3)中的$\dfrac{K_\Sigma \cdot K_L}{\eta \cdot \eta_{WL}}=K'_d$，则$K_{d'}$称为需用系数。由式(1-3)可知$K_{d'}$的定义式为

$$K_d=\frac{P_{30}}{P_{N\Sigma}} \tag{1-4}$$

即用电设备组的需用系数，是指当设备组在最大负荷时需要的有功功率与设备组总额定容量的比值。

由此可见，需用系数法的基本公式为

$$P_{30}=K_d \cdot P_{N\Sigma} \tag{1-5}$$

实际上，需用系数与设备组的生产性质、工艺特点、加工条件以及技术管理、生产组织、工人的熟练程度等诸多因素有关，因此需用系数一般通过实测分析确定，以使之更接近于实际。表1-4是工业企业常见用电设备组的K_d及$\cos\varphi$。

在求出有功计算负荷P_{30}后，可按下列各式分别求出其余计算负荷：

无功计算负荷为

$$Q_{30} = P_{30} \cdot \tan\varphi \tag{1-6}$$

式中，$\tan\varphi$为用电设备组的功率因数角的正切值。

视在计算负荷为

$$S_{30} = \sqrt{P_{30}^2 + Q_{30}^2} = \frac{P_{30}}{\cos\varphi} \tag{1-7}$$

式中，$\cos\varphi$为用电设备组的平均功率因数。

计算电流为

$$I_{30} = \frac{S_{30}}{\sqrt{3}U_N} \tag{1-8}$$

式中，U_N为用电设备组的额定电压。

表1-4 工业企业常见用电设备组的K_d及$\cos\varphi$

序号	用电设备组名称	K_d	$\cos\varphi$	$\tan\varphi$
1	通风机：生产用； 卫生设施用	0.75～0.85 0.65～0.70	0.8～0.85 0.8	0.75～0.62 0.75
2	水泵、空压机、电动发电机组	0.75～0.85	0.8	0.75
3	进平压缩机和透平鼓风机	0.85	0.85	0.62
4	起重机：修理、金工、装配车间用； 铸铁、平炉车间用； 脱锭、轧制车间用	0.05～0.15 0.15～0.3 0.25～0.35	0.5 0.5 0.5	1.73 1.73 1.73
5	破碎机、筛选机、碾砂机	0.75～0.80	0.8	0.75
6	磨碎机	0.80～0.85	0.80～0.85	0.75～0.62

2. 用电设备组的工作制及其额定容量的确定

工业企业用电设备按其工作制可分为长期连续工作制、短时工作制和反复短时工作制三类。

(1) 长期连续工作制。设备在规定的环境温度下长期连续运行，任何部分产生的温度和温升均不超过最高允许值，负荷较稳定。例如，常用的拖动电机、电炉、电解设备等均属此类。

(2) 短时工作制。设备运行时间短而停歇时间长，在工作时间内设备来不及发热到稳定温度即停止工作，开始冷却，而且在停歇时间内足以冷却到环境温度。例如，常用的一些机床辅助电机、水闸电机等均属此类。这类设备数量较少。

(3) 反复短时工作制。设备时而工作，时而停歇，其工作时间 t 与停歇时间 t_0 相互交替，如常用的电焊和吊车电机等。这类设备一般用暂载率 $\varepsilon\%$ 来表示其工作特性。暂载率的定义式为

$$\varepsilon\% = \frac{t}{T} \cdot 100 = \frac{t}{t + t_0} \cdot 100 \tag{1-9}$$

式中 ，t、t_0 分别为工作时间与停歇时间，两者之和为工作周期 T。

由于用电设备有不同的工作制和不同的暂载率，因此用电设备组的额定容量就不能将各设备铭牌上的额定容量简单相加，而应换算为同一工作制和规定暂载率下才能相加。

(1) 长期连续工作制和短时工作制用电设备组的额定容量 P_N。P_N 等于各用电设备铭牌上的额定容量之和。

(2) 反复短时工作制用电设备组(如吊车)的额定容量。此额定容量应换算到规定暂载率 $\varepsilon\%=25$ 时的各用电设备额定容量之和，其换算公式为

$$P_N = P_{N\varepsilon} \cdot \sqrt{\frac{\varepsilon}{\varepsilon_{25}}} = 2P_{N\varepsilon} \cdot \sqrt{\varepsilon} \tag{1-10}$$

式中，$P_{N\varepsilon}$ 为用电设备铭牌上在额定暂载率 $\varepsilon\%=25$ 时的额定功率。

(3) 电焊机及电焊变压器组的额定容量。此容量应统一换算到暂载率 $\varepsilon\%=100$ 时的设备额定有功功率之和，其换算公式为

$$P_N = P_{N\varepsilon} \cdot \sqrt{\frac{\varepsilon}{\varepsilon_{100}}} = S_{N\varepsilon} \cdot \cos\varphi \cdot \sqrt{\varepsilon} \tag{1-11}$$

式中，$S_{N\varepsilon}$ 为电焊机及电焊变压器组铭牌上在额定暂载率 $\varepsilon\%=100$ 时的额定视在功率；$\cos\varphi$ 为与 $S_{N\varepsilon}$ 相对应的铭牌规定的额定功率因数。

(4) 电炉变压器组的额定容量。此容量是指其在额定功率因数 $\cos\varphi$ 下的额定有功功率之和，换算公式为

$$P_N = S_N \cdot \cos\varphi \tag{1-12}$$

式中，S_N 为电炉变压器组铭牌上的额定视在功率。

(5) 照明用电设备组的额定容量 P_N。P_N 等于各灯具上标出的额定功率之和。

3. 计算负荷的确定

负荷计算的步骤应从负载端开始，逐级上推到电源进线端为止。现以如图 1-6 所示的供电系统为例，介绍计算方式与步骤。

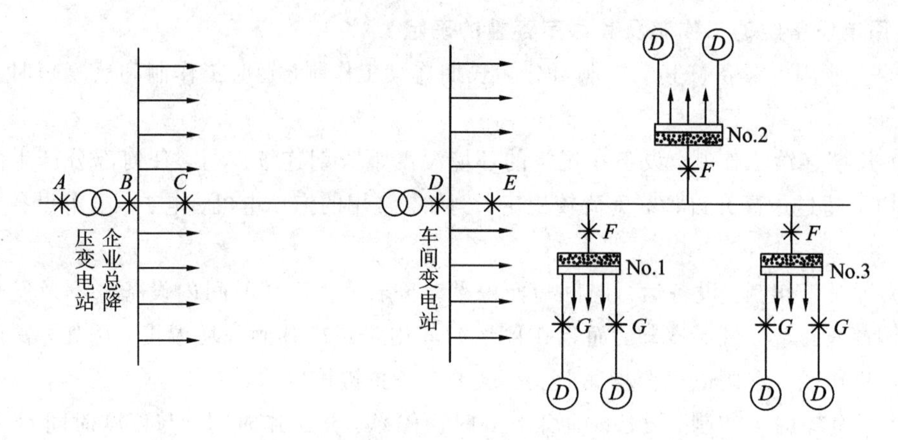

图 1-6　供电系统中具有代表性的各点的电力负荷计算图

(1) 确定单台用电设备支线(G点)的计算负荷。由式(1-3)和式(1-5)可得

$$P_{30(G)}=K_d \cdot P_N=\frac{K_\Sigma \cdot K_L}{\eta \cdot \eta_{WL}} \cdot P_N \quad (kW)$$

由于是单台设备,$K_\Sigma=1$,$L_L=1$,而且供电支线较短,故 $\eta_{WL}=1$,则上式变为

$$P_{30(G)}=K_d \cdot P_N=\frac{P_N}{\eta} \ (kW) \tag{1-13}$$

其余计算负荷为

$$Q_{30(G)}=P_{30(G)} \cdot \tan\varphi \quad (kvar) \tag{1-14}$$

$$S_{30(G)}=\sqrt{P_{30(G)}^2+Q_{30(G)}^2}=\frac{P_{30(G)}}{\cos\varphi} \quad (kV \cdot A) \tag{1-15}$$

$$I_{30(G)}=\frac{S_{30(G)}}{\sqrt{3} \cdot U_N}=\frac{P_N}{\sqrt{3} \cdot U_N \cdot \eta \cdot \cos\varphi} \quad (A) \tag{1-16}$$

式中,P_N 为换算到规定暂载率下的设备额定功率;U_N 为用电设备的额定电压;$\cos\varphi$、$\tan\varphi$ 分别为用电设备的功率因数及功率因数角的正切值;η 为设备在额定负荷下的效率。

(2) 确定用电设备组(F点)的计算负荷。由需用系数法的式(1-5)可得设备组计算负荷为

$$P_{30(F)}=K_d \cdot P_{N\Sigma} \quad (kW) \tag{1-17}$$

$$Q_{30(F)}=P_{30(F)} \cdot \tan\varphi \quad (kvar) \tag{1-18}$$

$$S_{30(F)}=\sqrt{P_{30(F)}^2+Q_{30(F)}^2} \quad (kV \cdot A) \tag{1-19}$$

$$I_{30(F)}=\frac{S_{30(F)}}{\sqrt{3} \cdot U_N} \quad (A) \tag{1-20}$$

式中,$P_{N\Sigma}$为该用电设备组内各设备额定容量总和,但不包括备用设备容量;K_d 为该用电设备组需用系数。

(3) 确定低压干线(E点)的计算负荷。低压干线一般对几个性质不同的用电设备组供电,计算公式为

$$P_{30(E)}=\sum_{i=1}^{n} P_{30(F)i} \quad (kW) \tag{1-21}$$

$$Q_{30(E)} = \sum_{i=1}^{n} Q_{30(F)i} \quad (\text{kvar}) \tag{1-22}$$

$$S_{30(F)} = \sqrt{P_{30(E)}^2 + Q_{30(E)}^2} \quad (\text{kV} \cdot \text{A}) \tag{1-23}$$

$$I_{30(F)} = \frac{S_{30(E)}}{\sqrt{3} \cdot U_N} \quad (\text{A}) \tag{1-24}$$

（4）确定车间变电站低压母线（D 点）的计算负荷。在车间变电站低压母线上接有多组用电设备，这时应考虑各组用电设备最大负荷不同时出现的因素，在计算公式中加入同时系数（又称为参差系数）$K_{\Sigma P}$ 和 $K_{\Sigma Q}$，即

$$P_{30(D)} = K_{\Sigma P} \sum_{i=1}^{n} P_{30(E)i} \quad (\text{kW}) \tag{1-25}$$

$$Q_{30(D)} = K_{\Sigma Q} \sum_{i=1}^{n} Q_{30(E)i} \quad (\text{kvar}) \tag{1-26}$$

$$S_{30(D)} = \sqrt{P_{30(D)}^2 + Q_{30(D)}^2} \quad (\text{kV} \cdot \text{A}) \tag{1-27}$$

$$I_{30(D)} = \frac{S_{30(D)}}{\sqrt{3} \cdot U_N} \quad (\text{A}) \tag{1-28}$$

同时系数的数值是根据统计规律和实际测量结果确定的，其范围是：对于车间干线，可取 $K_{\Sigma P}=0.85 \sim 0.95$，$K_{\Sigma Q}=0.9 \sim 0.97$；对于低压母线，若由各设备直接相加计算，可取 $K_{\Sigma P}=0.8 \sim 0.9$，$K_{\Sigma Q}=0.85 \sim 0.95$，若由车间干线负荷相加计算，可取 $K_{\Sigma P}=0.9 \sim 0.95$，$K_{\Sigma Q}=0.93 \sim 0.97$。在具体计算时，同时系数要根据组数多少来确定，组数越多，取值越小。

某机修车间低压干线上接有以下三组用电设备，试用需用系数法求各用电设备组（F 点）和车间低压干线（E 点）的计算负荷。

No. 1 组：小批生产金属冷加工击穿用电机，计有 7.5 kW 一台、5 kW 两台、3.5 kW 七台。

No. 2 组：水泵和通风机，计有 7.5 kW 两台、5 kW 七台。

No. 3 组：非连锁运输机，计有 5 kW 两台、3.5 kW 四台。

分析：先求各设备组的计算负荷。各设备数据如下：

No. 1 组：取 $K_{d1}=0.2$，$\cos\varphi_1=0.6$，$\tan\varphi_1=1.33$。

No. 2 组：取 $K_{d2}=0.75$，$\cos\varphi_2=0.8$，$\tan\varphi_2=0.75$。

No. 3 组：取 $K_{d3}=0.6$，$\cos\varphi_3=0.75$，$\tan\varphi_3=0.88$。

No. 1 组：$P_{N\Sigma 1}=1\times 7.5+2\times 5+7\times 3.5=42\ \text{kW}$

$$P_{30(1)}=K_d \cdot P_{N\Sigma 1}=0.2\times 42=8.4\ \text{kW}$$

$$Q_{30(1)}=P_{30(1)} \cdot \tan\varphi=8.4\times 1.33=11.2\ \text{kvar}$$

$$S_{30(1)}=\sqrt{P_{30(1)}^2+Q_{30(1)}^2}=\sqrt{8.4^2+11.2^2}=14\ \text{kV}\cdot\text{A}$$

或

$$S_{30(1)}=\frac{P_{30(1)}}{\cos\varphi}=\frac{8.4}{0.6}=14\ \text{kV}\cdot\text{A}$$

$$I_{30(1)}=\frac{S_{30(1)}}{\sqrt{3}\cdot U_N}=\frac{14}{\sqrt{3}\times 0.38}=21.3\ \text{A}$$

类似地，可分别算出 No. 2 组和 No. 3 组的计算负荷：

No. 2 组

$P_{N\Sigma 2}=50\ \text{kW}$，$P_{30(2)}=37.5\ \text{kW}$

$Q_{30(2)}=28.2\ \text{kvar}$，$S_{30(2)}=47\ \text{kV}\cdot\text{A}$

$I_{30(2)}=71.4\ \text{A}$

No. 3 组

$P_{N\Sigma 3}=24\ \text{kW}$，$P_{30(3)}=14.4\ \text{kW}$，

$Q_{30(3)}=12.7\ \text{kvar}$，$S_{30(3)}=19.2\ \text{kV}\cdot\text{A}$，

$I_{30(3)}=29.2\ \text{A}$

车间低压干线的计算负荷为

$$P_{30(E)}=\sum_{i=1}^{n}P_{30(F)i}=8.4+37.5+14.4=60.3\ \text{kW}$$

$$Q_{30(E)}=\sum_{i=1}^{n}Q_{30(F)i}=11.2+28.2+12.7=52.1\ \text{kvar}$$

$$S_{30(E)}=\sqrt{P_{30(E)}^2+Q_{30(E)}^2}=\sqrt{60.3^2+52.1^2}=79.7\ \text{kV}\cdot\text{A}$$

$$I_{30(E)}=\frac{S_{30(E)}}{\sqrt{3}\cdot U_N}=\frac{79.7}{\sqrt{3}\times 0.38}=121.1\ \text{A}$$

上述需用系数法计算简便，现仍普遍用于供电设计中。但需用系数法未考虑用电设备组中大容量设备对计算负荷的影响，因而在确定用电设备台数较少而容量差别较大的低压支线和干线的计算负荷时，所得结果往往偏小，所以需用系数法主要适用于变电站负荷的计算。

1.6.2 按二项式法确定计算负荷

二项式法的基本公式为

$$P_{30}=b\cdot P_{N\Sigma}+c\cdot P_x \tag{1-29}$$

式中，$b\cdot P_{N\Sigma}$表示用电设备组的平均负荷，其中，$P_{N\Sigma}$的计算方法同前述的需用系数法；$c\cdot P_x$表示用电设备组中的x台容量最大的设备投入运行时增加的附加负荷，其中，P_x为x台容量最大的设备容量之和；b、c为二项式系数，其数值随用电设备组的类别和台数而定。

其余计算负荷Q_{30}、S_{30}、I_{30}的计算方法与前述需用系数法相同。

计算负荷的确定方法是：对于单台用电设备支线（G点）的计算负荷的确定，与前述需用系数法相同。当用电设备组只有1～2台设备时，也可取$P_{30}=P_{N\Sigma}$，而当设备台数较少时，$\cos\varphi$值应适当取大。

(1) 确定用电设备组（F点）的计算负荷。对于性质相同的电设备组，计算负荷可按下列各式计算，即

$$P_{30(F)}=b\cdot P_{N\Sigma}+c\cdot P_x\quad(\text{kW}) \tag{1-30}$$

$$Q_{30(F)}=P_{30(F)}\cdot\tan\varphi\quad(\text{kvar}) \tag{1-31}$$

$$S_{30(F)}=\sqrt{P_{30(F)}^2+Q_{30(F)}^2}\quad(\text{kV}\cdot\text{A}) \tag{1-32}$$

$$I_{30(F)}=\frac{S_{30(F)}}{\sqrt{3}\cdot U_N}\quad(\text{A}) \tag{1-33}$$

(2) 确定车间低压干线（E点）的计算负荷。当采用二项式法确定为多组用电设备供电

的低压干线的计算负荷时，应考虑各组用电设备的最大负荷不可能同时出现的因素。因此，在计算时只取各组用电设备的附加负荷 $c \cdot P_x$ 的最大值计入总计算负荷，计算公式为

$$P_{30(E)} = \sum_{i=1}^{n}(b \cdot P_{N\Sigma})_i + (c \cdot P_x)_{max} \quad (kW) \tag{1-34}$$

$$Q_{30(E)} = \sum_{i=1}^{n}(b \cdot P_{N\Sigma} \cdot \tan\varphi)_i + (c \cdot P_x)_{max} \cdot \tan\varphi_{max} \quad (kvar) \tag{1-35}$$

式中，$\sum_{i=1}^{n}(b \cdot P_{N\Sigma})_i$ 为各设备组有功平均负荷的总和；$\sum_{i=1}^{n}(b \cdot P_{N\Sigma} \cdot \tan\varphi)_i$ 为各设备组无功平均负荷的总和；$(c \cdot P_x)_{max}$ 为各设备组有功附加负荷的最大值；$\tan\varphi_{max}$ 为 $(c \cdot P_x)_{max}$ 对应的设备组功率因数角正切值。

其余计算负荷 $S_{30(E)}$、$I_{30(E)}$ 的计算方法与前述需用系数法相同。

(3) 确定车间低压母线（D 点）的计算负荷。其计算方法与前述的需用系数法完全相同。

当采用二项式法计算时，应将计算范围内所有用电设备统一分组，不应逐级计算后相加。二项式法不仅考虑了用电设备的平均最大负荷，而且考虑了容量最大的少数设备运行对总计算负荷的额外影响，弥补了需用系数法的不足。但是，二项式法过分突出大容量设备的影响，并且数据较少，因而使二项式法的应用范围受到一定限制，一般适用于机械加工、机修装配及热处理等用电设备数量少而容量差别大的车间配电箱和对支干线计算负荷的确定。

1.6.3　单项用电设备组计算负荷的确定

在工业企业中，除了广泛应用的三相设备外，还有各种单相设备，如电焊机、电炉、照明灯具等。单相设备接在三相线路中，应尽可能地均衡分配，以使三相负荷尽可能地平衡。如果单相设备总容量小于三相设备总容量的 15%，则无论单相设备如何分配，均可按三相平衡负荷计算。

(1) 单相设备在接于相电压时的负荷计算：首先按最大负荷相所接的单相设备容量 $P_{N\phi \cdot max}$ 求其等效三相设备容量 $P_{N\Sigma}$，即

$$P_{N\Sigma} = 3 \cdot P_{N\phi \cdot max} \tag{1-36}$$

然后，按前面所述公式分别计算其等效三相计算负荷 P_{30}、Q_{30}、S_{30}、I_{30}。

(2) 单相设备在接于同一线电压时的负荷计算：采用电流等效的方法，即令等效三相设备容量 $P_{N\Sigma}$ 所产生的电流与单相设备容量 $P_{N\phi}$ 所产生的电流相等，即

$$\frac{P_{N\Sigma}}{\sqrt{3} \cdot U_{\cos\phi}} = \frac{P_{N\phi}}{U_{\cos\phi}}$$

故有

$$P_{N\Sigma} = \sqrt{3} \cdot P_{N\phi} \tag{1-37}$$

然后按前述方法分别计算其等效三相计算负荷。

(3) 单相设备在分别接于线电压和相电压时的负荷计算：首先应将接于线电压的单相设备容量换算为接于相电压的设备容量，然后分相计算各相设备容量和计算负荷。而总的等效三相有功计算负荷就是最大有功负荷相的有功计算负荷的三倍，即

$$P_{30} = 3 \cdot P_{30\cdot\phi\max} \tag{1-38}$$

总的等效三相无功计算负荷为最大有功负荷相的无功计算负荷的三倍，即

$$Q_{30} = 3 \cdot Q_{30\cdot\phi\max} \tag{1-39}$$

其他计算负荷 S_{30} 和 I_{30} 的计算方法与前述相同。

接于线电压单相设备容量换算为接于相电压设备容量的公式为

$$\left.\begin{array}{ll} P_A = P_{AB-A} \cdot P_{AB} + P_{CA-A} \cdot P_{CA} & (\mathrm{kW}) \\ Q_A = q_{AB-A} \cdot P_{AB} + q_{CA-A} \cdot P_{CA} & (\mathrm{kvar}) \\ P_B = P_{BC-A} \cdot P_{BC} + P_{AB-B} \cdot P_{AB} & (\mathrm{kW}) \\ Q_B = q_{BC-A} \cdot P_{BC} + q_{AB-B} \cdot P_{AB} & (\mathrm{kvar}) \\ P_C = P_{CA-A} \cdot P_{CA} + P_{BC-C} \cdot P_{BC} & (\mathrm{kW}) \\ Q_C = q_{CA-A} \cdot P_{CA} + q_{BC-C} \cdot P_{BC} & (\mathrm{kvar}) \end{array}\right\} \tag{1-40}$$

式中，P_{AB}、P_{BC}、P_{CA} 分别为接于 AB、BC、CA 相间的有功负荷；P_A、P_B、P_C 分别为换算为 A、B、C 相间的有功负荷；Q_A、Q_B、Q_C 分别为换算为 A、B、C 相间的无功负荷；p、q 分别为有功及无功功率换算系数，如表 1-5 所示。

表 1-5　相间负荷换算为相负荷的功率换算系数

功率换算系数	负荷功率因数								
	0.35	0.4	0.5	0.6	0.65	0.7	0.8	0.9	1.0
P_{AB-A} · P_{DC-B} · P_{CA-C}	1.27	1.17	1.0	0.89	0.84	0.8	0.72	0.64	0.5
P_{AB-B} · P_{BC-C} · P_{CA-A}	−0.27	−0.17	0	0.11	0.16	0.2	0.28	0.36	0.5
q_{AB-A} · q_{BC-B} · q_{CA-C}	1.05	0.86	0.58	0.38	0.3	0.22	0.09	−0.05	−0.29
q_{AB-B} · q_{BC-C} · q_{CA-A}	1.63	1.44	1.16	0.96	0.88	0.8	0.67	0.53	0.29

1.7　功率损耗和电能损耗

在确定各用电设备组的计算负荷后，如果要确定车间或全厂的计算负荷，就需逐级计入线路和变压器的功率损耗。要确定高压配电线首端（C 点）的计算负荷，就应将车间变压站低压侧（D 点）的计算负荷，加上车间变压器的功率损耗和高压配电线上的功率损耗。下面分别讨论线路和变压器功率损耗的计算方法。

1.7.1　供电系统的功率损耗

1. 线路功率损耗的计算

线路功率损耗包括有功功率损耗 ΔP_{WL} 和无功功率损耗 ΔQ_{WL} 两部分，其计算公式为

$$\Delta P_{\mathrm{WL}} = 3 \cdot I_{30}^2 \cdot R_{\mathrm{WL}} \times 10^{-3} \quad (\mathrm{kW}) \tag{1-41}$$

$$\Delta Q_{\mathrm{WL}} = 3 \cdot I_{30}^2 \cdot X_{\mathrm{WL}} \times 10^{-3} \quad (\mathrm{kvar}) \tag{1-42}$$

式中，I_{30} 为线路的计算电流，单位为 A；R_{WL} 为线路每相的电阻，$R_{\mathrm{WL}} = R_0 \cdot l$，$R_0$ 为线路单位长度电阻，可查有关手册；X_{WL} 为线路每相的电抗，$X_{\mathrm{WL}} = X_0 \cdot l$，$X_0$ 为线路单位长度电抗，可查有关手册；l 为线路长度。

2. 变压器功率损耗的计算

变压器功率损耗包括有功和无功两部分，其分述如下：

(1) 变压器的有功功率损耗。有功功率损耗可分为两部分：一部分是主磁通在铁芯中产生的有功功率损耗，即铁损 ΔP_{Fe}。它在一次绕组外加电压和频率不变的情况下，是固定不变的，与负荷电流无关。铁损一般由空载实验测定，空载损耗 ΔP_0 可近似认为是铁损，因为变压器在空载时电流很小，在一次绕组中产生的有功功耗可忽略不计。另一部分是负荷电流在变压器一、二次绕组中产生的有功功率损耗，即铜损 ΔP_{Cu}。它与负荷电流的平方成正比，一般由变压器短路实验测定。短路损耗 ΔP_K 可认为是铜损，因为变压器短路时一次侧短路电压很小，故在铁芯中产生的有功功耗可忽略不计。

由以上分析可知变压器有功功率损耗为

$$\Delta P_T = \Delta P_{Fe} + \Delta P_{Cu} \cdot \left(\frac{S_{30}}{S_N}\right)^2 \approx \Delta P_0 + \Delta P_K \cdot \left(\frac{S_{30}}{S_N}\right)^2 \tag{1-43}$$

式中，S_N 为变压器的额定容量；S_{30} 为变压器的计算负荷。

令 $\beta=\frac{S_{30}}{S_N}$ (β 称为变压器负荷率)，则有

$$\Delta P_T = \Delta P_0 + \Delta P_K \cdot \beta^2 \tag{1-44}$$

(2)变压器的无功功率损耗。无功功率损耗可分为两部分：一部分用来产生主磁通，也就是用来产生激磁电流或近似地认为产生空载电流。这部分无功功率损耗用 ΔQ_0 来表示，它只与绕组电压有关，而与负荷电流无关。另一部分消耗在变压器一、二次绕组的电抗上。这部分无功功率损耗与负荷电流的平方成正比，在额定负荷下用 ΔQ_N 来表示。这两部分无功功率损耗可分别用式(1－45)和式(1－46)近似计算，即

$$\Delta Q_0 \approx S_N \cdot \frac{I_0\%}{100} \tag{1-45}$$

$$\Delta Q_N \approx S_N \cdot \frac{U_K\%}{100} \tag{1-46}$$

式中，$I_0\%$ 为变压器空载电流占额定电流的百分值；$U_K\%$ 为变压器短路电压(即阻抗电压 U_Z)占额定电压的百分值。

因此，变压器的无功功率损耗为

$$\Delta Q_T = \Delta Q_0 + \Delta Q_K \cdot \left(\frac{S_{30}}{S_N}\right)^2 \approx S_N \cdot \left(\frac{I_0\%}{100} + \frac{U_K\%}{100} \cdot \beta^2\right) \tag{1-47}$$

式中，ΔP_0、ΔP_K、$I_0\%$、$U_K\%$ 均可从变压器技术数据中查得。

1.7.2　供电系统的电能损耗

企业一年内所耗用的电能，一部分用于生产，还有一部分在供电系统元件(主要是线路及变压器)中损耗掉。掌握这部分损耗的计算，并设法降低它们，便可节约电能，提高电能的利用率。

1. 供电线路的电能损耗

供电线路中的电流是随着负荷大小随时变化的，因此线路上的有功功率损耗 ΔP 也是变化的，一年内线路的电能损耗为

$$\Delta W_{WL} = \int_0^{8760} \Delta P \cdot dt \tag{1-48}$$

又由式(1－41)变化可得

$$\Delta P = 3 \cdot I^2 \cdot R \times 10^{-3} = \frac{S^2}{U_N^{\ 2}} \cdot R \times 10^{-3} = \frac{R}{U_N^{\ 2} \cdot \cos\varphi^2} \cdot P^2 \times 10^{-3}$$

故有

$$\Delta W_{\mathrm{WL}} = \frac{R \times 10^{-3}}{U_{\mathrm{N}}{}^{2} \cdot \cos\varphi^{2}} \int_{0}^{8760} P^{2} \cdot \mathrm{d}t \tag{1-49}$$

由于实际负荷 P_{30} 随时都在变化且无固定规律，所以很难由式(1-49)求得 ΔW_{WL}，实际应用中常用等效面积法来求，即

$$\Delta W_{\mathrm{WL}} = \int_{0}^{8760} \Delta P \cdot \mathrm{d}t = \Delta P_{\mathrm{WL}} \cdot \tau \tag{1-50}$$

式中，ΔP_{WL} 为按计算负荷求得的线路最大功率损耗；τ 为线路的最大负荷损耗小时，它是一个假想的时间。

τ 的物理意义是：假如线路负荷维持在 P_{30}，则在 τ 内的电能损耗恰好等于实际负荷全年在线路上产生的电能损耗。它与负荷曲线的形状有关，所以与 $T_{\max \cdot a}$ 也是相关的，并且与功率因数 $\cos\varphi$ 有关。图 1-7 给出了 τ 与 $T_{\max \cdot a}$ 及 $\cos\varphi$ 的关系曲线，可利用该曲线查得的 τ 值来计算线路的年电能损耗。

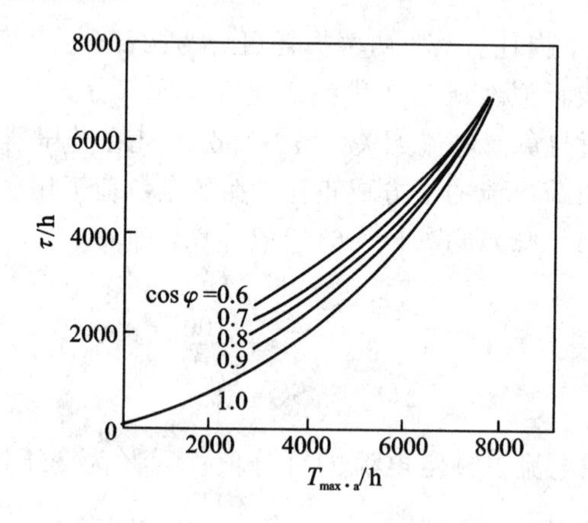

图 1-7　$T_{\max \cdot a}$ 与 τ 的关系曲线

2. 变压器的电能损耗

变压器的有功电能损耗包括两部分。一部分是铁损 ΔP_{Fe} 引起的电能损耗，只要外加电压和频率不变，其值是固定不变的，其计算式为

$$\Delta W_{\mathrm{T1}} = \Delta P_{\mathrm{Fe}} \times 8760 \approx \Delta P_{0} \times 8760 \quad (\mathrm{kW \cdot h}) \tag{1-51}$$

式中，ΔP_{0} 为变压器的空载损耗。

另一部分是由电压器铜损 ΔP_{Cu} 引起的电能损耗，它与负荷电流的平方成正比，即与变压器负荷率 β 的平方成正比，其计算公式为

$$\Delta W_{\mathrm{T2}} = \Delta P_{\mathrm{Cu}} \cdot \beta^{2} \cdot \tau \approx \Delta P_{\mathrm{K}} \cdot \beta^{2} \cdot \tau \tag{1-52}$$

因此，变压器总的年有功电能损耗为

$$\Delta W_{\mathrm{T}} = \Delta W_{\mathrm{T1}} + \Delta W_{\mathrm{T2}} \approx \Delta P_{0} \times 8760 + \Delta P_{\mathrm{K}} \cdot \beta^{2} \cdot \tau \tag{1-53}$$

1.8　工业企业负荷计算公式

确定工业企业计算负荷常用的方法有逐级计算法、需用系数法和估算法等几种。

1.8.1　按逐级计算法确定企业计算负荷

由图 1－5 逐级向上求得车间低压母线(D 点)的计算负荷后，加上车间变压器和高压配电线上的功率损耗，即得到企业总降压变电站高压配电线路(C 点)的计算负荷，即

$$P_{30(C)} = P_{30(D)} + \Delta P_{\mathrm{T}} + \Delta P_{\mathrm{WL}} \quad (\mathrm{kW}) \tag{1-54}$$

$$Q_{30(C)} = Q_{30(D)} + \Delta Q_{\mathrm{T}} + \Delta Q_{\mathrm{WL}} \quad (\mathrm{kvar}) \tag{1-55}$$

企业总降压变电站高压母线(R 点)的计算负荷为

$$P_{30(B)} = K_{\Sigma P} \cdot \sum_{i=1}^{n} P_{30(C)i} \quad (\mathrm{kW}) \tag{1-56}$$

$$Q_{30(B)} = K_{\Sigma Q} \cdot \sum_{i=1}^{n} Q_{30(C)i} \quad (\mathrm{kvar}) \tag{1-57}$$

式中，$K_{\Sigma P}$ 和 $K_{\Sigma Q}$ 为同时系数，其取值范围分别是 $K_{\Sigma P}=0.8\sim0.95$，$K_{\Sigma Q}=0.85\sim0.97$。

企业总降压变电站高压进线(A 点)的计算负荷，即全厂总计算负荷为

$$P_{30(A)} = P_{30(B)} + \Delta P_{\mathrm{T}} \quad (\mathrm{kW}) \tag{1-58}$$

$$Q_{30(A)} = Q_{30(B)} + \Delta Q_{\mathrm{T}} \quad (\mathrm{kvar}) \tag{1-59}$$

其他计算负荷 S_{30} 和 I_{30} 的计算方法与前述相同。

1.8.2　按需用系数法确定企业计算负荷

在需用系数法中，将企业用电设备容量(不含备用设备容量)相加得到总容量 $P_{\mathrm{N}\Sigma}$，然后乘以企业的总的需用系数 K_{d}，即可得到企业有功计算负荷 P_{30}，计算公式同式(1－5)。然后再根据企业的功率因数，按式(1－6)～式(1－8)求出企业的无功计算负荷 Q_{30}、视在计算负荷 S_{30} 和计算电流 I_{30}。

1.8.3　按估算法确定企业计算负荷

在进行初步设计或方案比较时，企业的计算负荷可用下述方法估算：

(1) 单位产品耗电量法：已知企业年产量 n 和单位产品耗电量 w，即可得企业年电能需要量为

$$W_{\mathrm{a}} = w \cdot n \tag{1-60}$$

各类工厂单位产品耗电量 w 可根据实测统计确定，也可查有关设计手册得到。

由式(1－36)变化可得企业的计算负荷为

$$P_{30} = P_{\max} = \frac{W_{\mathrm{a}}}{T_{\max\cdot \mathrm{a}}} \tag{1-61}$$

其他计算负荷 Q_{30}、S_{30} 和 I_{30} 的计算方法与前述相同。

(2) 单位产值耗电量法：已知企业年产量 B 和单位产值耗电量 b，即可得企业年电能需要量为

$$W_{\mathrm{a}} = B \cdot b \tag{1-62}$$

各类工厂单位产值耗电量 b 也可由实测或查设计手册得到。

按式(1－61)可求得 P_{30}，其他计算负荷 Q_{30}、S_{30}、I_{30} 的计算方法与前述相同。

1.8.4 无功补偿后企业计算负荷的确定

当企业用电的功率因数低于国家规定值时，应在车间变电站或企业总降压变电站安装并联移相电容器，来改善功率因数至规定值。因此，在确定补偿设备装设地点前的总计算负荷时，应扣除无功补偿的容量 Q_C，即

$$Q'_{30} = Q_{30} - Q_C \qquad (1-63)$$

显然，补偿后的总视在计算负荷 $S'_{30} = \sqrt{P_{30}^2 + Q'^2_{30}}$ 小于补偿前的总视在计算负荷 $S_{30} = \sqrt{P_{30}^2 + Q_{30}^2}$，这就可能使选用的变压器的规格降低，从而降低变电站建设初投资并减少企业运行后的电费开支。

节能、减少电费开支，就是环保。用电企业要节能减排，节约电费开支，可以采取几项措施：无功补偿、蓄冰空调、变压器节能、利用峰谷电价、绿色照明、建筑节能、电机系统节能、办公室节能等。大部分工业负荷为感性负荷，采用并联电容器实施无功就地补偿，提高功率因数，减少线路总电流，降低线路有功损耗，提高电源的利用率，最终可以达到节约用电的效果。无功补偿的作用是：稳定电网电压，延长用户电气设备的使用寿命；减少输电线路及变压器的发热损耗；增加变压器及输电线路的利用率；提高功率因数，减少利率调整造成的电费支出。但是，无功补偿要合理，过补偿和欠补偿都不能达到节约用电的最佳效果。采用智能型动态无功补偿装置，能发挥最佳效果。仅在变压器高压侧进行集中补偿不能消除企业内部无功电流的流动。低压供电线路长，末端负荷大的企业采用用电设备侧就地补偿能得到更佳的效果。

1.9 特高压输电

特高压是世界上最先进的输电技术。电是要靠电线传输的。我们家中、工厂、商店、学校、医院的用电都是通过电网输送进来的，而电网中的电是从发电厂发出来的。发电厂大都建设在离我们很远的地方，把发电厂发出来的电传输到电网中，再通过电网一直传输到我们家中、工厂、商店、学校、医院，这就要“输电”。

特高压使用 1000 千伏及以上的电压等级输送电能。特高压输电是在超高压输电的基础上发展的，其目的仍是继续提高输电能力，实现大功率的中、远距离输电以及实现远距离的电力系统的相互连接，建成联合电力系统。

特高压输电具有明显的经济效益。据估计，1 条 1150 千伏输电线路的输电能力可代替 5～6 条 500 千伏线路或 3 条 750 千伏线路；可减少铁塔用材三分之一，节约导线二分之一，节省包括变电所在内的电网造价 10%～15%。1150 千伏特高压线路走廊大约仅为同等输送能力的 500 千伏线路所需走廊的四分之一，这会给人口稠密、土地宝贵或建设走廊困难的国家和地区带来巨大的经济和社会效益。

电是从发电厂发出来的。在中国，发电厂主要靠烧煤或靠水力来发电，也有少量的用核能发电。用煤发电的电厂称为火电厂，靠水力发电的电厂称为水电厂，用核能发电的电厂称为核电厂。换句话说，要想发电，就要有煤炭或者水力资源，核能发电只占很少部分。

可是，中国的煤炭储藏主要在西北，如山西、陕西、内蒙古东部、宁夏以及新疆部分地

区，中东部省份煤炭储藏量很少。水力资源主要分布在西部地区和长江中上游、黄河上游以及西南的雅砻江、金沙江、澜沧江、雅鲁藏布江等。

除水电、煤电、核电分布在用电少的地区外，新能源如风电、光电分布在西北和西部地区，这些地区用电量少，而中东部及沿海地区需要大量电力供应，又没有用来发电的水、煤、风、光等资源，能用来发电的资源却远在上千公里之外的西部地区。怎么解决这个能源问题呢？这样就需要电力的远距离传输。

现阶段国家采取输煤和输电三个策略。一是采取把西部的部分煤炭通过铁路运到港口(大同——秦皇岛)再装船运到江苏、上海、广东等地，简称输煤；二是用西部的煤炭、水力资源就地发电，再通过输电线路和电网把电送到中东部地区，简称输电；三是将新疆、甘肃等地的风光发电用特高压输送到中东部地区。

先分析输煤的策略。先要把煤矿挖出来的煤装上火车，长途奔袭上千公里到达港口，卸在码头上临时储存。再装到万吨级的轮船上，从海上长途运输到目的地港口，又要卸煤、储存。最后再装上火车等运输工具才运到当地的火电厂储煤场，卸下储存待用。整个输煤过程要经过三装三卸，中途还要储存，要借助火车、轮船这些运输工具，所以运输成本很高，往往运输成本比在煤矿买煤的费用还要高。经过专家们的计算与比较，在中国，如果煤矿与发电厂的距离超过1000 km，采取输煤策略就不划算了。

输电的策略呢？用西部的煤炭、水力就地发电，只要在当地建火电厂或水电厂就行了。建电厂当然要花钱，尤其是建水电厂投资较大，但这是一次性投资，可以管用很多年。另外，还要建输电线路，把电送到中东部地区。

未来只有一个策略，那就是用特高压输电，将西南地区水电、西北地区煤电、西部地区风电光电输送到中东部地区。

第2章　功率因数补偿技术

内容摘要：围绕功率因数一个中心展开研究，包括三个方面的内容，即功率因数的概念、计算方法和补偿方法。

理论教学要求：理解功率因数的概念，掌握功率因数的计算和功率因数的补偿方法。

工程教学要求：能运用所学知识，解决实际工程技术中功率因数的补偿问题。

功率因数又称为功率因子，它是交流电力系统中特有的物理量，是指一负载所消耗的有功功率与其视在功率的比值，是0到1之间的无单位量。

有功功率代表一电路在特定时间做功的能力，视在功率是电压和电流有效值的乘积。纯电阻负载的视在功率等于有功功率，其功率因子为1。若负载是由电感、电容及电阻组成的线性负载，能量可能会在负载端及电源端往复流动，使得有功功率下降。若负载中有电感、电容及电阻以外的元件(非线性负载)，会使得输入电流的波形扭曲，也会使视在功率大于有功功率，这两种情形对应的功率因数会小于1。功率因数在一定程度上反映了发电机容量得以利用的比例，是合理用电的重要指标。

在电力系统中，若一负载的功率因子较低，当负载要产生相同功率输出时，所需要的电流就会提高。当电流提高时，电路系统的能量损失就会增加，而且电线及相关电力设备的容量也随之增加。电力公司为了反映较大容量设备及浪费能量的成本，一般会对功率因子较低的工商业用户以较高的电费费率来计算电费。

提高负载功率因子，使其接近1的技术称为功率因子修正。低功率因子的线性负载(如感应马达)可以借由电感或电容组成的被动元件网络来提升功率因子。非线性负载(如二极管)会使得输入电流的波形扭曲，此情形可以由主动或被动的功率因子修正来抵消电流扭曲的影响，并且改善功率因子。功率因子修正设备可以位于中央变电站、分布在电力系统中或是放在耗能设备的内部。

功率因数是用电用户的一项重要电气指标。提高负荷的功率因数可以使发、变电设备和输电线路的供电能力得到充分的发挥，并能降低各级线路和供电变压器的功率损失和电压损失，因而具有重要的意义。目前用户高压配电网主要采用并联电力电容器组来提高负荷功率因数，即集中补偿法，部分用户已采用自动投切电容补偿装置。低压电网已推广应用功率因数自动补偿装置。对于大中型绕线式异步电动机，利用自励式进相机进行的单机就地补偿来提高功率因数，节电效果显著。

2.1 功率因数

对广大供电企业来说，用户功率因数的高低，直接关系到电力网中的功率损耗和电能损耗，关系到供电线路的电压损失和电压波动，而且关系到节约用电和整个供电区域的供电质量。因此，提高电力系统的功率因数，已成为电力工业中一个重要课题，而提高电力系统的功率因数，首先就要提高各用户的功率因数。下面探讨影响电网功率因数的主要因素、低压无功补偿的几种使用方法以及确定无功补偿容量从而提高电力系统功率因数的一般方法。

2.1.1 功率因数

在交流电路中，有功功率与视在功率的比值称为功率因数，用 $\cos\varphi$ 表示。在交流电路中，由于存在电感和电容，因此建立电感的磁场和电容的电场都需要电源多供给一部分不做机械功的电流，这部分电流称为无功电流。无功电流的大小与有功负荷即机械负荷无关，其相位与有功电流相差 90°。

三相交流电路功率因数的数学表达式为

$$\cos\varphi = \frac{P}{S} = \frac{P}{\sqrt{P^2 + Q^2}} = \frac{P}{\sqrt{3}UI} \tag{2-1}$$

式中，P 为有功功率，单位为 kW；Q 为无功功率，单位为 kvar；S 为视在功率，单位为 kV · A；U为线电压有效值，单位为 kV；I 为线电流有效值，单位为 A。

随着电路的性质不同，$\cos\varphi$ 的数值在 0～1 之间变化，其大小取决于电路中电感、电容及有功负荷的大小。当 $\cos\varphi=1$ 时，表示电源发出的视在功率全为有功功率，即 $S=P$，$Q=0$；当 $\cos\varphi=0$ 时，则 $P=0$，表示电源发出的功率全为无功功率，即 $S=Q$。所以负荷的功率因数越接近 1 越好。

2.1.2 企业供电系统的功率因数

1. 瞬时功率因数

瞬时功率因数由功率因数表（相位表）直接读出，或者分别由功率表、电压表和电流表读取功率、电压、电流并按式（2-1）求出，即

$$\cos\varphi = \frac{P}{\sqrt{3}UI}$$

式中，P 为功率表读出的三相功率读数，单位为 kW；U 为电压表读出的线电压读数，单位为 kV；I 为电流表读出的电流读数，单位为 A。

瞬时功率因数只用来了解和分析工厂或设备在生产过程中无功功率变化情况，以便采取适当的补偿措施。

2. 平均功率因数

平均功率因数是指某一规定时间内功率因数的平均值，也称为加权平均功率因数。平

均功率因数的计算公式为

$$\cos\varphi=\frac{A_P}{\sqrt{A_P^2+A_Q^2}}=\frac{1}{\sqrt{1+\left(\frac{A_Q}{A_P}\right)^2}} \tag{2-2}$$

式中，A_P为某一时间内消耗的有功电能，单位为 kWh；A_Q为某一时间内消耗的无功电能，单位为 kvar · h。

我国电业部门每月向企业收取电费，规定电费要按每月平均功率因数的高低来调整。

2.1.3　提高负荷功率因数的意义

由于一般企业采用了大量的感应电动机和变压器等用电设备，特别是近年来大功率电力电子拖动设备的应用，企业供电系统除要供给有功功率外，还需要供给大量无功功率，使发电和输电设备的能力不能充分利用，并增加输电线路的功率损耗和电压损失，故提高用户的功率因数有重大意义，具体如下：

(1) 提高电力系统的供电能力。当发电和输、配电设备的安装容量一定时，提高用户的功率因数相应减少了无功功率的供给，则在同样设备条件下，电力系统输出的有功功率可以增加。

(2) 降低网络中的功率损耗。输电线路的有功功率损耗的计算公式为

$$\Delta P=\frac{RP^2}{\cos^2\varphi U_N^2}\times10^{-3}$$

由该式可知，当线路额定电压 U_N、线路传输的有功功率 P 及线路电阻 R 恒定时，则线路中的有功功率损耗与功率因数的平方成反比。故功率因数提高，可降低有功功率损耗。

(3) 减少网络中的电压损失，提高供电质量。由于用户的功率因数提高，使网络中的电流减少，因此，网络的电压损失减少，网络末端用电设备的电压质量提高。

(4) 降低电能成本。从发电厂发出的电能有一定的成本。提高功率因数可减少网络和变压器中的电能损耗。在发电设备容量不变的情况下，供给用户的电能就相应增多了，每千瓦时电的总成本就会降低。

2.1.4　供电部门对用户功率因数的要求

国家与电力部门对用户的功率因数有明确的规定，要求高压供电(6 kV 及以上)的工业及装有带负荷调整电压设备的用户功率因数应为 0.9 以上，要求其他电力用户的功率因数应为 0.85 以上，农业用户要求为 0.8 以上。供电部门将根据用户对这个规定的执行情况，在收取电费时分别做出奖、罚处理。

一般重要的用电大户，在设计和实际运行中都使其总降压变电所 6 kV～10 kV 母线上的功率因数达 0.95 以上，以保证加上变压器与电源线路的功率损耗后，仍能保证在上级变电所测得的平均功率因数大于 0.9。

2.2　提高功率因数的方法

提高功率因数的关键是尽量减少电力系统中各个设备所需用的无功功率，特别是减少负荷从电网中取用的无功功率，使电网在输送有功功率时，少输送或不输送无功功率。

2.2.1　正确选择电气设备

（1）选择气隙小、磁阻 R_a 小的电气设备。例如，在选择电动机时，若没有调速和启动条件的限制，应尽量选择鼠笼式电动机。

（2）同容量下选择磁路体积小的电气设备。例如，高速开启式电动机，在同容量下，其体积小于低速封闭和隔爆型电动机。

（3）电动机、变压器的容量选择要合适，尽量避免轻载运行。

（4）对不需调速、持续运行的大容量电动机，如主扇、压风机等，有条件时应尽量选用同步电动机。当同步电动机过激磁运行时，可以提供容性无功功率，提高供电系统的功率因数。

2.2.2　电气设备的合理运行

（1）消除严重轻载运行的电动机和变压器，对于负荷小于 40％额定功率的感应电动机，在能满足启动、工作稳定性等要求条件下，应以小容量电动机更换或将原为三角形接法的绕组改为星形接法的绕组，降低激磁电压。对于变压器，当其平均负荷小于额定容量的 30％时，应更换变压器或调整负荷。

（2）合理调度安排生产工艺流程，限制电气设备空载运行。

（3）提高维护检修质量，保证电动机的电磁特性符合标准。

（4）进行技术改造，降低总的无功消耗。如改造电磁开关使之无压运行，即电磁开关吸合后，电磁铁合闸电源切除仍能维持开关合闸状态，减少运行中无功消耗以及绕线式感应电动机同步化，使之提供容性无功功率等。

2.2.3　人工补偿提高功率因数

人工补偿提高功率因数的做法就是采用供应无功功率的设备来就地补偿用电设备所需要的无功功率，以减少线路中的无功输送。当用户在采用了各种“自身提高”措施后仍达不到规定的功率因数时，就要考虑增设人工补偿装置。人工补偿提高功率因数一般有以下四种方法。

1. 并联电力电容器组

利用电容器产生的无功功率与电感负载产生的无功功率进行交换，从而减少负载向电网吸取无功功率。并联电容器补偿法具有投资省、有功功率损耗小、运行维护方便、故障范围小、无振动与噪声、安装地点较为灵活的优点；其缺点是只有有级调节而不能随负载无功功率需要量的变化进行连续平滑的自动调节。

2. 采用同步调相机

同步调相机实际上就是一个大容量的空载运行的同步电动机，其功率大都在 5000 kW 以上，在过励磁时，它相当于一个无功发电机。其显著的优点是可以无级调节无功功率，但也有造价高、有功损耗大、需要专人进行维护等缺点。因而它主要用于电力系统的大型枢纽变电所，来调整区域电网的功率因数。

3. 采用可控硅静止无功补偿器

可控硅静止无功补偿器是一种性能比较优越的动态无功补偿装置，由移相电容器、饱和电抗器、可控硅励磁调节器及滤波器等组成。其特点是将可控的饱和电抗器与移相电容器并联，电容器可补偿设备产生的冲击无功功率的全部或大部分；当无冲击无功功率时，则利用由饱和电抗器所构成的可调感性负荷将电容器的过剩无功功率吸收，从而使功率因数保持在要求的水平上。滤波器可以吸收冲击负荷产生的高次谐波，保证电压质量，这种补偿方式优点是动态补偿反应迅速、损耗小，特别适合对功率因数变化剧烈的大型负荷进行单独补偿，如用于给矿山提升机的大功率可控硅整流装置供电的直流电动机、拖动机组等。可控硅静止无功补偿器的缺点是投资较大、设备体积大，因而其占地面积也较大。

4. 采用进相机改善功率因数

进相机也称为转子自励相位补偿机，是一种新型的感性无功功率设备，只适用于对绕线式异步电动机进行单独补偿，电动机容量一般为 95 kW～1000 kW。进相机的外形与电动机相似，没有定子及绕组，仅有和直流电动机相似的电枢转子，并由单独的、容量为 1.1 kW～4.5 kW 的辅助异步电动机拖动。其补偿原理是：工作时进相机与绕线式异步电动机的转子绕组串联运行，主电动机转子电流在进相机绕组上产生一个转速为 $n_2=3000/p$（p 为极对数）的旋转磁场；进相机由辅助电动机拖动顺着该旋转磁场的方向旋转；当进相机转速大于 n_2时，其电枢上产生相位超前于主电动机转子电流 90°的感应电动势 E_{in}叠加到转子电动势 E_2上，改变了转子电流的相位，从而改变了主电动机定子电流的相位，调整 E_{in}可以使主电动机在 $\cos\varphi=1$ 的条件下运行。

这种补偿方法的优点是投资少，补偿效果彻底，还可以降低主电动机的负荷电流，节电效果显著。其缺点是进相机本身是一旋转机构，还要由一辅助电机拖动，故增加了维护和检修的负担。另外，进相机只适宜负荷变动不大的大容量绕线转子式电动机，故应用范围受到一定的限制。

2.3 并联电力电容器组提高功率因数

2.3.1 电容器并联补偿的工作原理

在工厂企业中，大部分是电感性和电阻性的负载，因此总的电流 $\dot{I}$ 将滞后电压一个角度 φ_0。如果装设电容器，并与负载并联，则电容器的电流 $\dot{I}_C$将抵消一部分电感电流 $\dot{I}_L$，从而使无功电流由 $\dot{I}_L$减小到 $\dot{I}'_L$，总的电流由 $\dot{I}$ 减小到 $\dot{I}'$，功率因数则由 $\cos\varphi$ 提高到 $\cos\varphi'$，如图 2-1 所示。

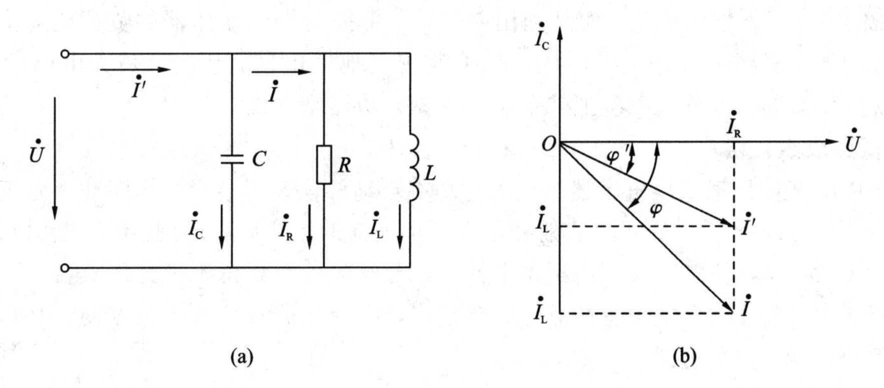

图 2-1　并联电容器的补偿原理

(a) 接线图；(b) 相量图

从图 2-1(b)所示的相量图可以看出，由于增装并联电容器，使功率因数角发生了变化，所以该并联电容器又称为移相电容器。如果电容器容量选择得当，可使 φ 减小到 0，而使 $\cos\varphi$ 提高到 1。这就是电容器并联补偿的工作原理。

2.3.2　电容器并联补偿的电容器组的设置

在供电系统中，当采用并联电力电容器组或其他无功补偿装置来提高功率因数时，需要考虑补偿装置的装设地点，不同的装设地点，其无功补偿区及补偿效益有所不同。对于用户供电系统，电力电容器组的设置有高压集中补偿、低压成组补偿和分散就地补偿三种方式。无功补偿的装设地点与补偿区的分布如图 2-2 所示。

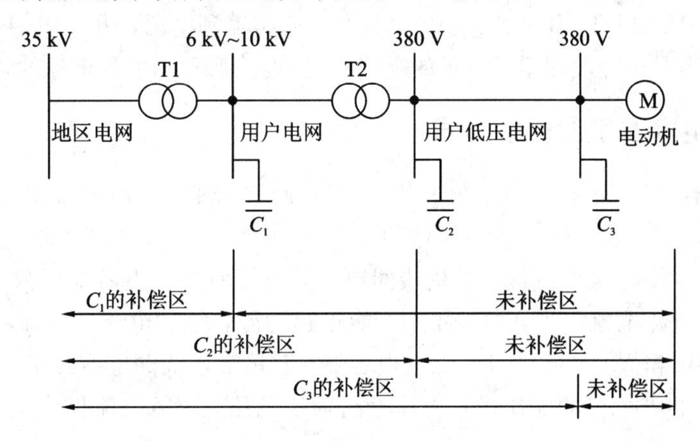

图 2-2　无功补偿的装设地点与补偿区的分布

1. 高压集中补偿

高压集中补偿是在地面变电所 6 kV～10 kV 母线上集中装设移相电容器组，如图 2-2所示的 C_1。

高压集中补偿一般设有专门的电容器室，并要求通风良好及配有可靠的放电设备。它只能补偿 6 kV～10 kV 母线前(电源方向)所有向该母线供电的线路上的无功功率，而该母线后(负荷方向)的用户电网并没有得到无功补偿，因而经济效果较差(针对用户)。

高压集中补偿的初期投资较低，由于用户 6 kV～10 kV 母线上无功功率变化比较平稳，因而便于运行管理和调节，而且利用率高，还可提高供电变压器的负荷能力。它虽然对本企业的技术经济效益较差，但从全局上改善了地区电网，甚至区域大电网的功率因数，所以至今仍是城市及大中型工矿企业的主要无功补偿方式。

2. 低压成组补偿

低压成组补偿是把低压电容器组或无功功率自动补偿装置装设在车间动力变压器的低压母线上，如图 2-2 所示的 C_2。它能补偿低压母线前的用户高压电网、地区电网和整个电力系统的无功功率，补偿区大于高压集中补偿，用户本身亦获得不少经济效益。低压成组补偿投资不大，通常电容器安装在低压配电室内，运行维护及管理也很方便，因而正在逐渐成为无功补偿的主要方式。

3. 分散就地补偿

分散就地补偿是将电容器组分别装设在各组用电设备或单独的大容量电动机处，如图 2-2 所示的 C_3。它与用电设备的停、运相一致，但不能与之共用一套控制设备。为了避免送电时的大电流冲击和切断电源时的过电压，要求电容器在投运时迟于用电设备，而停运时先于用电设备，并应设有可靠的放电装置。

分散就地补偿从补偿效果上看是比较理想的，除控制开关到用电设备的一小段导线外，其余区域直到系统电源都是它的补偿区。但是，分散就地补偿总的投资较大，其原因主要有两个：一是分散就地补偿多用于低压，而低压电容器的价格要比同等补偿容量的高压电容器高；二是要增加开关控制设备。此外，分散就地补偿也增加了管理上的不便，而且利用率较低，所以它仅适用于个别容量较大且位置单独的负荷的无功补偿。

对负荷较稳定的 6 kV～10 kV 高压绕线式异步电动机最理想的分散就地补偿措施是在电动机处就地安装相机，其补偿区从电动机起一直覆盖到电源，功率因数可补偿到 1，节电效果显著，一般数月就能收回增添设备的全部费用，是一种很有发展前途的补偿方式。

2.3.3 补偿电容器组的接线方式

补偿电容器组的基本接线有三角形和星形两种。在实际工程中，高压系统的补偿电容器组常按星形接线方式连接，主要原因如下：

(1) 三角形接线的电容器直接承受线间电压，与任何一台电容器因故障被击穿时，就形成两相短路，故障电流很大，如果故障不能迅速切除，故障电流和电弧将使绝缘介质分解产生气体，使油箱爆炸，并波及邻近的电容器。而星形接线的电容器组发生同样故障时，只是非故障相电容器承受的电压由相电压升高为线电压，故障电流仅为正常电容电流的 3 倍，远小于短路电流。

(2) 星形接线的电容器组可以选择多种保护方式。少数电容器故障击穿短路后，单台的保护熔断器可以将故障电容器迅速切除不致造成电容器爆炸。

(3) 星形接线的电容器组结构比较简单、清晰，建设费用经济，当应用到更高电压等级时，这种接线更为有利。

采用三角形接线可以充分发挥电容器的补偿能力。电容器的补偿容量与加在其两端的电压有关，即

$$Q_C = UI = \frac{U^2}{X_C} = w\,CU^2 \quad \text{(kvar)} \tag{2-3}$$

当电容器采用三角形接线时，每相电容器承受线电压，而当采用星形接线时，每相电容器承受相电压，所以有

$$Q_{CY} = \omega C\left(\frac{U}{\sqrt{3}}\right)^2 = \omega C\,\frac{U^2}{3} = \frac{Q_{C\Delta}}{3} \quad (\text{kvar}) \tag{2-4}$$

式(2-4)表明，具有相同电容量的三个单相电容器组，在采用三角形接法时的补偿容量是采用星形接线的 3 倍。因此，补偿用低压电容器或电容器组一般采用三角形接线方式。

2.4　高压集中补偿提高功率因数的计算

1. 确定用户 6 kV～10 kV 母线上的自然功率因数

在设计阶段，自然功率因数 $\cos\varphi_1$ 的计算式为

$$\cos\varphi_1 = \frac{P_{ca.6}}{S_{ca.6}} \tag{2-5}$$

式中，$P_{ca.6}$ 为用户 6 kV～10 kV 母线上的计算有功功率，单位为 kW；$S_{ca.6}$ 为用户 6 kV～10 kV 母线上的计算视在功率，单位为 kVA。

在已正常生产的用户中，$\cos\varphi_1$ 的计算式为

$$\cos\varphi_1 = \frac{A_P}{\sqrt{{A_P}^2 + {A_Q}^2}} \tag{2-6}$$

式中，A_P 为用户月(年)的有功耗电量，单位为 kW·h；A_Q 为用户月(年)的无功耗电量，单位为 kvar·h。

2. 计算补偿容量

使功率因数从 $\cos\varphi_1$ 提高到 $\cos\varphi_2$ 所需的补偿容量为

$$Q_C = K_{t_0} P_{ca}(\tan\varphi_1 - \tan\varphi_2) \tag{2-7}$$

式中，Q_C 为所需电容器组的总补偿容量，单位为 kvar；K_{t_0} 为平均负荷系数，计算时取 0.7～0.85；P_{ca} 为用户 6 kV～10 kV 母线上的计算有功负荷，单位为 kW；$\tan\varphi_1$、$\tan\varphi_2$ 分别为补偿前、后功率因数的正切值。

3. 计算三相所需电容器的总台数 N 和每相电容器台数 n

常用电力电容器技术数据如表 2-1 所示，可从中选择补偿电容器型号和单台容量。在三相系统中，当单个电容器的额定电压与电网电压相同时，电容器应按三角形接线，当低于电网电压时，应将若干单个电容器串联后接成三角形。图 2-3 为电容器接入电网的示意图。

按三角形接线时，单相电容器总台数 N 为

$$N = \frac{Q_C}{q_C\left(\dfrac{U}{U_{N.C}}\right)^2} \tag{2-8}$$

式中，Q_C 为三相所需总电容器容量，单位为 kvar；q_C 为单台(柜)电容器容量，单位为 kvar；U 为电

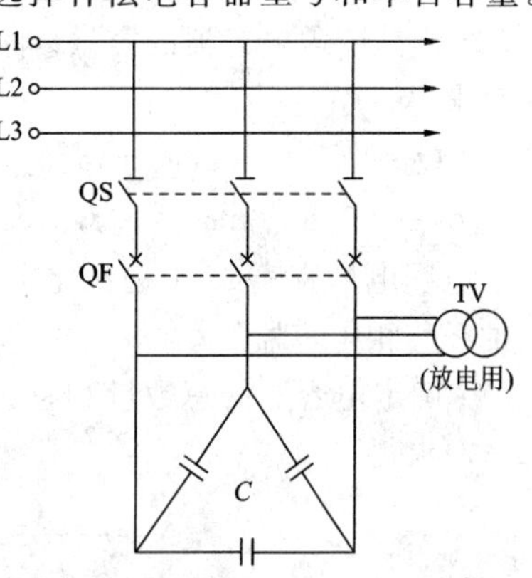

图 2-3　电容器接入电网的示意图

网工作电压(电容器安装处的实际电压)，单位为 V；$U_{N.C}$为电容器额定电压，单位为 V。

每相电容器的台数为

$$n=\frac{N}{3} \tag{2-9}$$

表 2-1　常用电力电容器技术数据

型　号	额定电压/kV	标称容量/kvar	标称电容/μF	相　数	重量/t
YY0.4-12-1	0.4	12	240	1	21
YY0.4-24-1	0.4	24	480	1	40
YY0.4-12-3	0.4	12	240	3	21
YY0.4-24-3	0.4	24	480	3	40
YY6.3-12-1	6.3	12	0.962	1	21
YY6.3-24-1	6.3	24	1.924	1	40
YY10.5-12-1	10.5	12	0.347	1	21
YY10.5-24-1	10.5	24	0.694	1	40

注：第一个字母 Y 表示电容器，第二个字母 Y 表示矿物油浸渍。

4. 选择实际台数

在算出 N 值后，考虑高压为单相电容器，故实际取值应为 3 的倍数(6 kV～10 kV 接线为单母线不分段)，对于 6 kV～10 kV 为单母线分段的变电所，由于电容器组应分两组安装在各段母线上，故每相电容器台数应取双数，所以单相电容器的实际总台数 N' 应为 6 的整数倍。

常州变电所 6 kV 母线月有功耗电量为 4×10^6 kW·h，月无功耗电量为 3×10^6 kvar·h，半小时有功最大负荷 $P_{30}=1\times10^4$ kW，平均负荷率为 0.8。求把功率因数提高到 0.95 所需电容器的容量及电容器的数目。

分析：(1) 求自然功率因数。按式(2-6)求得

$$\cos\varphi_1=\frac{A_P}{\sqrt{A_P^2+A_Q^2}}=\frac{4\times10^6}{\sqrt{(4\times10^6)^2+(3\times10^6)^2}}=0.8$$

(2) 计算所需电容器的容量。将功率因数由 0.8 提高到 0.95 所需电容器的容量可由式(2-7)求得，有

$$Q_C=K_{t_0}P_{30}(\tan\varphi_1-\tan\varphi_2)=0.8\times1\times10^4\times(0.75-0.33)=3360\ (\text{kvar})$$

式中，$\cos\varphi_1=0.8$；$\tan\varphi_1=0.75$；$\cos\varphi_2=0.95$；$\tan\varphi_2=0.33$。

按电网电压查表 2-1 选额定电压为 6.3 kV、额定容量为 12 kvar 的 YY6.3-12-1 型单相油浸移相电容器。

(3) 确定电容器的总数量和每相电容器数。按三角形接线，所需电容器的总台数 N 按式(2-8)求得

$$N=\frac{Q_C}{q_C\left(\frac{U}{U_{N.C}}\right)^2}=\frac{3360}{12\times\left(\frac{6}{6.3}\right)^2}\approx310\ (\text{台})$$

每相电容器台数 n 为

$$n=\frac{N}{3}=\frac{310}{3}=103.3(\text{台})$$

（4）选择实际台数。考虑大型用户变电所 6 kV 均为单母线分段，故取实际每相电容器数为 $n=104$ 个，则实际电容器的台数取为 $N=312$ 台。

在工程实际中，常将多台电容器按相按组并按三角接线装在一起，构成电容器柜，例如，GR－1C 系列高压电容器柜及放电柜，其技术参数如表 2－2 所示。在选用电容器柜时，式(2－8)中的 q_C 就是单柜的补偿容量。

表 2－2　高压电容器柜及放电柜技术参数

型　号	电压/kV	每柜容量/kvar	接法	重量/t	外形尺寸(宽×厚×高)/m
GR－1C－07	6，10	12×18=216	△	0.7	1.0×1.2×2.8
GR－1C－08	6，10	15×18=270	△	0.7	1.0×1.2×2.8
GR－1C－03	6，10	（放电柜）		0.7	0.8×1.2×2.8

GR－1C 系列高压电容器柜用于工矿企业 3 kV～10 kV 变配电所，作为改善电网功率因数的户内成套装置，其由电容器柜及放电柜两种柜型组成。

GR－1C 系列高压电容器柜为横差保护型，即当柜内某一电容器发生过流时，依靠接成横差线路的电流互感器驱动主电路开关跳闸。其中，一次方案为 07 的电容器柜内装 BW10.5－18 型电容器 12 台，一次方案为 08 的电容器柜内装电容器 15 台，补偿容量分别为 216 kvar 和 270 kvar；一次方案为 03 的放电柜，内装 JDZ－10/100 V 电压互感器两台，电压表、转换开关各一个，信号灯三个。

2.5　简单线性电器的功率因数提高方法

用户功率因数的高低，对于电力系统发、供、用电设备的充分利用有着显著的影响。适当提高用户的功率因数，不但可以充分地发挥发、供电设备的生产能力、减少线路损失、改善电压质量，而且可以提高用户用电设备的工作效率和为用户本身节约电能。因此，对于全国广大供电企业、特别是对现阶段全国性的一些改造后的农村电网来说，若能有效地搞好低压补偿，不但可以减轻上一级电网补偿的压力，改善提高用户功率因数，而且能够有效地降低电能损失，减少用户电费。其社会效益及经济效益都会是非常显著的。

2.5.1　影响功率因数的主要因素

电感性设备：电感性设备和电力变压器是耗用无功功率的主要设备。大量的电感性设备，如异步电动机、感应电炉、交流电焊机等是无功功率的主要消耗者。据有关的资料统计，在工矿企业所消耗的全部无功功率中，异步电动机的无功功率消耗占了 60%～70%；而在异步电动机空载时所消耗的无功功率又占到电动机总无功功率消耗的 60%～70%。所以要改善异步电动机的功率因数就要防止电动机的空载运行并尽可能提高负载率。电力变压器消耗的无功功率一般约为其额定容量的 10%～15%，它的空载无功功率约为满载时的 1/3。因而，为了改善电力系统和企业的功率因数，变压器不应空载运行或长期处于低负载运行状态。

供电电压超出规定范围会对功率因数造成很大影响：当供电电压高于额定值的 10% 时，由于磁路饱和的影响，无功功率将增长得很快，据有关资料统计，当供电电压为额定值的 110%时，一般无功功率将增加 35%左右。当供电电压低于额定值时，无功功率也相应减少而使它们的功率因数有所提高。但供电电压的降低会影响用电设备的正常工作。所以，应当采取措施使电力系统的供电电压尽可能保持稳定。电网频率的波动也会对异步电动机和变压器的磁化无功功率造成一定的影响。

综上所述，我们知道了影响电力系统功率因数的一些主要因素，因此要寻求一些行之有效的、能够使低压电力网功率因数提高的一些实用方法，使低压电力网能够实现无功的就地平衡，达到降损节能的效果。

2.5.2　功率因数引起的实际功率变化曲线

图 2－4 是功率因数的变化引起实际功率变化的曲线。图 2－4(a)是功率因数为 1 的电路中电压、电流、瞬时功率及平均功率($\varphi=0$，$\cos\varphi=1$)，由于平均功率在 X 轴上方，所有功率均为实功，被负载所消。图 2－4(b)是功率因数滞后的电路中电压、电流、瞬时功率及平均功率($\varphi=45°$，$\cos\varphi=0.71$)的波形，可以看出在标示 φ 的那段时间，部分功率由负载回到电源端。图 2－4(c)是功率因数为 0 的电路中电压、电流、瞬时功率及平均功率的波形($\varphi=90°$，$\cos\varphi=0$)，可以看出前四分之一个周期，功率暂时储存在负载，接下来四分之一个周期，功率由负载回到电网，因此没有消耗实功。

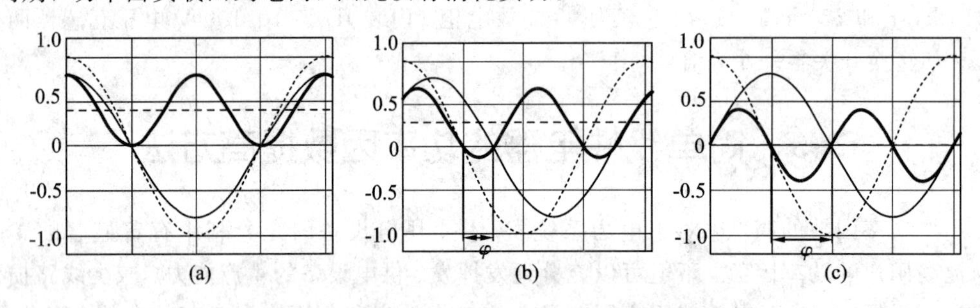

图 2－4　功率因数的变化引起实际功率变化曲线

(a) 功率因数为 1 的电路；(b) 功率因数滞后的电路；(c) 功率因数为 0 的电路

当电感或电容元件开关时，可能会产生电压变动或是谐波噪声，而且可能会提高系统的无载损失。在最坏的情形下，这些有电抗成分的元件可能会和系统中的其他元件共振，引起系统的不稳定及严重的过电压问题，因此需在经过工程分析后才能加装修正功率因子的电感或电容元件。

功率因数测量：单相电路(或平衡三相电路)的功率因数可以利用瓦特计一电流计一电压计的方式测量，将测量到的功率除以电流和电压的乘积即可。平衡的多相电路其功率因数和任何一相相同，不平衡多相电路的功率因数则没有一致的定义。

若功率因数表只要量测位移功率因数，可以用电动式的动圈式电表来制作，但在仪器上的移动线圈需改为两个垂直的移动线圈。仪器的磁场由负载电路中的电流产生。垂直的移动线圈分别为 A 和 B，A 线圈串接电阻后与负载线路并联，B 线圈串接电感后与负载线路并联，因此 B 线圈的电流会较 A 线圈落后。当功率因数为 1 时，A 线圈的电流会和负载电流同相，因此 A 线圈会产生最大的力矩，使功率因数表的指针指向 1.0 的刻度，当功率因数为 0 时，B 线圈的电流会和负载电流同相，因此 B 线圈会产生力矩，使功率因数表的指针指向 0 的位置。若功率因数介于 0 和 1 之间，会依两个线圈产生力矩的大小决定最后指针的位置。

数位化的仪器可以直接测量电压和电流之间的相位角，计算功率因数，也可以测量有功功率和视在功率，再计算功率因数。前者只能用在电压和电流为弦波的情形下，若电压和电流不是弦波，此方法只能计算位移功率因数。后者可适用于线性及非线性的负载。

2.5.3　低压网无功补偿的一般方法

低压无功补偿我们通常采用的方法主要有三种：随机补偿、跟踪补偿和随器补偿。下面简单介绍这三种补偿方式的适用范围及使用该种补偿方式的优点。

随机补偿是指根据个别用电设备对无功功率的需要量将单台或多台低压电容器组分散地与用电设备并接，它与用电设备共用一套断路器，通过控制、保护装置与电机同时投切。随机补偿适用于补偿个别大容量且连续运行(如大中型异步电动机)的无功消耗，以补励磁无功为主。此种方式可较好地限制电网无功峰荷。

随机补偿的优点是：当用电设备运行时，无功补偿投入；当用电设备停运时，补偿设备也退出，不会造成无功倒送，而且不需频繁调整补偿容量；具有投资少、占位小、安装容易、配置方便灵活、维护简单、事故率低等优点。

跟踪补偿：跟踪补偿是指以无功补偿投切装置作为控制保护装置，将低压电容器组补偿在大用户 0.4 kV 母线上的补偿方式。适用于 100 kV · A 以上的专用配电用户，可以替代随机、随器两种补偿方式，补偿效果好。

跟踪补偿的优点是：运行方式灵活，运行维护工作量小，比前两种补偿方式寿命相对延长、运行更可靠。但其缺点是控制保护装置复杂、首期投资相对较大。但当这三种补偿方式的经济性接近时，应优先选用跟踪补偿方式。

随器补偿是新生事物，优点很多，但要推行起来，一些技术问题还难以解决。主要是安装位置的选择、补偿容量的确定以及随器补偿电容器的保护问题。

2.5.4　采用适当措施，设法提高系统自然功率因数

提高自然功率因数时不需要任何补偿设备投资，仅采取各种管理上或技术上的手段来减少各种用电设备所消耗的无功功率，这是一种最经济的提高功率因数的方法。下面将对提高自然功率因数的措施做一些简要的介绍。

1. 合理选用电动机

合理选择电动机，使其尽可能在高负荷率状态下运行。在选择电动机时，既要注意它们的机械特性，又要考虑它们的电气指标。例如，三相异步电动机(100 kW)在空载时功率因数仅为 0.11，1/2 负载时约为 0.72，而满负载时可达 0.86。所以核算负荷小于 40%的感应电动机，应换以较小容量的电动机，并合理安排和调整工艺流程，改善运行方式，限制空载运转。故从节约电能和提高功率因数的观点出发，必须正确、合理地选择电动机的容量。

2. 提高异步电动机的检修质量

实验表明，异步电动机定子绕组匝数变动和电动机定、转子间的气隙变动对异步电动机无功功率的大小有很大影响。因此在检修时要特别注意不使电动机的气隙增大，以免使功率因数降低。

3. 采用同步电动机或异步电动机同步运行补偿

由电机原理可知，同步电动机消耗的有功功率取决于电动机上所带机械负荷的大小，而无功功率取决于转子中的励磁电流大小。在欠激状态时，定子绕组向电网“吸取”无功功率，在过激状态时，定子绕组向电网“送出”无功功率。因此，只要调节电机的励磁电流，使其处于过激状态，就可以使同步电机向电网“送出”无功功率，减少电网输送给工矿企业的无功功率，从而提高了工矿企业的功率因数。异步电动机同步运行就是将异步电动机三相转子绕组适当连接并通入直流励磁电流，使其呈同步电动机运行状态，这就是“异步电动机同步化”。因而只要调节电机的直流励磁电流，使其呈过激状态，即可以向电网输出无功功率，从而达到提高低压网功率因数的目的。

4. 正确选择变压器容量提高运行效益

对于负载率比较低的变压器，一般采取“撤、换、并、停”等方法，使其负载率提高到最佳值，从而改善电网的自然功率因数。例如，对平均负荷小于 30％的变压器宜从电网上断开，通过联络线提高负荷率。

通过以上一些提高加权平均功率因数和自然功率因数的叙述，可以对“功率因数”这个简单的电力术语有更深的了解和认识。功率因数的提高对电力企业的深远影响，下节将简单介绍对用电设备进行人工补偿的方式和补偿容量的确定方法。

2.5.5 功率因数的人工补偿

功率因数是工厂电气设备使用状况和利用程度的具有代表性的重要指标，也是保证电网安全、经济运行的一项主要指标。供电企业仅仅依靠提高自然功率因数的办法已经不能满足工厂对功率因数的要求，工厂自身还需要装设补偿装置，对功率因数进行人工补偿。

1. 静电电容器补偿

静电电容器又称为电力电容器。其利用电容器进行补偿，具有投资省、有功功率损耗小、运行维护方便、故障范围小等优点。但当通风不良、运行温度过高时，油介质电容器易发生漏油、鼓肚、爆炸等故障。因此，建议使用粉状介质电容器。

当企业感性负载比较多时，它们从供电系统吸取的无功功率是滞后(负值)功率，如果用一组电容器和感性负载并联，电容需要的无功功率是超前(正值)功率，如果电容器选得合适，这时企业已不需要向供电系统吸取无功功率，功率因数为 1，达到最佳值。

2. 动态无功功率补偿

动态无功功率补偿一般应用于用电容量大、生产过程其负载急剧变化且具有重复冲击性的大型钢铁企业。这种波动频繁、急剧、幅值很大的动态无功功率，采用调相机或固定电容器进行补偿已远远满足不了要求，目前一般采用的新型动态无功功率补偿设备是静止无功补偿器。它具有稳定系统电压、改善电网运行性能、动态补偿反应迅速、调节性能优越等优点。但最明显的缺点是投资大、设备体积大、占地面积大。

3. 分相补偿

在民用建筑中大量使用的是单相负荷，照明设备、空调等由于负荷变化的随机性大，容易造成三相负载的严重不平衡，尤其是住宅楼中三相负载的不平衡更为严重。由于调节补偿无功功率的采样信号取自三相中的任意一相，造成未检测的两相不是过补偿，就是欠补偿。如果过补偿，则过补偿相的电压升高，造成控制、保护元件等用电设备因过电压而损坏；如果欠补偿，则补偿相的回路电流增大，线路及断路器等设备由于电流的增加而导致发热被烧坏。这种情况下用传统的三相无功补偿方式，不但不节能，反而浪费资源，难以对系统的无功补偿进行有效补偿，补偿过程中所产生的过、欠补偿等弊端更是对整个电网的正常运行带来了严重的危害。

据有关资料介绍，某地综合楼是集商场、银行、办公、车库、宾馆为一体的一类高层建筑，总建筑面积 3.2 万平方米。主要用电设备有空调机组、水泵、风机及照明灯具等，其中照明灯具均为单相负荷，功率因数在 0.45～0.75 之间。低压有功计算负荷为 2815 kW，其中，照明用电有功负荷为 1086.5 kW，其他负荷基本为空调、风机、水泵、电梯等三相负荷。补偿前无功功率为 31 872 kvar，若整体功率因数补偿到 0.92，需补偿 1982 kvar，补偿后无功功率为 1200 kvar。原设计采用低压配电室并联电容器组三相集中自动补偿，在工程竣工投入使用后，经常出现仪器、灯具等用电设备烧坏或不能正常使用等情况，影响正常经营和工作。经现场测试，发现低压馈线回路三相负荷不平衡且差距很大，电流差异大，最大相与最小相的电流差为 900 A；检测母线电压，三相母线电压有的高达 260 V，有的低到 190 V。通过分析是三相电容自动补偿造成的结果。

对于三相不平衡及单相配电系统采用分相电容自动补偿是解决上述问题的一种较好的办法，其原理是通过调节无功功率参数的信号取自三相中的每一相，根据每相感性负载的大小和功率因数的高低进行相应的补偿，对其他相不产生相互影响，故不会产生欠补偿和过补偿的情况。

第3章　三相短路电流及其计算

内容摘要：围绕短路电流一个中心展开研究，包括三相短路、两相短路、单相对地短路和两相对地短路四个方面的内容，讨论分析各种短路形成的原因和解决方法。

理论教学要求：理解三相短路、两相短路、单相对地短路和两相对地短路的概念，掌握它们的形成原因和解决方法。

工程教学要求：能运用所学知识，分析各种短路形成的原因和解决方法。

三相短路电流计算是电力系统规划、设计、运行中必须进行的计算分析工作。目前，三相短路电流超标问题已成为困扰国内很多电网运行的关键问题。然而，在进行三相短路电流计算时，各设计、运行和研究部分采用的计算方法各不相同，这就有可能造成短路电流计算结论的差异和短路电流超标判定的差异以及短路电流限制措施的不同。

假如短路电流计算结果偏于守旧，有可能造成不必要的投资浪费；若偏于乐观，则将给系统的安全稳定运行埋下灾难性的隐患。因而，在深入研究短路电流计算标准的基础上，比较了不同短路电流计算条件对短路电流计算结论的影响，以期能为电网短路电流的计算和限制提供更切合实际的方法和思路。

三相系统中发生的短路有四种基本类型：三相短路、两相短路、单相对地短路和两相对地短路。其中，三相短路时，三相回路依旧对称，因而又称为对称短路，其余三类均属不对称短路。在中性点接地的电力网络中，以一相对地的短路故障最多，约占全部故障的90%。在中性点非直接接地的电力网络中，短路故障主要是各种相间短路。

当发生短路时，电力系统从正常的稳定状态过渡到短路的稳定状态，一般需 3 s～5 s。在这一暂态过程中，短路电流的变化很复杂。它有多种分量，其计算需采用电子计算机。在短路后约半个周波(0.01 s)时将出现短路电流的最大瞬时值，称为冲击电流。它会产生很大的电动力，其大小可用来校验电工设备在发生短路时机械应力的动稳定性。短路电流的分析、计算是电力系统分析的重要内容之一。它为电力系统的规划设计和运行中选择电工设备、整定继电保护、分析事故提供了有效手段。

当供电网络中发生短路时，很大的短路电流会使电气设备过热或受电动力作用而遭到损坏，同时使网络内的电压大大降低，因而破坏了网络内用电设备的正常工作。为了消除或减轻短路的后果，就需要计算短路电流，以正确地选择电气设备、设计继电保护和选用限制短路电流的元件。

计算短路电流的目的是限制短路的危害和缩小故障的影响范围。在变电所和供电系统的设计和运行中，基于以下用途必须进行短路电流的计算。

(1) 选择电气设备和载流导体，必须用短路电流校验其热稳定性和动稳定性。

(2) 选择和整定继电保护装置，使之能正确地切除短路故障。

(3) 确定合理的主接线方案、运行方式及限流措施。

(4) 保护电力系统的电气设备在最严重的短路状态下不损坏，尽量减少因短路故障产生的危害。

计算条件如下：

(1) 假设系统有无限大的容量，用户处短路后，系统母线电压能维持不变，即计算阻抗比系统阻抗要大得多，具体规定是：对于 3 kV～35 kV 级电网中短路电流的计算，可以认为 110 kV 及以上的系统的容量为无限大，只要计算 35 kV 及以下网络元件的阻抗。

(2) 在计算高压电器中的短路电流时，只需考虑发电机、变压器、电抗器的电抗，而忽略其电阻；对于架空线和电缆，只有当其电阻大于电抗的 1/3 时才需计入电阻，一般也只计电抗而忽略电阻。

(3) 短路电流计算公式或计算图表，都以三相短路为计算条件。因为单相短路或二相短路时的短路电流都小于三相短路电流。能够分断三相短路电流的电器，一定能够分断单相短路电流或二相短路电流。

本章首先介绍短路的原因、形成及危害，然后分析无限大容量电源系统发生三相短路时的过渡过程及有关物理量，重点讲述三相短路电流的两种计算方法，即欧姆法和标幺制法，最后介绍短路电流的热稳定性和动稳定性。

3.1　短路的原因、形式和危害

3.1.1　短路的原因

电力系统在向负荷提供电能、保证用户生产和生活正常进行的同时，也可能由于各种原因出现一些故障，从而破坏系统的正常运行。电力系统中出现最多的故障形式是短路。短路是指不同电位的带电导体之间通过电弧或其他较小阻抗非正常地连接在一起。造成短路的原因很多，主要有以下几个方面：

(1) 电气设备载流部分的绝缘损坏。例如，设备长期运行，绝缘自然老化；设备本身设计、安装和运行维护不良；绝缘材料陈旧；绝缘强度不够而被正常电压击穿；设备绝缘正常而被过电压(被雷电过电压)击穿；设备绝缘受到机械损伤而使绝缘能力下降(这是短路发生的主要原因)。

(2) 气象条件恶化。例如，雷击、过电压造成网络放电，风灾引起架空线路短线或导线覆冰引起电杆倒塌等造成短路。

(3) 人为过失。例如，运行人员带负荷误拉隔离开关，造成弧光短路；检修线路或设备时未拆除检修接地线就合闸供电，造成接地短路等。

(4) 鸟兽跨越于裸露的相线之间或与接地物体之间，或者鸟兽咬坏设备导线的绝缘，造成短路。

(5) 空气污染、PM2.5 过大等导致形成酸雨，腐蚀输电、用电设备，特别是在化工企业附近，更容易因为环境污染形成酸雨造成短路。

3.1.2　短路的形式

三相系统短路的基本形式有三相短路、两相短路、两相接地短路和单相短路，如图3-1所示。当三相短路时，由于短路回路阻抗相等，因此，三相电流和电压仍是对称的，故属于对称短路；而当其他类型短路时，不仅每相电路中的电流和电压数值不等，其相角也不同，这些短路属于不对称短路。三相系统短路的形式分述如下：

(1) 三相短路用$k^{(3)}$表示，如图3-1(a)所示。三相短路电压和电流仍是对称的，只是电流比正常值增大，电压比额定值降低。三相短路发生的概率最小，只有5%左右，但它是危害最严重的短路形式。

(2) 两相短路用$k^{(2)}$表示，如图3-1(b)所示。两相短路发生的概率约为10%～15%。

(3) 两相接地短路用$k^{(1.1)}$表示，如图3-1(c)所示。它是指中性点不接地系统中两不同相均发生单相接地而形成的两相短路，亦指两相短路后又接地的情况。两相接地短路发生的概率约为10%～20%。

(4) 单相接地短路用$k^{(1)}$表示，如图3-1(d)所示。它的危害虽不如其他短路形式严重，但在中性点直接接地系统中，发生的概率最高，约占短路故障的65%～70%。

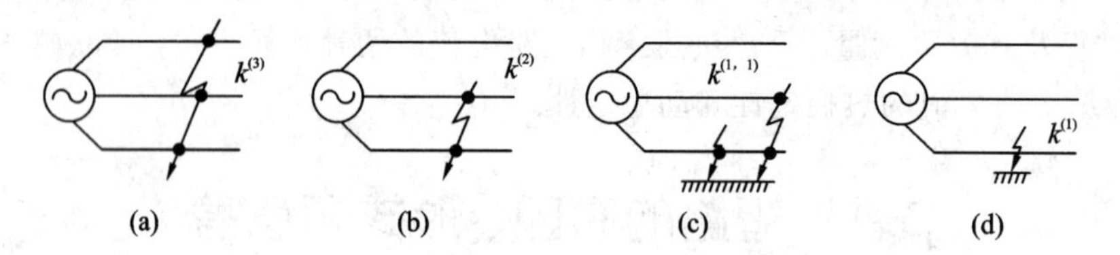

图3-1　短路的形式

(a) 三相短路；(b) 两相短路；(c) 两相接地短路；(d) 单相接地短路

3.1.3　短路的危害

当发生短路时，由于部分负荷阻抗被短接，供电系统的总阻抗减小，因而短路回路的短路电流比正常工作电流大得多。在大容量电力系统中，短路电流可达几万安培甚至几十万安培。如此大的短路电流会对供电系统产生极大的危害，其主要包括以下几个方面：

(1) 当短路电流通过导体时，使导体大量发热，温度急剧升高，从而破坏设备绝缘；同时，通过短路电流的导体会受到很大的电动力作用，使导体变形甚至损坏。

(2) 短路点可能会出现电弧。电弧的温度很高，使电气设备遭到破坏，使操作人员的人身安全受到威胁。

(3) 短路电流所通过的线路，要产生很大的电压降，使系统的电压水平骤降，引起电动机转速突然下降，甚至停转，严重影响电气设备的正常运行。

(4) 短路可造成停电状态，而且越靠近电源，停电范围越大，给国民经济造成的损失也越大。

(5) 严重的短路故障若发生在靠近电源的地方且维持时间较长，可使并联运行的发电机组失去同步，甚至可能造成系统解列。

(6) 不对称的接地短路，其不平衡电流将产生较强的不平衡磁场，对附近的通信线路、电子设备及其他弱电控制系统可能产生干扰信号，使通信失真、控制失灵、设备产生误操作。

由此可见，短路的后果是十分严重的。所以必须设法消除可能引起短路的一切因素，使系统安全可靠地运行。

3.2　供电系统的短路过程分析

3.2.1　无线大容量电源与供电系统

无线大容量电源系统是指当电力系统的电源距离短路点的电气设备较远时，由短路引起的电源输出功率的变化远小于电源的容量，所以可设电源容量为无限大。无限大容量电源系统的外电路发生短路所引起的功率改变对于电源来说是微不足道的，因而电源电压和频率保持恒定。

无限大容量电源是一个理想的电力系统，实际上是不存在的。但是，由于供配电系统处于电力系统的末端，因此尽管短路故障对系统中靠近短路点的局部系统影响很大，但对于距离短路点较远的系统来说，其扰动较小，可以认为此时的系统就是无限大容量电源系统。

在实际工程计算中，当电力系统的电源总阻抗不超过短路电路总阻抗的5%～10%，或者电力系统容量超过用户供电系统容量的50倍时，可认为该系统为无限大容量系统。

3.2.2　供电系统三相电路过程分析

图3-2是一个无限大容量系统发生三相短路的电路图。其三相电路图如图3-2(a)所示，由于短路前、短路后都是三相对称的，因此其等效电路可以用如图3-2(b)所示的单相等值电路来表示。当系统正常运行时，电路中电流取决于电源和电路中包括负荷在内的所有元件的总阻抗。

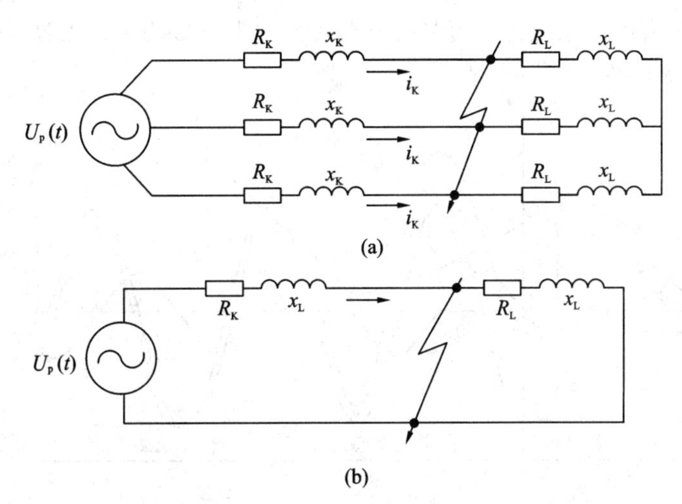

图3-2　无限大容量系统发生三相短路时的电路图

(a) 三相电路图；(b) 单相等值电路图

当发生三相短路时，电路的方程式为

$$R_k i_k + L_k \frac{di_k}{dt} = U_m \sin(\omega t + \alpha) \tag{3-1}$$

式中，i_k 为短路电流的瞬时值；α 为电源相电压的初相位；U_m 为电源相电压的幅值；R_k、X_k分别为从电源到短路点的等值阻抗和电抗，其中 $X_k = \omega L_k$；ω 为电源的角频率；L_k为从电源到短路点的等值电感。

根据电工学的知识，求解此线性一阶非齐次微分方程，可得短路电流为

$$i_k = I_{pm}\sin(\omega t + \alpha + \varphi_k) + [I_m \sin(\alpha - \varphi) - I_{pm}\sin(\alpha - \varphi_k)]e^{-1/t} \tag{3-2}$$

$$I_{pm} = \frac{U_m}{|Z_k|} \cdot |Z_k| = \sqrt{R_k^2 + X_k^2}$$

$$\varphi_k = \arctan\frac{X_k}{R_k}$$

$$\tau = \frac{L_k}{R_k} = \frac{X_k}{314R_k}$$

式中，I_{pm}为短路电流周期分量的幅值；I_m为短路前电路电流的幅值；φ 为短路前电路的阻抗角；φ_k为短路后电路的阻抗角；τ 为短路回路的时间常数。

由式(3-2)可见，短路电流 i_k由两部分组成，第一部分是随时按时间正弦规律变化的周期分量，其大小取决于电源电压和短路回路的阻抗，属于强制分量，用 i_p表示，其幅值在暂态过程中保持不变。第二部分是随时间按指数规律衰减的非周期分量，属于自由分量，用 i_{np}表示，其值在短路瞬间最大。所以整个过渡过程短路电流为

$$i_k = i_p + i_{np} \tag{3-3}$$

产生非周期分量的原因在于：电路中有电感存在，在短路的瞬间，由于电感电路的电流不能突变，势必产生一个非周期分量电流而维持其原来的电流。

非周期分量按指数规律衰减的快慢取决于短路回路的时间常数 τ。高压电网其电阻较电抗小得多，多取 τ=0.05 s。在短路后经过(3～5)τ(约为 0.2 s)，非周期分量即可衰减为零。此时暂态过程结束，系统进入短路的稳定状态。图 3-3 为无线大容量系统发生三相短路时的电压与电流曲线。

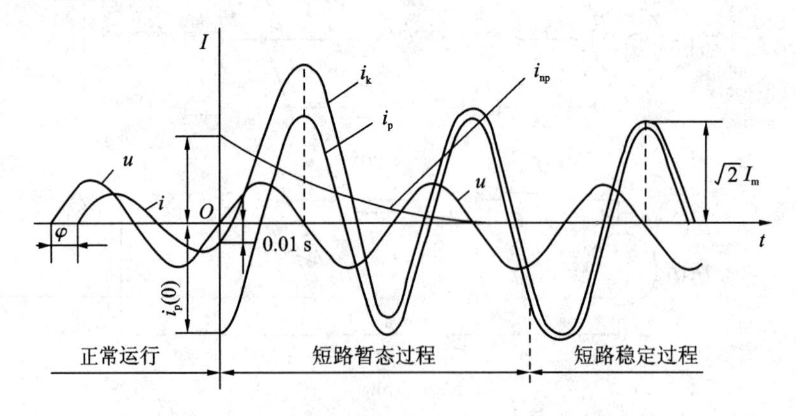

图 3-3　无限大容量系统发生三相短路时的电压与电流曲线

在电源电压及短路地点不变的情况下，要使短路电流达到最大值，必须具备以下条件：

(1) 短路前电路处于空载状态，即$|Z|\to\infty$，$I_m\to 0$。

(2) 短路瞬间(当 $t=0$ 时)某相电压瞬时值过零值，即初相角 $\alpha=0°$。

(3) 短路回路近似于纯电感电路，即实际系统中出现上述情况的概率很小，但是它所引起的短路后果很严重。以此作为计算短路电流的条件，此时的短路电流为

$$i_k = I''_{pm}\sin(\omega t - 90°) + I''_{pm}e^{-t/\tau} \tag{3-4}$$

式中，$I''_{pm}=\dfrac{U_m}{X_k}$，比短路前电路的电流幅值骤增。

3.3.3　与短路有关的物理量

1. 短路电流的周期分量

短路电流周期分量 $i_p=I''_{pm}\sin(\omega t-90°)$，在相位上近似滞后于电源电压 90°，如图 3-3 所示。短路瞬间 i_p 为最大值，即

$$i_p(0) = -I''_{pm} = -\sqrt{2}I'' \tag{3-5}$$

式中，I'' 为短路次暂态电流的有效值，它是指短路后第一个周期的短路电流周期分量的有效值；I''_{pm} 为短路电流周期分量的幅值。

由于短路电流的周期分量的有效值在短路全过程中不变，所以有

$$I_p = I'' \tag{3-6}$$

式中，I_p 为短路电流周期分量的有效值。

2. 短路电流的非周期分量

短路电流的非周期分量 $i_{np}=I''_{pm}e^{-\upsilon t}$，其初始值为

$$i_{np}(0) = I''_{pm} = \sqrt{2}I'' \tag{3-7}$$

在短路发生时，电感产生一个与 $i_p(0)$ 大小相等、但方向相反的感生电流 $i_{np}(0)$，以维持短路瞬间电路中的电流 i_0 不突变，接着 i_{np} 便以一定的时间常数 τ 按指数规律衰减，直到 $(3\sim5)\tau$ 后衰减为零，如图 3-3 所示。

3. 短路全电流

短路全电流 i_k 是指任一瞬间的短路电流周期分量 i_p 与非周期分量 i_{np} 之和，即

$$i_k = i_p + i_{np} \tag{3-8}$$

在无限大容量系统中，短路电流周期分量有效值是始终不变的，习惯上将周期分量的有效值写作 I_k，即 $I_k=I_p$。

4. 短路冲击电流

1) 短路冲击电流 i_{sh}

由图 3-3 可看出，短路后经过半个周期(0.01 s)，短路全电流达到最大值，这一瞬间电流称为冲击电流 i_{sh}，即

$$i_{sh} = i_p(0.01) + i_{np}(0.01) = \sqrt{2}I'' + \sqrt{2}I''e^{-0.01/\tau} = \sqrt{2}K_{sh}I'' \tag{3-9}$$

$$K_{sh} = 1 + e^{-0.01} \tag{3-10}$$

式中，K_{sh} 为短路电流冲击系数。

2) 短路冲击电流的有效值 I_{sh}

短路冲击电流的有效值 I_{sh} 是指短路后第一个周期的短路全电流的有效值，其值定义为

$$I_{sh} = \sqrt{I_p^2 + i_{np}^2(0.01)} = I''\sqrt{1-2(K_{sh}-1)^2} \tag{3-11}$$

在高压电路中发生三相短路时，一般可取 $K_{sh}=1.8$，所以有

$$i_{sh}=2.55I'' \tag{3-12}$$

$$I_{sh}=1.51I'' \tag{3-13}$$

在高压电路中发生三相短路时，一般可取 $K_{sh}=1.3$，所以有

$$i_{sh}=1.84I'' \tag{3-14}$$

$$I_{sh}=1.09I'' \tag{3-15}$$

5. 短路稳态电流

短路电流非周期分量衰减完毕后的短路全电流的有效值称为短路稳态电流，用 I_{∞} 表示。无限大容量系统发生三相短路，短路后任何时刻的短路电流周期分量始终不变，所以有

$$I_p=I_k=I''=I_{\infty} \tag{3-16}$$

3.3 短路电流的计算

短路是电力系统中不可避免的故障。在供电系统的设计和运行中，需要进行短路电流的计算，主要是因为：

(1) 选择电气设备和载流导体时，需用短路电流校验其动稳定性和热稳定性，以保证在发生可能的最大短路电流时不至于损坏。

(2) 选择和整定用于短路保护的继电保护装置时，需应用短路电流参数。

(3) 选择用于限制短路电流的设备时，也需进行短路电流计算。

短路计算中有关物理量一般采用以下单位：电流为“千安”(kA)；电压为“千伏”(kV)；短路容量和断流容量为“兆伏安”(MV·A)；设备容量为“千瓦”(kW)或“千伏安”(kV·A)；阻抗为“欧姆”(Ω)等。

本节重点讲述无限大容量系统三相短路的短路电流计算，对于两相短路、单相短路和大容量电动机短路，本节只给出计算公式。

三相短路电流常用的计算方法有欧姆法和标幺值法两种：欧姆法是最基本的短路计算方法，适用于两个及两个以下电压等级的供电系统；标幺值法适用于多个电压等级的供电系统。

3.3.1 三相短路电流的欧姆法计算

1. 短路公式计算

欧姆法因其短路计算中的阻抗都采用单位“欧姆”而得名。对于无限大容量系统，三相短路电流周期分量有效值可按式(3-17)计算

$$I_k^{(3)}=\frac{U_{av}}{\sqrt{3}\,|Z_{\Sigma}|}=\frac{U_{av}}{\sqrt{3}\,\sqrt{R_{\Sigma}^2+X_{\Sigma}^2}} \tag{3-17}$$

式中，U_{av} 为短路点的计算电压，一般取 $U_{av}=1.05U_N$，按中国电压标准，有 0.4 kV、6.3 kV、10.5 kV、37 kV 等；Z_{Σ}、R_{Σ}、X_{Σ} 分别为短路电路的总阻抗、总电阻和总电抗值。

在高电压的短路计算中，通常总电抗比总电阻大，所以一般只计电抗，不计电阻；在

低压电路的短路计算中，也只有当短路的 $R_\Sigma > \frac{X_\Sigma}{3}$ 时，才需要考虑电阻。

若不计电阻，三相短路周期分量的有效值为

$$I_k^{(3)} = \frac{U_{av}}{\sqrt{3}X_\Sigma} \tag{3-18}$$

三相短路容量为

$$S_k^3 = \sqrt{3}U_{av}I_k^{(3)} = \frac{U_{av}^2}{X_\Sigma} \tag{3-19}$$

2. 供电系统元件阻抗的计算

1）电力系统的阻抗

电力系统的电阻相对于电抗来说很小，可忽略不计。其电抗可由变电器高压馈电线出口断路器的断流容量 S_{oc} 来估算。这一断流容量可看成是系统的极限短路容量 S_k，因此，电力系统的电抗为

$$X_s = \frac{U_{av}^2}{S_{oc}} \tag{3-20}$$

式中，U_{av} 为高压馈电线的短路计算电压，为了便于短路电路总抗组的计算，免去阻抗换算的麻烦，U_{av} 可以直接采用短路点的短路计算电压；S_{oc} 为系统出口断路器的断流容量，可查有关的手册和产品说明书。

2）电力变压器的阻抗

（1）变压器的电阻 R_T 可由变压器的短路损耗 ΔP_K 近似的求出

$$R_T \approx \Delta P_K \left(\frac{U_{av}}{s_N}\right)^2 \tag{3-21}$$

式中，U_{av} 为短路点的短路电压；S_N 为变压器的额定容量；ΔP_K 为变压器的短路损耗，可以从产品说明书中查得。常用变压器技术数据，可查相关技术规范。

（2）变压器的电抗 X_T 可由变压器的短路电压 $U_K\%$ 近似地求出

$$X_T \approx \frac{U_K\%}{100} \cdot \frac{U_{av}^2}{S_N} \tag{3-22}$$

式中，$U_K\%$ 为变压器的短路电压百分数，可以从产品说明书中查得。常用变压器的技术数据，可以从变压器手册查得。

3）电力线路的阻抗

（1）线路的电阻 R_{WL}，可由线路长度 l 和已知截面的导线或电缆的单位长度电阻 R_0 求得

$$R_{WL} = R_0 l \tag{3-23}$$

（2）线路的电抗 X_{WL}，可由线路长 l 和导线或电缆的单位长度电抗 X_0 求得

$$X_{WL} = X_0 l \tag{3-24}$$

导线或电缆的 R_0 和 X_0 可根据相关技术规范查得。如果线路的 X_0 数据不详，对于 35 kV以下高压电路，架空线取 $X_0 = 0.38\ \Omega/\text{km}$，电缆取 $X_0 = 0.08\ \Omega/\text{km}$；对于低压线路，架空线取 $X_0 = 0.32\ \Omega/\text{km}$，电缆取 $X_0 = 0.066\ \Omega/\text{km}$。

4）电抗器的阻抗

由于电抗器的电阻很小，故只需计算其电抗值，有

$$X_R = \frac{X_R\%}{100} \times \frac{U_N}{\sqrt{3}I_N} \tag{3-25}$$

式中，$X_R\%$为电抗器的电抗百分数，其数据可从产品说明书中查得；U_N为电抗器的额定电压；I_N为电抗器的额定电流。

需要注意的是，在计算短路电路阻抗时，若电路中含有变压器，则各元件阻抗都应统一换算到短路计算点的电压，阻抗换算的公式为

$$R' = R\left(\frac{U'_{av}}{U_{av}}\right)^2 \tag{3-26}$$

$$X' = X\left(\frac{U'_{av}}{U_{av}}\right)^2 \tag{3-27}$$

式中，R、X、U_{av}分别为换算前元件电阻、电抗及元件所在处的电路计算电压；R'、X'和U'_{av}分别为换算后元件电阻、电抗及元件所在处的短路计算电压。

短路计算中所考虑的几个元件的阻抗，只有电力线路和电抗器的阻抗需要换算。而电力系统和电力变压器的阻抗，由于它们的计算公式中均含有U_{av}，因此，在计算阻抗时，公式中U_{av}直接代短路计算点的电压，就相当于阻抗已经换算到短路计算点的一侧了。

3. 欧姆法短路计算步骤

(1) 绘出计算电路图，将短路计算中各元件的额定参数都表示出来，并将各元件依次编号；确定短路计算点。短路计算点应选在可能产生最大短路电流的地方。一般来说，高压侧选在高压母线位置，低压侧选在低压母线位置；当系统中装有限流电抗器时，应选在电抗器之后。

(2) 按所选择的短路计算点绘出等效电路图，并在图上将短路电流所流经的主要元件表示出来，标明元件的序号。

(3) 计算电路中各主要元件的阻抗，并将计算结果标志在等效电路序号下面分母的位置。

(4) 将等效电路化简，求系统总阻抗。对于工厂供电系统来说，由于将电力系统作为无限大容量电源，而且短路电路也比较简单，因此，一般只需要采用串联、并联的方法即可将电路化简，求出其等效总阻抗。

(5) 按照式(3-17)或式(3-18)计算短路电流 $I_k^{(3)}$，然后按式(3-12)、式(3-16)分别求出其他短路电流参数，最后按式(3-19)求出短路容量 $S_k^{(3)}$。

图 3-4 为某供配电系统图，试求 35 kV 母线上 $k-1$ 点短路和变压器低压母线上 $k-2$ 点短路的三相短路电流、冲击电流和短路容量。

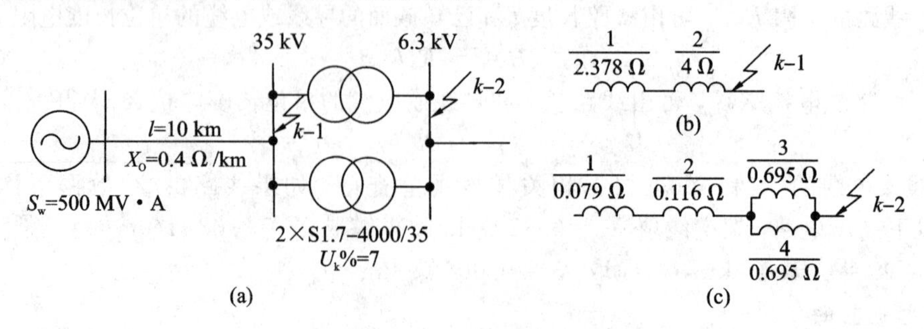

图 3-4　供配电系统图

(a)电路图；(b)等效电路图 1；(c)等效电路图 2

分析：(1) 求 $k-1$ 点的三相短路电流和短路容量($U_{av1}=37$ kV)。

① 计算短路电流中各元件的电抗及总电抗。

电力系统的电抗为

$$X_{s}=\frac{U_{av1}^{2}}{S_{oc}}=\frac{37^{2}}{500}=2.738\ \Omega$$

输电线路的电抗为

$$X_{WL}=X_{0}l=0.4\times 10=4\ \Omega$$

作出 $k-1$ 点短路的等效电路图，如图 3－4(b)所示，并计算其总阻抗为

$$X_{\Sigma}=X_{s}+X_{WL}=2.738+4=6.738\ \Omega$$

② 计算 $k-1$ 点的三相短路电流和短路容量。

三相短路电流周期分量的有效值为

$$I_{k-1}^{(3)}=\frac{U_{av1}}{\sqrt{3}X_{\Sigma}}=\frac{37}{\sqrt{3}\times 6.738}=3.17\ \text{kA}$$

三相次暂态短路电流和短路稳态电流为

$$I''^{(3)}=I_{\infty}^{(3)}=I_{k-1}^{(3)}=3.17\ \text{kA}$$

三相短路冲击电流为

$$i_{sh}^{(3)}=2.55I''^{(3)}=2.55\times 3.17=8.08\ \text{kA}$$

三相短路容量为

$$S_{k-1}^{(3)}=\sqrt{3}U_{av1}I_{k-1}^{(3)}=\sqrt{3}\times 37\times 3.17=203\ \text{MV}\cdot\text{A}$$

(2) 求 $k-2$ 点的三相短路电流和短路容量($U_{av1}=37$ kV，$U_{av2}=6.3$ kV)。

① 计算短路电路中各元件的电抗及总电抗。

电力系统的电抗为

$$X_{s}'=\frac{U_{av2}^{2}}{S_{oc}}=\frac{6.3^{2}}{500}=0.079\ \Omega$$

输电线路的电抗为

$$X_{WL}'=X_{0}l\left(\frac{U_{av2}}{U_{av1}}\right)^{2}=0.4\times 10\times\left(\frac{6.3}{37}\right)^{2}=0.116\ \Omega$$

电力变压器的电抗为

$$X_{T}'=\frac{U_{K}\%}{100}-\frac{U_{av}^{2}}{S_{N}}=\frac{7}{100}\times\frac{6.3^{2}}{4}=0.695\ \Omega$$

作出 $k-2$ 点短路的等效电路图，如图 3－4(c)所示，并计算其总电抗为

$$X_{\Sigma}'=X_{s}'+X_{WL}'+\frac{1}{2}X_{T}'=0.079+0.016+\frac{1}{2}\times 0.695=0.543(\Omega)$$

② 计算 $k-2$ 点的三相短路电流和短路容量。

三相短路电流周期分量的有效值为

$$I_{k-2}^{(3)}=\frac{U_{av2}}{\sqrt{3}X_{\Sigma}'}=\frac{6.3}{\sqrt{3}\times 0.543}=6.7\ \text{kA}$$

三相次暂态短路电流和短路稳态电流为

$$I''^{(3)}=I_{\infty}^{(3)}=I_{k-2}^{(3)}=6.7\ \text{kA}$$

三相短路冲击电流为

$$i_{sh}^{(3)}=2.55I''^{(3)}=2.55\times 6.7=17.1\ \text{kA}$$

三相短路容量为

$$S_{k-2}^{(3)}=\sqrt{3}U_{av}I_{k-2}^{(3)}=\sqrt{3}\times 6.3\times 6.7=73.1\ \text{MV}\cdot\text{A}$$

3.3.2 三相短路电流的标幺值法计算

标幺值法是指在分析计算过程中，将电压、电流、功率、阻抗等物理量采用标幺值来表示的方法体系。

1. 标幺值

任意物理量的标幺值，是它的实际值与所选定的基准值的比值。它是一个相对值，没有单位。标幺值以上标“ * ”表示，基准值以下标“d”表示。

值得注意的是，在说明一个物理量的标幺值时，必须说明其基准值如何，否则只说明一个标幺值是没有意义的。

从原则上说，电压、电流、功率、阻抗这四个物理量的基准值是可以任意挑选的，但由于这些物理量彼此之间存在一定的约束关系，因此可独立选取的基准值实际只有两个，另外两个物理量的基准值通过推导得出。基准值中一般选定基准容量 S_d 和基准电压 U_d 基准容量，工程设计中通常取 $S_d=100$ MV · A。

基准电压，通常取元件所在处的短路点计算电压，$U_d=U_{av}=1.05U_N$。选定基准容量和基准电压后，则基准电流、基准电抗分别为

$$I_d=\frac{S_d}{\sqrt{3}U_d} \tag{3-28}$$

$$X_d=\frac{U_d}{\sqrt{3}I_d}=\frac{U_d^2}{S_d} \tag{3-29}$$

2. 电抗标幺值的计算

取 $S_d=100$(MV · A)，$U_d=U_{av}$，则可得

(1) 电力系统的电抗标幺值。它根据系统提供的短路容量 S_k 来进行计算。若电力系统短路容量 S_k 未知，则可由电力系统变电站高压馈电线路的出口断路器的断路容量 S_{oc} 代替。断路容量 S_{oc} 可由根据相关技术规范查得。电力系统的电抗标幺值为

$$X_s^*=\frac{X_s}{X_d}=\frac{S_d}{S_{oc}} \tag{3-30}$$

(2) 电力变压器的电抗标幺值为

$$X_T^*=\frac{X_T}{X_d}=\frac{U_K\%}{100}\frac{U_N^2}{S_N}\bigg/\frac{U_d^2}{S_d}\approx\frac{U_K\%}{100}\times\frac{S_d}{S_N} \tag{3-31}$$

式中，S_N 为电力变压器的额定容量，单位为 MV · A；$U_K\%$ 为电力变压器短路电压百分数。

(3) 电力线路的电抗标幺值为

$$X_{WL}^*=\frac{X_{WL}}{X_d}=X_0 l\frac{S_d}{U_d^2}=X_0 l\frac{S_d}{U_{av}^2} \tag{3-32}$$

式中，l 为导线或电缆线路的长度，单位为 km；X_0 为导线或电缆的单位长度电抗，单位为 Ω/km。

(4) 电抗器的电抗标幺值为

$$X_R^*=\frac{X_R}{X_d}=\frac{X_h\%}{100}\frac{U_N}{\sqrt{3}I_N}\frac{S_d}{U_d^2}=\frac{X_R\%}{100}\frac{U_N}{\sqrt{3}I_N}\frac{S_d}{U_{av}^2} \tag{3-33}$$

式中，$X_R\%$ 为电抗器额定电抗百分数，其数据可从产品说明书查得。

短路电路中各主要元件的电抗标幺值求出以后，即可利用其等效电路图进行电路化简，计算其总电抗标幺值。由于各元件电抗均采用标幺值(相对值)，与短路计算点的电压无关，因此，无须进行电压换算，这也是标幺值法优于欧姆法的地方。

3. 标幺制法短路计算公式

当无限大容量系统发生三相短路时，其短路电流周期分量有效值的标幺值为

$$I_k^{(3)*}=\frac{I_k^{(3)}}{I_d}=\frac{U_{av}}{\sqrt{3}X_\Sigma}\times\frac{\sqrt{3}U_d}{S_d}=\frac{U_d^2}{S_d}\times\frac{1}{X_d}=\frac{X_d}{X_\Sigma}=\frac{1}{X_\Sigma^*} \tag{3-34}$$

故无限大容量系统三相短路电流周期分量的有效值为

$$I_k^{(3)}=I_k^{(3)*}\times I_d=\frac{I_d}{X_\Sigma^*} \tag{3-35}$$

而三相短路容量

$$S_k^{(3)}=\sqrt{3}U_{av}I_k^{(3)}=\sqrt{3}U_{av}\times\frac{1}{X_\Sigma^*}\frac{S_d}{\sqrt{3}U_d}=\frac{S_d}{X_\Sigma^*} \tag{3-36}$$

求出 $I_k^{(3)}$ 后，即可利用前面的公式计算其他短路电流。

4. 标幺制法短路计算步骤

(1) 绘制短路电路的计算电路图，确定短路计算点。

(2) 确定标幺值基准，取 $S_d=100$ MV · A 和 $U_d=U_{av}$(有几个电压等级就取几个 U_d)，并求出所有短路计算点电压下的 I_d。

(3) 绘出短路电路等效图，并计算各元件的电抗标幺值，标明在图上。

(4) 根据不同的短路计算点分别求出各自的总电抗标幺值，再计算各短路电流和短路容量。

图 3-5 为某供配电系统图，试求 35 kV 母线上 $k-1$ 点短路和变压器低压母线上 $k-2$ 点短路的三相短路电流、冲击电流和短路容量。

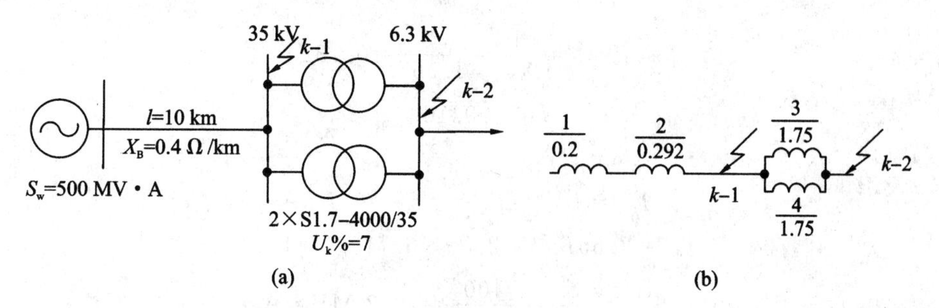

图 3-5　某供配电系统图

(a) 电路图；(b) 等效电路图

分析：(1) 确定基准值。选取 $S_d=100$ MV · A，$U_d=U_{av}$，即 $U_{d1}=37$ kV，$U_{d2}=6.3$ kV，则

$$I_{d1}=\frac{S_d}{\sqrt{3}U_{d1}}=\frac{100}{\sqrt{3}\times 37}=1.56\text{ kA}$$

$$I_{d2}=\frac{S_d}{\sqrt{3}U_{d2}}=\frac{100}{\sqrt{3}\times 6.3}=9.16\text{ kA}$$

(2) 绘制等效电路图，如图 3-5(b)所示，并计算系统各元件电抗的标幺值。

电力系统的电抗标幺值为

$$X_{s}^{*}=\frac{S_{d}}{S_{oc}}=\frac{100}{500}=0.2$$

电力线路的电抗标幺值为

$$X_{WL}^{*}=X_{0}l\frac{S_{d}}{U_{av}^{2}}=0.4\times10\times\frac{100}{37^{2}}=0.292$$

变压器的电抗标幺值为

$$X_{T}^{*}=\frac{U_{k}\%}{100}\times\frac{S_{d}}{S_{N}}=\frac{7}{100}\times\frac{100}{4}=1.75$$

(3) 计算 $k-1$ 点短路时的等效电抗标幺值、三相短路电流周期分量及短路容量。

$k-1$ 点短路时的总电抗标幺值为

$$X_{\Sigma1}^{*}=X_{s}^{*}+X_{WL}^{*}=0.2+0.292=0.492$$

$k-1$ 点短路时的三相短路电流和三相短路容量为

$$I_{k-1}^{(3)\ *}=\frac{1}{X_{\Sigma1}^{*}}=\frac{1}{0.492}=2.03$$

$$I_{k-1}^{(3)}=\frac{I_{d1}}{X_{\Sigma1}^{*}}=\frac{1.56}{0.492}=3.17\ \text{kA}$$

$$I_{p}^{(3)}=I''^{(3)}=I_{\infty}^{(3)}=I_{k-1}^{(3)}=3.17\ \text{kA}$$

$$i_{sh}^{(3)}=2.55I''^{(3)}=2.55\times3.17=8.08\ \text{kA}$$

$$S_{k-1}^{(3)}=\frac{S_{d}}{X_{\Sigma1}^{*}}=\frac{100}{0.492}=203\ \text{MV}\cdot\text{A}$$

(4) 计算 $k-2$ 点短路时的等效电抗标幺值、三相短路电流周期分量及短路容量。

$$X_{\Sigma2}^{*}=X_{s}^{*}+X_{WL}^{*}+\frac{1}{2}X_{T}^{*}=0.2+0.292+\frac{1}{2}\times1.75=1.367$$

$$I_{k-2}^{(3)\ *}=\frac{1}{X_{\Sigma2}^{*}}=\frac{1}{1.367}=0.732$$

$$I_{k-2}^{(3)}=\frac{I_{d2}}{X_{\Sigma2}^{*}}=\frac{9.16}{1.367}=6.7\ \text{kA}$$

$$I_{p}^{(3)}=I''^{(3)}=I_{\infty}^{(3)}=I_{k-2}^{(3)}=6.7\ \text{kA}$$

$$i_{sh}^{(3)}=2.55I''^{(3)}=2.55\times6.71=17.1\ \text{kA}$$

$$S_{k-2}^{(3)}=\frac{S_{d}}{X_{\Sigma2}^{*}}=\frac{100}{1.367}=73.2\ \text{MV}\cdot\text{A}$$

根据以上分析：单看三相短路电流周期分量的大小，好像是 $k-2$ 点三相短路要比 $k-1$ 点短路严重。但在实际进行分析时，应将短路电流归算至同一电压等级下，才能根据短路电流的大小比较其短路的后果。而采用标幺制法，不必电压等级换算，根据短路电流的标幺值直接进行比较即可。$I_{k-1}^{(3)\ *}=2.03>I_{k-2}^{(3)\ *}=0.732$，很显然，比较的结果是 $k-1$ 点短路要比 $k-2$ 点短路严重得多。

3.3.3　两相和单相短路电流的计算

1. 两相短路电流的计算

在无限大容量系统中发生两相短路时，其短路电流可由式(3-37)求得

$$I_k^{(2)} = \frac{U_{av}}{2|Z_\Sigma|} \tag{3-37}$$

如果只计电抗，则短路电流为

$$I_k^{(2)} = \frac{U_{av}}{2X_\Sigma} = \frac{\sqrt{3}}{2} \times \frac{U_{av}}{\sqrt{3}X_\Sigma} \tag{3-38}$$

将式(3-37)与式(3-38)对照，则两相短路电流为

$$I_k^{(2)} = \frac{\sqrt{3}}{2} \times I_k^{(3)} = 0.866 I_k^{(3)} \tag{3-39}$$

即无限大容量系统中，同一地点的两相短路电流为三相短路电流的 0.866 倍。因此，无限大容量系统中的两相短路电流，可由三相短路电流求出。

2. 单相短路电流的计算

在大电流接地系统或三相四线制系统中发生单相短路时，根据对称分量法可知，单相短路电流为

$$I_k^{(1)} = \frac{\sqrt{3}U_{av}}{Z_{1\Sigma} + Z_{2\Sigma} Z_{0\Sigma}} \tag{3-40}$$

式中，$Z_{1\Sigma}$、$Z_{2\Sigma}$、$Z_{0\Sigma}$分别为单相回路的正序、负序和零序总阻抗，单位为 Ω。

在工程设计中，经常按下式计算低压配电系统的单相短路电流(单位为 kA)，有

$$I_k^{(1)} = \frac{U_\varphi}{|Z_{\varphi-0}|} \tag{3-41}$$

$$I_k^{(1)} = \frac{U_\varphi}{|Z_{\varphi-PE}|} \tag{3-42}$$

$$I_k^{(1)} = \frac{U_\varphi}{|Z_{\varphi-PEN}|} \tag{3-43}$$

式中，U_φ为线路的相电压，单位为 kV；$Z_{\varphi-0}$为相线与 N 线(或大地)短路回路的阻抗，单位为 Ω；$Z_{\varphi-PE}$为相线与 PE 线短路回路的阻抗，单位为 Ω；$Z_{\varphi-PEN}$为相线与 PEN 线短路回路的阻抗，单位为 Ω。

在无限大容量系统中或远离发电机处短路时，两相短路电流和单相短路电流均较三相短路电流小，因此，用于选择电气设备和导体短路稳定性校验的短路电流，应采用三相短路电流。

系统的运行方式可分为最大运行方式和最小运行方式。系统最大运行方式是指整个系统的总的短路阻抗最小，短路电流最大，系统的短路容量最大。此时，系统中投入的发电机组最多，双回输电线路和并联的变压器全部投入。最小运行方式是指整个系统的总的回路阻抗最大，短路电流最小，系统的短路容量最小。

某一供配电系统图如图 3-6 所示，试求短路点的最大的三相短路电流和最小的两相短路电流。其电路图如图 3-6(a)所示。

分析：(1) 计算短路点最大三相短路电流。系统工作在最大运行方式下，取 $S_{oc.max}=$

200 MV·A，线路采用双回供电，变压器两台都投入运行，其等效电路如图 3-6(b)所示。

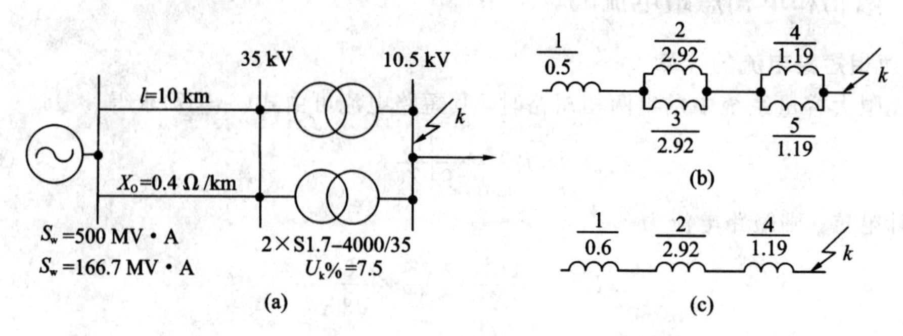

图 3-6　某一供配电系统图

(a) 电路图；(b) 最大三相短路电流等效电路图；(c) 最小两相短路电流等效电路图

① 确定基准值：选取 $S_d=100$ MV·A，$U_d=U_{av}$，即 $U_d=10.5$ kV，则

$$I_d=\frac{S_d}{\sqrt{3}U_d}=\frac{100}{\sqrt{3}\times 10.5}=5.5\ \text{kA}$$

② 计算系统各元件电抗的标幺值。

电力系统的电抗标幺值为

$$X_s^*=\frac{S_d}{S_{oc.\,max}}=\frac{100}{200}=0.5$$

电力线路的电抗标幺值为

$$X_{WL}^*=X_0 l\frac{S_d}{U_{av1}^2}=0.4\times 100\times\frac{100}{37^2}=2.92$$

变压器的电抗标幺值为

$$X_T^*=\frac{U_K\%}{100}\times\frac{S_d}{S_N}=\frac{7.5}{100}\times\frac{100}{6.3}=1.19$$

③ 计算 k 点三相短路时的等效电抗标幺值、三相短路电流周期分量。

当 k 点短路时，总电抗标幺值为

$$X_\Sigma^*=X_s^*+\frac{1}{2}X_{WL}^*+\frac{1}{2}X_T^*=0.5+\frac{1}{2}\times 2.92+\frac{1}{2}\times 1.19=2.555$$

当 k 点短路时，短路点的最大三相短路电流为

$$I_k^{(3)}=\frac{I_d}{X_\Sigma^*}=\frac{5.5}{2.555}=2.15\ \text{kA}$$

$$I_p^{(3)}=I_k^{(3)}=2.15\ \text{kA}$$

(2) 计算短路点的最小两相短路电流。线路采用单回供电，变压器只有一台投入运行，使系统工作在最小运行方式下。其等效电路如图 3-6(c)所示。

① 确定基准值，即

$$I=\frac{S_d}{\sqrt{3}U_d}=\frac{100}{\sqrt{3}\times 10.5}=5.5\ \text{kA}$$

② 计算系统各元件电抗的标幺值。

电力系统的电抗标幺值为

$$X_s^*=\frac{S_d}{S_{oc.\,min}}=\frac{100}{166.7}=0.6$$

电力线路的电抗标幺值为

$$X_{\mathrm{WL}}^{*}=X_0 l\frac{S_d}{U_{\mathrm{av1}}^2}=0.4\times100\times\frac{100}{37^2}=2.92$$

变压器的电抗标幺值为

$$X_{\mathrm{T}}^{*}=\frac{U_{\mathrm{K}}\%}{100}\times\frac{S_{\mathrm{d}}}{S_{\mathrm{N}}}=\frac{7.5}{100}\times\frac{100}{6.3}=1.19$$

③ 计算 k 点三相短路时的等效电抗标幺值、三相短路电流周期分量。

当 k 点短路时，总电抗标幺值为

$$X_{\Sigma}^{*}=X_{\mathrm{s}}^{*}+X_{\mathrm{WL}}^{*}+X_{\mathrm{T}}^{*}=0.5+2.92+1.19=4.61$$

当 k 点短路时，短路点的最小三相短路电流为

$$I_k^{(3)}=\frac{I_{\mathrm{d}}}{X_{\Sigma}^{*}}=\frac{5.5}{4.61}=1.19\ \mathrm{kA}$$

④ k 点的最小两相短路电流为

$$I_k^{(2)}=0.866I_k^{(3)}=1.03\ \mathrm{kA}$$

3.3.4　大容量电动机的短路电流计算

当短路点附近接有大容量电动机时，应把电动机作为附加电源考虑，电动机会向短路点反馈短路电流。在短路时，电动机受到迅速制动，反馈电流衰减得非常快，因此，该反馈电流仅影响短路冲击电流，而且仅当单台电动机或电动机组容量大于 100 kW 时才考虑其影响。

由电动机提供的短路冲击电流可按式(3-44)计算，有

$$i_{\mathrm{sh.M}}=CK_{\mathrm{sh.M}}I_{\mathrm{N.M}}\tag{3-44}$$

式中，C 为电动机反馈冲击倍数(感应电动机取 6.5，同步电动机取 7.8，同步补偿机取 10.6，综合性负荷数取 3.2)；$K_{\mathrm{sh.M}}$为电动机短路电流冲击系数(对高压电动机可取 1.4～1.7，对低压电动机可取 1)；$I_{\mathrm{N.M}}$为电动机额定电流。

计入电动机反馈冲击的影响后，短路点总短路冲击电流为

$$i_{\mathrm{sh}\Sigma}=i_{\mathrm{sh}}+i_{\mathrm{sh.M}}\tag{3-45}$$

3.4　短路电流的效应

通过短路计算可知，供电系统在发生短路时，短路电流是相当大的。如此大的短路电流通过电器和导体，一方面要产生很高的温度，即热效应；另一方面要产生很大的电动力，即电动效应。这两类短路效应，对电器和导体的安全运行威胁很大，必须充分注意。

3.4.1　短路电流的热效应

1. 短路时导体的发热过程与发热计算

当电力线路发生短路时，极大的短路电流通过导体。由于短路后线路的继电保护装置很快动作，将故障线路切除，因此短路电流通过导体的时间很短(一般不会超过 2 s～3 s)。但是由于短路电流骤增，其发出的热量来不及向周围介质散发，因此，可以认为全部热量都用于使导体的温度升高。

根据导体的允许发热条件，如果导体和电器在短路时的发热温度不超过允许温度，则认为其短路热稳定性满足要求。一般采用短路稳态电流来等效计算实际短路电流所产生的热量。由于通过导体的实际短路电流并不是短路稳态电流，因此，需要假定一个时间，在此时间内，假定导体通过短路稳态电流时所产生的热量，恰好与实际短路电流在实际短路时间内所产生的热量相等。这一假想时间称为短路发热的假想时间，用 i_{ima} 表示。短路发热假想时间 i_{ima} 是一个等效的概念，可用式(3-46)近似地计算，有

$$t_{ima} = t_k + 0.05 \tag{3-46}$$

$$t_k = t_{op} + t_{oc}$$

式中，t_k 为短路电流持续时间，单位为 s；t_{op} 为短路保护装置最长的动作时间，单位为 s；t_{oc} 为断路器的短路时间，包括断路器的固有分闸时间和灭弧时间。对一般高压断路器，可取 $t_{oc}=0.2$ s；对于高速断路器(如真空断路器)，可取 $t_{oc}=0.1$ s～0.15 s。

当 $t_k \geqslant 1$ s 时，可以认为 $t_{ima}=t_k$。实际短路电流通过导体在短路时间内所产生的热量为

$$Q_k = I_\infty^2 R t_{ima} \tag{3-47}$$

2. 短路热稳定性的校验

热稳定性校验，就是校验电器及载流导体在短路电流流过时间内的最高发热温度是否超过其允许温度。

1) 对于一般电器

电器一般在出厂前都要经过校验，以确定设备在 t 时间内允许通过的热稳定电流 I_t 的数值。一般电器的热稳定性按式(3-48)进行校验，有

$$I_t^2 t \geqslant I_\infty^{(3)2} t_{ima} \tag{3-48}$$

式中，I_t 为电器的热稳定试验电流(有效值)；t 为电器的热稳定试验时间。

一些常用电器的热稳定电流和热稳定时间的技术数据可以在技术规范中查得。

2) 对于母线及绝缘导线和电缆等导体

对于母线及绝缘导线和电缆等导体，有

$$S \geqslant S_{min} = \frac{I_\infty^{(3)}}{C}\sqrt{t_{min}} \tag{3-49}$$

式中，S 为母线及绝缘导线和电缆等导体的截面积，单位为 mm^2；C 为导体的短路热稳定系数；S_{min} 为导体的最小热稳定截面积，单位为 mm^2。

已知某车间变电所 380 V 侧采用 80 mm×10 mm 铝母线，其三相短路稳态电流为 36.5 kA，短路保护动作时间为 0.5 s，低压断路器的断路时间为 0.05 s，试校验此母线的热稳定性。

分析：根据相关技术规范，$C=87$，因为

$$t_{ima}=t_k+0.05=t_{op}+t_{oc}+0.05=0.5+0.05+0.05=0.6 \text{ s}$$

所以有

$$S_{min}=\frac{I_\infty^{(3)}}{C}\sqrt{t_{min}}=\frac{36\ 500}{87}\times\sqrt{0.06}=325 \text{ mm}^2$$

由于母线的实际截面 $S=80\times10=800$ mm^2，大于 $S_{min}=325$ mm^2，因此，该母线满足短路热稳定的要求。

3.4.2　短路电流的电动力效应

当供电系统短路时，短路电流特别是短路冲击电流将使相邻导体之间产生很大的电动力，有可能使电器和载流导体遭受严重破坏。为此，要使电路元件能承受短路时最大电动力的作用，电路元件必须具有足够的电动稳定性。

1. 短路时的最大电动力

在短路电流中，三相短路冲击电流 $i_{sh}^{(3)}$ 为最大。可以证明，当三相短路时，$i_{sh}^{(3)}$ 在导体中间相产生的电动力最大，其电动力 $F^{(3)}$ 可表示为

$$F^{(3)}=\sqrt{3}\times i_{sh}^{(3)\,2}\times\frac{L}{a}\times 10^{-7} \tag{3-50}$$

式中，$F^{(3)}$ 为 $i_{sh}^{(3)}$ 在导体中间相产生的电动力，单位为 N；L 为导体两支撑点之间的距离，即挡距，单位为 m；a 为两导体之间的轴线距离，单位为 m；$i_{sh}^{(3)}$ 为通过母线的三相短路冲击电流，单位为 kA。

当校验电器和载流导体的动稳定性时，通常采用 $i_{sh}^{(3)}$ 和 $F^{(3)}$。

2. 短路动稳定性的校验

电器和导体的动稳定性的校验，需根据校验对象的不同而采用不同的校验条件。

(1) 对于一般电器，有

$$i_{max}\geqslant i_{sh}^{(3)} \tag{3-51}$$

或

$$I_{max}\geqslant I_{sh}^{(3)} \tag{3-52}$$

式中，i_{max}、I_{max} 分别为电器通过极限电流的峰值和有效值，可查产品说明书。

(2) 对于绝缘子，有

$$F_{al}=F_{c}^{(3)} \tag{3-53}$$

式中，F_{al} 为绝缘子的最大允许载荷，可查产品说明书；$F_{v}^{(3)}$ 为短路时作用于绝缘子上的计算力。母线的放置方式如图 3-7 所示。母线在绝缘子上平放，则 $F_{c}^{(3)}=F^{(3)}$；母线在绝缘子上竖放，则 $F_{c}^{(3)}=1.4F^{(3)}$。

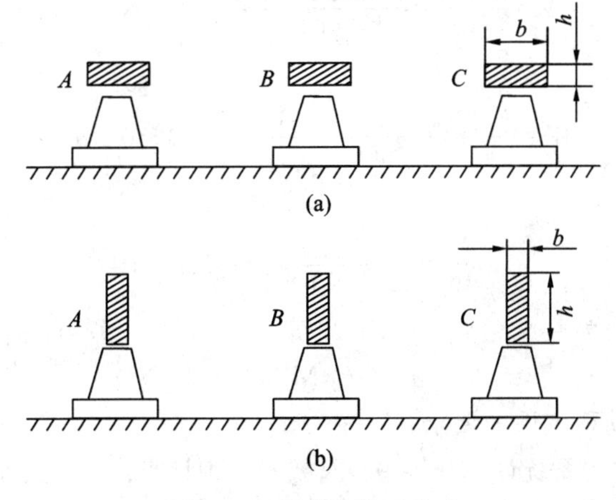

图 3-7　母线的放置方式

(a) 水平平放；(b) 水平竖放

(3) 对母线等硬导体，有

$$\sigma_{al} \geqslant \sigma_c \tag{3-54}$$

$$\sigma_c = \frac{M}{W}$$

$$W = \frac{b^2 h}{6}$$

式中，σ_{al}为母线材料的最大允许应力，单位为 Pa（硬铜母线为 140 MPa，硬铝母线为 70 MPa）；σ_c为母线通过 $i_{sh}^{(3)}$时所受的最大计算应力，单位为 Pa；M 为母线通过三相短路冲击电流时所受的弯曲力矩，单位为 N·m（当母线的挡数不小于 2 时，$M=F^{(3)}L/8$；当母线的挡数大于 2 时，$M=F^{(3)}L/10$。其中，L 为导线的挡距，单位为 m）；W 为母线截面系数，单位为 m^3；b 为母线在绝缘子上平放或竖放时的宽度，单位为 m；h 为母线在绝缘子上平放或竖放时的高度，单位为 m。

对于电缆，因其机械强度较高，可不必校验其短路动稳定性。

已知：某车间变电所 380 V 侧采用 80 mm×10 mm 铝母线，水平平放，相邻两母线间的轴线距离为 $\alpha=0.2$ m，挡距 $L=0.9$ m，挡数大于 2，它上面接有一台 500 kW 的同步电动机，当 $\cos\varphi=1$ 时，$\eta=94\%$，母线的三相短路冲击电流为 67.2 kA。试校验此母线的动稳定性。

分析：计算电动机的反馈冲击电流，$C=7.8$，而 $K_{sh.M}=1$，则

$$i_{sh.M} = CK_{sh.M} I_{N.M} = 7.8 \times 1 \times \frac{500}{\sqrt{3} \times 1 \times 0.94 \times 380} = 6.3\ \text{kA}$$

母线在三相短路时承受的最大电动力为

$$\begin{aligned} F^{(3)} &= \sqrt{3} \times (i_{sh}^{(3)} + i_{sh.M})^2 \times \frac{L}{a} \times 10^{-7} \\ &= \sqrt{3} \times (67.2 + 6.3)^2 \times \frac{0.9}{0.2} \times 10^{-7} \\ &= 4210.5\ \text{N} \end{aligned}$$

母线在 $F^{(3)}$ 作用下的弯曲力矩为

$$M = \frac{F^{(3)} L}{10} = \frac{4210.5 \times 0.9}{10} = 379\ \text{N} \cdot \text{m}$$

截面系数为

$$W = \frac{b^2 h}{6} = \frac{0.08^2 \times 0.01}{6} = 1.07 \times 10^{-5}\ \text{m}^3$$

应力为

$$\sigma_c = \frac{M}{W} = \frac{379.1}{1.07 \times 10^{-5}} = 35.4\ \text{MPa}$$

铝母线的允许应力为

$$\sigma_{al} = 70\ \text{MPa} > \sigma_c$$

所以该母线满足动稳定性的要求。

短路电流计算是电力系统计算分析中很重要的一项计算内容，其计算结果对电力系统的安全稳定经济运行有着重要的意义。为此，建议采取以下的方法进行电网三相短路电流计算：

① 以全接线为基础，在计算中应包括所有发电机，未运行的机组以零出力机组表示。

② 计算此方式下的短路电流，更确切地说，是计算此方式下系统各节点的等值阻抗，这一等值阻抗是系统各节点最小等值阻抗的真实反映。

③ 根据系统每一节点可能的最高运行电压水平，计算各节点的最大短路电流。根据等值电压源法，短路电流值为节点电压除以等值阻抗。

第4章　高压电器设备的选择

内容摘要：在不同环境和不同供电要求的条件下高压电器的型号和参数会有所不同，为了高压电器在正常运行时安全可靠，发生故障时不致损坏，根据产品生产情况与供应能力统筹兼顾，并在技术合理的情况下注意节约的原则，讨论选择高压电器的方法。

理论教学要求：掌握高压电器的选择原则和方法，同时要了解高压电器的注意事项，在理论教学时，要注重与实践结合。

工程教学要求：如有条件能进行母线及绝缘子高压绝缘实验，实验时要注意安全，如没有条件，可进行仿真耐高压实验。

变电所的高压电器对电能起着接收、分配、控制与保护等作用，主要有断路器、隔离开关、负荷开关、熔断器、电抗器、互感器、母线装置及成套配电设备等。

为了保障高压电器的可靠运行，对高压电器选择与校验的一般条件有：按正常工作条件包括电压、电流、频率、开断电流等选择；按短路条件包括动稳定、热稳定校验；按环境工作条件如温度、湿度、海拔等选择。

下面主要研究高压电器的参数和选择方法。

4.1　电器设备选择的原则

电器的选择是根据环境条件和供电要求确定其型号和参数，保证电器正常运行时安全可靠，故障时不至于损坏，并在技术合理的情况下注意节约。还应根据产品生产情况与供应能力统筹兼顾，条件允许时优先选用先进设备。

4.1.1　按正常工作条件选择

1. 环境条件

电器产品在制造商分户内、户外两大类。户外设备的工作条件比较恶劣，故各方面要求较高，成本也高。户内设备不能用于户外；户外设备虽可用于户内，但不经济。此外选择电器时，还应根据不同环境条件考虑防水、防火、防腐、防尘、防爆以及高海拔区与温热带地区等方面的要求。

2. 按电网电压选择

电器可在高于(10%～15%) U_N 的情况下长期安全运行。故所选设备的额定电压 U_N 应不小于装设处电网的额定电压 U，即

$$U_N \geqslant U \qquad (4-1)$$

我国普通电器额定电压标准是按海拔 1000 m 设计的。如果使用在高海拔地区，应选用高海拔产品或采取某些必要的措施增强电器的外绝缘，方可应用。

3. 按长时工作电流选择

电器的额定电流 I_N 是指周围环境温度为 θ ℃时，电器长期允许通过的最大电流。它应大于负载的长时最大工作电流(即 30 min 平均最大负荷电流，以 I 表示)，即

$$I_N \geqslant I \tag{4-2}$$

θ ℃由产品的生产厂家规定。我国普通电器的额定电流所规定的环境温度为+40 ℃。如果设备周围最高环境温度与规定值不符时，应对原有的额定电流值进行修正。其方法如下：

(1) 当环境最高温度低于规定的 θ ℃时，每降低 1 ℃载流量可提高 0.5%，但总提高量不得超过 20%。

(2) 当环境最高温度高于 θ ℃，但不超过 60 ℃时，长时允许电流按式(4-3)修正，有

$$I_{a1} = I_N\sqrt{\frac{\theta_{a1}-\theta'_0}{\theta_{a1}-\theta_0}} \tag{4-3}$$

式中：θ_{a1} 为设备允许最高温度，单位为℃；θ'_0 为环境最高温度，取月平均最高温度，单位为℃；I_{a1} 为修正后的长时允许电流。

修正后的长时允许电流应大于或等于回路的长时工作电流，即

$$I_{a1} \geqslant I \tag{4-4}$$

4.1.2 按故障情况进行校验

按正常情况选择的电器是否能经受住短路电流电动力与热效应的考验，还必须进行校验。技术规范规定对下列情况不进行动、热稳定性的校验：

(1) 用熔断器保护的电器。

(2) 用限流电阻保护的电器及导体。

(3) 架空电力线路。

在选择电器时，除按一般条件选择外，还应根据它们的特殊工作条件提出附加要求。常用高压电器的选择与校验项目如表 4-1 所示。

表 4-1　高压电器的选择与校验项目

校验项目	电压	电流	断流容量	短路电流校验	
				动稳定	热稳定
断路器	√	√	√	√	√
负荷开关	√	√		√	√
隔离开关	√	√		√	√
熔断器	√	√	√		
电抗器	√	√		√	√
母 线	√	√		√	√
支柱绝缘子	√	√		√	√
套管绝缘子	√	√		√	√
电流互感器	√	√		√	√
电压互感器	√	√			
电 缆	√	√			√

注：√为电器应校验项目。

4.2 开关电弧

4.2.1 电弧的发生

断路器在开断电路时，其动、静触头逐渐分开，构成间隙；在电源电压作用下，触头间隙中的介质被击穿导电，形成电弧，所以电弧是高压断路器开断过程中的必然现象。断路器性能好坏，其灭弧性能占有极重要的地位。为了研究各种开关的结构和工作原理，正确地选用与维修，熟悉开关电弧发生与熄灭的基本规律是十分必要的。

触头间隙绝缘被击穿的原因是由于断路器触头刚一分开的瞬间，间隙很小，电源电压加在这小间隙上，电场强度很大。在此强电场作用下，使得阴极表现向间隙中发射电子，自由电子在强电场作用下，加速向阳极移动，并积累动能。当具有足够大动能的电子与介质的中性质点相碰撞时，产生正离子与新的自由电子。这种现象不断发生的结果，使触头间隙中电子与离子大量增加，弧间隙介质强度急剧下降，间隙便被击穿发弧。

介质的中性质点要产生碰撞游离，电子自身的动能必须大于游离能(游离电位)。当电子动能小于游离能时发生碰撞，只能使中性质点激励。激励是指在电子碰撞中性质点时，使中性质点中的电子获得部分动能而加速运动，但尚不能脱离原子核的束缚成为自由电子。如果质点受到多次碰撞，总的动能大于游离能而产生的游离，加积累游离。

因此要使电弧易于熄灭，应在触头间隙中充以游离电位高的介质，如氢、六氟化硫等。在断路器中，用油作为灭弧介质或用固体有机物作为灭弧隔板，因为它们在电弧高温下能分解出游离电位高的氢气，易于灭弧。

电弧发生的过程中，弧隙温度剧增，形成电弧后弧柱温度可达 6000℃～7000℃，甚至到 10 000 ℃以上。在高温作用下，弧隙内中性质点的热运动加剧，获得大量的动能；当其相互碰撞时，生成大量的电子和离子，这种由热运动而产生的游离称为热游离。一般气体游离温度为几千到一万摄氏度，金属蒸汽热游离温度约为 4000℃～5000℃。当电弧形成后，弧隙电压剧降，维持电弧需要靠热游离子。

随着触头开距的加大，失去了强电场发射条件，故以后的弧隙自由电子，则由阴极表面产生热电发射来继续提供。

因此，弧隙自由电子由强电场产生，热电发射维持；电弧由碰撞游离产生，热游离维持。

电弧的弧隙电压分布如图 4－1 所示，它由阴极区(U_{ca})、阳极区(U_{an})、弧柱区(U_{ac})三部分组成。在短电弧时(几毫米)，电弧电压主要由阴、阳极区的电压降组成，而弧柱电压降所占比重很小。对于长电弧(几厘米以上)，电弧电压主要决定于弧柱的电压降。

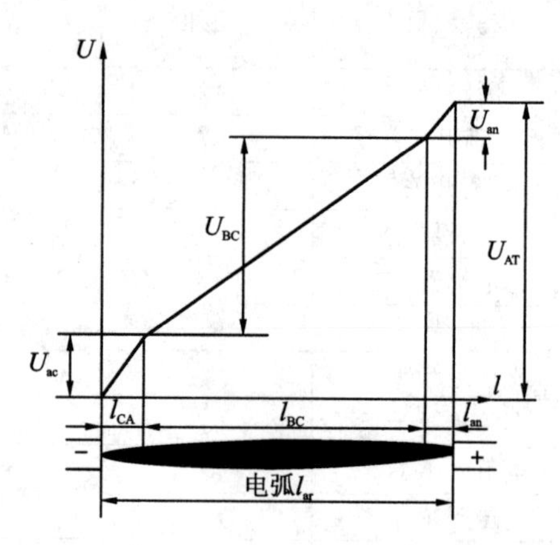

图 4－1　电弧的弧隙电压降分布

4.2.2　电弧的熄灭

在电弧中不但存在着中性质点的游离过程，同时还存在着带电质点不断地复合与扩散，使弧隙中带电质点减少的去游离过程。当游离大于去游离时，电子与离子浓度增加，电弧加强；当游离与去游离相等时，电弧稳定燃烧；当游离小于去游离时，电弧减少以至熄灭。因此要促使电弧熄灭就必须削弱游离作用，加强去游离作用。去游离的主要形式是复合与扩散。

1. 复合

复合是指异性带电质点彼此的中和。要带电质点复合，必须两异性质点在一定时间内处在很近的距离。弧隙中电子的相对速度比正离子快得多，故复合的几率很小。一般规律是电子先附着在中性质点或灭弧室固体介质表面，再与正离子相互吸引复合成中性质点。复合速率与下列因素有关：

(1) 带电质点浓度越大，复合几率越高。当弧电流一定时，弧截面越小或介质压力越大，带电质点浓度也大，复合就强。故断路器采用小直径的灭弧室，就可以提高弧隙带电质点的浓度，增强灭弧性能。

(2) 电弧温度越低，带电质点运动速度越慢，复合就容易。故加强电弧冷却，能促进复合。在交流电弧中，当电流接近于零时，弧隙温度骤降，此时复合特别强烈。

(3) 弧隙电场强度小，带电质点运动速度慢，复合的可能性增大。所以提高断路器的开断速度，对复合有利。

2. 扩散

扩散是指带电质点溢出弧道的现象。扩散是由于带电质点不规则的热运动造成的。扩散速度受下列因素影响：

(1) 弧区与周围介质的温差越大，扩散越强。用冷却介质吹弧或电弧在周围介质中运动，都可以增大弧区与周围介质的温差，加强扩散作用。

(2) 弧区与周围介质离子的浓度相差越大，扩散就越强烈。

(3) 电弧的表面积越大，扩散就越快。

断路器综合利用上述原理，制成各式灭弧装置，能迅速而有效地熄灭短路电流产生的强大电弧。

4.2.3　直流电弧的开断

图 4-2 为一直流电路，其电源电压为 U，电路电阻为 R，电感为 L，断路器触头为 1、2。

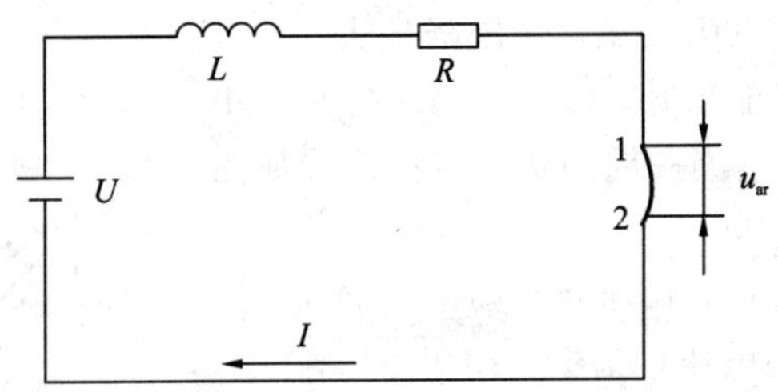

图 4-2　直流回路开断时的等值电路

在断路器闭合时，电弧电压 $u_{ar} = 0$，电路方程为

$$u = u_R + u_L = R_i + L\left(\frac{d_i}{d_t}\right) \tag{4-5}$$

式中，u_R、u_L 分别为电阻、电感上的电压降。

当电路电流达到稳定时 $\frac{d_i}{d_t} = 0$，此时回路电流 $i = I = \frac{U}{R}$。当触头断开产生电弧时，电路方程为

$$u = R_i + L\frac{d_i}{d_t} + u_{ar} \tag{4-6}$$

式中，u_{ar} 为电弧电压降。

如电弧稳定燃烧，则 $d_i/d_t = 0$，此时电路方程为

$$u = R_i + u_{ar} \tag{4-7}$$

当断路器开断距离为 l_1 时，由于 l_1 较小，电弧稳定燃烧。根据直流电弧的静伏安特性曲线(如图 4-3 所示)，此时 u_{ar1} 与 $U-R_i$ 直线相交点为 1，此点满足式(4-3)的要求，即电弧的稳定燃烧点。当触头开距增大到 l_2 时，u_{ar} 增大到 u_{ar2}，此时 u_{ar2} 与 $U-R_i$ 直线相交于 2 点，此时即开距等于 l_2 时的电弧稳定燃烧点。当 l 继续加大，弧压降不断增加，电弧的伏安特性曲线继续上移。当电弧的伏安特性曲线与 $U-R_i$ 直线无交点时(如图 4-3 中的 u_{ar5})，$U-R_i < u_{ar}$，使式(4-2)的 $d_i/d_t < 0$，电流 i 是减少的，因此最终导致直流电弧的熄灭。

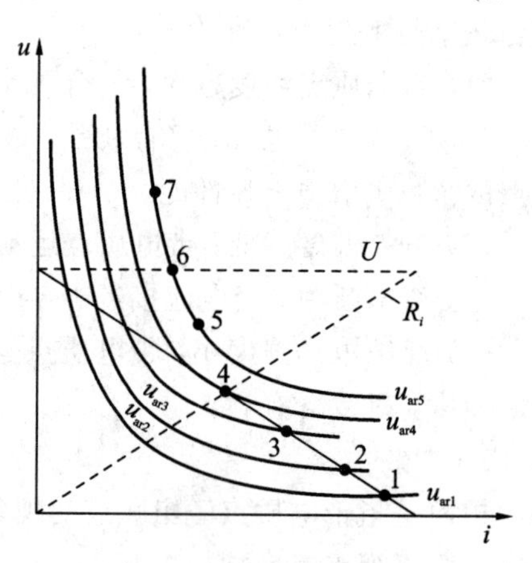

图 4-3 直流电弧的伏安特性及其工作特点

所以直流电弧的燃烧条件为 $U-R_i > u_{ar}$。故 $U-R_i$ 越大，电弧越难熄灭。当 U 越大或 R 越小时(相当于开断前线路电流 I 大)，灭弧越困难。回路电阻 R 与弧隙电压降 u_{ar} 的增大，可促使电弧熄灭。

4.2.4 交流电弧的开断

1. 交流电弧的伏安特性

交流电弧与直流电弧一样，具有非线性。交流电弧不同于直流电弧之处，在于交流电流的瞬时值不断随时间变化。在弧柱的热惯性作用下，当电流增大时弧隙还保持较低的温度，故弧电阻较高，弧压降较大；当电流迅速减少时，弧温度不能骤降，弧电阻仍保持其较小值，故弧压降较小。工频电流一周的伏安特性曲线如图 4-4 所示。

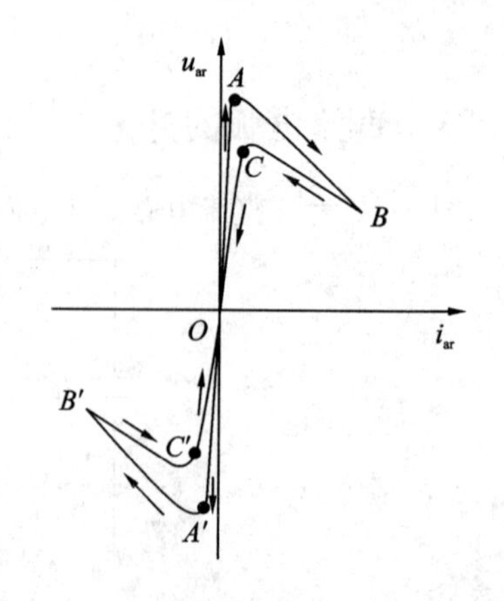

图 4-4 交流电弧的伏安特性曲线

由于电弧是纯电阻性的，弧压降与弧电流同相。通常把电弧刚出现时的瞬间电压(如图 4-4 中的 A、A')称为燃弧电压；把电弧熄灭的一瞬间电压(如图 4-4 中的 C、C'点)称为熄弧电压。

2. 交流电弧的熄灭与重燃

由于交流电每周过零两次，在电流过零时，电弧暂时熄灭。此时弧隙不再获得能量，并继续丧失能量(存在继续发热现象)，使弧隙内温度迅速下降，去游离作用增强，介质强度得到迅速恢复。交流电弧在电流过零时自然熄灭，其能否重燃取决于弧隙电压与介质强度的恢复情况。

弧隙在通过电弧电流时，弧电阻很小，压降很低，此时电源电压大部分降落在线路阻抗上。电流过零后，弧隙电阻不断增大，加于弧隙上的电压不断升高；当弧隙最终变为绝缘介质时，电源电压全部加在间隙上。这种电流过零后，弧隙上的电压变化过程称为弧隙电压恢复过程。与此同时，弧隙介质的耐压强度也在恢复，称为介质击穿电压的恢复过程。

当电流过零，电弧自然熄灭后，如弧隙恢复电压高于介质的击穿电压，弧隙被重新击穿，电弧重燃。重燃后，弧隙电压下降。如弧隙恢复电压永远低于介质击穿电压的恢复速度，电弧熄灭不再重燃。

电路参数(电阻、电容、电感)影响电弧的熄灭，一般电阻性电路的电弧最易熄灭。

4.2.5　灭弧的基本方法

交流开关的电弧能否迅速熄灭，取决于弧隙介质绝缘强度的恢复和弧隙恢复电压。而弧隙介质绝缘强度提高，又依赖于去游离的加强。因此，加强弧隙的去游离速度，降低弧隙电压的恢复速度，均能促使电弧熄灭。目前开关电器采用的灭弧方法主要有以下几种：

(1) 利用气体吹动电弧。利用压缩气体吹动电弧的有空气断路器与六氟化硫断路器。利用电弧高温，使固体有机物分解出气体来吹动电弧的有负荷开关、自产气开关和熔断器等。

由于气流的吹动，一方面电弧受到强烈的冷却和去游离；另一方面弧隙中的游离介质被未游离介质取代，使介质绝缘强度得到迅速提高，促使电弧熄灭。当气体压力越高，流速越快，灭弧效果就越好。吹弧方式可分为纵吹与横吹两种，纵吹是吹动方向与电弧平行，它促使电弧变细；横吹是吹动方向与电弧垂直，它把电弧拉长并切断。

(2) 利用油流吹动电弧。利用油流吹动电弧应用于各种油断路器中。油断路器采用各种形式的机械力，促使断路器中的绝缘油高速流动，来吹动电弧。

(3) 电磁吹弧。电弧在电磁力作用下产生运动的现象称为电磁吹弧。由于电弧在周围介质中运动，它起着与气吹同样的效果，从而达到熄弧的目的。这种灭弧的方法应用于多种开关电器中，在低压电器中的应用则更为广泛。

(4) 使电弧在固体介质的狭缝中运动。使电弧在固体介质的狭缝中运动的灭弧方式又称为狭缝灭弧。由于电弧在介质的狭缝中运动，一方面受到冷却，加强了去游离作用；另一方面电弧被拉长，弧径被压小，弧电阻增大，促使电弧熄灭。

(5) 将长弧分割成短弧。当电弧经过与其垂直的一排金属栅片时，长电弧被分割成若干段短电弧；而短电弧的电压降主要降落在阴、阳极区内，如果栅片的数目足够多，使各段维持电弧燃烧所需的最低电压降的总和大于外加电压时，电弧自行熄灭。交流电弧在电流过零后，由于近阴极效应，每弧隙介质强度骤增到 150 V～250 V，采用多段弧隙串联，可获得较高的介质强度，使电弧在过零熄灭后不再重燃。

(6) 采用多断口灭弧。高压断路器常制成每相两个或多个串联断口，由于断口数量的增加，使得每一断口的电压降低，同时相当于触头分断速度成倍地提高，使电弧迅速拉长，对灭弧有利。

4.3 高压开关设备的选择

4.3.1 高压断路器

高压断路器除在正常情况下通、断电路外，主要是在电力系统发生故障时，自动而快速地将故障切除，以保证电力系统及设备的安全运行。常用的高压断路器有油断路器、六氟化硫断路器和真空断路器等。

1. 油断路器

油断路器按其用油量的多少分为多油与少油两种。多油断路器中的油起着绝缘与灭弧两种作用；少油断路器中的油只作为灭弧介质。

1) 多油断路器

10 kV 以下的多油断路器，为三相共箱式。35 kV 以上的多油断路器多为分箱式。我国目前 35 kV 多油断路器用得较多的是 DW_s — 35 型。多油断路器的一相结构如图 4 - 5 所示。

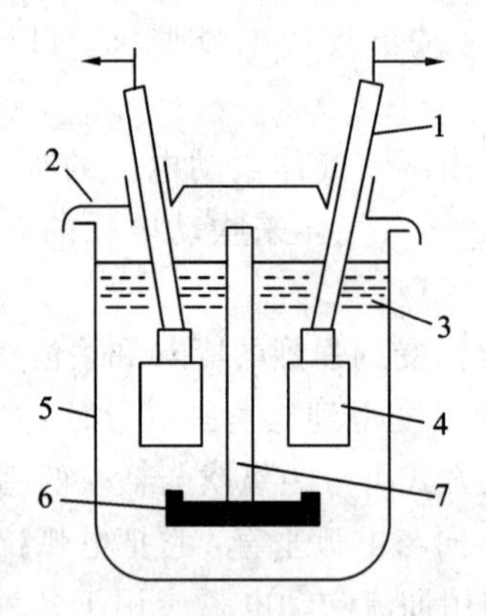

1—瓷套管；2—油箱盖；3—变压器油；4—静触头及灭弧室；5—油箱；6—动触头；7—绝缘拉杆

图 4 - 5 多油断路器的一相结构

(1) 平开式多油断路器。PB_3 — 6 及 GKW — 1 等型号的高压配电柜中，均采用平开式多油断路器，它的结构与图 4 - 5 基本相似，只是静触头上无灭弧室。为了防止电弧引起相间短路和接地，在油箱壁及三相之间均衬以绝缘隔板。

在开断电路时，电弧高热使变压器油蒸发和分解成气体，吸收大量的热能使电弧冷却；同时油分解出大量的氢气(70%～80%)，氢的导热性能好，黏度小，冷却性能很好；高温油的比重与氢的比重比较冷油小，因而迅速流向油箱上部，对电弧产生纵吹效果；在开断大电流时，两平行断口之间，弧电流的相互斥力使两电弧向外侧移动，起到横吹作用。由于以上原因，平开式油断路器的电弧得以熄灭。

(2) 机械油吹式多油断路器。目前 PB_2 — 6G 矿用隔爆型高压配电箱中，采用机械油吹式多油断路器，该断路器每相一个灭弧室，共同装于一个油箱中，其一相灭弧室的结构如

图 4 - 6 所示。

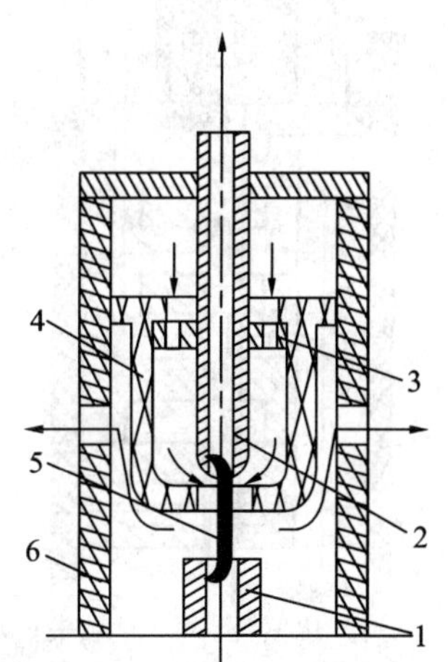

1—静触头；2—动触头；3—压油活塞；4—唧筒；5—电弧；6—绝缘筒

图 4 - 6　机械油吹式多油断路器的一相灭弧室结构

在绝缘筒 6 内有压油活塞 3，在开断电路时，触头 2 带动压油活塞 3 向上运动，灭弧室上部的绝缘油受到机械压力，使油流经唧筒口射向电弧 5 形成纵吹；当动触头继续向上，活塞带动唧筒 4 向上，使得压油面积增加，压力增高，形成更强烈的纵吹，迫使电弧熄灭。

由于油流是靠机械的压缩力产生的，因此在开断小电流时，弧区的压力小，油流快，灭弧效果显著，故开距可减小。当开断大电流时，由于弧区产气多，压力大，油流不畅，使熄弧效果减弱，故机械油吹灭弧时对熄灭大电流不利。

(3) 油自吹灭弧室断路器。目前 35 kV 以上的油断路器(包括多油与少油)，多采用油自吹灭弧室。所谓油自吹灭弧，就是靠电弧自身能量形成油流吹动电弧，自吹式方式有纵吹、横吹、环吹以及混合油吹等。这些灭弧室的共同特点就是在熄灭小电流时，由于电弧能量小，燃弧时间长。

多油断路器的优点是结构简单，工艺要求低，使用可靠性高，气候适应性强，35 kV 电压级带有套管式电流互感器。其缺点是体积大，钢材及油的用量多，动作速度慢，检修工作量大，安装搬运不方便，占地面积大且容易发生火灾，目前已逐渐被其他形式的断路器所取代。在我国多油断路器除 35 kV 外，其他电压等级已减少或停止生产。

2) 少油断路器

目前工矿企业变电所室内断路器均采用少油式，过去常采用的 SN_1-10 与 SN_2-10 等型号的少油断路器，由于灭弧性能差，断流容量小，涡流损耗大等缺点已停止生产，而被先进的 $SN_{10}-10$ 型少油断路器取代。该断路器的油箱采用环氧树脂玻璃钢制的绝缘筒，既增加了强度，又减小了磁带涡流损失。灭弧室由六块三聚氰胺灭弧片构成三个横吹口及两个纵吹口油道，故其灭弧能力强，断流容量大，不论大小电流均能在两个半波内熄灭。其一相灭弧室的结构如图 4 - 7 所示。

当触头分断产生电弧时，油被气化和分解，灭弧室内腔压力增大，使静触头座内的钢球上升，将球阀关闭，电弧在密闭的空间燃烧，压力急剧增大；当导电杆向下运动，依次打开上、中、下三个横吹口时，油气混合物高速横吹电弧，使其熄灭。

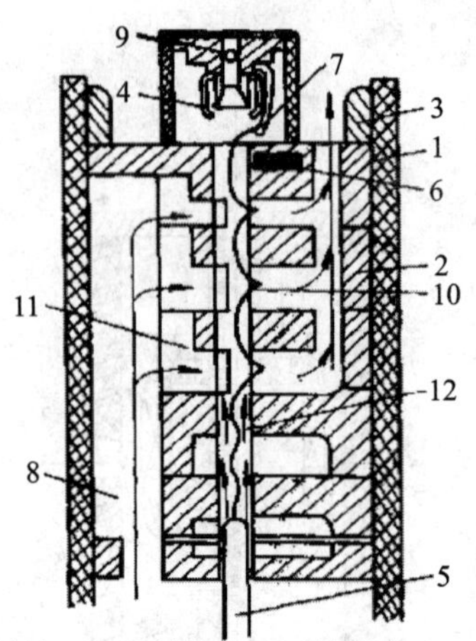

1—绝缘筒；2—灭弧片；3—压紧环；4—静触头；5—动触头；6—铁块；
7—耐弧触头；8—附加油流道；9—球阀；10—电弧；11—横吹油道；12—纵吹油道

图 4-7　SN_{10} -10 型少油断路器的一相灭弧室结构

（上、下横吹弧道为左右旋转 45°后的剖面）

在开断小电流时，电弧能量小，横吹效果不佳，导电杆继续向下打开纵吹油道，电弧受到纵吹；加上导电杆向下运动，将一部分油压入附加油道横吹电弧，起到机械油吹作用，从而促使小电流电弧很快熄灭。

由于断路器的静触头装载上部，不但能产生机械油吹的效果，而且因为导电杆向下运动，使导电杆处于电弧不断与冷油接触，既降低了触头温度，又使用电弧受到良好的冷却，加强了灭弧效果。断路器最上面的一个灭弧片，在靠近喷口处预埋一铁块，从而把电弧引向耐弧触头，以减少主触头的损坏。

少油断路器的优点是结构简单、坚固，运行比较安全，体积小，用油少，可节约大量的油和钢材。缺点是安装电流互感器比较困难，不适用于严寒地带(因油少易冻)等。

2. 六氟化硫断路器

用六氟化硫(SF_6)气体作为绝缘和灭弧介质的断路器，是 20 世纪 50 年代后发展起来的一种新型断路器。由于 SF_6 气体具体优良的绝缘性能和灭弧特性，其发展较快。目前在使用电压等级和开断容量等参数等方面都已赶上或超过了压缩空气断路器，在超高压领域中，有取代其他断路器的趋势。

1) SF_6 的物理及化学性能

纯 SF_6 气体无色、无味、无毒；低温高压下易于液化，在一个大气压下液化温度为 −63.8℃；当在 7 个大气压时，液化温度为 −25℃；它不溶于水与变压器油；温度在 800℃ 以下是惰性气体。在电弧作用下，气体分解出 SF_6、SOF_2 等低氟化物，电弧过后很快又恢复为 SF_6，残存量极少。

2) SF_6 的绝缘性能及灭弧特性

SF_6 具有良好的绝缘性能，在均匀电场的情况下，其绝缘强度是空气的 2.5～3 倍。在 3 个大气压下，SF_6 的绝缘强度与变压器油相同。SF_6 断路器结构中，应防止电场强度过度的不均匀而产生电晕现象，以免引起绝缘放电电压的降低和由于气体的分解而产生腐蚀性物质及有毒气体。

SF_6 气体还具有极强的灭弧能力，这是由于它的弧柱导电率高，弧压降低，弧柱能量小，在电流过零后，介质强度恢复快。一般 SF_6 绝缘强度的恢复速度比空气快 100 倍。

3) SF_6 断路器的优缺点

(1) 灭弧能力强，易于制成断流容量大的断路器。由于介质绝缘恢复特别快，可以经受幅值大，陡度高的恢复电压而不易被击穿。

(2) 允许开断次数多，寿命和检修周期长。由于 SF_6 分解后，可以复合，分解物不含碳等影响绝缘能力的物质，在严格控制水分情况下不产生腐蚀性物质，因此开断后气体绝缘不会下降。由于电弧存在时间短，触头烧伤轻，所以延长了检修周期，提高了电气寿命。

(3) 散热性能好，通流能力大。SF_6 气体导热率虽小于空气，但因其分子量重，比热大，热容量大，在相同压力下对流时带走的热量多，总的散热效果好。

(4) 开断小电感电流及电容电路时，基本上不出现过电压。这是因为当 SF_6 弧柱细而集中，并保持到电流接近零时，无截流现象的缘故。又由于 SF_6 气体灭弧能力强，电弧熄灭后不易重燃，故开断电容电路不出现过电压。

SF_6 断路器的缺点是加工精度要求高，对密封、水分等的控制要求严格。在电晕作用下产生剧毒气体 SO_2F_2，在漏气时对于人身安全有危害。

3. 真空断路器

利用真空作为绝缘和灭弧介质的断路器称为真空断路器。所谓真空是指气体稀薄的空间，真空断路器要求管内的压强在 0.023 Pa 以下。

1) 真空的绝缘特性

真空间隙在均匀电场下绝缘强度很高，这是因为真空中的气体稀薄，电子的自由行程大，发生碰撞概率小的缘故。真空绝缘介质与其他绝缘介质的击穿电压如图 4-8 所示。

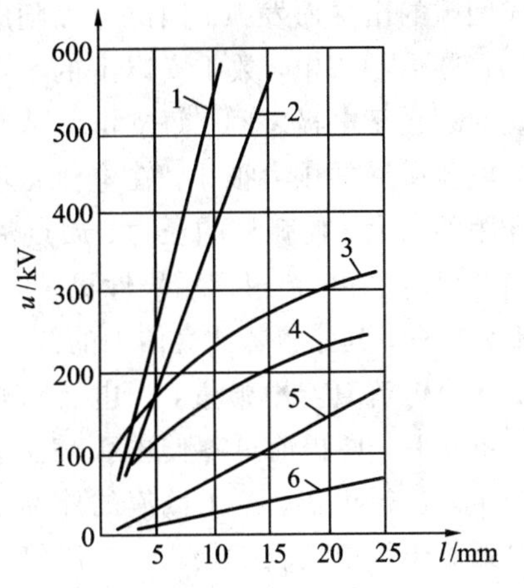

1—2.8 MPa 的空气；2—0.7 MPa 的 SF_6；3—高度真空；4—变压器油；5—0.5 MPa 的 SF_6；6—0.1 MPa 的空气

图 4-8　不同介质的绝缘击穿电压

由图 4-8 可见，在断路器实用开距范围内(几毫米到几十毫米)，真空比其他介质的绝缘强度高，在小间隙的击穿电压与间隙长度为非线性关系，当间隙长度越长，击穿电压的增加不很显著。所以真空断路器耐压强度的提高只能采用多间隙串联的方法解决，不能用增大触头开距的方法。影响真空间隙击穿电压的主要因素是：

(1) 电极材料的影响。电极材料不同，击穿电压有显著的变化。一般说来电极材料的机械强度与熔点越高，真空间隙的击穿电压也越高。

(2) 气体压力对击穿电压的影响。真空间隙的绝缘与管内气体压强有关。当压强在 0.013 Pa 以下时，绝缘度不变，在 0.013 Pa～1333 Pa 时，绝缘随气压的升高而不断下降。当气压大于 1333 Pa 时，绝缘又随气压的增加而增加，气压与绝缘击穿电压的变化关系如图 4-9所示。图中横坐标 P 表示气体压力，单位为 Pa，纵坐标表示击穿电压百分比。

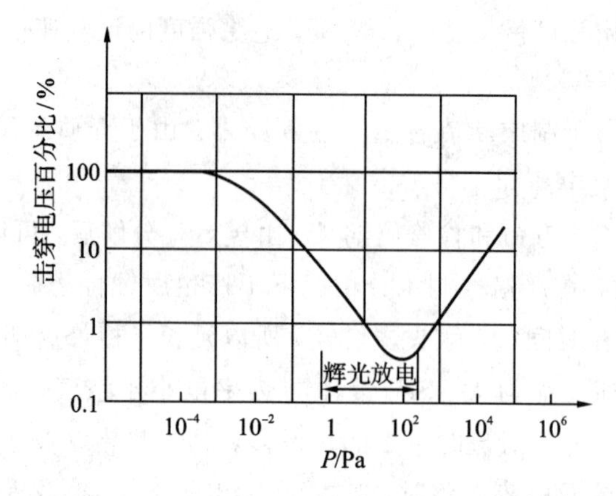

图 4-9 气压与击穿电压的关系曲线

2）真空电弧的特点及其熄灭

在真空电弧中不存在气体游离问题，电弧的形成主要依靠触头金属蒸气的导电作用，造成间隙的击穿而发弧。因此电弧随触头材料不同而有差异，并受弧电流大小的影响。

在圆形触头中，数千安以下的小电流真空电弧(扩散型电弧)是以产生若干并联电弧的形式而存在于电极之间，每支电弧从阴极斑点出发，达到阳极时形成一圆锥形弧柱。这是因为电弧所受的压力很小，在电流磁场力的作用下，使金属带电质点沿径向扩散之故。随着开距的增大，使弧柱的压力、质点密度和温度等均相应地向下，故阳极表面的温度比阴极斑点低很多。在电流过零后极性更替时，由于新阴极温度较低，不易发射电子与金属蒸气，电弧不易重燃。其弧压降比气体中的低，主要为阴极压降，它随电流瞬时值的增加而增加。

在小电流真空电弧中，当电流从峰值下降到一定值时，电弧呈现不稳定现象；电流再继续下降时，便提前过零使电弧熄灭，出现截流现象；故真空开关在切断小电感电流时，要产生截流过电压。产生截流的原因是当电流减小时，阴极斑点发出的金属蒸气量减少，使电弧难于维持而自然熄灭。截流值大小与触头材料有关。触头饱和蒸气压力越大，截流值越小；触头沸点与导热系数的乘积越大，截流值越高。例如，铋、锑、铅、镉等沸点低的材料，它们的截流值就小；而钨、铜、钼、镍等的沸点较高，其截流值也较大。另外，截流值还与触头运动速度有关，速度过高，截流值增大。由实验得知，分断速度在 0.5 m/s～1.5 m/s 范围内，对截流水平没有影响。小电流的真空电弧才会出现截流现象，当电流超过几千安时，一般不出现截流。

在大电流真空电弧中(收缩型电弧)，电弧能量大，电弧成为单个弧柱，此时阳极也严重发热而产生阳极斑点。由于电流大，电动力作用显著增加，故触头磁场分布情况对电弧燃烧与熄灭的影响很大。

大电流的弧压降随电流增加比小电流快，在开始燃弧和电流过零时，弧电压较小。弧电压增加，意味着电弧能量的增加，各元件的发热增加，金属蒸气量增多，介质绝缘恢复困难，故弧电压增大到一定程度就会造成开断的失败。

在真空电弧中，一方面金属蒸气及带电质点不断向弧柱四周扩散，并凝结在屏蔽罩上；另一方面触头在高温作用下，不断蒸发向弧柱注入金属蒸气与带电质点。当扩散速度大于蒸发速度时，弧柱内的金属蒸气量与带电质点的浓度降低，以至不能维持电弧时，电弧熄灭，否则电弧将继续燃烧。电流过零电弧熄灭时，触头温度下降，蒸发作用急剧减小，而残存质点又在继续扩散；故真空绝缘在熄弧后，介质绝缘强度的恢复极快，其速度可达 20 kV/μs。在开断容量范围内，恢复速度基本不变。

3）真空断路器的灭弧室结构及其触头

真空断路器的主要部件是真空灭弧室(如图 4-10 所示)，内装屏蔽罩，它起金属蒸气的作用，以防止其凝结在绝缘外壳上，降低动、静触头之间的绝缘；它还能吸附电子与离子，对灭弧有利。圆盘形的动、静触头装在密封外壳的两端，当动触头运动时，波纹管伸缩。真空灭弧室的真空度，出厂时应不低于 1.33×10^{-4} Pa，运行过程中应保持在 1.33×10^{-4} Pa 以上。对 10 kV 电压级的触头开距仅为 10 mm～15 mm。

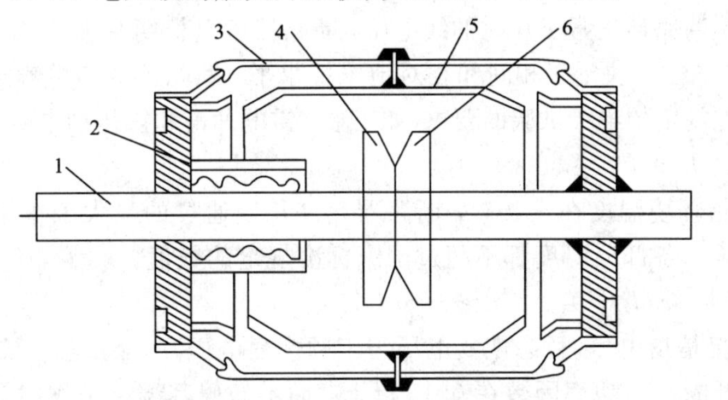

1—动触杆；2—波纹管；3—外壳；4—动触头；5—屏蔽罩；6—静触头

图 4-10　真空灭弧室的原理结构

真空断路器的圆盘形触头可分为两种：一种是只有导电部分，而无旋弧部分的，它的断流容量较小；另一种是带有旋弧部分的，这种触头上的电弧在电磁力的作用下迅速旋转运动，防止触头上出现局部高温区，从而提高了断路器的断流容量。目前使用最多的是具有外部螺旋槽或内螺旋槽的旋弧触头。现以外螺旋槽旋弧触头为例来说明旋弧作用。

图 4-11 为外螺旋槽旋弧触头的形状及电流与磁场。触头中部为环形接触面的主触头，外侧为带螺旋槽的旋弧触头。当触头分开时，由于触头中心凹进，电弧电流在触头部分呈曲折形，如图 4-11(a)所示，曲折部分电流的磁场 B_2 对弧隙电流产生电磁作用力，使电弧向外从主触头移到旋弧触头。由于螺旋形槽的影响，电弧电流中有一个圆周分量 i_1 所建立的径向磁场作用于电弧，使电弧沿螺旋槽方向高速旋转(如图 4-11(b)所示)，则电弧很快冷却。故带旋弧槽的触头具有产生金属蒸气量小，介质绝缘恢复快，断流容量大，触头烧损均匀等优点。

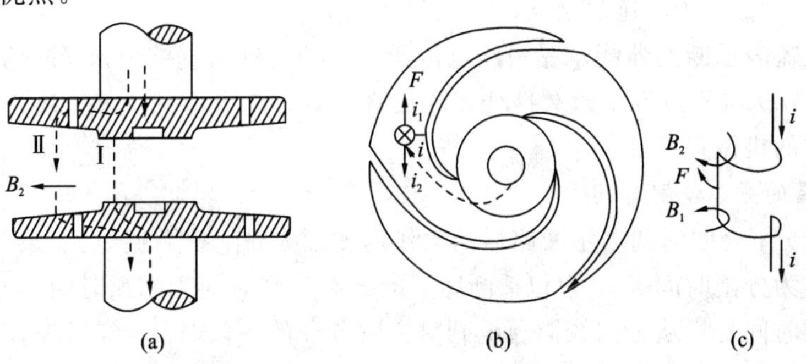

图 4-11　外螺旋槽触头

(a) 纵剖面；(b) 下触头顶视图；(c) 电流与磁场

真空断路器具有体积小、重量轻、寿命长(比油断路器触头的寿命长50～100倍)，维护工作量少噪音、振动小、动作快，无外露火花易于防爆且适合于操作频繁和开断电容电流等优点。其缺点是开断小电流时容易出现截流现象，产生截流过电压。此外对真空度的监视与测量目前还无简单可行的办法。

4.3.2 高压断路器的主要参数及选择

1. 高压断路器的主要参数

1) 额定电压(U_N)

额定电压是指断路器正常工作时的线电压，断路器可以长期在1.1～1.15倍额定电压下可靠工作。额定电压主要决定于相间和相对地绝缘水平。断路器要满足额定电压的要求，就必须符合国家标准规定的绝缘试验的要求(如工频、雷电冲击和操作冲击耐压测试)。

2) 额定电流(I_N)

额定电流是指环境温度在+40℃，断路器允许长期通过的最大工作电流。断路器在此电流下长期工作时，各部分温度都不超过国家标准规定的数值。

3) 额定开断电流($I_{N.br}$)

额定开断电流是指电压(暂态恢复电压与工频恢复电压)为额定值，按照国家标准规定的操作循环，能开断滞后功率因数在0.15以下，而不妨碍其继续工作的最大电流值。它是断路器开断能力的标志，其大小与灭弧室的结构和灭弧介质有关。

4) 额定断流容量($S_{N.br}$)

由于开断电流与电压有关，故断路器的开断能力常用综合参数断流容量表示。三相断路器的断流容量为

$$S_{N.br} = \sqrt{3}U_N I_{N.br} \tag{4-8}$$

单相断路器的断流容量为

$$S_{N.br} = U_N I_{N.br} \tag{4-9}$$

5) 热稳定电流($I_{ts.Q}$)

热稳定电流表示断路器承载短路电流热效应的能力。在此电流作用下，断路器各部分升温不超过其短时允许的最高温升(即不妨碍其今后继续正常工作)。由于发热量与电流通过的时间有关，故热稳定电流必须对应一定的时间，断路器的热稳定电流通常以1 s、5 s、10 s等时间的热稳定电流值来表示。

6) 动稳定电流或极限通过电流($i_{es.Q}$)

动稳定电流表示断路器能承受短路电流所产生的电动力的能力。即断路器在该力的作用下，其各部分机构不致发生永久性变形或破坏。动稳定电流的大小，决定于导电部分及支持绝缘部件的机械强度。

7) 断路器的分、合闸时间

断路器的分、合闸时间表示断路器的动作速度。从分闸线圈通电到三相电弧熄灭为止的这段时间称为分闸时间t_{br}，它包括断路器的固有分闸时间和燃弧时间。

固有分闸时间是指从分闸线圈通电到触头刚分开的一段时间。燃弧时间是指从触头分离开始，到电弧完全熄灭为止的这段时间。

分闸时间是断路器的一个重要参数，其大小对电力系统的稳定性关系极大。t_{br}越小，

对电力系统的稳定越有利。

断路器的合闸时间 t_{cl} ，是指从合闸线圈通电起到各相触头全部接通为止的这段时间。合闸时间决定于操动机构及中介传动机构的速度。

2. 高压断路器的选择

选择高压断路器时，除按电气设备一般原则选择外，由于断路器还要切断短路电流，因此必须校验断流容量(或开断电流)、热稳定及动稳定等各项指标。

1) 按工作环境选型

根据使用地点的条件选择，如户内式、户外式，若工作条件特殊，尚需选择特殊的类型(如隔爆式)。

2) 按额定电压选择

高压断路器的额定电压，应等于或大于所在电网的额定电压，即

$$U_N \geqslant U \tag{4-10}$$

式中，U_N 为断路器的额定电压；U 为高压断路器所在电网的额定电压。

3) 按额定电流选择

高压断路器的额定电流，应等于或大于负载的长时最大工作电流，即

$$I_N \geqslant I_{ar.m} \tag{4-11}$$

式中，I_N 为断路器的额定电流；$I_{ar.m}$ 为负载的长时最大工作电流。

4) 校验高压断路器的热稳定

高压断路器的热稳定校验要满足的要求是

$$I_{ts.Q}^2 t_{ts.Q} \geqslant I_\infty^2 t_i \tag{4-12}$$

或

$$I_{ts.Q} \geqslant I_\infty \sqrt{\frac{t_i}{t_{ts.Q}}}$$

式中，$I_{ts.Q}$ 为断路器的热稳定电流；$t_{ts.Q}$ 为断路器热稳定电流所对应的热稳定时间；I_∞ 为短路电流稳定值；t_i 为 I_∞ 作用下的假想时间。

断路器通过短路电流的持续时间为：

$$t_{1a} = t_{se} + t_{br} \tag{4-13}$$

式中，t_{1a} 为断路器通过短路电流的持续时间；t_{se} 为断路器保护动作时间；t_{br} 为断路器的分闸时间。

断路器的分闸时间 t_{br} 包括断路器的固有分闸时间和燃弧时间，一般可由产品样本中查到或按下列数值选取：

(1) 对于快速动作的断路器，t_{br} 可取 0.11 s～0.16 s。

(2) 对于中、低速动作的断路器，t_{br} 可取 0.18 s～0.25 s。

5) 校验高压断路器的动稳定

高压断路器的动稳定是指承受短路电流作用引起的机构效应的能力，在校验时，须用短路电流的冲击值或冲击电流有效值与制造厂规定的最大允许电流进行比较，即

$$\left.\begin{aligned} i_{max} &\geqslant i_{sh} \\ I_{max} &\geqslant I_{sh} \end{aligned}\right\} \tag{4-14}$$

式中，i_{max}、I_{max} 分别为设备极限通过的峰值电流及其有效值；i_{sh}、I_{sh} 分别为短路冲击电流

及其有效值。

6）校验高压断路器的断流容量

高压断路器能可靠地切除短路故障的关键参数是它的额定断流容量（或额定开断电流）。因此，它所控制回路的最大短路容量应小于或等于其额定断流容量，否则断路器将受到损坏；严重时电弧难以熄灭，使事故继续扩大，影响系统的安全运行。断路器的额定断流容量（$S_{N.oc}$）按下式进行校验，即

$$S_{N.oc} \geqslant S_{0.2}（或 S''） \tag{4-15}$$

式中，$S_{0.2}$（或 S''）为所控制回路在 0.2 s（或 0 s）时最大短路容量，单位为 MVA。

在不同的操作循环下，断路器的断流容量也不同，校验时应按相应的操作循环的断流容量进行校验。

对于非周期分量衰减时间常数在 0.05 s 左右较小的电力网，当使用中速或低速断路器时，若保护动作时间加上断路器固有分闸时间之和为四倍非周期分量衰减时间常数以上时，在断路器开断时，短路电流的非周期分量衰减接近完毕，则开断短路电流的有效值不会超过短路次暂态电流周期分量的有效值 I''，故开断电流可按 I'' 来校验断路器。

对于电力网末端，如远离电源中心的工矿企业，非周期分量衰减时间常数更小，当使用中速或低速断路器时，若保护动作时间加上断路器固有分闸时间之和大于 0.2 s，则开断电流可按 $I_{0.2}$ 来校验断路器（$I_{0.2}$ 为回路短路 0.2 s 的短路电流）。

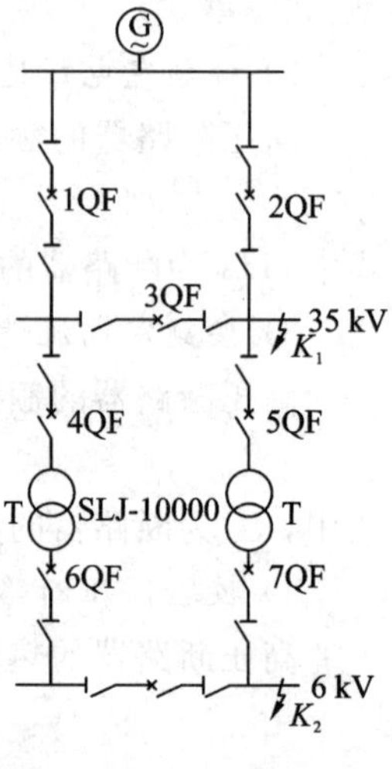

图 4-12　某变电所主接线系统图

某企业变电所的主接线系统如图 4-12 所示，6 kV 侧的总负荷为 12 500 kVA。在正常情况下，变电所采用并联运行。变电所 35 kV设备采用室外布置，35 kV 进线的继电保护动作时限为 2.5 s。6 kV 侧的变压器总开关（6QF、7QF）不设保护，变电所 35 kV 与 6 kV 母线的短路参数如表 4-2 所示。试选择变压器两侧的断路器。

分析：首先按设备工作环境及电压、电流选择断路器型号，然后按所选断路器参数进行校验。

5QF 及 7QF 断路器在正常情况下只负担全所总负荷的一半；但当一台变压器故障或断路器检修时，长时最大负荷即等于变压器的额定容量。此时 35 kV 侧电流为

$$I_{ar.m1} = \frac{S_{N.T}}{\sqrt{3}U_{N1}} = \frac{10\ 000}{\sqrt{3} \times 35} = 165 \text{ A}$$

6 kV 侧的长时间最大工作电流为

$$I_{ar.m2} = \frac{S_{N.T}}{\sqrt{3}U_{N2}} = \frac{10\ 000}{\sqrt{3} \times 6} = 962 \text{ A}$$

5QF 的额定电压为 35 kV，长时最大工作电流为 165A，布置在室外，初步选择户外式少油断路器，型号为 SW_2-35 型。

7QF 的额定电压为 6 kV，长时最大工作电流为 962 A，布置在室外，初步选用成套配电设备，断路器为户内式少油断路器，型号为 SN_{10-10}，额定电压为 10 kV，额定电流为 1000A，根据表 4-2 的短路计算参数，对上述所选两种断路器进行动、热稳定性及其断流

容量进行校验。

本例中的 5QF 的最大运行方式(系统几种运行方式中，短路回路阻抗最小、短路电流最大的一种)是系统并联。7QF 的最大运行方式是分列运行。

动稳定校验：根据表 4－2 及表 4－3 的数据，5QF 接 K_1 点，按并联运行的最大冲击电流校验，即

$$i_{max} = 63.4\ \text{kA} > i_{sh} = 51\ \text{A}$$

动稳定符合要求。

7QF 按 K_2 点分列运行的最大冲击电流校验，即

$$i_{max} = 74\ \text{kA} > i_{sh} = 27.8\ \text{kA}$$

动稳定性符合要求。

由于变压器容量为 10 000 kVA，变压器设有差动保护，因此在差动保护范围内短路时，由于其为瞬时动作，继电器保护动作时限为 0，此时假想时间 $t_i = 0.2$ s 。当短路发生在 6 kV 母线上时，差动保护不动作(因不是其保护范围)，此时过流保护动作时限为 2 s(比进线保护少一个时限级差 0.5 s)，此时假想时间 $t_i = 2.2$ s 。

在 K_1 点短路，5QF 相当于 4 s 的热稳定电流为

$$I_{ts.Q} = I_\infty \sqrt{\frac{t_i}{4}} = 20 \times \sqrt{\frac{0.2}{4}} = 4.5\ \text{kA} < 24.8\ \text{kA}$$

在 K_2 点短路，5QF 相当于 4 s 的热稳定电流为

$$I_{ts.Q} = I_\infty \sqrt{\frac{t_i}{4}} = 10 \times \sqrt{\frac{2.2}{4}} \times \frac{6}{35} = 1.386\ \text{kA} < 24.8\ \text{kA}$$

5QF 的热稳定符合要求。

因 5QF 的过流保护动作时限为 2 s，$t_i = 2.2$ s，在 K_2 点短路时相当于 4 s 的热稳定电流(因为 6 kV 侧的变压器总开关不设保护)为

$$I_{ts.Q} = I_\infty \sqrt{\frac{t_i}{4}} = 10.9 \times \sqrt{\frac{2.2}{4}} = 8.08\ \text{kA} < 29\ \text{kA}$$

7QF 的热稳定符合要求。

对新断路器断流容量进行校验，有

$$1500\ \text{MVA} > S'' = 1212.5\ \text{MV} \cdot \text{A}$$

7QF 在 10 kV 时的额定断流容量为 500 MVA，使用在 6 kV 时的断流容量的换算值为

$$500 \times \frac{6}{10} = 300\ \text{MV} \cdot \text{A}$$

$$300\ \text{MVA} > S'' = 124.7\ \text{MV} \cdot \text{A}$$

5QF、7QF 均符合要求，故 5QF 选 SW_2－35 型，额定电流 1500 A，7QF 选用 SN_{10-10} 型，额定电流 1000 A 的少油断路器完全符合要求。

表 4－2　变电所 35 kV 与 6 kV 母线的短路参数

运行方式	35 kV 母线 K_1 点的短路电流值			6 kV 母线 K_2 点的短路电流值		
	$I'' = I_{rx}$	i_{sb}	$S'' = S_\infty$	$I'' = I_\infty$	i_{sb}	$S'' = S_\infty$
并联运行	20	51	1212.5	19.9	50.7	206.8
分列运行	12	30.6	727.5	10.9	27.8	124.7

表 4-3　所选断路器的电器参数

型号	额定电压 /kA	额定电流 /A	额定开断电流 /kA	断流容量 /MV·A	动稳定电流 /kA	热稳定电流 (4 s)/kA
SW_2-35	35	1500	24.8	1500	63.4	24.8
$SN_{10}-10$	10	1000	29	500	74	29

4.3.3　高压负荷开关的选择

在高压配电装置中，负荷开关是专门用于接通和断开负荷电流的电器设备。当装有脱扣器时，在过负荷情况下也能自动跳闸。在固定灭弧触头上装有有机玻璃的灭弧罩，在电弧作用下产生气体，纵吹电弧，故灭弧装置比较简单，断流容量小，所以不能切断短路电流。在大多数情况下，负荷开关与高压熔断器串联，借助熔断器切断短路电流。

高压负荷开关分户内式（FN-10 型、FN-10R 型）和户外式（FW-10 型、FW-35 型）两大类。

负荷开关结构简单、尺寸小、价格低，与熔断器配合可作为容量不大(400 kVA 以下)或不重要用户的电源开关，以代替油断路器。

负荷开关按额定电压、额定电流选择，按动、热稳定性进行校验。当负荷开关配有熔断器时，应校验熔断器的断流容量，其动、热稳定性则可不校验。

4.3.4　隔离开关的选择

隔离开关的主要用途是隔离电源，保证电器设备与线路在检修时与电源有明显的断口。隔离开关无灭弧装置，当与断路器配合使用时，合闸操作应先合隔离开关，后合断路器，分闸操作应先断开断路器，后断开隔离开关。运行中必须严格遵守“倒闸操作规定”、并应在隔离开关与断路器之间设置闭锁机构，以防止误操作。

隔离开关与熔断器配合使用，可作为 180 kVA 及以下容量变压器的电源开关。电力设计技术规范规定隔离开关可用于下列情况的小功率操作：

(1) 切、合电压互感器及避雷器回路。

(2) 切、合激励电流不超过 2 A 的空载变压器。

(3) 切、合电容电流不超过 5 A 的空载线路。

(4) 切、合电压在 10 kV 以下，负荷电流不超过 15 A 的线路。

(5) 切、合电压在 10 kV 以下，环路均衡电流不超过 70 A 的线路。

隔离开关有户内式和户外式，我国生产的户内式有 GN_2、GN_6 等系列，35 kV 户外式有 GW_2、GW_4、GW_5 等系列。

隔离开关按电网电压，长时最大工作电流及环境条件选择，按短路电流校验其动、热稳定性。

按图 4-12 的供电系统及计算出的短路参数选择 1QF 的隔离开关。已知上一级变电所出线带有过流及横差功率方向保护。

分析：计算隔离开关的长时最大工作电流 $I_{ar.\infty}$。当一条线路故障时，全部负荷电流都通过 1QF 的隔离开关，故长时最大工作电流为

$$I_{\text{ar.}\infty}=\frac{S}{\sqrt{3}U_{\text{N}}}=\frac{12\ 500}{\sqrt{3}\times 35}=206\ \text{A}$$

由于电压为 35 kV，设备采用室外布置，故选用 $GW_5-35G/600$ 型户外式隔离开关，其主要技术数据为是：额定电压为 35 kV，额定电流为 600 A，极限通过电流（峰值）为 50 kA，5 s 的热稳定电流为 14 kA。

由于 1QF 处的隔离开关，其最大运行方式是分列运行。因流经隔离开关的短路电流，K_1 点并联的一半少于分列，故最大运行方式是分列运行。由表 4-2 查得 K_1 点短路，最大冲击电流为 30.6 kA<50 kA，故动稳定符合要求。

最严重的情况是线路不并联运行，此时所装横联差动保护撤出（其动作时限为零），即此时差动不起作用，当短路发生在 1QF 的隔离开关后，并在断路器 1QF 之前时，事故切除依靠上一级的变电所的过流保护，继电器动作时限比 35 kV 进线的继电保护动作时限 2.5 s 大一个时限级差，故 $t_{\text{se}}=2.5+0.5=3$ s，此时短路电流经过隔离开关的总时间为

$$t=t_i=t_{\text{br}}+t_{\text{se}}=0.2+3.0=3.2\ \text{s}$$

相当于 5 s 的热稳定电流为

$$I_{\text{ts}}=I_{\infty}\sqrt{\frac{t_i}{5}}=12\times\sqrt{\frac{3.2}{5}}=9.6\ \text{kA}<14\ \text{kA}$$

故热稳定性符合要求。

4.3.5　高压熔断器的选择

高压熔断器是一种过流保护元件，由熔件与熔管两部分组成。当过载或短路时，电流增大，熔件熔断，达到排除故障保护设备的目的。

熔件通过的电流越大，其熔断时间越短。电流与熔断时间的关系曲线称为熔件的安-秒特性曲线。在选择熔件时，除保重在正常工作条件下（包括设备的启动）熔件不熔断外，为了使保护具有选择性，还应使其安-秒特性符合保护选择性的要求。6 kV～35 kV 熔件的安-秒特性如图 4-13 所示，当通过熔件电流小于 I，熔件不会被熔断。

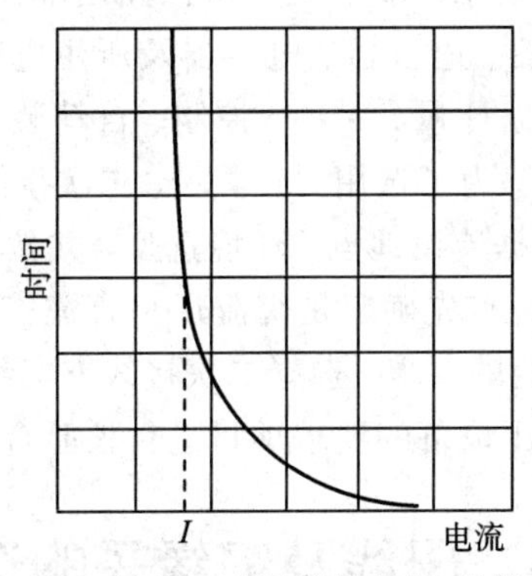

图 4-13　6 kV～35 kV 熔件的安-秒特性曲线

1. 高压熔断器种类

高压熔断器分为户内式与户外式两种：一种灭弧方式是熔管内壁为产气材料，在电弧作用下分解出大量的气体，使熔管内气压剧增或利用所产气体吹弧，达到熄弧目的（如国产 RW 户外式跌落熔断器）；另一种是利用石英砂作为灭弧介质，填充在熔管内，熔件熔断后，电弧与石英砂紧密接触，弧电阻很大起到了限制短路电流的作用，使电流未达到最大

值时即可熄灭，所以又称为限流熔断器。国产 RN_1-10、RN_2-10 及 RW_9-35 等均属此类产品。

国产 6 kV～35 kV 熔件，其额定电流等级有 3.5、10、15、20、30、40、50、75、100、125、200 A。

2. 高压熔断器的选择

高压熔断器除按工作环境条件、电网电压、负荷电流(对保护电压互感器的熔断器不考虑负荷电流)选择型号外，还必须校验熔断器的断流容量，即

$$S_{N.br} \geqslant S'' \tag{4-16}$$

对具有限流作用的熔断器，不能用在低于额定电压等级的电网上(如 10 kV 熔断器不能用于 6 kV 电网)，以免熔件熔断时弧电阻过大而出现过电压。

熔断器选择的主要指标是选择熔件和熔管的额定电流，熔断器额定电流按下式选取

$$I_{N.Fu} \geqslant I_{N.Fe} \geqslant I \tag{4-17}$$

式中，$I_{N.Fu}$ 为熔管额定电流(即熔断器额定电流)；$I_{N.Fe}$ 为熔件额定电流；I 为通过熔断器的长时最大工作电流。

所选熔件应在长时最大工作电流及设备启动电流的作用下不熔断，在短路电流作用下可靠熔断；要求熔断器特性应与上级保护装置的动作时限相配合(即动作要有选择性)，以免保护装置越级动作，造成停电范围的扩大。

对保护变压器的熔件，其额定电流可按变压器额定电流的 1.5～2 倍选取。

4.3.6 高压开关柜的选择

高压开关柜属于成套配备电装置。它是由制造厂按一定的接线方式将同一回路的开关电器、母线、测量仪表、保护电器和辅助设备等都装配在一个金属柜中，成套供应用户。

这种设备结构紧凑，使用方便。在工矿企业广泛用于控制和保护变压器、高压线路及高压电动机等。

为了适应不同接线系统的要求，配电柜一次回路由隔离开关、负荷开关、断路器、熔断器、电流互感器、电压互感器、避雷器、电容器及所用电变压器等组成多种一次接线方案。各配电柜的二次回路则根据计量、保护、控制、自动装置与操动机构等各方面的不同要求也组成多种二次接线方案。为了选用方便，一、二次接线方案均有其固定的编号。

选择高压开关柜首先应根据装设地点、环境选型，并按系统电压及一次接线选一次编号。在选择二次接线方案时，应首先确定是交流还是直流控制，然后再根据柜的用途及计量、保护、自动装置及操动机构的要求，选择二次接线方案编号。但需要注意的是，成套柜中的一次设备，必须按上述高压设备的要求项目进行校验合格才行。

4.4 母线及绝缘子的选择

4.4.1 母线的选择

1. 材料及形状的选择

母线材料有铜、铝、钢等。铜的导电率高，抗腐蚀，铝质轻、价廉。在选择母线材料时，

应遵循“以铝代铜”的技术政策，除规程只允许采用铜的特殊环境外，均采用铝母线。铜母线只用于负荷电流很小，年利用小时少的地方。

母线形状有矩形、管形和多股绞线等种类。室外电压在35 kV以下，室内在10 kV以下，通常采用矩形母线，因为它较实心圆母线具有冷却条件好、交流电阻率小的优点，而且在相同条件下，截面较小。矩形母线从冷却条件、集肤效应、机械强度等因素综合考虑，通常采用高、宽比为1/5～1/12的矩形材料。

35 kV以上的室外配电母线，一般采用多股绞线(如钢芯铝绞线)，并用耐张绝缘子串固定在构件上，使得室外母线的结构和布置简单，投资少，维护方便。由于管形铝母线具有结构紧凑、构架低、占地面积小、金属消耗量少等优点，使其在室外得到推广使用。

2. 母线截面积的选择

变电所汇流母线截面一般按长时最大工作电流选，用短路条件校验其动、热稳定性。但对年平均负荷较大，线路较长的铝母线(如变压器回路等)，则按经济电流密度选。

1) 按长时最大工作电流选择母线截面

母线截面应满足式(4-18)要求，有

$$I_{\mathrm{al}} \geqslant I_{\mathrm{al.m}} \tag{4-18}$$

式中，$I_{\mathrm{al.m}}$为母线截面的长时最大允许电流。

母线的长时最大允许电流是指环境最高温度为25℃，导线最高发热温度为70℃时的长时允许电流。当最高环境温度为θ℃时，其长时允许电流为

$$I'_{\mathrm{sl}} = K_{\theta} I_{\mathrm{sl}} = I_{\mathrm{sl}} \sqrt{\frac{\theta_{\mathrm{al.m}} - \theta}{\theta_{\mathrm{al.m}} - 25}} \tag{4-19}$$

式中，K_{θ}为最高环境温度为θ℃时的修正系数；$\theta_{\mathrm{al.m}}$为母线最高允许温度，一般为70℃；用超声波搪锡时，可提高80℃。

当矩形母线平放时，散热条件较差，长时允许电流下降。当母线宽度大于60 mm时，电流降低8%；当小于60 mm时，降低5%。

2) 按短路条件进行校验

室内布置的母线应校验其热稳定性，对硬母线还应校验其动稳定性。

(1) 母线热稳定性按最小热稳定截面进行校验，即

$$S \geqslant S_{\min} = I_{\infty} \frac{\sqrt{t_i}}{C} \tag{4-20}$$

式中，S为母线截面，单位为mm^2；$S_{\min}$为最小热稳定截面，单位为mm^2；I_{∞}为静态短路电流，单位为A；t_i为假想时间，单位为s；C为母线材料的热稳定系数，其数值由相关资料查得。

(2) 母线动稳定性是校验母线在短路冲击电流电动力作用下是否会产生永久性变形成断裂，即是否超过母线材料应力的允许范围。

由于硬母线是采用一端或中间固定在支持绝缘子上的方式，可视为一端固定的均匀在和多跨梁，当母线跨距小于或等于2时，其所受的最大弯距$M_{\max}$为

$$M_{\max} = \frac{FL}{8}\ (\mathrm{N \cdot m}) \tag{4-21}$$

式中，F为短路时母线每跨距导线所受的最大力，单位为N；L为母线跨距，单位为m。

当母线跨距数大于2时，其所受的最大弯距$M_{\max}$为

$$M_{max} = \frac{FL}{10}\ (\mathrm{N \cdot m}) \tag{4-22}$$

母线材料的计算弯曲应力 σ_c 为

$$\sigma_c = \frac{M_{max}}{W}\ (\mathrm{N/m^2}) \tag{4-23}$$

式中，W 为母线的抗弯矩，单位为 m^3。

对矩形母线，平放时 $W = bh^2/6$，竖放时 $W = b^2h/6$；实心圆母线 $W \approx 0.1D^3$；管形母线 $W = \frac{\pi}{32}\left(\frac{D^4 - d^4}{D}\right)$。$b$ 和 h 为母线宽度与高度，D 和 d 分别表示外径及内径。

当材料的允许弯曲应力 σ_{a1} 大于等于计算应力 σ_c 时，其动稳定性符合要求，即

$$\sigma_{a1} \geqslant \sigma_c \tag{4-24}$$

式中，铝的 $\sigma_{a1} = 0.686 \times 10^8\ \mathrm{N/m^2}$；钢的 $\sigma_{a1} = 1.372 \times 10^8\ \mathrm{N/m^2}$。

如母线动稳定性不符合要求时，可采取的措施有：增大母线之间的距离 a；缩短母线跨距；将竖放的母线改为平放；增大母线截面；更换应力大的材料等，其中以减小跨距效果最好。

4.4.2 母线支柱绝缘子和套管绝缘子的选择

1. 支柱绝缘子的选择

支柱绝缘子的选择按表 4-1 的项目。即按使用地点、母线电压选择后，再按短路条件校验其动稳定性。

支柱绝缘子的动稳定按最大允许力 $F_{al.m}$ 进行校验，即

$$F_{al.m} = 0.6F_m \geqslant FK = F\frac{H_s}{H} \tag{4-25}$$

式中，$F_{al.m}$ 为绝缘子的最大允许抗弯力，单位为 N；F 为短路冲击电流的作用力，单位为 N；F_m 为绝缘子的机械强度(抗弯破坏负荷，可由绝缘子技术数据表中查得)，单位为 N；K 为换算系数；H_s 为短路电流作用力的力臂$\left(H_s = H + \frac{h}{2}\right)$；$H$ 为绝缘子抗弯力的力臂。

由于 H 与 H_s 不等，如图 4-14 所示，故应进行等值换算。

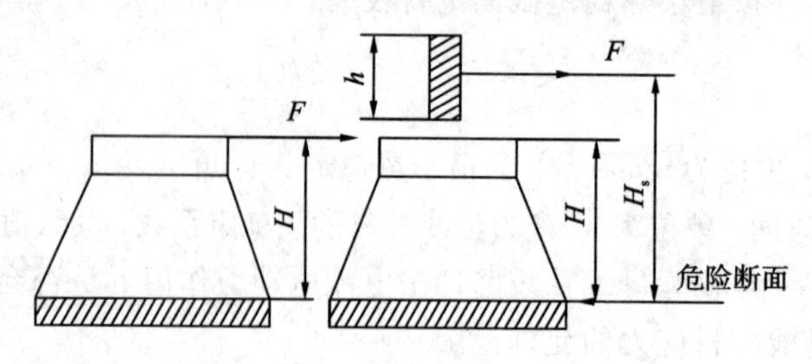

图 4-14 换算系数 K 的说明图

2. 套管绝缘子的选择

套管绝缘子按使用地点、额定电压、额定电流选择，并按短路条件校验其动、热稳定性(如表 4-1 所示)。

套管绝缘子的额定电流是绝缘子内导体在环境温度为 40℃、最高发热温度为 80℃时

的长时最大允许电流。当环境温度(θ℃)高于 40℃且低于 60℃时，允许电流值可按下式进行修正，有

$$I'_{al} = I_{al}\sqrt{\frac{80-\theta}{40}} \tag{4-26}$$

母线式穿墙套管，因为其本身不带导体，所以不按额定电流选取，但应保证套管形式与母线尺寸相配合。

套管绝缘子的动稳定性，按其最大允许抗弯力进行校验，即

$$F \leqslant 0.6F_{m \cdot s} \tag{4-27}$$

式中，F 为按短路冲击电流计算的作用力，单位为 N；$F_{m \cdot s}$ 为由该穿墙套管查得的抗弯破坏强度，单位为 N。

动稳定校验，有

$$L_{s.d} = \frac{L_1 + L_2}{2} \tag{4-28}$$

式中，L_1 为穿墙套管与支持绝缘子之间的距离；L_2 为穿墙套管自身的长度。

3. 热稳定校验

套管绝缘子的热稳定电流时间，对铜导体取 10 s，铝导体取 5 s。铜导体和铝导体的校验公式分别为

$$\left.\begin{aligned} I_{ts.Q} &\geqslant I_{\infty}\sqrt{\frac{t_i}{10}} \\ I_{ts.Q} &\geqslant I_{\infty}\sqrt{\frac{t_i}{5}} \end{aligned}\right\} \tag{4-29}$$

已知变电所内高压开关柜为 GG－1A 型，变电所最高环境温度为 42℃，电源由母线中间引入。试选择变电所 6 kV 侧的母线截面。支柱绝缘子及由室外主变 6 kV 引起配电室内的穿墙套管。已知穿墙套管与最邻近的一个支柱绝缘子的距离 $L_1 = 1.5$ m，穿墙套管轴心距离为 0.25 m。所用系统如图 4－12 所示，已知参数同前。

分析：选用矩形铝母线，其最大长时工作电流 $I_{ar.m}$ 按变压器二次额定电流 I_{2N} 再乘以分配系数 K=0.8(进线在母线中间)，其值为

$$I_{ar.m} = KI_{2N} = 0.8 \times 962 = 769.6\ \text{A}$$

根据最大长时允许电流选择 $100 \times 6\ \text{mm}^2$ 的矩形铝母线，查得其额定电流为 1160 A (温度为 40 ℃)。

由于环境最高温度为 42℃，其长时允许电流为

$$I'_{al} = I_{al}\sqrt{\frac{\theta_{al.m} - \theta}{\theta_{al.m} - 25}} = 1160 \times \sqrt{\frac{70-42}{70-25}} = 915\ \text{A}$$

考虑到动稳定性，母线采用平放形式，其允许电流值应再降低 8%，故为

$$I_{al} = 915 \times 0.92 = 814.8\ \text{A} > 769.6\ \text{A}$$

长时允许电流符合要求。

4. 母线动稳定校验

GG－1A 配电柜宽 1.2 m，柜间空隙为 0.018 m，母线中心距为 0.25 m。由于采用中间进线，因此在并联运行时，母线两端短路，母线所受的电动力最大，其数值为

$$F = 0.172 i_{sb}^2 \frac{L}{a} = 0.172 \times 50.7^2 \times \frac{1.218}{0.25} = 2154 \text{ N}$$

母线的最大弯矩为

$$M_{max} = \frac{FL}{10} = \frac{2154 \times 1.218}{10} = 262.4 \text{ N} \cdot \text{m}$$

母线的计算应力为

$$\sigma = \frac{M_{max}}{W} = \frac{262.4}{100^2 \times 6 \times 10^{-9}/6} = 0.26 \times 10^{-8} \text{ N/m}^2$$

小于铝材料的允许弯曲应力 0.686×10^{-8} N/m^2，故动稳定符合要求。

母线最小热稳定截面为

$$S_{min} = I_{\infty} \frac{\sqrt{t_i}}{C} = 19\ 900 \times \frac{\sqrt{2.7}}{97} = 337 \text{ mm}^2$$

式中，$t_i = t_{ac} + t_{br} = 2.5 + 0.2 = 2.7$ s。

337 mm^{2}小于所选铝母线截面 100×6=600 mm^2，故热稳定符合要求。

(2) 母线支柱绝缘子的选择。因母线为单一矩形母线且面积不大，故选用 ZNA－6MM 型户内式支柱绝缘子，其额定电压 6 kV，破坏力为 3679 N，故最大允许抗弯力 $F_{al.m}$ 为

$$F_{al.m} = 0.6 F_{m.s} = 0.6 \times 3679 = 2207 \text{ N} \ (3679 = 375 \times 9.81)$$

因母线为单一平放，其换算系数 $K \approx 1$，故

$$KF = 2154 < F_{al.m} = 2207 \text{ N}$$

动稳定符合要求。

(3) 套管绝缘子的选择。由于变压器二次额定电流为 962 A，电压为 6 kV，故选用户外式铝导线的穿墙绝缘子，型号为 CWLB－10/1000，额定电压为 10 kV，额定电流为 1000 A，套管长度 L_2 =0.6 m，最大破坏力为 7358 N，5 s 的热稳定电流为 20 kA(按套管额定电流查表即可得)。

由于环境最高温度为 42 ℃，其长时允许电流为

$$I'_{al} = I_{al} \sqrt{\frac{\theta_{al.m} - \theta}{40}} = 1000 \times \sqrt{\frac{80 - 42}{40}} = 975 \text{ A} > 962 \text{ A}$$

长时允许电流符合要求。

① 动稳定校验，有

$$L_{s.d} = \frac{L_1 + L_2}{2} = \frac{1.5 + 0.6}{2} = 1.05 \text{ m}$$

最大允许方式为分列运行，冲击电流为 27.8 kA，其电动力为

$$F = 0.172 i_{sb}^2 \frac{I_{as.d}}{a} = 0.172 \times 27.8^2 \times \frac{1.05}{0.25} = 558.3 \text{ N}$$

$$F = 558.3 < 0.6 \times 7358 = 4415 \text{ N}$$

动稳定符合要求。

② 热稳定校验。假想时间 $t_i = 2.7$ s，稳态短路电流为 19.9 kA，其热稳定电流为

$$I_{ts.Q} = I_{\infty} \sqrt{\frac{t_i}{5}} = 19.9 \times \sqrt{\frac{2.7}{5}} = 14.6 \text{ kA} < 20 \text{ kA}$$

热稳定符合要求。

4.5　限流电抗器及选择

在近代的供电系统中，由于电力系统的容量大，故短路电流可能达到很大的数值，如果不加以限制，不但设备选择困难，且也很不经济。设计规程规定，企业内部 10 kV 以下电力网中的短路电流，通常应限制在 20 kA 的范围内，煤矿井下的高压配电箱的切断容量也有规定值。故增大系统电抗，限制电路电流是必要的。

4.5.1　短路电流的限制

1. 改变电网的运行方式

首先在供电系统设计时对接线图加以考虑，如并联运行改为分列运行、环形供电系统使环路断开等。若上述措施仍不能达到预期效果时，可采用人为增加系统电抗的方法，达到限制短路电流的目的。

2. 在回路中串入限流电抗器

将较大电抗值的电抗器串联于线路中，保证供电线路在短路时，将短路电流限制在所需要的范围以内。

矿井及大型企业的供电线路中，常用的电抗器的构造是用截面较大的铜芯或铝芯绝缘电缆绕制而成的多匝空芯线圈。因空芯线圈的电感值(L)与通过线圈的电流无关，所以在正常运行和短路状态下，其 L 值将保持不变。假如有铁芯，短路电流通过它时将造成饱和，其 L 下降，达不到限制短路电流的目的。另外，铁芯也会增加正常运行时的铁损。

3. 在回路中串入限流线

随着配电设备容量的日趋增加，低压配电线路的短路电流越来越大，因而要求用于系统保护的开关元件具有较高的分断能力。为了不增加线路开关的分断能力，在国外相继出现了一些新的限流元件，限流线是其中的一种，并用于低压系统中。我国有关科研及生产部门也已研制成功限流线，已在某些工程项目中使用。

限流线的导体材料不是一般导线的导电材料。它是由铁、镍、钴材料再加入适量的添加元素而制成多股的导线线芯。限流线的特性是，正常温度下的阻值不大，与正常导线差不多，损耗及压降都不大，可把限流线认为电源母线至低压自动开关的引线(取标准长度为 500 mm 或 700 mm)。当线路发送短路时，电阻急剧增大，起到限流作用。

4.5.2　普通电抗器的选择

1. 按额定电压选择

额定电压为

$$U_{N.L} \geqslant U \qquad (4-30)$$

式中，$U_{N.L}$ 为电抗器的额定电压；U 为电抗器所在电网的工作电压。

2. 按额定电流选择

额定电流为

$$I_{N.L} \geqslant I \qquad (4-31)$$

式中，$I_{N.L}$ 为电抗器的额定电流；I 为线路的长时最大工作电流。

3. 选择电抗器的百分电抗值

根据限制短路的要求，计算所选电抗器的百分电抗值，具体计算方法为

$$\left.\begin{aligned} X_s^n &= \frac{I_d}{I_s^n} \\ X^n &= \frac{I_d}{I^n} \\ X_L^n &= X^n - X_s^n \end{aligned}\right\} \tag{4-32}$$

式中，I_d 为基准电流；I_s^n 为电抗器安装处原有次暂态短路电流；I^n 为安装电抗器后的次暂态断路电流；X_s^n 为系统原有电流；X^n 为限制短路电流所需总电抗；X_L^n 为电抗器电抗。

由式(4-32)决定的电抗器的电抗值为基准标幺值，还应换算成额定标幺电抗值，则有

$$X_L\% = X_L^n \frac{I_{N.L}U_d}{I_d U_{N.L}} \times 100\% \tag{4-33}$$

式中，U_d 为基准电压；$U_{N.L}$、$I_{N.L}$ 分别为电抗器的额定电压及电流。

最后根据式(4-33)计算的结果，利用电抗器的产品样本，选择与计算相近而电抗值稍大的电抗器型号，并且重新校验电抗器后面三相短路时的短路容量 S^n 和 I^n 的数值。

4. 电压损失校验

在正常运行时，电抗器有一定的电压降，为了使端电压不过分降低，电压损失不应超过额定电压的 4%～5%，有

$$\Delta U\% = X_L\% \frac{I_{ar.m}}{I_{N.L}} \sin\varphi \tag{4-34}$$

式中，φ 为回路负荷的功率因数角。

5. 母线残余电压校验

当电网发生短路时，线路电抗器的电压降可使变电所母线上维持一定的剩余电压，当短路直接发生在电抗器后面时，剩余电压在数值上等于电抗器在短路电流下的电压降。在电抗器的额定电压等于装置的额定电压时，可用下式校验，即

$$\Delta U\% = X_L\% \frac{I^n}{I_N} \tag{4-35}$$

在出线(电抗器后面)短路时，为了不使电机制动，并能在短路切除后迅速使电动机恢复运转，故规定母线残压不应低于其额定电压的 60%～70%。如果低于此值，则应选择 $X_L\%$ 大一级的电抗器，或者在出线上采用速断保护装置以减少电压降低的时间。

6. 动稳定及热稳定的校验

为了使动稳定得到保证，应满足条件

$$i_{sh.L} \geqslant i_{sh} \tag{4-36}$$

式中，$i_{sh.L}$ 为电抗器的动稳定电流；i_{sh} 为电抗器后面三相短路冲击电流。

满足热稳定条件是

$$I_{ts.L}\sqrt{t_{ts.L}} \geqslant I_\infty \sqrt{t_i} \tag{4-37}$$

式中，$I_{ts.L}\sqrt{t_{ts.L}}$ 为制造厂的规定值，查产品目录直接可得。

4.5.3　分裂电抗器

分裂电抗器的机构与普通电抗器相似，都可以看成是一个电感线圈，但分裂电抗器的

线圈是由缠绕方向相同的两个分断(又称为两臂)所组成，两分段连接点抽出一个接头，称为中间抽头，中间抽头通常接电源，而两分支一般是连接负荷大致相等的用户。两分支在电抗器上产生的磁势相反，正常运行时其点抗压降几乎为零，这是与普通电抗器比较突出的优点。当一分支回路发生故障时，磁势平衡受到破坏，电抗增大，从而起到限流作用。

分裂电抗器与普通电抗器一样，应根据额定电压、额定电流、电抗百分数来选择，并且按动、热稳定性进行校验。

4.6　仪用互感器

互感器是一次电路与二次电路间的联络元件，用以分别向测量仪表和继电器的电压线圈与电流线圈供电。

根据用途不同，互感器分为两大类：一类为电流互感器也称为仪用变流器，它是将大电流变成小电流(5 A 变为 1 A)的设备；另一类是电压互感器也称为仪用变压器，它是将高电压变成低电压(如线电压为 100 V)的设备。从结构原理上看，互感器与变压器相似，是一种特殊的变压器。互感器的主要作用如下：

(1) 隔离高压电路，互感器原边和副边没有电的联系，只有磁的联系，因而使测量仪表和保护电器与高压电路隔开，以保证二次设备和工作人员的安全。

(2) 扩大仪表和继电器使用范围。例如，一个 5 A 量程的电流表，通过电流互感器就可测量很大的电流；同样，一个 100 V 量程的电压表，通过电压互感器则可测量很高的电压。

(3) 使测量仪表及继电器小型化、标准化，并可简化结构，降低成本，有利于大规模生产。

4.6.1　互感器的极性

1. 电流互感器的极性

电流互感器一次和二次绕组的绕向用极性符号表示。常用的电流互感器极性都按加、减极性原则标志。即当电流同时通入一次和二次绕组同极性端子时，铁芯中由它们产生的磁通是同方向。因此，当系统一次电流从同极性端流入时，电流互感器二次电流从二次绕组的同极性端流出。常用的一次绕组端子注有 L_1 及 L_2，二次绕组端子注有 K_1 和 K_2，其中，L_1 和 K_1 为同极性端子。例如，当只需识别一次和二次绕组相对极性关系时，在同极性端注以符号“*”，如图 4-15 所示。

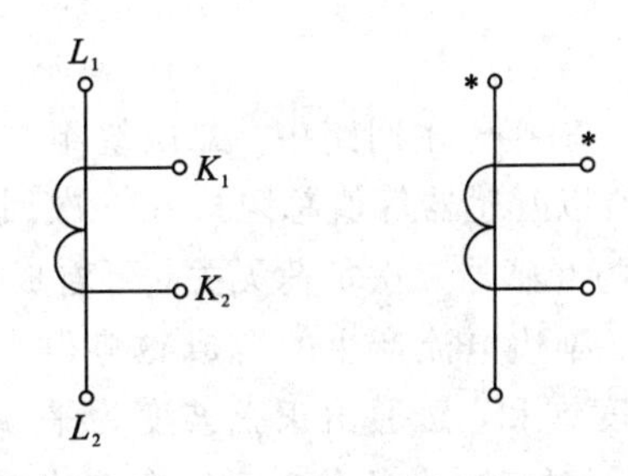

图 4-15　电流互感器的极性标志

继电保护用的电流互感器一次绕组电流 I_1 和二次绕组电流 I_2 的正方向，是按照认为

铁芯中的合成磁势等于一次磁势和二次磁势向量差的方法确定的，若忽略电流互感器的空载电流，则有

$$W_1 I_1 - W_2 I_2 = 0$$

$$I_2 = \frac{W_1}{W_2} I_1 = I'_1 \tag{4-38}$$

由式(4-38)可得，I'_2 和 I_1 大小相等，相位相同，如图 4-16 所示。这样表示使进入一次绕组电流方向和进入二次侧负载电流方向一致，好像一次电流直接流入负载一样，较为直观。

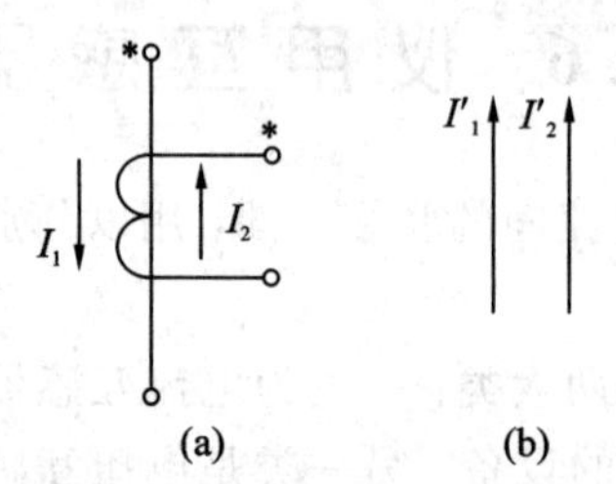

图 4-16 电流互感器一次电流与二次电流的正方向与向量图

(a) 正方向；(b) 向量图

2. 电压互感器的极性

电压互感器的极性端和正方向与电流互感器相同，采用减极性原则标志。即当一次绕组电流从同极性端子流入时，二次线圈电流从同极性端子流出。当忽略电压互感器数值误差和角度误差时，若取一次电压 U_1 自 L_1 至 L_2 作为正方向，而二次电压采取 K_1 至 K_2 作为正方向时，则电压向量 U'_1（一次电压折合至两次侧）与 U_2 相位相同、大小相等。电压互感器的极性和向量图如图 4-17 所示。

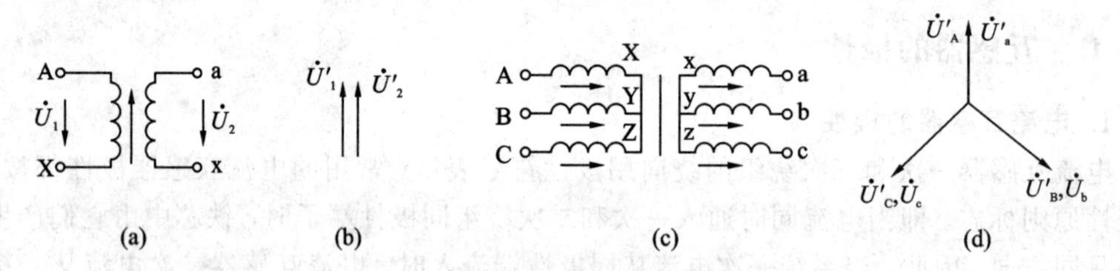

图 4-17 电压互感器的极性和向量图

(a) 单相电压互感器极性及正方向；(b) 单相电压互感器电压向量图；

(c) 三相电压互感器极性及正方向；(d) 三相电压互感器电压向量图

4.6.2 电流互感器

电流互感器一次匝数很少，串接于主回路中。二次绕组与负载的电流线圈串联，阻抗很小，接近于短路状态工作。所以互感器等值总阻抗在一次回路中所占比重极小，其一次电流大小决定于负荷电流，而与互感器二次负荷无关，可看成是一恒流源。

在正常工作时，互感器原、副边电流产生的合成磁势很小。当副边开路时，原边电流全部用来产生磁势，使铁芯过度饱和，磁通由正弦波变为平顶波，磁通变化率剧增，使互感器二次产生很高的感应电势，对二次设备及人身安全造成威胁。另外由于铁芯中磁通密度大，磁滞涡流损失增大，铁芯严重发热，使精确等级降低，甚至损坏绝缘。因此当电流互

感器工作时，二次不允许开路或接熔断器，工作中需要拆除二次回路设备时，应先将二次绕组短接。

1. 常用电流互感器的类型

电流互感器类型很多。按一次线圈匝数分为单匝和多匝；按一次线圈绝缘分为干式、浇注式和油浸式；按安装方式分为穿墙式、支持式和套管式；按安装地点分为户内式和户外式。但电流互感器均为单相式，以便于使用。

变电所及供电中常用的电流互感器有：LFC－10 型多匝穿墙式电流互感器；LDC－10 型单匝穿墙式电流互感器；LQJ－20 型环氧树脂浇注式电流互感器；LMC－10 母线型穿墙式电流互感器；LCW－35 型户外支持式电流互感器。

2. 电流互感器的变流与误差

电流互感器的额定变流比即为原、副边额定电流之比，其值为

$$K_{TA}=\frac{I_{1N}}{I_{2N}}\approx\frac{W_2}{W_1} \tag{4-39}$$

式中，W_1、W_2 分别为电流互感器原、副边的匝数。

电流互感器的精确等级与误差大小有关，误差分别为电流误差和角误差，分述如下：

(1) 电流误差是指折算后的二次电流 I'_2 与一次电流 I_1 之差与一次电流比值的百分数，即

$$\Delta I=\frac{I'_2-I_1}{I_1}\times 100\%=\frac{I_2K_{TA}-I_1}{I_1}\times 100\% \tag{4-40}$$

(2) 角误差是指二次电流转 180°后与原边电流的相角差。当 $-I'_2$ 超前 I'_1 时，角误差为正；反之为负。

两种误差均与互感器的激磁电流、原边电流、二次负载阻抗和阻抗角等的大小有关。电流误差使所有接于电流互感器二次回路的设备产生误差，角误差仅对功率型设备有影响。

作为计量和保护用的电流互感器，各有不同的技术要求。计量用电流互感器除应具有需要的精确等级外，当电路发生过流或短路时，铁芯应迅速饱和，以免二次电流过大，对仪表产生危害。计量用电流互感器各精确等级的最大允许误差如表 4－4 所示。

表 4－4　电流互感器各精确等级的最大允许误差

精确等级	一次电流占额定电流的百分数	最大允许误差		二次负荷变化范围
		电流误差(±%)	角误差 [±(′)]	
0.2	10	0.5	20	$(0.25\sim1)\ S_{2N}$
	20	0.35	15	
	100～120	0.2	10	
0.5	10	1	60	$(0.25\sim1)\ S_{2N}$
	20	0.75	45	
	100～120	0.5	30	

3. 电流互感器的选择

电流互感器按使用地点，电网电压与长期最大负荷电流来选择，并按短路条件校验动、热稳定性。此外还应根据二次设备要求选电流互感器的精确等级，并按二次阻抗对精

确等级进行校验。对继电保护用的电流互感器应校验其10%误差倍数。具体选择步骤如下：

(1) 额定电压应大于或等于电网电压。

(2) 原边额定电流应大于或等于1.2～1.5倍的长时最大工作电流，即

$$I_{1N} \geqslant (1.2 \sim 1.5) I_{ar.m} \tag{4-41}$$

(3) 电流互感器的精确等级应与二次设备的要求相适应。互感器的精确等级与二次负载的容量有关，如容量过大，精确等级下降。要满足精确等级要求，二次总容量 $S_{2\Sigma}$ 应小于或等于该精确等级所规定的额定容量 S_{2N}，即

$$S_{2N} \geqslant S_{2\Sigma} \tag{4-42}$$

电流互感器的二次电流已标准化(5 A或1 A)，故二次容量仅决定于二次负载电阻 R_{2LO}，而 $S_{2\Sigma} = I_{2N}^2 R_{2LO}$，$R_{2LO}$ 由图4-18可算出。

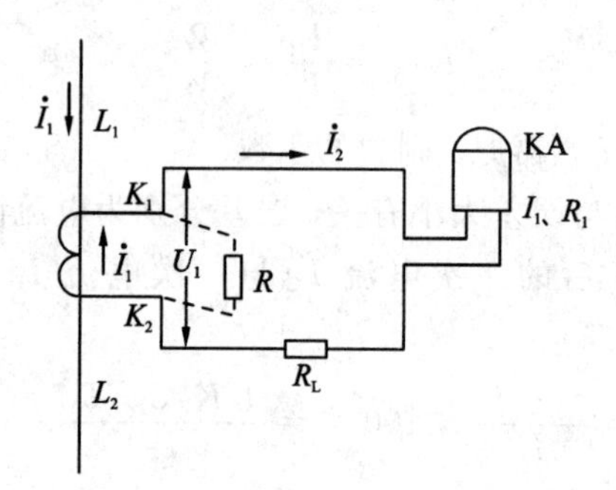

图4-18 计算二次负载电阻

由图知

$$U_2 = I_2 R_{2LO} = I_L R_L + I_t R_t$$

式中，R_{2LO} 为换算到电流互感器二次端子 K_1、K_2 上的负载电阻；I_L、R_L 分别为导线电流及电阻；I_r、R_r 分别为继电器中的电流及电阻(代表负载电阻)。

设 $K_1 = \dfrac{I_t}{I_2}$、$K_2 = \dfrac{I_L}{I_2}$ 为接线系数，其值如表4-5所示。由式(4-4)和式(4-42)联立求解，可得 R_{2LO}，再加上导线连接时的接触电阻 R_c，可得

$$R_{2LO} = K_1 R_r + K_2 R_L + R_c \tag{4-43}$$

在二次负载电阻中考虑了导线连接时的接触电阻，这是因为仪表和继电器的内阻均很小，R_c 不能忽略，在安装距离已知时，为满足精确等级要求，利用式(4-44)及式(4-45)可求得连接导线电阻应为

$$R_L \leqslant \frac{S_{2N} - I_{2N}^2 (K_1 R_1 + R_c)}{K_2 I_{2N}^2} \tag{4-44}$$

导线的计算截面为

$$S_L = \frac{L}{\gamma R_L} \tag{4-45}$$

式中，γ 为导线的电导系数，单位为 $m/mm^2 \cdot \Omega$。

连接导线一般采用铜线，其最小截面积不得小于1.5 mm^2，最大不可超过10 mm^2。

表 4-5 电流互感器二次接线系数

接线方式		接线系数		备 注
		K_2	K_1	
单 相		2	1	括号内接线系数为经过 Y、d 变压器后，两相短路的数值
三相星形		1	1	
两相星形	三线接负载	$\sqrt{3}(3)$	$\sqrt{3}(3)$	
	两线接负载	$\sqrt{3}(3)$	1(1)	
两相差接		$2\sqrt{3}(6)$	$\sqrt{3}(3)$	
三角形		3	3	

4. 动、热稳定性校验

电流互感器的动稳定用动稳定倍数 K_{em} 表示，它等于电流互感器极限通过电流的峰值 i_{max} 与一次线圈额定电流 I_{1N} 峰值之比，即

$$K_{em}=\frac{i_{max}}{\sqrt{2}I_{1N}} \tag{4-46}$$

它是制造厂通过互感器的设计和制造给出的保证值，一般只能在一定条件下(如一定的相间距离，到最近一个支持绝缘子的距离为一定时)得到满足。

(1) 内部动稳定按下式校验，即

$$\sqrt{2}I_{1N}K_{em}\geqslant i_{sh} \tag{4-47}$$

(2) 外部动稳定按下式校验，即

$$F_{al}\geqslant 0.5\times 1.73 i_{sh}^2\frac{L}{a}\times 10^{-7}$$

式中，F_{al} 为作用于电流互感器端部的允许力，由制造厂提供数据，单位为 N；L 为电流互感器出线端部至最近的一个母线支持绝缘子之间的跨离，单位为 m；a 为相间距离，单位为 m；0.5 为系数，表示电流互感器瓷套端部至最近一个母线支持绝缘子之间的母线长度 L 上的力的分布。

如产品样本未标明出线端部的允许力 F_{al}，而给出特定相间距离 a=40 cm 和出线端部至最近一个母线支持绝缘子的距离 L=50 cm 为基础的动稳定倍数 K_{em} 时，则其动稳定按下式校验，即

$$K_1K_2K_{em}\sqrt{2}I_{1N}\geqslant i_{sh} \tag{4-48}$$

式中，K_1 为当回路相间距离 $a=0.4$ m 时，$K_1=1$(当相间距离 $a\neq 0.4$ m 时，$K_1=\sqrt{\frac{a}{0.4}}$)；K_2 为当电流互感器一次线圈出线端部至最近一个母线支持绝缘子的距离(当$L=0.5$ m时，$K_2=1$；当 $L\neq 0.5$ m 时，$K_2=0.8$；当 $L=0.2$ m 时，则 $K_2=1.15$)。

(3) 当电流互感器为母线式瓷绝缘时，动稳定决定于回路时产生电动力作用在电流互感器端部瓷帽处的应力，产品样本一般给出的电流互感器端部瓷帽处的允许应力值，则其动稳定可按下式校验，即

$$F_{al}\geqslant 1.73 i_{sh}^2\frac{L}{a}\times 10^{-7}(\text{N}) \tag{4-49}$$

式中，a 为相间距离，单位为 m，电流互感器与母线相互作用；L 为母线相互作用段的计算

长度，$L=\dfrac{L_1+L_2}{2}$（其中，L_1 为电流互感器瓷套端部至最近一个母线支持绝缘子之间的母线支持绝缘子的距离，单位为 m；L_2 为电流互感器两端瓷帽的距离，单位为 m）。

对于环氧树脂浇注的母线式电流互感器（如 LM2 型），可不校验其动稳定性。

电流互感器的热稳定，可根据下式校验，即

$$I_{1N}K_{th} \geqslant I_{\infty}^{2} t_{ph} \tag{4-50}$$

式中，K_{th} 为电流互感器的热稳定倍数，通常是查 $t=1$ s 的热稳定倍数 K_{th1}；I_{1N} 为电流互感器一次侧的额定电流。

5. 继电保护用的电流互感器还应按10%误差曲线进行校验

作为继电保护用的电流互感器，精确等级只有在装置动作时，才有意义。为保证继电器可靠动作，允许其误差不超过10%，因此对所选电流互感器需进行10%误差校验。

产品样本中提供互感器的10%误差曲线，它是在电流误差为10%的一次电流倍数（一次最大电流与额定一次电流之比）m 与二次负载阻抗 Z_2 之间的关系，如图 4-19 所示。

校验时根据二次回路的负载阻抗值，从所选电流互感器的10%误差曲线上，查出允许的电流倍数 m，其数值应大于保护装置动作时的实际电流倍数 m_p，即

$$m > m_p = \frac{1.1 I_{op}}{I_{1N}} \tag{4-51}$$

式中，I_{op} 为保护装置的动作电流；1.1 是考虑电流互感器的10%误差。

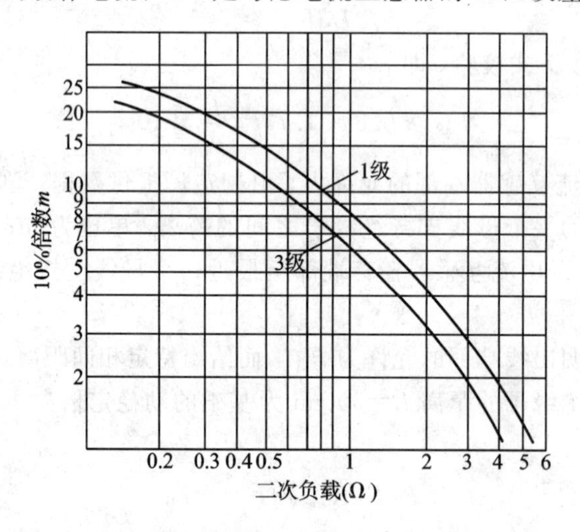

图 4-19　电流互感器10%误差曲线

6. 电流互感器运行中应注意事项

（1）在连接时，一定要注意电流互感器的极性。否则二次侧所接仪表，继电器中流过的电流，就不是预想的电流，影响正确测量，乃至引起事故。

（2）电流互感器的二次线圈及外壳均应接地，接地线不应松动、断开或发热。其目的是防止电流互感一、二次线圈绝缘击穿时，高压传到二次侧，损坏设备或危及人身的安全。

（3）电流互感器二次回路不准开路或接熔断器。如开路将危及人身安全及损坏设备。

（4）电流互感器套管应清洁，没有碎裂或者其他痕迹。电流互感器内部没有放电和其他噪声。

4.6.3　电压互感器

电压互感器一次线圈是并接在高压电路，二次线圈与仪表和继电器电压线圈相并联，其工作原理与变压器相似。

一次线圈并接在电路中，其匝数很多，阻抗很大，因而它的接入对被测电路没有影响。二次线圈匝数很少，阻抗很小。二次侧并接的仪表和继电器的电压线圈具有很大阻抗，在正常运行时，电压互感器接近于空载运行。

1. 电压互感器的变比与误差

电压互感器的额定变比即为原、副边额定电压之比，即

$$K_{TV} = \frac{U_{1N}}{U_{2N}} \approx \frac{W_1}{W_1} \tag{4-52}$$

式中，U_{1N}、U_{2N} 分别为原、副边额定电压；W_1、W_2 分别为原、副边绕组匝数。

电压互感器的误差分别为电压误差和角误差。电压误差是由折算后的副边电压 U'_2 超前 U_1 时，角误差为正；反之，则为负。电压误差影响所有二次设备的电压精度，角误差仅影响功率型设备。

电压互感器的两种误差均与空载激磁电流，一次电压大小，二次负载即功率因数有关。互感器的一定精确等级对应一定的二次容量，如二次容量超过其额定值，精确等级将相应下降。电压互感器各精确等级的最大允许误差如表 4-6 所示。

表 4-6　电压互感器各精确等级的最大允许误差

精确等级	最大允许误差		一次电压变化范围	二次负载变化范围
	电压误差(±%)	角误差[±(′)]		
0.2	±0.2	±10	$(0.85 \sim 1.15)U_{1N}$	$(0.25 \sim 1)S_{2N}$
0.5	±0.5	±20		
1	±1	±40		
3	±3	无规定		

注：S_{2N} 为最高精确等级的二次额定负载。

2. 电压互感器的类型及接线

电压互感器按相数分单相、三相三芯柱和三相五芯柱式；按线圈数分双线圈和三线圈；按绝缘方式分干式、油浸式和充气(FS_6)式；按安装地点分户内和户外等多种形式。

变电所中常用的电压互感器有：

(1) JDJ 型单相油浸双绕组电压互感器。其结构简单，常用来测量线电压。在这种电压互感器中，JDJ-6、JDJ-10 为户内式；而 JDJ-35 为户外式。

(2) JSJW 型三相三线圈五柱式油浸电压互感器。与三柱式比，它增加两个边柱铁芯，构成五柱式，边柱可作为零序磁通的通路，其发热量小，对互感器安全运行有利。该电压互感器有两个二次线圈，一个接成星形，供测量和继电保护用；另一个二次线圈也称为辅助线圈，接成开口三角形，用来监视线路的绝缘情况。对于小接地电流系统，辅助线圈每相电压为 100/3 V，正常时(对称)开口三角形两端电压近似为 0，当一相接地时，开口三角

形两端电压为 100 V。

(3) JDZ 型电压互感器。这种电压互感器为单相双线圈环氧树脂浇注绝缘的户内用电压互感器。其优点是，体积小，重量轻，节省铜及钢，能防潮，防盐雾。

(4) JDZJ 型电压互感器。它为单相三线圈环氧树脂浇注绝缘的户内用电压互感器，可供中性点不直接接地系统测量电压、电能及单相接地保护用。其构造与 JDZ 型相似，不同处是增加一个辅助次级线圈。3 台 JDZJ 型电压互感器可代替一台 JSJW 型电压互感器使用。

图 4-20 为在变电所中常用的几种接线图。图 4-20(a)是单相电压互感器，用于测量任意线电压，供电压表、三相电度表及保护电器用电。

在中性点不接地或经高阻抗接地的 35 kV 系统，为了向监视与保护装置提供零序电压，广泛采用单相三绕阻电压互感器，如图 4-20(c)所示的接线。对于 10 kV 以下系统，可采用三相三线圈五柱式电压互感器，接线如图 4-20(d)所示，其一次绕组根据相电压设计，二次零序电压绕组每相按 100/3 V 设计，当开口三角形正常时，不对称电压不大于 9 V，原绕组的对地绝缘按线电压设计，并能在 8 h 内无损伤地承受 2 倍的额定电压。这种接线方式不允许接入精确等级要求高的仪表，因为一相接地时，原边高压升高到$\sqrt{3}$倍，其精确等级不能满足仪表的要求。

由图 4-20 还可以看出，电压互感器一次和二次线圈均接地，其目的是防止一、二次线圈绝缘被击穿后，危及工作人员和设备的安全，一般 35 kV 及以下电路，电压互感器一、二次线圈均装有熔断器。其一次侧熔断器是为防止电压互感器故障时波及高压电网，二次侧熔断器是当互感器过负荷时起保护作用。

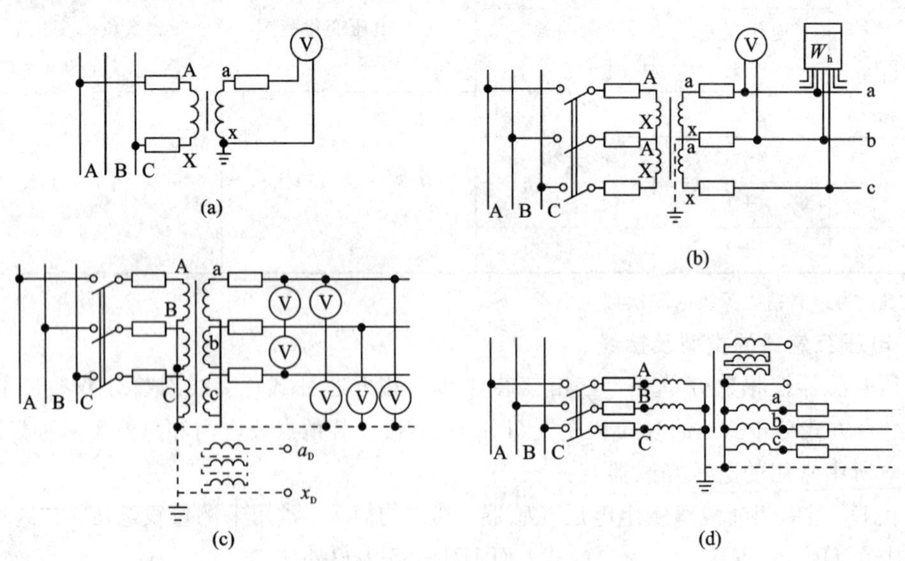

图 4-20　常用电压互感器的接线方式

3. 电压互感器的选择

1) 一次额定电压的选择

电压互感器一次额定电压 U_{1N} 应与介入电网的电压 U_1 相适应，其数值应满足式(4-54)的要求，即

$$1.1U_{1N} > U_1 > 0.9U_{1N} \tag{4-53}$$

式中，1.1 至 0.9 是互感器最大误差所允许的波动范围。

电压互感器二次电压一般情况下，不能超过标准值的 10%，因此，二次绕组电压按表 4-7 进行选择。

表 4-7　电压互感器的二次绕组电压

绕 组	二次主绕组		二次辅助绕组	
高压侧接线	接于线电压上	接于相电压上	中性点直接接地	中性点不直接接地
二次绕组电压	100 V	$100/\sqrt{3}$V	100 V	100/3 V

2) 按二次负荷校验精确等级

校验电压互感器的精确等级应使二次侧连接仪表所消耗的总容量 $S_{2\Sigma}$ 小于精确等级所规定的二次额定容量 S_{2N}，即

$$
\begin{aligned}
&S_{2N} \geqslant S_{2\Sigma} \\
&S_{2\Sigma} = \sqrt{\left(\sum S_1 \cos\varphi\right)^2 + \left(\sum S_1 \cos\varphi\right)^2}
\end{aligned}
\tag{4-54}
$$

式中，S_1 为仪表的视在功率；φ 为仪表的功率因数角。

通常，电压互感器的各相负荷不完全相同，在校验精确等级时，应取最大负荷相作为校验依据。

4. 电压互感器运行中应注意事项

(1) 电压互感器在运行时，二次侧不能短路，熔断器应完好。在正常运行时，其二次电流很小近于开路，所以二次线圈导线截面小，当流过短路电流时，将会烧毁设备。

(2) 电压互感器二次线圈的一端及外壳应接地，以防止一次侧高电压窜入二次侧时，危及人身和仪表等设备的安全。接地线不应有松动、断开或发热的现象。

(3) 电压互感器在接线时，应注意一、二次线圈接线端子上的极性。以保证测量的准确性。

(4) 电压互感器套管应清洁，没有碎裂或闪络痕迹；油位指示应正常，没有浸漏油现象；内部无异常声响。如有不正常现象，应退出运行，进行检修。

2012 年，我国机电进出口总值达到 19 618.0 亿美元，占全商品贸易总额的 50.7%，其中出口 11 794.2 亿美元，进口 7823.8 亿美元，机电产品贸易顺差 3973.5 亿美元。因此，在选择机电产品时，还要注意以下问题：

(1) 重视“洋品牌”，以所谓的“外资企业”、“合资企业”作为选购的标准，这就严重伤害了本土优秀民族企业的尊严，选型时随大流，带着盲目一哄而起，其实带有很大的偏见性，用户应学会辨别什么是技术进步、什么是商业炒作。

(2) 用户很重视开关的机械寿命，其实机械寿命一万次，已足够用一百多年，之所以用户还嫌不够是因为他们把操作可靠性和寿命混为一谈，总觉得机械寿命越多，操作可靠性越高。同样的产品，在中国寿命 5 年，在国外寿命 15 年以上，因为中国企业一般每天用 15 小时以上，每月用 26 天，在国外每天平均用 5 个小时，每月 22 天。

(3) 我国机电出口远大于进口，从进出口数据分析，已经有多数国民选择使用国产机电产品。

因此，选择高压电器设备，要首选国产设备，保护民族工业。

第5章 电力线路

内容摘要： 讨论导线和电力电缆芯线截面的选择与计算及电力电缆的安装运行与维护，为适应在我国居民不断改善住房条件的情况下，也讨论了家用装饰电缆布局与导线选择方法。

理论教学要求： 掌握安装方法与计算。

工程教学要求： 掌握导线和电力电缆芯线截面选择与施工、家用装饰电缆布局与导线选择。

电力线路是供电系统的重要组成部分，其主要任务是输送和分配电力。电力线路一般电压等级较高，电磁场强度大，击穿空气(电弧)距离长。电力线路按电压高低可分为低压线路(1 kV及其以下，煤矿 1140 V亦为低压)、高压线路(3 kV～110 kV)、超高压线路(220 kV及其以上)；按建设标准(功用不同)分为配电线路(10 kV及其以下)、输电线路(6 kV及其以上，一般为35 kV～110 kV)；按电流种类分为直流线路与交流线路；按结构特征分为架空线路与电缆线路。

架空电路与电缆线路相比，具有投资少、施工敷设简易、维护和检修方便等优点，其缺点是自然条件(如风、雪、冰、雷电等)对运行安全有较大的威胁。为了节约建设资金，一般以采用架空线路为宜，只有在受条件(如线路过多、工矿企业建筑稠密区等，架空线路敷设有困难或特殊要求)限制时，才根据具体情况采用电缆线供电。下面主要讨论电力线路结构和导线截面选择。

5.1 电力线路概述

5.1.1 架空线路结构

架空线路主要由导线1、杆塔2、横担3、绝缘子4和金具5(包括避雷线6)等组成，其结构如图5-1所示。

图5-1 架空线路结构

1. 导线

架空导线架设在空中，要承受自身重量、风的压力、冰雪荷载等机械力的作用和空气中有害气体的侵蚀，同时还受温度变化的影响，运行条件相当恶劣。因此，应有相当高的机械强度和抗腐蚀能力，而且导线要有良好的导线性能。导线按结构分为单股线与多股绞线；按材质分为铝(L)、钢(G)、铜(T)、铝合金(HL)等类型。由于多股绞线优于单股线，故架空导线多采用多股绞线。

(1) 铝绞线(LJ)：导电率高，质轻价廉，但机械强度较小，耐腐蚀性差，故多用于挡距不大的10 kV以下的架空线路。

(2) 钢芯铝绞线(LGJ)：将多股铝线绕在钢芯外层，铝导线主要作用是载流，由钢芯铝线共同承担机械载荷，使导线的机械强度大大提高，在架空线路中得到了广泛应用。

(3) 铝合金绞线(LHJ)：机械强度大，防腐蚀性好，导电性亦好，可用于一般输配电线路。

(4) 铜绞线(TJ)：导电率高，机械强度大，耐腐蚀性能好，是理想的导电材料。但为了节约用铜，目前只限于有严重腐蚀的地区使用。

(5) 钢绞线(GJ)：机械强度高，但导电率差，易生锈，集肤效应严重，故只适用于电流较小、年利用小时低的线路及避雷线。

2. 杆塔

杆塔用来支持绝缘子和导线，使导线相互之间，导线对杆塔和大地之间保持一定的距离，以保证供电与人身安全。为了防止断杆，要求有足够的机械强度。

杆塔按所用的材料不同可分为木杆、钢筋混凝土杆和铁杆等三种。杆塔按用途可划分为直线杆、耐张杆、转角杆、终端杆、特种杆(如分支杆、跨越杆、换位杆等)。

3. 横担

横担的主要作用是固定绝缘子，并使各导线相互之间保持一定的距离，防止风吹或其他作用力产生摆动而造成相间短路。目前主要使用铁横担、木横担、瓷担等，多数使用铁横担。

横担的长度取决于线路电压的高低、挡距的大小、安装方式和使用地点，主要是保证在最困难条件下(如夏天高温天气时最大下垂受风吹动)导线之间的绝缘要求。33 kV以下电力线路的线间最小距离见有关设计手册。

4. 绝缘子

绝缘子的作用是使导线之间、导线与大地之间彼此绝缘，故绝缘子应具有良好的绝缘性能和机械强度，并能承受各种气象条件的变化而不破裂。线路绝缘子主要有针式绝缘子、悬式绝缘子。

5. 金具

金具用于连接或固定绝缘子、横担等的金属部件。常用的金属部件有悬垂线夹、耐张力线夹、接续金具、连接金具、保护金具等。

5.1.2 电缆线路的结构

电缆线路主要由电缆、电缆接头与封端头、电缆支架与缆夹等组成。

1. 电缆的结构与种类

1）电缆的结构

不论是何种类型的电缆，其最基本的组成有三部分，即导体、绝缘层和护层。对于中压及以上电压等级的电缆，导体在输送电能时，具有高电位。为了改善电场的分布情况，减小导体表面和绝缘层外表面处的电场畸变，避免尖端放电，电缆还要有内外屏蔽层。总体来说，电缆的基本结构必须由导体(也可称为线芯)、绝缘层、屏蔽层和护层四部分组成，这四部分在组成和结构上的差异，就形成了不同类型、不同用途的电缆。多芯电缆绝缘线芯之间，还需要添加填芯和填料，以利于将电缆绞制成圆形，便于生产制造和施工敷设。几种常用的电力电缆的结构有以下几种：

(1) 挤包绝缘电力电缆，其可分为：

① 聚氯乙烯绝缘电力电缆。

② 交联聚乙烯绝缘电力电缆，其又可分为：

A. 35 kV 及以下交联聚乙烯绝缘电力电缆。

B. 110 kV 及以上交联聚乙烯绝缘电力电缆。

C. 橡胶绝缘电力电缆。

(2) 油浸纸绝缘电力电缆，其可分为：

① 油浸纸绝缘统包型电力电缆。

② 油浸纸绝缘分相铅包电力电缆。

③ 自容式充油电力电缆。

2）电缆的种类

(1) 按电压等级分类，电力电缆可分为：

① 低压电力电缆(1 kV)。

② 中压电力电缆(6 kV～35 kV)。

③ 高压电力电缆(110 kV)。

④ 超高压电力电缆(220 kV～500 kV)。

(2) 按导体芯数分类，电力电缆的导体芯数分为单芯、两芯、三芯、四芯和五芯。

(3) 按绝缘材料分类，其可分为：

① 挤包绝缘电力电缆。它包括聚氯乙烯绝缘电力电缆、聚乙烯绝缘电力电缆、交联聚乙烯绝缘电力电缆、橡胶绝缘电力电缆。

② 油浸纸绝缘电力电缆。它包括普通黏性油浸纸绝缘电力电缆、不滴流油浸纸绝缘电力电缆、充油电力电缆、气压油浸纸绝缘电力电缆。

(4) 按功能特点和使用场所可分为阻燃电力电缆和耐火电力电缆。

在输、配电线路中，目前常用的 1 kV～35 kV 电力电缆，主要有铠装电缆与软电缆两大类。铠装电缆具有高的机械强度，但不易弯曲，主要用于向固定及半固定设备供电；软电缆轻便易弯曲，主要用于向移动设备供电。

1）铠装电缆

目前使用的铠装电缆有油浸纸绝缘铅(铝)包电力电缆与全塑铠装电力电缆两种，分述如下：

(1) 油浸纸绝缘铅(铝)包电力电缆是目前应用最广的一种电缆，其主芯线有铜、铝之分，内护层有铅包与铝包之分，铠装又分为钢带铠装与钢丝(有粗钢丝与细钢丝)铠装两种，有的还有黄麻外护层，用来保护铠装免遭腐蚀。为了应用在高差较大的地方，这种电缆还有干绝缘与不滴流等派生型号。油浸纸绝缘铅(铝)包钢带铠装电缆的结构如图5-2所示。它有三条作为导电用的钢(铝)主芯线1。当截面在25 mm^2及以上时，为了增加电缆柔度，减小电缆外径，主芯线1采用多股扇形截面。各芯线的分相绝缘，用松香和矿物浸渍过的纸带2缠绕，三相之间的空隙，衬以充填物3使成圆形，再用浸渍过油的纸带缠绕成统包绝缘4，统包层外面为密封用的铅(铝)包内护层5，以防止浸渍油的流失和潮气等的侵入。为使铅(铝)护层免遭腐蚀和收到外层铠装的损伤，在铅(铝)护层与铠装之间，衬以沥青纸6与黄麻层7、8为叠绕的钢带铠装层。为了防止其腐蚀，再用浸有沥青的黄麻护层加以保护。

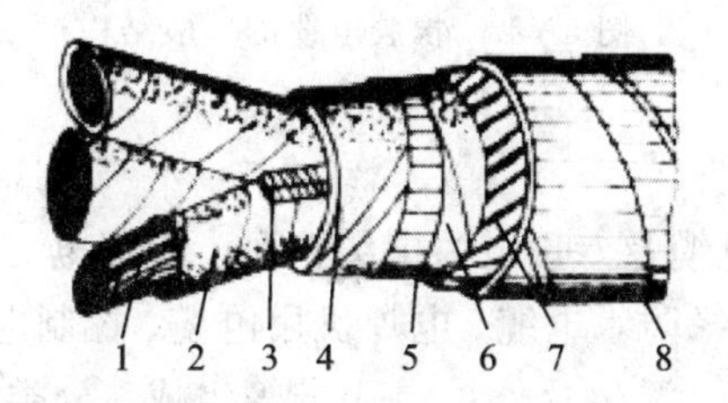

图5-2　油浸纸绝缘包铅(铝)钢带铠装电缆的结构

(2) 全塑铠装电力电缆有聚氯乙烯绝缘电缆和交联聚乙烯绝缘电缆两种。塑料电缆的绝缘电阻、介质损耗角等电气性能较好，并有耐水、抗腐、不延燃、制造工艺简单、重量轻、运输方便、敷设高差不受限制等优点，具有广泛的发展前途。聚氯乙烯电缆目前已生产至6 kV电压等级。交联聚乙烯是指利用化学或物理方法，使聚乙烯分子由原来直接链状结构变为三度空间网状结构。因此交联聚乙烯除保持了聚乙烯的优良性能外，还克服了聚乙烯耐热性差、热变形大、耐药物腐蚀性差、内应力开裂等方面的缺陷。交联聚乙烯电缆的结构如图5-3所示。图中，1为导电芯线；2为半导体层；3为交联聚乙烯绝缘；4为半导体层；5为钢带；6为标志带；7、9为塑料带；8为纤维充填材料；10为钢带铠装；11为聚氯乙烯外护套。这种电缆目前已生产至10 kV、35 kV电压等级。

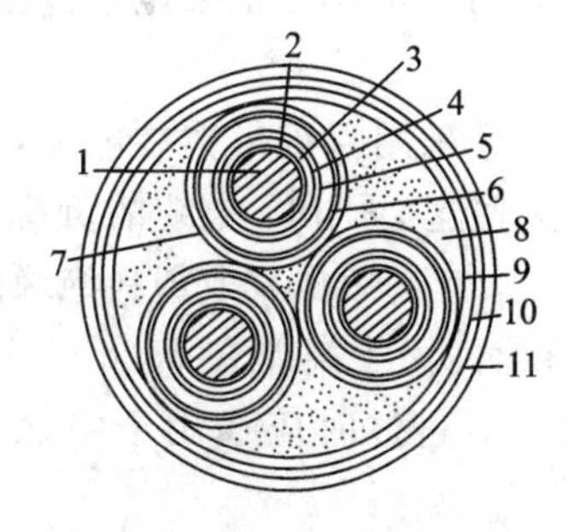

图5-3　交联聚乙烯绝缘电缆的结构

2) 软电缆

软电缆分为橡胶电缆与塑料电缆两种。橡胶电缆根据外护套材料不同，有普通型、非延燃型与加强型三种。普通型外护套为天然橡胶，容易燃烧，不宜用于有爆炸危险的场合；非延燃型外护套采用氯丁橡胶制成，电缆着火后，分解出氯化氢气体使火焰与空气隔绝，达到不延燃的目的；加强型护套中夹有加强层(如帆布、纤维绳或多根镀锌软钢丝等)，提高了其机械强度，主要用于易受机械损伤的场合。

橡胶电缆的结构如图 5 - 4 所示。为了得到足够的柔度，软电缆的芯线采用多股细铜丝绞成。矿用电缆除三相主芯线 1 外，还有一根接地芯线 5，每个芯线包以分相绝缘 2，分相绝缘做成各种颜色或其他标志，以便于识别。为了保持芯线形状和防止损伤，在芯线之间的空隙处填充防震芯子 3，以增加电缆的机械强度和绝缘性能。其外层是橡胶护套 4。

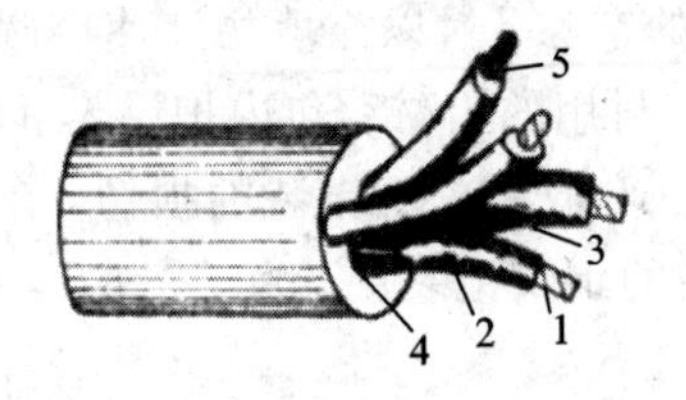

图 5 - 4　橡胶电缆的一般结构

2. 电缆型号的选择

1) 电力电缆的型号

电力电缆分一般电力电缆及专用电力电缆两种。专用电力电缆有耐油电缆、仪表用多芯电缆、绝缘耐寒电缆、绝缘防水电缆、电焊机用电缆、控制电缆等，一般电力电缆的型号由分类代号和导体、内护层、派生及外护层代号等组成。分类代号为：Z—纸绝缘；X—橡胶绝缘；V—塑料绝缘。导体内护层等代号为：T—铜(省略)；L—铝；Q—铅包；L—铝包；H—普通橡套；V—塑料护套。外护层代号的数字，这里从略，请查阅电缆产品目录。

2) 电缆型号的选择

各种型号电缆的使用环境和敷设方式都有一定的要求。使用时应根据不同的环境特征选择。考虑原则主要是安全、经济和施工方便。选择电缆时应注意下列各点：

(1) 为了防水，室内用电缆均无黄麻保护层。

(2) 地面用电力电缆一般应选用铝芯电缆(有剧烈振动的场所除外)。在煤矿井下，按煤矿安全规程规定除进风斜井、井底车场及其附近、中央变电所至采区变电所的电缆可以采用铝芯外，其他地点一律采用铜芯。

(3) 直埋敷设的电缆一般采用有外护层的铠装电缆。在不会引起机械损伤的场所，也可以采用无铠装的电力电缆。

(4) 在有爆炸危险的厂房中，应采用裸钢带铠装电缆，因为有了一层铠装后，可减少引起爆炸的可能性。同时，对于某些这类厂房，电缆的负荷量还可适当降低。

(5) 对照明、通信和控制电缆，应选用橡胶或塑料绝缘的专用电缆。

(6) 油浸纸绝缘电力电缆只允许用于高差在 15 m(6 kV～10 kV 高压电缆)至 25 m(1 kV～3 kV 电缆)以下的范围内。超过时应选用干绝缘、不滴流、聚氯乙烯绝缘的电力电缆。

(7) 煤矿井下使用电缆的型号应根据《煤矿安全规程》的规定选择。

3. 电缆的支架与缆夹

电缆支架用于支持电缆，使其相互之间保持一定的距离，便于散热、修理及维护，在短路时避免波及邻近电缆。

在地面，电缆支架多用型钢制作，将电缆排放在支架上，并加以固定。由于矿井电缆线路经常变动，因此在永久性巷道，采用电缆钩悬挂电缆；非永久性巷道采用木契或帆布袋吊挂，以便在电缆承受意外重力时，吊挂物首先损坏，电缆自由坠落从而避免遭到破坏。

凡需要对电缆进行固定或承担自重的地方(如立井井筒中或大于30°的巷道内)敷设电缆时，应采用电缆夹(卡)固定，但应防止电缆被夹伤。缆夹的形式可根据敷设的需要进行选择。

4. 电缆连接盒(头)与终端盒(头)

油浸纸绝缘电力电缆的相互连接处与电缆终端是电缆最薄弱的环节，应给予特别注意，以免发生短路故障。为了加强绝缘，防止绝缘油的流失及潮气侵入，两段电缆连接处应采用电缆连接盒；电缆末端则应用电缆终端盒与电气设备连接。

5.2 架空线路导线的截面选择方法

导线截面的选择对电网的技术、经济性能影响大，在选择导线截面时，既要保证工矿企业供电的安全与可靠，又要充分利用导线的复核能力。因此，只有综合考虑技术、经济效益，才能选出合理的导线截面。

5.2.1 导线截面选择原则

1. 按经济电流密度选择

经济电流密度是指当年运行费用最低时，导线单位面积上通过电流的大小。输电线路和高压配电线路由于传输距离远、容量大、运行时间长、年运行费用高，导线截面一般按经济电流密度选，以保证年运行费用最低。

2. 按长时允许电流选择

应使导线在最大允许负荷电流下长时工作不致过热。

3. 按允许电压损失选择

应使线路电压损失低于允许值，以保证供电质量。

4. 按机械强度条件选择

架空导线的最小允许截面如表5-1所示，此规定是为了防止架空导线受自然条件影响而发生断线。

表5-1 架空线路按机械强度要求的最小允许截面

导线材料种类	6 kV～35 kV架空线路		1 kV以下线路
	居民区/mm^2	非居民区/mm^2	
铝及铝合金绞线	35	25	16 mm^2
钢芯铝绞线	25	16	16 mm^2
铜线	16	16	ϕ 3.2 mm

对于高压架空线路导线截面，首先按经济电流密度初选，然后按其他条件进行校验，最后按各种条件中最大者选择。低压架空线路往往电流较大，宜按电压损失条件或长时允许电流条件选择导线截面，按其他条件仅进行校验，但不按经济电流密度选择。

对于110 kV以上的高压输电线路，还应考虑由电晕现象决定的最小允许截面，对此问题本书不予讨论。

5.2.2　高压架空线路截面选择计算

1. 按经济电流密度选择导线截面

导线截面积大小与电网的运行费用有密切关系。当导线截面大时，线路损耗小，但金属使用量与初期投资均增加；反之，导线的截面小，其结果与此相反。因此，总可以找到一个最理想的截面使年运行费用最小。为了供电的经济性，导线截面应按经济电流密度选择。

年运行费主要由年电耗费、年折旧费、年大修费、年小修费和维护费组成。年电耗费是指电网全年损耗电能的价值。导线截面越大，损耗越小，费用亦越小。年折旧费是指每年提存的初期投资百分数，导线截面越大，初期投资越大，年折旧费就越高。

导线的维修费与导线截面无关，故可变费用与导线截面的关系曲线如图 5-5 所示。图中，曲线 1 为电能损耗费，曲线 2 为折旧修理费，曲线 3 为年运行费。年运行费用最少的导线其截面 A_{ec} 称为经济截面，对应于该截面所通过的线路负荷电流密度称为经济电流密度。我国现行的经济电流密度如表 5-2 所示。在该表中，经济电流密度与最大负荷利用小时有关。

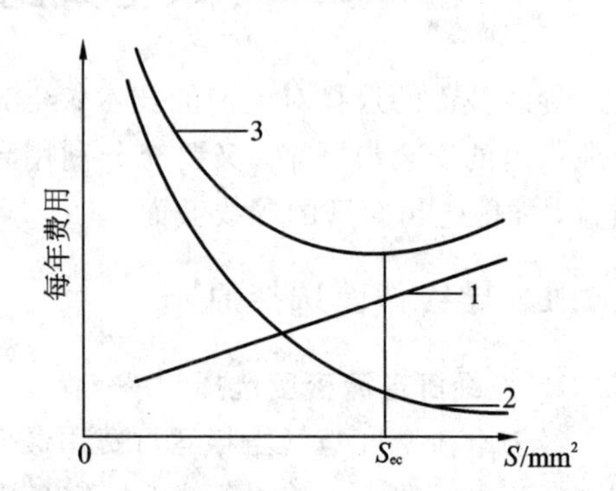

图 5-5　可变费用与导线截面的关系曲线

按经济电流密度选择导线截面，应先确定 T_{max}，然后根据导线材料查出经济电流密度 J_{ec}，按线路正常运行最大长时工作电流 I_{ca}，由下式求出经济截面，即

$$S_{ec}=\frac{I_{ec}}{J_{ec}} \tag{5-1}$$

选取等于或稍小于 S_{ec} 的标准截面 S，即

$$S\leqslant S_{ec} \tag{5-2}$$

表 5-2　经济电流密度(单位为 A/mm²)

经济电流密度		1000～3000 V	3000～5000 V	5000 V 以上
裸导体	铜	3	2.25	1.75
导体	铝(钢芯铝线)	1.65	1.15	0.9
	钢	0.45	0.4	0.35
铜芯纸绝缘电缆、橡皮绝缘电缆		2.5	2.25	2
铜芯电缆		1.92	1.73	1.54

2. 按长时允许电流选择导线截面

电流通过导线将使导线发热，从而使其温度升高。当通过电流超过其允许电流时，将使导线过热，严重时将烧毁导线或引起火灾和其他事故。为了保证架空线路安全、可靠地运行，导线温度应限制在一定的允许范围内。因此，通过导线的电流必须受到限制，保证导线的温度不超出允许范围，裸导体的长时允许电流如表 5-3 所示。选择导线截面应使线路长时最大工作电流 I_{ca}（包括故障情况)不大于导线的长时允许电流 I_{ac}，即

$$I_{ac} \geqslant I_{ca} \tag{5-3}$$

一般决定导线允许载流量时，周围环境温度均取＋25℃作为标准，当周围空气温度不是＋25℃，而是θ'_0时，导线的长时允许电流应按式(5-4)进行修正，即

$$I_{a1} = I_{ac}\sqrt{\frac{\theta_m - \theta'_0}{\theta_m - \theta_0}} = I_{ac}K \tag{5-4}$$

式中，I_{a1}为环境温度为θ'_0时的长时允许电流，单位为A；I_{ac}为环境温度为θ_0时的长时允许电流，单位为A；θ'_0为实际环境温度，单位为℃；θ_0为标准环境温度，一般为25℃；θ_m为导线最高允许温度，单位为℃；K为电流的温度修正系数，如表5-4所示。

表5-3 裸导体的长时允许电流(环境温度为25℃，导线最高允许温度为70℃)

铜线			铝线			铜芯铝线	
导线型号	长时允许电流/A		导线型号	长时允许电流/A		导线型号	室外长时允许电流/A
	室内	室外		室内	室外		
TJ-4	50	25	LJ-16	105	80	LGJ-16	105
TJ-6	70	35	LJ-25	135	110	LGJ-25	135
TJ-10	95	60	LJ-35	170	135	LGJ-35	170
TJ-16	130	100	LJ-50	215	170	LGJ-50	220
TJ-25	180	140	LJ-70	265	215	LGJ-70	275
TJ-35	220	175	LJ-95	325	260	LGJ-95	335
TJ-50	270	220	LJ-120	375	310	LGJ-120	380
TJ-70	340	280	LJ-150	440	370	LGJ-150	445
TJ-95	415	340	LJ-185	500	425	LGJ-185	515
TJ-120	485	405	LJ-240	610	—	LGJ-240	610
TJ-150	570	480	—	—	—	LGJ-300	700
TJ-185	645	550	—	—	—	LGJ-400	800
TJ-240	770	650	—	—	—	—	—

表5-4 导体长时允许电流的温度修正系数 K

K	－5	0	＋5	＋10	＋15	＋20	＋25	＋30	＋35	＋40	＋45	＋50
＋90	—	—	1.14	1.11	1.07	1.04	1.00	0.96	0.92	0.88	0.83	0.79
＋80	1.24	1.20	1.17	1.13	1.09	1.04	1.00	0.95	0.90	0.85	0.80	0.74
＋70	1.29	1.24	1.20	1.15	1.11	1.05	1.00	0.94	0.88	0.81	0.74	0.67
＋65	1.32	1.27	1.22	1.17	1.12	1.06	1.00	0.94	0.87	0.79	0.71	0.61
＋60	1.36	1.31	1.25	1,20	1.13	1.07	1.00	0.93	0.85	0.76	0.66	0.54
＋55	1.41	1.35	1.29	1.23	1.15	1.08	1.00	0.91	0.82	0.71	0.58	0.41
＋50	1.48	1.41	1.34	1.26	1.18	1.09	1.00	0.89	0.78	0.63	0.45	0

3. 按允许电压损失选择导线截面

当电流通过导线时，除产生电能消耗外，由于线路上有电阻和电抗，还会产生电压损失等，影响电压质量。当电压损失超过一定的范围后，将使用电设备端子上的电压过低，严重地影响用电设备的正常运行。所以，要保证设备的正常运行，必须根据线路的允许电压损失来选择导线截面。

设导线的电阻为R，电抗为X，当电流通过导线时，使电路两端的电压不等。线路始端电压为U_1，末端电压为U_2，两者的相量差为电压降落，则

$$\Delta U = U_1 - U_2 \tag{5-5}$$

线路的电压损失是指线路始、末两端的电压的有效值之差，以ΔU表示，则

$$\Delta U = U_1 - U_2 \tag{5-6}$$

如以百分数表示，则有

$$\Delta U\% = \frac{U_1 - U_2}{U_N} \times 100\% \tag{5-7}$$

式中，U_N为额定电压，单位为V。

为了保证供电质量，对各类电网规定了最大允许电压损失，如表5-5所示。

在选择导线截面时，要求实际电压损失$\Delta U\%$不超过允许电压损失$\Delta U_{ac}\%$，即

$$\Delta U\% \leqslant \Delta U_{ac}\% \tag{5-8}$$

1）终端符合电压损失计算

相电压损失的计算式可由式(5-5)导出，即

$$\Delta U = U_1 - U_2 = IR\cos\varphi + IX\sin\varphi \tag{5-9}$$

式中，I为负荷电流，单位为A；R为线路每相电阻，单位为Ω；X为线路每相电抗，单位为Ω；φ为负荷的功率因数角。

表5-5　电力网允许电压损失

电网种类及运行状态	$\Delta U_{ac}\%$	备　注
(1) 室内低压配电线路	1～2.5	(1)、(2)两项总和不大于6%
(2) 室外低压配电线路	3.5～5	
(3) 工厂内部供给照明与动力的低压线路	3～5	
(4) 正常运行的高压配电线路	3～6	(4)、(6)两项之和不大于10%
(5) 故障运行的高压配电线路	6～12	
(6) 正常运行的高压输电线路	5～8	
(7) 故障运行的高压输电线路	10～12	

三相对称系统的线电压损失ΔU为

$$\Delta U = \sqrt{3}I(IR\cos\varphi + IX\sin\varphi) \tag{5-10}$$

当用功率表示时，有

$$\Delta U = \frac{PR + QX}{U_N} = \frac{l}{U_N}(Pr_0 + Qx_0) \tag{5-11}$$

式中，P为负荷的有功功率，单位为kW；Q为负荷的无功功率，单位为kvar；U_N为线路额定电压，单位为kV；r_0、x_0分别为线路单位长度的电阻、电抗，单位为Ω/km。

2) 分布负荷电压损失计算

分布负荷的特点是一条线路沿途接有许多负荷，如图 5－6 所示。图中给出分布负荷的线路参数及负荷分布情况。根据电压损失可叠加的原理，求得电压损失计算式为

$$\Delta U=\frac{1}{U_N}\sum_{i=1}^{\eta}(p_iR_i+q_iX_i)=\frac{1}{U_N}\sum_{i=1}^{\eta}(P_ir_i+Q_ix_i) \tag{5-12}$$

式中，p_i、q_i 分别为各分布负荷的有功及无功功率；P_i、Q_i 分别为各线段上负荷的有功及无功功率；r_i、x_i 分别为各线段上的电阻及电抗；R_i、X_i 分别为电源至各负荷的线路电阻及电抗。

当各段导线截面相同(即均一导线)时，式(5－12)可改写为

$$\Delta U=\frac{1}{U_N}\left(r_0\sum_{1}^{\eta}p_iL_i+x_0\sum_{1}^{\eta}q_iL_i\right) \tag{5-13}$$

式中，r_0、x_0 分别为导线单位长度的电阻和电抗，单位为 Ω/km；L_i 为电源至各负荷的距离，单位为 km。

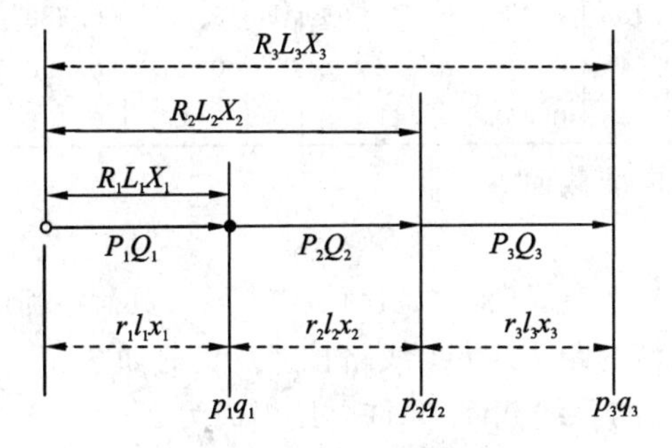

图 5－6　分布负荷的线路参数与负荷分布

3) 按允许电压损失选择导线截面

由式(5－13)可知，允许电压损失是指有功功率在电阻上的电压损失与无功功率在电抗上的电压损失之和，即

$$\Delta U_{ac}=\Delta U_R+\Delta U_X \tag{5-14}$$

其中

$$\Delta U_R=\frac{Plr_0}{U_N}=\frac{Pl}{DSU_N} \tag{5-15}$$

ΔU_X 为无功功率电压损失，其值为

$$\Delta U_X=\frac{Q\,lx_0}{U_N} \tag{5-16}$$

式(5－16)中，Q、l、U_N 均为已知数据；x_0 随导线截面变化很小，可取其平均值($x_0=$ 0.35 Ω/km～0.4 Ω/km)，故 ΔU_X 值即可求得。此时有功功率的电压损失为

$$\Delta U_R=\frac{Plr_0}{U_N}=\frac{Pl}{DSU_N} \tag{5-17}$$

由式(5－17)可求得导线截面为

$$S_{ca}=\frac{Pl}{\gamma U_N\Delta U_R} \tag{5-18}$$

式中，γ 为导线的导电率。

铝绞线的电阻和电抗如表 5－6 所示。

表 5-6　铝绞线的电阻和电抗

导线型号	LJ-16	LJ-25	LJ-35	LJ-50	LJ-70	LJ-95	LJ-120	LJ-150	LJ-185	LJ-240	LJ-300
电阻	1.98	1.28	0.92	0.64	0.46	0.34	0.27	0.21	0.17	0.132	0.106
线间几何间距/m	导线电抗										
0.6	365	0.345	0.336	0.325	0.312	0.302	0.295	0.288	0.281	0.273	0.267
0.8	0.377	0.363	0.352	0.341	0.330	0.320	0.313	0.305	0.299	0.291	0.284
1.0	0.391	0.37	0.366	0.355	0.334	0.334	0.327	0.319	0.313	0.305	0.298
1.25	0.405	0.391	0.380	0.380	0.358	0.348	0.341	0.333	0.327	0.319	0.302
1.50	0.416	0.402	0.391	0.391	0.370	0.360	0.352	0.345	0.339	0.330	0.322
2.00	0.434	0.421	0.410	0.410	0.388	0.378	0.371	0.363	0.356	0.348	0.341
2.50	0.448	0.435	0.424	0.424	0.399	0.390	0.382	0.377	0.371	0.362	0.355
3.00	0.459	0.448	0.435	0.435	0.410	0.401	0.393	0.388	0.382	0.374	0.367
3.50	—	—	0.445	0.445	0.423	0.411	0.403	0.398	0.392	0.383	0.376
4.00	—	—	0.453	0.453	0.441	0.419	0.411	0.406	0.400	0.392	0.385

根据计算的 S_{ca} 选取标准截面 S，即

$$S \geqslant S_{ca} \tag{5-19}$$

从变电所架一条 10 kV 架空线向三个负荷供电，最大负荷年利用小时为 3000 h～5000 h；导线采用铝绞线，线间几何均距为 1 m，线路长度及负荷如图 5-7 所示。该地区最高环境温度为 38 ℃，试选择线路的导线截面(允许电压损失为 5%)。

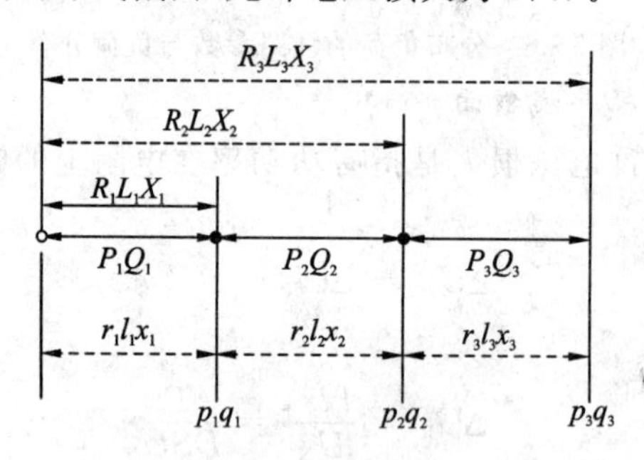

图 5-7　线路长度及负荷

分析：(1) 求线段中的有功功率及无功功率，有

$$P_1 = 1000 \times 0.8 = 800 \text{ kW}$$

$$Q_1 = 1000 \times 0.6 = 600 \text{ kvar}$$

$$P_2 = 400 \times 0.9 = 360 \text{ kW}$$

$$Q_2 = 400 \times 0.436 = 174.4 \text{ kvar}$$

$$P_3 = 500 \times 0.8 = 400 \text{ kW}$$

$$Q_3 = 500 \times 0.6 = 300 \text{ kvar}$$

(2) 计算各线段的平均功率因数及电流。根据平均功率的计算式，有

$$\cos\phi = \frac{\sum P}{\sqrt{\sum P^2 + \sum Q^2}}$$

AB 段的平均功率因数为

$$\cos\phi_{AB} = \frac{P_3 + P_2 + P_3}{\sqrt{(P_1 + P_2 + P_3)^2 + (Q_1 + Q_2 + Q_3)^2}} = 0.82$$

BC 段的平均功率因数为

$$\cos\phi_{BC} = \frac{P_2 + P_3}{\sqrt{(P_2 + P_3)^2 + (Q_2 + Q_3)^2}} = \frac{760}{895.91} \approx 0.85$$

根据负荷电流的计算式，有

$$I = \frac{\sum P}{\sqrt{3} U_N \cos\phi_{rj}}$$

分别求得各线段负荷电流为：

AB 段，即

$$I_{AB} = \frac{1560}{\sqrt{3} \times 10 \times 0.82} = 109.84$$

BC 段，即

$$I_{BC} = \frac{760}{\sqrt{3} \times 10 \times 0.85} = 51.62$$

CD 段，即

$$I_{CD} = \frac{400}{\sqrt{3} \times 10 \times 0.8} = 28.87$$

(3) 按经济电流密度选择导线截面。根据 $T_{\max}$ 为 3000 h～5000 h，由表 5 - 2 查得铝绞线的经济电流密度 J_{ec} 为 1.15 A/ mm²，故各段按经济电流密度初选的导线截面为

$$S_{AB} = \frac{I_{AB}}{J_{ec}} = \frac{109.84}{1.15} = 95.51 \text{ mm}^2$$

$$S_{BC} = \frac{I_{BC}}{J_{ec}} = \frac{51.62}{1.15} = 44.89 \text{ mm}^2$$

$$S_{CD} = \frac{I_{CD}}{J_{ec}} = \frac{28.87}{1.15} = 25.1 \text{ mm}^2$$

因此，选择标准 AB 段截面为 95 mm² 的铝绞线 LJ - 95，BC 段选择标准截面为 35 mm² 的铝绞线 LJ - 35。CD 段选择标准截面为 25 mm²的铝绞线 LJ - 25。

(4) 按长时允许电流校验各段截面。由表 5 - 3 查得 LJ - 95 为 325 A、LJ - 35 为 170 A，LJ - 25 为 135 A。

由于该地区最高环境温度为 38℃，故要对长时允许电流进行修正，其修正系数 K 为

$$K = \sqrt{\frac{Q_m - Q_0'}{Q_m - Q_0}} = \sqrt{\frac{70 - 38}{70 - 25}} = \sqrt{\frac{32}{45}} = 0.84$$

则各段长时允许电流修正值是：LJ - 95 为 273A，LJ - 35 为 142.8A，LJ - 25 为113.4A，均大于各段的负荷电流。

(5) 按允许电压损失校验导线截面。查表 5 - 6，得各段导线单位长度的电阻与电抗值分别如下：

LJ - 95，即

$$r_0 = 0.34\ \Omega/\text{km},\ x_0 = 0.334\ \Omega/\text{km}$$

LJ－35，即

$$r_0 = 0.92\ \Omega/\text{km},\ x_0 = 0.366\ \Omega/\text{km}$$

LJ－25，即

$$r_0 = 1.28\ \Omega/\text{km},\ x_0 = 0.37\ \Omega/\text{km}$$

故

$$r_{AB} = 0.34\times0.5 = 0.17\ \Omega,\ x_{AB} = 0.334\times0.5 = 0.17\ \Omega$$
$$r_{BD} = 0.92\times1.5 = 1.38\ \Omega,\ x_{BC} = 0.366\times1.5 = 0.55\ \Omega$$
$$r_{CB} = 1.28\times1 = 1.28\ \Omega,\ x_{CB} = 0.37\times1 = 0.37\ \Omega$$

线路总的电压损失为

$$\Delta U = \Delta U_{AB} + \Delta U_{BC} + \Delta U_{CD} = \frac{\sum_{i=1}^{\eta} P_i r_i + \sum_{i=1}^{\eta} Q_i x_i}{U_N}$$
$$= \frac{265.2 + 1048.8 + 512 + 182.648 + 260.92 + 111}{10} \approx 238\ \text{V}$$

电压损失百分数为

$$\Delta U\ \% = \frac{\Delta U}{U_N}\times100\% = \frac{238}{10\ 000}\times100\% = 2.38\% < 5\%$$

故电压损失符合要求。

(6) 按机械强度校验。由表 5－3 查得 10 kV 非居民区最小允许截面为 25 mm²，故所选各段导线均符合规定。

5.2.3　封闭电网的计算

闭式电网最简单的形式是环形电网及两端供电电网，如图 5－8 所示。闭式电网中每个用户都能从两个以上的输电线路获得电源。

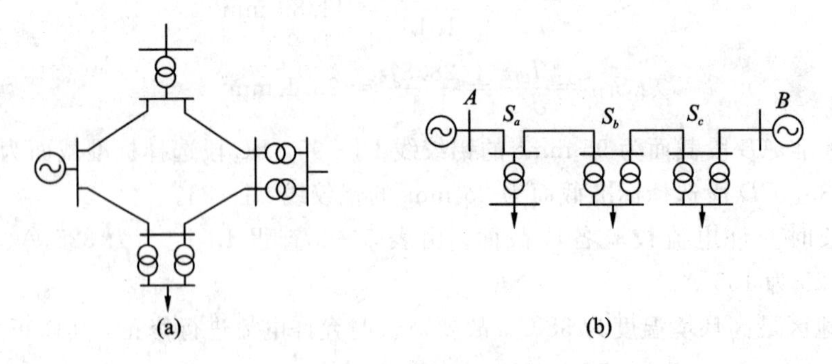

图 5－8　闭式电网

(a) 环形电网；(b) 两端供电电网

对于闭式电网的电压损失，首先根据负荷分布计算出电网的功率分布，找功率分点。把封闭式电网从功率分点分开，然后按开式电网计算电压损失的方法求出电网始、末端的电压。

功率分点是指该点负荷系同时由两侧电源供电的点，通常在电路图中用符号“▼”表示。如果有功功率分点与无功功率分点不重合，则用“▼”代表有功功率分点，用“▽”代表无功功率分点。

闭式电网的功率分布与电路参数、负荷分布、电源电压等有关。

1. 闭式电网中功率分布的计算

在采用近似法计算闭式电网中的功率分布时，首先略去各线段中的功率损耗对功率分布的影响，求出近似的功率分布；然后根据这一功率分布，求出各线段的功率损耗，再与各点的功率相加，即可得出线路的功率分布。

在具体计算时，先根据线路参数与负荷分布绘出等值电路，如图 5-9 所示。

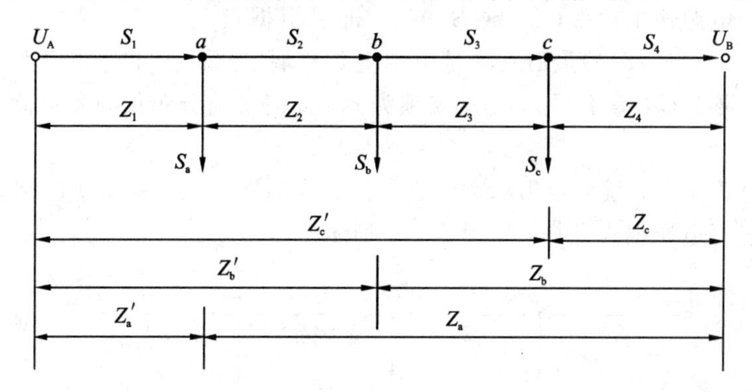

图 5-9　两端供电线路的等值电路

电源电压 U_A、U_B，线路参数 Z_1、Z_2、Z_3、Z_4 和变电所负荷 S_a、S_b、S_c 均为已知，假定各段的功率方向如图 5-9 所示，忽略网络消耗的影响，按基尔霍夫定律，由图可得各线段的功率和电压降为

$$\begin{aligned} S_A &= S_1 \\ S_2 &= S_1 - S_a \\ S_B = S_4 &= S_a + S_b + S_c - S_1 \end{aligned} \tag{5-20}$$

$$U_A - U_B = \sqrt{3}I_1 Z_1 + \sqrt{3}I_2 Z_2 - \sqrt{3}I_3 Z_3 - \sqrt{3}I_4 Z_4 \tag{5-21}$$

由于忽略了线路的功率损耗，因此负荷电压均取额定电压 U_N。将式(5-21)用功率表示，有

$$U_A - U_B = \frac{S_1}{U_N}Z_1 + \frac{S_2}{U_N}Z_2 - \frac{S_3}{U_N}Z_3 - \frac{S_4}{U_N}Z_4 \tag{5-22}$$

$$U_N(U_A - U_B) = S_1 Z_1 + S_2 Z_2 - S_3 Z_3 - S_4 Z_4 \tag{5-23}$$

式中，$\overline{U_N}$ 为额定电压的共轭值。

将式(5-20)代入式(5-23)，整理后得

$$S_1 = \frac{S_a(Z_2 + Z_3 + Z_4) + S_b(Z_3 + Z_4) + S_c Z_4}{Z_1 + Z_2 + Z_3 + Z_4} + \frac{\overline{U_N}(U_A - U_B)}{Z_1 + Z_2 + Z_3 + Z_4} \tag{5-24}$$

令

$$\begin{aligned} Z_a &= Z_2 + Z_3 + Z_4 \\ Z_b &= Z_3 + Z_4 \\ Z_c &= Z_4 \end{aligned}$$

由 $Z_\Sigma = Z_1 + Z_2 + Z_3 + Z_4$ 可得电源 A 输出的功率 S_A 为

$$S_A = S_1 = \frac{S_a Z_a + S_b Z_b + S_c Z_c}{Z_\Sigma} + \frac{\overline{U_N}(U_A - U_B)}{Z_2} = \frac{\sum_{i=1}^{\eta} S_i Z_i}{Z_\Sigma} + \frac{\overline{U_N}(U_A - U_B)}{Z_2} \tag{5-25}$$

同理可得，电源 B 的输出功率 S_B 为

$$S_B = S_4 = \frac{\sum_{1}^{\eta} S_i Z'_i}{Z_\Sigma} + \frac{\overline{U_N}(U_B - U_A)}{Z_\Sigma} \tag{5-26}$$

式中，Z'_i 为负荷点 i 至电源 A 之间的总阻抗。

在求出任一电源输出功率（S_A 或 S_B）后，即可根据负荷分布情况校验计算值是否正确。式(5-24)、式(5-25)的最后一项是由于电源两端电压的大小与相位不同而产生的平衡电流。如果电网中 U_A 等于 U_B，则第二项为零，此时负荷分布仅与各负荷大小及电网阻抗有关。

各段负荷计算出后，就可求出功率分点，然后从功率分点，将闭式电网分开成两个开式电网就可以进行电压损失计算，如图 5-10 所示。

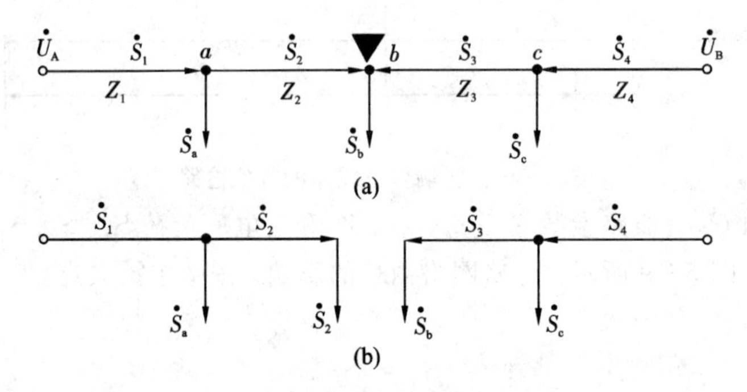

图 5-10 闭式电网分成开式电网的电路

(a) 闭式电网电路；(b) 从功率分点分开后的电路

若有功功率分点与无功功率分点重合，则功率分点就是电网电压的最低点；如果它们不重合，则只有通过计算，才能确定哪一个功率分点是电压最低点。计算方法是比较两个分点间线段上的 $Q_i x_i$ 与 $P_i r_i$，当有功损失大时，电压最低点在有功功率分点；反之，在无功功率分点。

2. 闭式电网中电压损失的计算及导线截面的选择

闭式电网中的功率分布与网路参数有关，当导线截面尚未选定时，要确定电网的功率分布可采用两种办法：

(1) 当导线截面相等时，网路参数只与线路长度有关，可根据各段线路长度求得电网的功率分布。该法适用于负荷点较密、线段较短的网路，也适合于大的区域电网。因为区域电网导线截面大，线路参数主要取决于网路电抗，因此功率分布主要由线路长度决定，与导线截面积关系不大。

(2) 按供电距离最小的原则，人为地将电网从中间分开，从而确定其功率分布。

当电网的功率分布确定之后，将电网从功率分点分开，按开式电网来计算电压损失，选择导线截面。

在截面选出后，须将电网重新连接，求出电网的实际功率分布（因为计算截面不一定等于标准截面），再验算功率分点的电压损失。所选截面还必须按任一电源故障情况下，校验长时允许电流及电压损失。

5.2.4 低压线路导线截面选择

对于1 kV以下的低压线路，与高压架空线相比，线路比较短，但负荷电流较大，所以一般不按经济电流密度选择。低压动力线按长时允许电流初选，按允许电压损失及机械强度校验；低压照明线因其对电压水平要求较高，所以一般先按允许电压损失条件初选截面，然后按长时允许电流和机械强度校验。

1. 按长时允许电流选择导线截面

要求导线的长时允许电流不小于线路的负荷计算电流，即

$$I_{a1} \geqslant I_{ca} \tag{5-27}$$

长时允许电流的确定与用电设备工作制有以下关系：

(1) 长期工作制的用电设备，其导线的截面按用电设备的额定电流选择。

(2) 反复短时工作制的用电设备(即一个周期的总时间不超过10 min，工作时间不超过4 min)，其导线的允许电流按下列情况确定：

① 截面小于或等于6 mm^2的铜线以及截面小于或等于10 mm^2的铝线，其允许电流按长期工作制的允许电流确定。

② 截面大于6 mm^2的铜线以及截面大于10 mm^2的铝线，其允许电流为长期工作制的允许电流乘以反复短时工作制的校正系数，其校正系数(可查有关设计手册)应根据导线发热时间常数τ、负荷持续率ε和全周期时间T选用。

③ 短时工作制的用电设备(即其工作时间不超过4 min，停歇时间内导线能冷却到周围环境温度)的允许电流按短时工作制的规定计算，即长期工作制的允许电流乘以短时工作制的校正系数。校正系数(查有关设计手册)应根据导线发热时间常数τ和工作时间t选用。

④ 按②与③校正后，导线允许载流量应不小于用电设备在额定负载持续率下的额定电流或短时工作电流。

导线的长时允许电流还应根据敷设处的环境温度进行修正，修正计算公式见式(5-4)。

2. 按允许电压损失选择导线截面

因低压线路负荷电流大，故电压损失也大。必须按允许电压损失选择导线截面。根据《配电线路设计规定》SDJ4-79规定："低压配电线路，自配电变压器二次侧出口至线路末端(不包括接户线)的允许电压降为额定低压配电电压(220 V、380 V)的4%"。

对视觉要求较高的照明线路，一般要求电压损失为2%～3%。如线路的电压损失值超过了允许值，则应适当加大导线的截面，使之满足允许的电压损失要求。

电压损失的计算公式与高压线路相同。

3. 按机械强度选择导线截面

为保证低压架空线路的安全运行，应按机械强度选择导线截面，可查表5-1。

5.3 电力电缆芯线截面选择与计算

5.3.1 高压电缆截面选择计算

电缆与架空线相比，散热条件差，故还应考虑在短路条件下的热稳定问题。因此高压

电缆截面除按经济电流密度、允许电压损失、长时允许电流进行选择外，还应按短路的热稳定条件进行校验。

1. 按经济电流密度选择电缆截面

根据高压电缆线路所带负荷的最大负荷年利用小时及电缆芯线材质，查出经济电流密度 J_{ec}，然后计算正常运行时间的长时最大负荷电流 I_{ca}（如为双回路并联运行的线路，则不考虑一条线路故障时的最大负荷电流），电缆的经济截面 S_{ec} 为

$$S_{ec}=\frac{I_{ca}}{J_{ec}} \tag{5-28}$$

2. 按长时允许电流检验所选电缆截面

根据按经济电流密度选择的标准截面，查出其长时允许电流 I_p，应不小于长时负荷电流（此时应按故障情况考虑），即

$$KI_{ac}\geqslant I_{ca} \tag{5-29}$$

$$K=K_1K_2K_3 \tag{5-30}$$

式中，I_{ac} 为当环境温度为 25° 时的电缆长时允许电流，单位为 A，可查表 5－7 及表 5－8；K 为当环境温度不同时允许电流的修正系数；K_1 为电缆的温度修正系数；K_2 为直埋时的土壤热阻率修正系数，如表 5－9 所示；K_3 为空气中多根并列时的修正系数，如表 5－10 所示；I_{ca} 为通过电缆的最大持续负荷电流，单位为 A。

表 5－7　油浸纸绝缘铅（铝）包铠装电力电缆的长时允许电流（单位为 A，环境温度为 25℃）

芯线截面 /mm²	6 kV，最高允许工作温度为 65 ℃		10 kV，最高允许工作温度为 60 ℃	
	铜芯	铝芯	铜芯	铝芯
3×10	60	48	—	—
3×16	80	60	75	60
3×25	110	85	100	80
3×35	135	100	125	95
3×50	165	125	155	120
3×70	200	155	190	145
3×95	245	190	230	180
3×120	285	220	265	205
3×150	330	255	305	235
3×185	380	295	355	270
3×240	450	345	420	320

3. 按电压损失校验电缆截面

高压系统中的电压损失按《全国供用电规则》的规定，在正常情况下不得超过 7%，故障状态下不得超过 10%。对煤矿来讲，电压损失应从地面变电所算起，至采区变电所母线止。

对于终端负荷，电压损失的计算见式（5－10）、式（5－11）；对于分布电荷，电压损失的

计算见式(5－12)。

表 5－8　矿用软电缆的长时允许电流(单位为 A)

电缆型号	芯线截面/mm²							
	4	6	10	16	25	35	50	70
1KU、UZ、U、UP、UC、UCP 型 6 kV 橡套软电缆	36 —	46 53	64 72	85 94	113 121	138 148	173 —	215 —

表 5－9　土壤热阻率的修正系数

芯线截面/mm²	土壤热阻率/(℃·cm/W)				
	60	80	120	160	200
	载流量修正系数				
2.5～16	1.06	1.0	0.9	0.83	0.77
25～95	1.08	1.0	0.88	0.80	0.73
120～240	1.09	1.0	0.86	0.78	0.71

表 5－10　空气中多根并列敷设时载流量的修正系数

电缆之间的距离(以电缆外径 d 为衡量单位)	并列电缆的数目/根				
	1	2	3	4	6
d	1.0	0.9	0.85	0.82	0.80
$2d$	1.0	1.0	0.98	0.95	0.90
$3d$	1.0	1.0	1.0	0.98	0.96

由于电缆的电抗值较小，一般每千米约为 0.08 Ω，故计算电压损失时，只考虑导线电阻的影响，电抗值常忽略不计。

对于终端负荷，电压损失为

$$\Delta U = \frac{PL}{SU_{\mathrm{N}}D} \tag{5-31}$$

对于均一导线分布负荷，电压损失为

$$\Delta U = \frac{\sum_{i=1}^{n} P_i L_i}{SU_{\mathrm{N}}\gamma} \tag{5-32}$$

4. 按短路电流校验电缆的热稳定性

$$S_{\min} = I_{\infty}\frac{\sqrt{t_1}}{C} \tag{5-33}$$

式中，I_{∞} 为三相最大稳态短路电流，单位为 A；t_1 为短路电流作用的假想时间，单位为 s；C 为热稳定系数，如表 5－11 所示。

表 5-11　各种电缆的热稳定系数

芯线材料	铅				铜					
芯线绝缘材料	短时最高允许温度/℃									
	120	150	175	200	120	150	175	200	230	250
油浸纸	75	87	93	95	120	120	130	—	—	165
聚氯乙烯	63	—	—	—	95	—	—	—	—	—
橡胶	75	87	—	188	100	120	—	145	—	—
交联聚乙烯	53	70	—	87	80	100	—	—	141	—

10 kV 及以下电压的油浸纸绝缘电缆短时最高允许温度，铜芯为 250℃，铝芯为200℃。10 kV 及以下橡胶绝缘电缆(铜芯)短时最高允许温度为 200℃，如有压接头为150℃，锡焊接头为 120℃。

某煤矿井下总计算负荷为 3014 kV·A，电压为 6 kV，功率因数 $\cos\varphi = 0.7$。下井电缆长 700 m，敷设于进风斜井中，地面变电所母线最大短路容量为 96.7 MV·A，向井下配出线的继电保护动作时间为 0.5 s。试选择下井电缆。

分析：(1) 确定电缆型号。因电缆敷设于进风斜井，根据《煤矿安全规程》可选铝芯纸绝缘铅包钢带铠装电缆。

(2) 按经济电流密度选择电缆截面，有

$$I_{ca} = \frac{S}{\sqrt{3}U_N} = \frac{3014}{\sqrt{3} \times 6} = 290$$

一般矿井的 $T_{max} = 3000\ h \sim 5000\ h$，则 $J_{ec} = 1.73$，故电缆的经济截面为

$$S_{ec} = \frac{I_{ca}}{J_{ec}} = \frac{290}{1.73} = 167.63$$

选 ZLQD5 型 3×150 铝芯片绝缘不滴流铅包粗钢丝铠装电力电缆。

(3) 按长时允许电流校验所选截面。由表 5-7 查得 6 kV 铝芯 3 mm×150 mm 电缆空气中敷设 $I_{ac} = 295\ A > 290\ A$，故改选电缆截面为 $3 \times 185\ mm^2$。

(4) 按电压损失校验。取高压配电线路允许电压损失为 5%，得

$$\Delta U_{ac} = 6000 \times 0.05 = 300\ V$$

线路的实际电压损失为

$$\Delta U = \sqrt{3}I(R\cos\varphi + X\sin\varphi) = \frac{\sqrt{3}IL\cos\varphi}{\gamma S} = 46.2\ V$$

$\Delta U < \Delta U_{ac} = 300\ V$，电压损失满足要求。

(5) 按短路热稳定条件校验。三相最大稳态短路电流为

$$I_{\infty} = \frac{S_d}{\sqrt{3}U_{av}} = \frac{96.7}{\sqrt{3} \times 6.3} = 8.86$$

短路电流作用的假想时间为 $t_i = t_{ip} + t_{ic}$，取断路器动作时间为 0.2 s。

对于无限大系统，有

$$t_{ip} = t_{sc} + t_{bc} = 0.5 + 0.2 = 0.7$$

$$t_i = 0.7 + 0.05 = 0.75$$

电缆最小热稳定截面为

$$S_{\min} = I_{\infty} \frac{\sqrt{t_1}}{C} = \frac{8860 \times \sqrt{0.75}}{95} = 80.77$$

$S_{\min} < 185\ \mathrm{mm}^2$，故选用 ZLQD5 型 3×185 电缆满足要求。

5.3.2　低压电缆截面选择

低压电缆截面选择与高压电缆选择原则不同之处是不按经济电流密度选择，主要考虑电缆的发热及电压损失等。保证所选电缆既满足使用要求，又能使电缆本身正常工作。在确定低压电缆截面时，应按下列原则进行选择。

1. 正常运行时的上升温度

电缆芯线的实际温升不超过绝缘所允许的最高温升。为了满足这一要求，流过芯线的实际最大长时工作电流必须小于或等于它所允许的负荷电流，即

$$KI_{ac} \geqslant I_{ca} \tag{5-34}$$

式中，I_{ac} 为空气温度为 25℃时，电缆允许载流量，单位为 A；K 为环境温度的修正系数；I_{ca} 这用电设备持续工作电流，单位为 A。

用电设备持续工作电流根据设备数量、工作制不同分别按有关规定计算。

2. 正常运行时的电压损失

电缆网路实际电压损失不超过网路所允许的电压损失。为保证用电设备的正常运行，其端电压不得低于额定电压的 95%，否则电动机、电缆网路等电气设备将因电压过低而过载，甚至过热而烧毁。为此应选足够大的电缆截面，以使电压损失不超过允许值。

在计算电压损失时，应从变压器二次侧出口至用电设备端头，其总和不超过允许值。

3. 发生短路时的情况

电缆截面应满足热稳定的要求。按短路条件校验电缆的最小热稳定截面。当短路保护采用熔断器时，电缆热稳定最小截面应与熔体额定电流相配合。

5.4　电力电缆安装运行与维护

5.4.1　建立各项电缆的运行维护制度

(1) 定期预防性试验制度。对运行中的高压电缆进行定期试验，是发现电缆缺陷的重要手段。对不合格者应及时更换或处理。低压橡套电缆必须进行绝缘电阻测定，下井使用的橡套电缆，都必须经过水浸耐压试验合格。

(2) 道整修时的电缆防护制度。井下巷道在整修、粉刷和冲洗作业时，一定要将电缆线路保护好。应将电缆从电缆钩上落下，并平整地放在底板一角，用专用木槽或铁槽保护，以防电缆损坏。当巷道整修完毕，应由专人及时将电缆悬挂复位。

(3) 裸铠装电缆的定期防腐制度。井下敷设的裸铠装电缆应定期进行涂漆防腐。其周期应根据敷设线路地区的具体情况而定。一般在井筒内的电缆 2～3 年为宜；主要运输大巷的电缆为 2 年；主要采区巷道敷设的电缆最多不能超过 2 年。

(4) 井下供电审批制度。井下低压供电、网络负荷的增减，必须设置专职人员(如电气技术人员或电气安全小组人员)管理；每一用电负荷都必须提出申请，经专职管理人员设计出合理的供电方式后，方可接电运行，以保证井下供电方式的合理性和保护装置的可靠性。

(5) 定期巡视检查制度。定期检查高压电缆线路的负荷和运行状态及电缆悬挂情况，电缆悬挂应符合技术标准，日常维护应有专人负责。对线路状态、接线盒、辅助接地极、线路温度等，每周应有1～2次的巡视检查，并做好记录。

5.4.2 电缆的日常维护

(1) 流动设备的电缆管理和维护应专责到人，并应每班检查维护，在井下工作面或掘进头附近，电缆余下部分应呈“S”形挂好，不准在带电情况下呈“O”形盘放，严防挤压或受外力拉坏等。

(2) 低压网络中的防爆接线箱(如三通、四通、插销等)应由专人每月进行一次清理检查。特别是接线端子的连接情况，注意有无松动现象，防止过热烧毁。

(3) 每一工矿的低压供电专职人员(电气安全小组)，应经常与生产单位的维修人员，有计划地对电缆的负荷情况进行检查。当新采区投产时，应跟班进行全面负荷测定、检查，以保证电缆的安全运行。

(4) 电缆的悬挂情况应由专责人员每月巡回检查一次，有顶板冒落危险或巷道侧压力过大的地区，专责维修人员应及时将电缆放落到底板并妥善覆盖，防止电缆受损。

(5) 高压铠装电缆的外皮铠装(钢带、钢丝)，如有断裂应及时绑扎。高压电缆在巷道中跨越电机车架线时，该电缆的跨越部分应加胶皮被覆，防止架线火花灼伤电缆麻皮和铠装。电缆线路穿过淋水区时，不应设有接线盒；如有接线盒，应严密遮盖，并由专责人员每日检查一次。

(6) 立井井筒电缆(包括信号电源)的日常检查和维护工作，至少应有两人进行，每月至少检查一次，固定电缆的卡子松劲或损坏时应及时处理或更换。

5.5 家用装饰电缆布局与导线选择

随着现代生活水平的提高，人们的要求也越来越高。装修就是其中的一个方面，以前居住的房子可能就是简单的刷白就可以了，现在人们装修讲求的都是美观且有艺术性。以前大家在房子的边上都会看见裸露的电线，不但危险而且很不美观；现在装修的时候电线都隐藏在内部了，既实用又美观。那么，现在装修过程中，电线怎么装却有很大的学问。

家用装饰电缆布线最关键的是客厅和厨房。客厅是重要的布局场所，主要是一些电话、电视、智能化家居物品都是需要插头的。那么，不管是客厅还是其他地方布线都是需要预埋管道的，因为这样以后才能更好地穿线，当然，家用电器要是多的话，最好还是选择好的电线并且是承载量大的电线。电线一定要选择质量好的，这样才可以保证安全，使用起来更放心。

厨房家电是比较多的，锅、冰箱等都是要耗电量比较大的，所以，厨房的布线主要还是侧重实用性，不管什么风格的厨房，布线一定是要留出足够的插口，这样增加电器也不至于插口紧张。除此以外，还要注意电线的耐用性，因为使用最为频繁的电器都在厨房，故电线一定要经久耐用，不然经常更换也是很麻烦的。

在家庭装修中，电的施工的许多潜在的问题会为今后的生活留下许多隐患。常见的问题主要有配电线路的断路短路、电视信号微弱、电话接收干扰等。家庭装修中主要存在如下问题：

(1) 线路接头过多及接头处理不当。有些线路过长，在电工操作时会有一些接头产生，但一些施工队的电工师傅受技术水平限制，对接头的打线、绝缘及防潮处理不好，就会发生断路、短路等现象。

(2) 为降低成本而偷工减料，做隐蔽处理的线路没有套管。

(3) 做好的线路受到后续施工的破坏。例如，墙壁线路被电锤打断、铺装地板时气枪钉打穿了 PVC 线管或护套线等。

(4) 配电线路不考虑不同规格的电线有不同的额定电流，“小马拉大车”造成线路本身长期超负荷工作。

(5) 各种不同的线路走同一线管。例如，把有线电视、电话线、网线和配电线穿入同一套管，使电视、电话、网络信号的接收受到干扰。

家庭用电线路的暗线布置是家庭装饰工程中消除用电安全隐患的重要环节。据有关资料统计，居民家庭火灾和触电伤人事故有 60%是因为电线线路出问题而引发的。

许多业主喜欢安装一两个漂亮的壁灯，而壁灯的电线又以暗线为美观。其布置起来可根据墙体和楼面的具体情况采取不同的技巧，使得以后使用起来安全又方便。

在普通砖墙面上布置壁灯或其他电器的暗线，可将安装的要求告诉装饰设计师，确定电线的走向和位置，让其按线路铲出一条宽 10 mm～20 mm 左右的线槽，深度以将电线嵌入后，距墙表面 3 mm～5 mm 为最佳。电线嵌入后，每隔 30 mm～50 mm 用“U”形卡子将电线卡住固定。为了安全起见，一定要求施工人员用绝缘纸先将电线裹一层，再选用护套线进行保护。也可以选用塑料套管进行保护。电线嵌入并固定后，还应再用“三合烯”平填，稍干后再照原墙面色彩装饰粉刷一致，这样装饰的壁灯或其他电器既美观又安全。

如果准备在混凝土或硅酸盐砌块的墙上布置暗线，比在普通墙面上布置暗线要困难得多。一是这种砌块坚硬，不易凿槽；二是它的体积较大，利用它们的缝隙为槽，往往高低深浅又不合乎要求。如果是混凝土空心板，那就方便多了，只需要在其中一块的两端开通两个小洞，用铅丝将电线穿入其中，牵引电线就可以将电线安装好。

居室内布置电器的暗线是为了整齐和美观。对于灯具开关的选择和开头安装的地方也应该有所研究，开头以平板暗开关为好，安装的地点一般装在门框附近，也有的安在床头柜附近。

总之，开关的装置地点应选择在既不显眼、无碍观瞻，使用又较为方便的地方。另外，安装地线是颇为重要的。因为在居室的装饰中，家用电器占据着重要的位置，而家用电器的用电安全问题，往往被人们忽视，安装保持地线是安全用电的重要措施。像电风扇、洗衣机、电熨斗、电冰箱等常见家用电器设备的电源线均是三相线，一相火线、另一相零线、还有一相地线。目前许多家庭均将一相火线与一相零线接入电源插座，将地线甩开不接，一旦电器设备漏电，就可能触电伤人和导致发生火灾事故。

导线的选择：一般普通插座用 2.5 m^2的铜线，空调和浴霸用 4 m^2的铜线，一般的灯用

1.5 m^2或2.5 m^2的铜线。

(1) 空调走专线，使用两根4 m^2国标的线，线的颜色是红色为火线，蓝色为零线，再加一根1.5 m^2双色线(或者黄色)作为地线。

(2) 卫生间、厨房、空调要分别各布置一条4 m^2的专线。现在一般家里的厨房电器很多，如电磁炉、电饭煲、电冰箱、消毒碗柜等。这些加起来功率都很大，其颜色和空调专线的一样。

(3) 把客厅和两个卧室走一条2.5 m^2的专线，线的颜色是红色为火线，蓝色为零线，再加一根1.5 m^2双色线(或者黄色)作为地线。空调专线、厨卫专线、客卧专线都必须分开接到不同级别的漏电开关上。照明线使用1.5 m^2的线，线的颜色是红色为火线，蓝色为零线。

(4) 入户导线一般都是装好的，若没有就用10 m^2～12 m^2的电线。

第6章 供电系统的保护

内容摘要：在轨道交通中，安全供电事关人民生命安全。供电系统的保护装备和技术是保证电力系统安全运行，减少电力事故的重要措施。本章主要介绍轨道交通系统中保护装置及其电源以及变压器、高压电机、过流保护等内容。

理论教学要求：掌握轨道交通系统中保护装置及其电源以及变压器、高压电机、过流保护。

工程教学要求：掌握过电流保护、供电系统备用电源自动投入与自动重合闸装置、防雷与接地的原理及其检修方法。

电力系统保护就是在电力系统发生各种故障及异常时，通过各种继电保护装置进行快速的分析，判断故障的地点和性质，并且根据事先设定的参数，利用断路器快速切除(隔离)故障，保证电网的安全运行。

继电保护是电力系统保护的重要组成部分，被称为电力系统的安全屏障，同时又是电力系统事故扩大的根源，做好继电保护工作是保证电力系统安全运行的必不可少的重要手段；当电力系统出现故障时，继电保护系统通过寻找故障前后差异可以迅速地，有选择地、安全可靠地将短路故障设备隔离出电力系统，从而达到电力系统安全稳定运行的目的。下面重点讨论继电保护方面的内容。

6.1 继电保护装置

6.1.1 继电保护装置的作用和任务

在工厂供电系统中发生故障时，必须有相应的保护装置尽快地将故障设备切离电源，以防故障蔓延。当发生对用户和用电设备有危害性的不正常工作状态时，应及时发出信号通知值班人员，消除不正常状态，以保证电气设备正常、可靠地运行。继电保护装置是指反应于供电系统中电气元件发生故障或不正常运行状态，并动作于断路器跳闸或发出信号的一种自动装置。它的基本任务是：

(1) 当发生故障时，自动、迅速、有选择性地将故障元件从供电系统中切除，使故障元件免除继续遭到破坏，保障其他无故障部分迅速恢复正常运行。

(2) 当出现不正常工作状态时，继电保护装置动作发出信号，减负荷或跳闸，以便引起运行人员注意，及时地处理，保证安全供电。

(3) 继电保护装置还可以和供电系统的自动装置，如自动重合闸装置(ARD)、备用电源自动投入装置(APD)等配合，大大缩短停电时间，从而提高供电系统运行的可靠性。

6.1.2 继电保护装置的基本原理和组成

在供电系统中，发生短路故障之后，总是伴随有电流的增大、电压的降低、线路始端测量阻抗的减少以及电流电压之间相位角的变化等。因此，利用这些基本参数的变化，可以构成不同原理的继电保护，如反应于电流增大而动作的过电流保护，反应电压降低而动作的低电压保护等。

一般情况下，整套保护装置由测量部分、逻辑部分和执行部分组成，如图 6－1 所示，其分述如下：

(1) 测量部分。测量从被保护对象输入的有关电气量，如电流、电压等，并于已给定的整定值进行比较，输出比较结果，从而判断是否应该动作。

(2) 逻辑部分。根据测量部分输出的检测量和输出的逻辑关系，进行逻辑判断，确定是否应该使断路器跳闸或发出信号，并将有关命令传给执行部分。

(3) 执行部分。根据逻辑部分传送的信号，最后完成保护装置所担负的任务(如跳闸、发出信号等操作)。

图 6－1 继电保护装置的原理结构图

上述这一整套保护装置通常是由触点式继电器组合而成的。继电器的类型很多，按其反应的物理量分为非电量继电器和电量继电器，分述如下：

(1) 非电量继电器主要有瓦斯继电器、温度继电器和压力继电器等。

(2) 电量继电器常有下列三种分类方法：

① 按动作原理分为电磁型、感应型、整流型和电子型等。

② 按反应的物理量分为电流继电器、电压继电器、功率方向继电器、阻抗继电器等。

③ 按继电器作用分为中间继电器、时间继电器、信号继电器等。

6.1.3 对继电保护装置的基本要求

1. 选择性

继电保护动作的选择性是指当供电系统中发生故障时，应是靠近电源侧距故障点最近的保护装置动作，将故障元件切除，使停电范围最小，保证非故障部分继续安全运行。保护装置的选择性动作如图 6－2 所示，在 k 点发生短路，首先应该是 QF_4 动作跳闸，而其他断路器都不应该动作，只有 QF_4 拒绝动作，如触点焊接打不开等情况，作为一级保护的 QF_2 才能动作，切除故障。

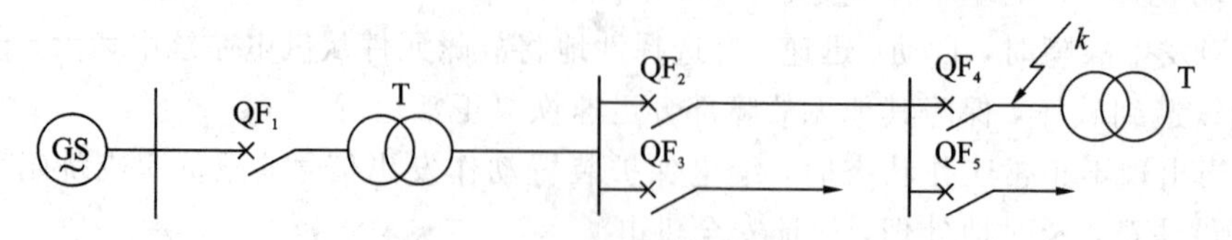

图 6－2 保护装置的选择性动作

2. 速动性

快速地切除故障可以缩小故障元件的损坏程度，减小因故障带来的损失，减小用户在故障时低压下的工作时间。

为了保证选择性，保护装置应带有一定时限，这就是选择性和速动性的冲突，对工业企业继电保护系统来说，应在保证选择性的前提下，力求速动性。

3. 灵敏性

保护装置的灵敏性是指对被保护电气设备可能发生的故障和不正常运行方式的反应能力。在系统中发生短路时，不论短路点的位置、短路的类型、最大运行方式还是最小运行方式，要求保护装置都能正确灵敏地动作。

保护装置的灵敏性通常用灵敏系数来衡量，对于各类保护的灵敏系数，都有具体的技术规定，这将在以后各节中分别讨论。

4. 可靠性

保护装置的可靠性是指与该保护区内发生短路或出现不正常状态时，它应该准确灵敏地动作，而在其他任何地方发生故障或无故障时，不应该动作。

6.1.4　继电保护的发展和现状

继电保护是随着电力系统的发展而发展起来的，19 世纪后期，熔断器作为最早、最简单的保护装置已经开始使用。但随着电力系统的发展，电网结构日趋复杂，熔断器早已不能满足选择性和快速性的要求；20 世纪初，出现了作用于断路器的电磁型继电保护装置；20 世纪 50 年代，由于半导体晶体管的发展，开始出现了晶体管式继电保护装置；随着电子工业向集成电路技术的发展，20 世纪 80 年代后期，集成电路继电保护装置已逐步取代晶体管继电保护装置。

随着大规模集成电路技术的飞速发展，微处理机和微型计算机(简称微机)的普遍使用，微机保护在硬件结构和软件技术方面已经成熟，现已得到广泛应用。微机保护具有强大的计算、分析和逻辑判断能力，有存储记忆功能，因而可以实现任何性能完善且复杂的保护原理，目前的发展趋势是进一步实现其智能化。

6.2　继电保护装置的电源

高压断路器的合闸、跳闸回路，继电保护装置中的操作回路、控制回路、信号回路和保护回路等所需的电源为操作电源。操作电源是保护装置最重要的组成部分之一，在任何情况下，都应保护供电的可靠性。操作电源分交流和直流两种，具体来说有下列三种：

(1) 由储蓄电池组成的直流操作电源。

(2) 整流操作电源。

(3) 由所有变压器或电压互感器供电的交流操作电源。

6.2.1　蓄电池组直流操作电源

蓄电池组是独立可靠的操作电源，它不受交流电源的影响即使在全所停电及母线短路的情况下，仍能保证连续可靠地工作。

蓄电池电压平稳、容量大，它既适用于各种比较复杂的继电保护和自动装置，也适用于各类断路器的传动，故大型企业变电所通常用蓄电池组作操作电源。但蓄电池组操作电源需要许多辅助设备和专用房间，有投资大、寿命短、建造时间长、运行复杂、维护工作量大等缺点，因此中小型变电所一般不采用蓄电池组作操作电源，而多采用整流型直流操作电源或交流操作电源。

6.2.2 整流型直流操作电源

整流型直流操作电源由于取消了蓄电池，大大节省了投资，使直流供电系统简化，建造安装速度快，运行维护方便。但当系统发生故障时，交流电压大大降低，使整流后的直流电压很低，继电保护装置无法动作，并失去事故照明，为此要求至少由两个独立电源给整流器供电，其中之一最好采用与本变电所无直接联系的电源，如附近独立的低压网络，若不具备这种条件，可采用如下方式：

(1) 将一台变压器接在电源进线断路器外侧，并能分别投向两路电源线，另一台变压器接在 6 kV～10 kV 电压侧，如图 6-3(a)所示。

(2) 对于有两条以上进线且分列运行的变电所，可以采用如图 6-3(b)所示的互为备用的运行方式，其接线方式如图 6-3(c)所示。在正常时，可一台运行另一台备用，也可两台同时运行，并分别接至不同整流器组；一旦某台发生故障，则可由自动合闸装置将有故障那台的负荷转由另一台供电。

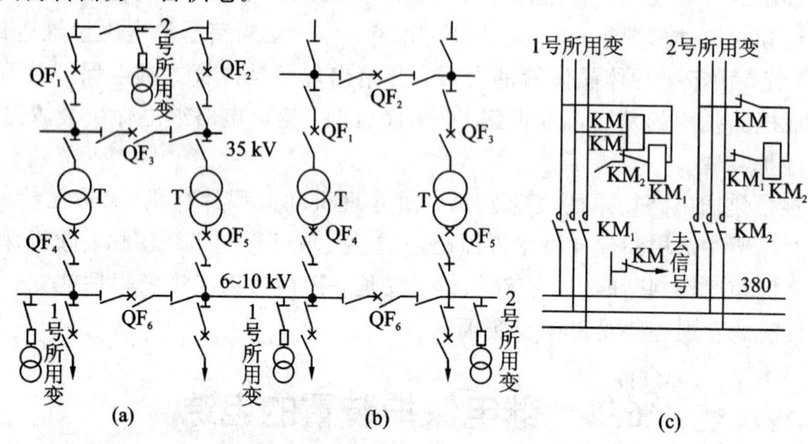

图 6-3　变电所自用电变压器接线方式与低压侧自动投入电路图

(a) 一条进线的变电所的原理示意图；(b) 两条以上进线且分列运行的变电所的原理示意图；(c) 两条以上进线且分列运行的变电所的接线示意图

为了保证继电保护装置和自动合闸装置能正确地动作使断路器可靠地跳闸，常采取的补救措施有：

(1) 利用电容器正常时所储能量，在故障时向控制回路、信号回路以及断路器跳闸线圈回路放电，使故障元件的断路器可靠地跳闸。

(2) 利用浮充的镉镍蓄电池在故障时向保护装置和断路器的跳闸线圈供电，保证可靠动作和跳闸。

(3) 利用短路电流本身的能量为保护装置和断路器的跳闸线圈提供能源。

1. 装设补偿电容器的硅整流直流系统

装设补偿电容器的硅整流直流系统，主要由交流电源硅整流器和补偿电容器组成，如图 6-4 所示。该系统一般设两组硅整流装置，一组用于合闸回路，供给断路器合闸电源，也兼向控制回路供电，由于合闸功率大，整流器 U_{I} 采用三相桥式整流；另一组整流装置仅用于控制、信号和保护回路，容量小，采用单相桥式整流。两组整流装置 U_{I} 和 U_{II} 之间用电阻 R_I 和二极管 V_{I} 隔开，V_{I} 作为逆止元件，阻止控制母线上电流流向合闸母线；R_I 作为限流电阻，限制控制母线侧发生短路时流过整流二极管 V_{I} 的电流；R_{I} 与操作回路流过最大负荷电流时压降不超过 15%，在 220 V 系统中，一般选 10 Ω，V_{I} 可选 20 A。

补偿电容器分两组装设，并与通向控制母线 WC 侧装设逆止元件 V_2 和 V_3，防止电容器经控制母线向其他回路放电。两组储能电容器 C_{I} 和 C_{II} 所储电能，只是用于事故情况下直流母线下降时，馈送给直流母线。一组 C_{I} 供电给 6 kV～10 kV 馈线的保护装置和断路器跳闸回路；另一组 C_{II} 供电给主变压器的保护装置及断路器跳闸回路。

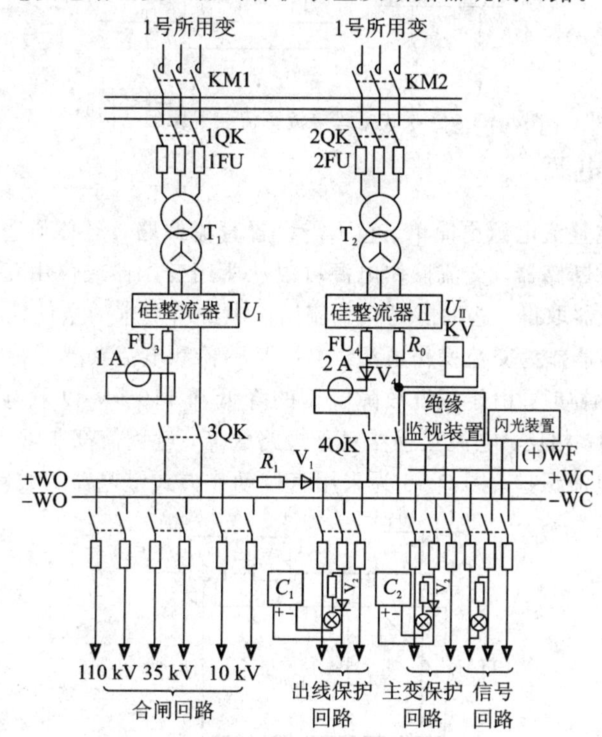

图 6-4　装设补偿电容器的硅整流直流系统

2. 带镉镍蓄电池组的硅整流直流系统

带镉镍蓄电池组的硅整流直流系统，是指以镉镍蓄电池代替储能电容器，所构成的一种整流型直流操作电源。它与带补偿电容器的直流电源相比更加可靠，兼有整流直流系统和蓄电池直流电源系统的优点，而且又不需要专门的蓄电池室和充电机室，所以运行、维护都比较方便，深受用户欢迎。

3. 复式整流直流操作电源

复式整流直流的电源不仅由所用变压器或电压互感器的电压源供电，而且还由反映故障电流的电流互感器电源供电，其原理结构图如图 6-5 所示。

在正常运行时，由交流电压源整流直流系统获得直流操作电源，当主电路发生短路时，一次系统电压降低，此时由电流源经稳压器和整流直流装置获得稳定的直流操作电源，以满足变电所在正常和故障情况下的继电保护、信号以及断路器的跳闸需要。

运行经验表明，复式整流直流系统电源电压不稳定，损失大，噪声大，一旦全所停电，则操作电源也随之消失，无法应急操作，故目前已很少使用。

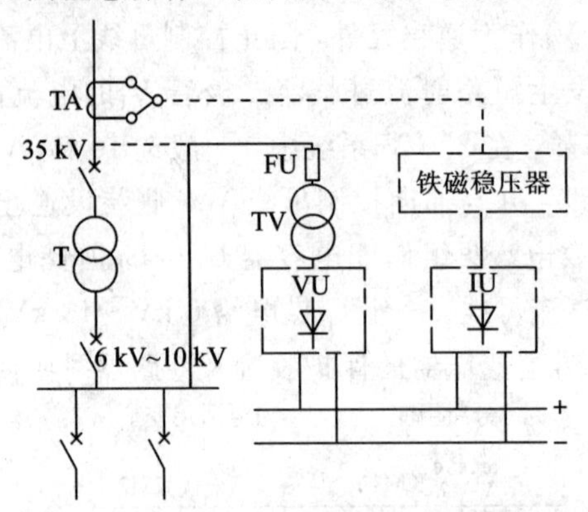

图 6-5　并联式复式整流直流装置原理结构图

6.2.3　交流操作电源

交流操作电源比整流电源更简单，它不需设置直流回路，但必须选用直接动作式继电器和交流操作机构的断路器。交流操作电源可以从所用变压器或仪用互感器取得：

(1) 从所用变压器取得。这种情况与整流操作电源所要求的条件完全相同。

(2) 用仪用互感器作为交流操作电源。电压互感器和电流互感器称为仪用互感器。

当采用电压互感器时，由于系统故障电压的降低和 110 kV 以下电压互感器的容量较小，限制了应用范围；相反，电流互感器对于短路故障，过负荷都非常灵敏，能有效地实现交流操作电源的过电流保护。图 6-6 为采用直接动作方式继电器的线路保护接线。

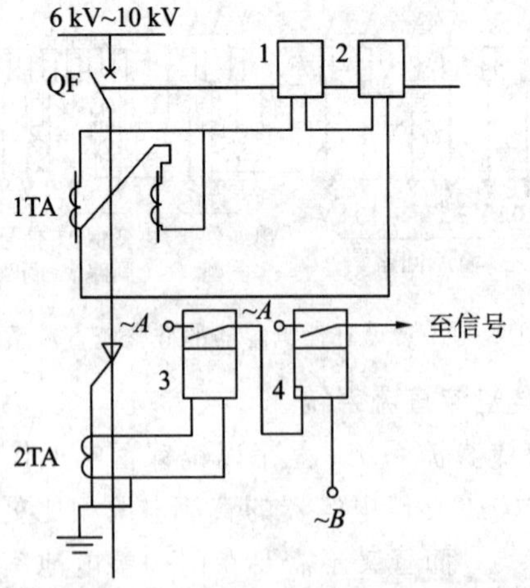

QF—高压断路器；1TA、2TA—电流互感器；1—直动式电流速断继电器；
2—直动式反时限过电流继电器；3—电流继电器；4—信号继电器

图 6-6　直接动作式继电器的线路保护接线图

交流操作电源可以简化二次接线，省去昂贵的蓄电池，工作可靠，便于维护，但不能构成比较复杂的保护用电源，同时，在操作时可能使互感器的误差不满足要求，因而只在小型变电所手动合闸的断路器上使用。

6.3　电流互感器的误差曲线及连接方式

6.3.1　电流互感器的误差

电流互感器在工作时，由于本身存在励磁损耗和磁饱和的影响，使一次实际电流 $\dot{I}_1$ 与测出的一次电流 $k_i\dot{I}_1$ 在数值和相位上均有差异，这种误差通常用电流误差和相位差表示。

电流误差 f_1 为二次电流测量值与额定电流之比 k_i 所得 k_iI_2 与实际一次电流 I_1 之差的百分数，即

$$f_1=\frac{k_iI_2-I_1}{I_1}\times 100 \tag{6-1}$$

相位差为旋转 180°后的二次电流相量 $\dot{I}_2$ 与电流相量 $\dot{I}_1$ 之间的夹角 δ_1，并规定当 $-\dot{I}_2$ 超前 $\dot{I}_1$ 时，相位差 δ_1 为正值；反之为负值。

电流互感器在不同的使用场合，对测量的误差有不同的要求，因此电流互感器根据测量时误差的大小划分为不同的准度级。目前，国内生产的电流互感器的准度级主要有0.1、0.2、0.5、1、3、B、D 级以及 5P、10P 级等。0.1 级的电流测量误差为±0.1%，0.2 级的电流测量误差为±0.2%，以此类推；B 级用于过流保护，D 级用于差动保护，5P、1OP 也用于保护。供电保护用的电流互感器的误差一般需按 10%误差曲线来校验。

6.3.2　电流互感器的 10%误差曲线

我国规程规定，用于继电保护的电流互感器的电流误差不得大于±10%，相位差不得大于 7°。一个电流互感器的输出电流幅值、相角和输入量的相对误差与接到其二次侧的负荷阻抗之和 Z_2 密切相关，如果 Z_2 大，则允许的一次电流倍数 $m=I_1/I_{N1}$（即一次侧实际电流与电流互感器额定电流的比值）就较小；反之，Z_2 小，则允许 I_1/I_{N1} 就大。

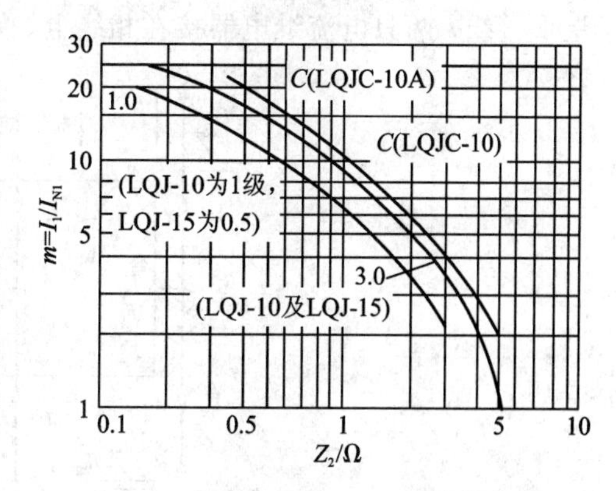

图 6-7　LQJ-10 型和 LQJC-10 型电流互感器的 10%误差曲线

电流互感器的 10%误差曲线是指互感器的电流误差最大不超过 10%，一次电流倍数 $m=I_1/I_{N1}$ 与二次侧负荷阻抗 Z_2 的关系曲线如图 6-7 所示，曲线通常是按电流互感器接入位置的最大三相短路电流来确定其 $I_K^{(3)}/I_{N1}$ 值，从相应型号的互感器的 10%误差曲线中找出横坐标上允许的阻抗欧姆数，使接入二次侧的总阻抗不超过 Z_2 的值，则互感器的电流误差保证在 10%以内，当然 Z_2 与接线方式有关。

6.3.3　电流互感器的接线方式

电流互感器的接线方式是指互感器与电流继电器之间的连接方式。为了表达流过继电器线圈的电流 I_K 与电流互感器的二次侧电流 I_{N2} 的关系，引入一个接线系数 K_W，即

$$K_W = \frac{I_K}{I_{N2}} \tag{6-2}$$

1. 三相式完全星形接线

三相式接线采用三个电流互感器和三个电流继电器，电流互感器的二次绕组和继电器线圈分别接成星形接线，并彼此用导线相连，如图 6－8 所示。其中，$K_W=1$。这种接线方式对各种故障都起作用，当故障电流相同时，对所有故障都同样灵敏，对相间短路动作可靠，至少有两个继电器动作，但它需要三只电流互感器和三只继电器，四根连接导线，投资大，多适用于在大接地电流系统中做相间短路和单相接地短路保护，在工业企业供电系统中应用较少。

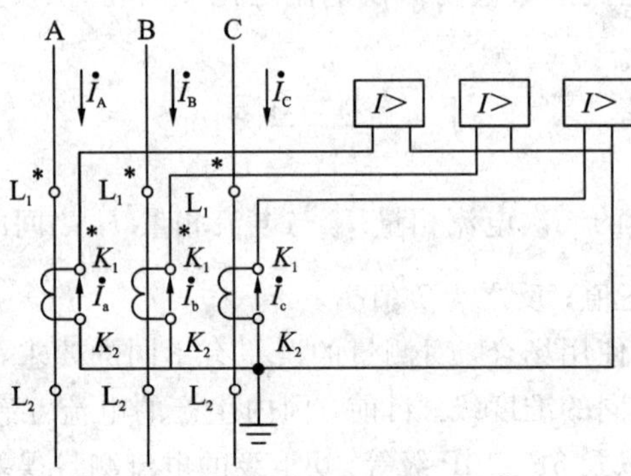

图 6－8　三相式完全星形接线图

2. 两相不完全星形接线

两相式接线，由两只电流互感器和两只电流继电器构成。两只电流互感器接成不完全星形接线，两只电流继电器接在相线上，如图 6－9 所示。

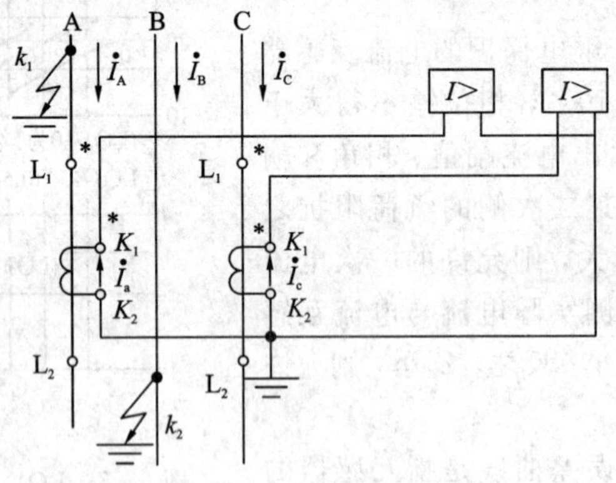

图 6－9　两相式不完全星形接线图

在正常运行及三相短路时，中线通过电流为 $\dot{I}_0=\dot{I}_a+\dot{I}_c=-\dot{I}_b$。如两只互感器接于 A 相和 C 相，当 AC 相短路时，两只继电器均动作；当 AB 相或 BC 相短路时，只有一个继电器动作；而在中性点直接接地系统中，当 B 相发生接地故障时，保护装置不动作。所以这种接线保护不了所有单相接地故障和某些两相短路，但它只用两只电流互感器和两只电流继电器较经济，在工业企业供电系统中广泛应用于中性点不接地系统，作为相间短路保护用。

3. 两相电流差式接线

两相电流差式接线图如图 6－10 所示，这种接线方式的特点是流过电流继电器的电流是两只电流互感器的二次电流的相量差 $\dot{I}_R=\dot{I}_a-\dot{I}_c$，因此对于不同形式的故障，流过继电器的电流不同。

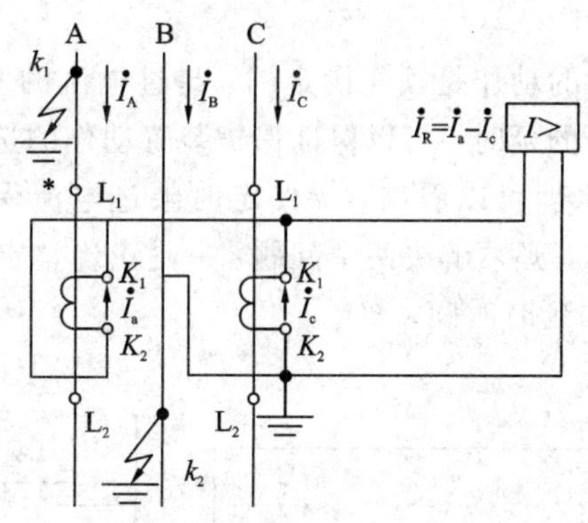

图 6－10　两相电流差式接线图

在正常运行及三相短路时，流经电流继电器的电流是电流互感器二次绕线组电流的$\sqrt{3}$倍，此时接线系数 $K_W=\sqrt{3}$。

当装有电流互感器的 A、C 两相短路时，流经电流继电器的电流为电流互感器二次绕组的 2 倍，此时接线系数 $K_W=2$。

当装有电流互感器的一相(A 或 C 相)与未装电流互感器的 B 相短路时，则流经电流继电器的电流等于电流互感器二次绕组的电流，此时接线系数 $K_W=1$。

当未装电流互感器的一相发生单相接地短路或某种两相接地(k_1与 k_2点)短路时，继电器不能反映其故障电流，因此而不动作。

这种接线比较经济，但对不同形式短路故障，其灵敏度不同。因此适用于中性点不接地系统中的变压器、电动机及线路的时间保护。

6.4　供电系统单端供电网络的保护

一般 6 kV～10 kV 的中小型工厂供电线路都是单端供电网络。这类工厂由于厂区范围不大，线路的保护也不复杂，常设的保护装置有速断保护、过电流保护、低电压保护、中性点不接地系统的单相保护以及由双电源供电时的功率方向保护等。

6.4.1　过电流保护

当流过被保护元件的电流超过预先整定的某个数值时就使断路器跳闸或给出报警信号的装置称为过电流保护装置，它有定时限和反时限两种。

1. 定时限过电流保护装置

定时限过电流保护装置主要由电流继电器和时间继电器组成，如图 6－11 所示。在正常工作情况下，断路器 QF 闭合，保持正常供电，线路中流过正常工作电流，过流继电器 KA_1、KA_2均不起动。

当被保护线路中发生短路事故时，线路中流过的电流激增，经电流互感器感应使电流继电器 KA 回路电流达到 KA_1或 KA_2的整定值，其动合触点闭合，起动时间继电器 KT，经预定延时后，KT 的触点闭合，起动信号继电器 KS，信号牌掉下，并接通灯光或音响信号 D 同时，中间继电器 KM 线圈得电，触点闭合，将断路器 QF 的跳闸线圈接通，QF 跳闸。

其中，时间继电器 KT 的动作是预先设定的，与过电流的大小无关，所以称为定时限过电流保护，通过设定适当的延时，可以保证保护装置动作的选择性。

从过电流保护的动作原理可以看出，要使定时限过电流保护装置满足动作可靠、灵敏，并能够满足选择性要求，必须解决两个问题：一是正确整定过电流继电器的动作电流；二是正确整定时间继电器的延时时间。

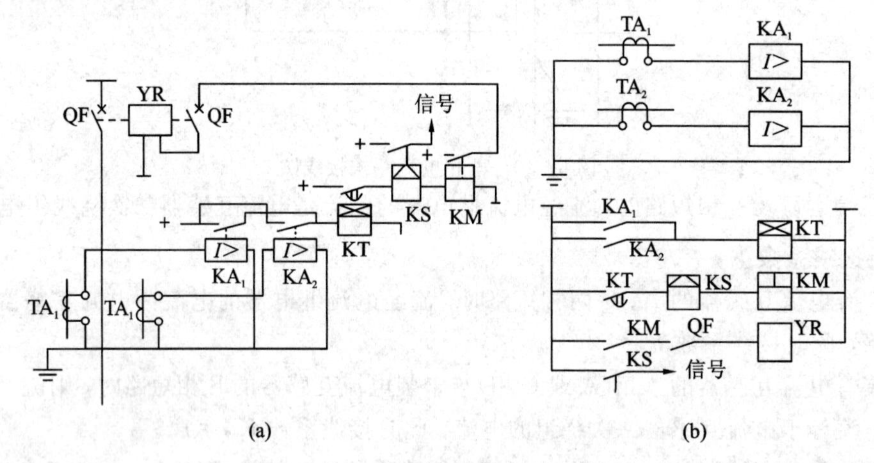

图 6－11 定时限过电流保护

(a) 原理图；(b)展开图

1）动作电流的整定

保护动作值 I_{OP} 应考虑线路中流过最大负荷电流 I_{Lmax} 时，保护装置不应误动作，即满足

$$I_{OP} > I_{Lmax}$$

当本保护区外发生故障时，将由下级保护按保护的选择性切除故障，而此时电流元件可能已经起动，则在故障切除后，应保证保护装置能可靠地返回。过电流保护起动示意图如图 6－12 所示，当 k 点发生故障时，短路电流同时通过 KA_1 和 KA_2。它们同时启动，按照选择性，此时应该跳开 QF_2，切除故障。当故障消失后，已起动的电流继电器 KA_1 应自动返回它的原始位置。

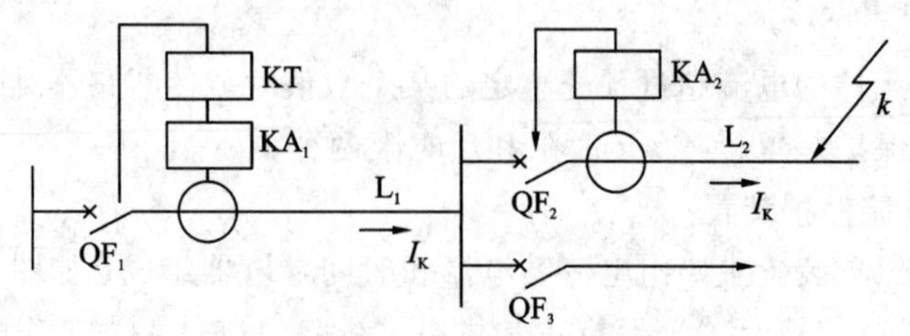

图 6－12 过电流保护起动示意图

使保护装置返回原来位置的最大电流称为返回电流，用 I_{re} 表示，返回电流与动作电流之比称为返回系数 K_{re}，则

$$K_{re}=\frac{I_{re}}{I_{OP}} \qquad (6-3)$$

保护装置的一侧返回电流应大于线路中可能出现的最大负荷电流 I_{Lmax}，有

$$I_{re}=K_{CO}I_{Lmax} \qquad (6-4)$$

式中，K_{CO}为可靠系数，过电流保护一般取 1.15～1.25。

由式(6－3)和式(6－4)可得

$$I_{OP}=\frac{I_{re}}{K_{re}}=\frac{K_{CO}}{K_{re}}I_{Lmax} \qquad (6-5)$$

考虑电流互感器变比 K_1 和接线系数 K_W，可求出保护用电流互感器的动作值 I_{OP2}，有

$$I_{OP2}=\frac{I_{OP}}{K_1}\cdot K_W=\frac{K_{CO}K_W}{K_{re}K_1}I_{Lmax} \qquad (6-6)$$

2）动作时间的整定

定时限过电流保护装置的动作时限的整定必须按照阶梯原则进行，即从线路最末端被保护设备开始，按阶梯特性进行整定，每一级的动作时限比前一级保护的动作时限高一个级差 Δt，从而保证动作的选择性，如图 6－13 所示。一般 Δt 的取值范围在 0.5 s～0.7 s 之间，当然 Δt 的确定在保证保护选择性的前提下尽可能小，以利于快速切除故障，提高保护的速动性。

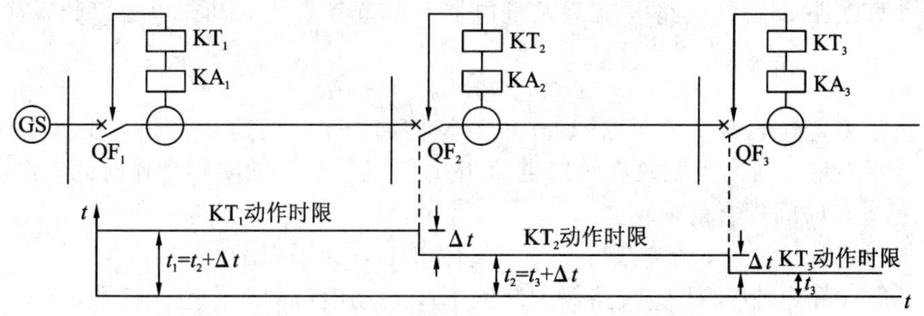

图 6－13　定时限过电流保护时间整定

2. 反时限过电流保护装置

图 6－14 为一个交流操作的反时限过电流保护装置原理图和展开图。

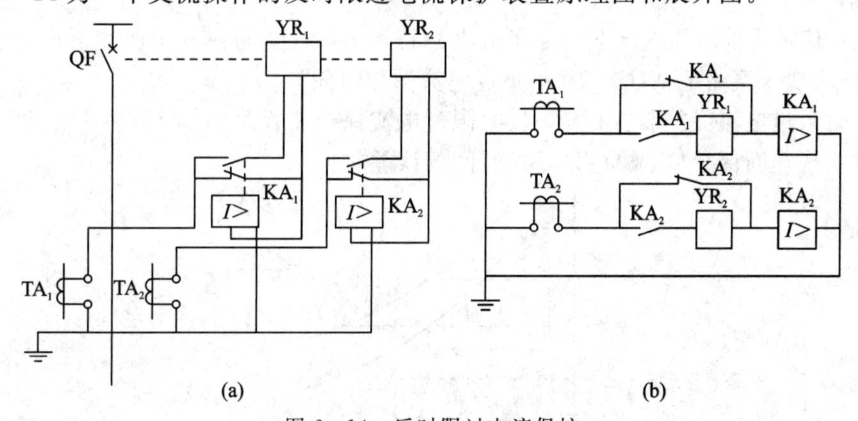

图 6－14　反时限过电流保护

(a) 原理图；(b) 展开图

图中 KA_1、KA_2 为 GL 型感应式带有瞬时动作元件的反时限过电流继电器，继电器本身

动作带有时限，并有动作指示掉下信号牌，所以回路不需要接时间继电器和信号继电器。

当线路有故障时，继电器 KA_1、KA_2动作，经过一定时限后，其动合触点闭合，动触点断开，这时断路器的交流操作跳闸线圈 YR_1、YR_2去掉了短接分流支路而通电动作，断路器跳闸，切除故障。在继电器去分流的同时，其信号牌自动掉下，指示保护装置已经动作，故障切除后，继电器返回，但其信号牌需手动复位。

反时限过电流保护动作电流的整定与定时限过电流保护完全一样，动作时间的整定必须遵循阶梯原则。但是，由于具有反时限特性的过电流继电器动作时间不是固定的，它随电流的增大而减小，因而动作时间的整定比较复杂一些。反时限过电流保护例图如图 6－15所示。

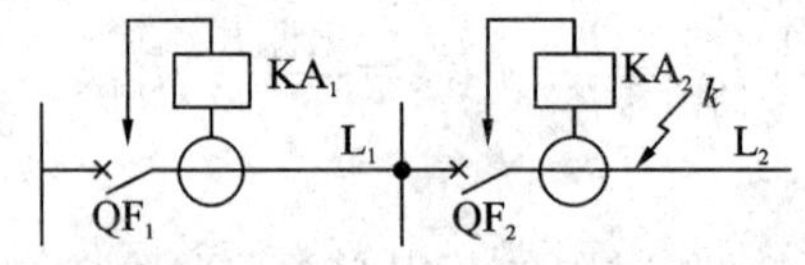

图 6－15　反时限过电流保护例图

事实上，反时限过电流保护的动作时间是按 10 倍动作电流曲线整定的，如图 6－16 所示，因为 GL 型电流继电器的时限调整机构是按 10 倍动作电流的动作时间标度的，具体整定步骤为：

（1）计算线路 L_2首端短路电流 I_K及继电器 KA_2起动电流的动作电流倍数，有

$$n_2=\frac{I_K}{I_{OP2}} \tag{6-7}$$

（2）在已整定好的 KA_2的 10 倍动作电流特性曲线上，根据 n_2的值，找出曲线上对应的 a 点，该点对应的时间 t_2'就是在短路电流 I_K的作用下 KA_2的实际动作时间，它是与上一级保护装置进行时间配合的依据。

（3）根据选择性要求，确定 KA_1的实际动作时间 $t_1'=t_2'+\Delta t$。

（4）计算短路电流 I_K对 L_1线路保护装置 KA_1起动电流的动作电流倍数，有

$$n_1=\frac{I_K}{I_{OP1}} \tag{6-8}$$

（5）根据 t_1'和 n_1的值，得曲线上的 b 点，该点所在特性曲线 1 对应的 10 倍动作时间 t_1即为 KA_1的动作时间的整定值。

但是，有时所求出的 b 点不一定在给出的特性曲线上，而在两条曲线之间，这就需从上、下两条曲线来概略地估计其 10 倍整定电流动作时间。

与定时限过电流保护装置相比，反时限过电流保护装置简单、经济，可用于交流操作，且能同时实现速断保护口，缺点是动作时间的误差较大。

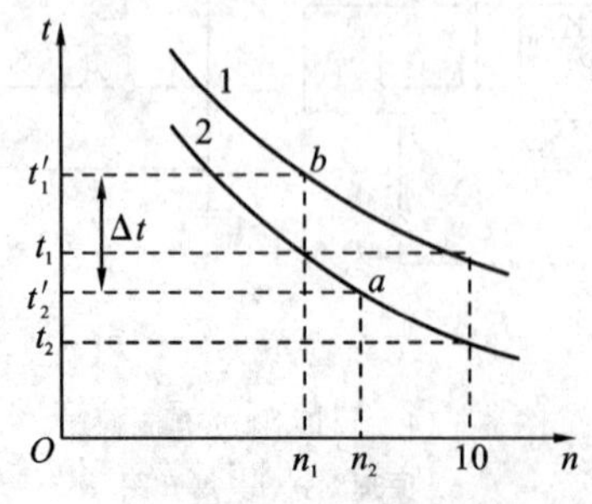

图 6－16　反时限过电流保护时限整定

3. 过电流保护装置灵敏度校验

当过电流保护整定，要求在线路出现最大负荷时，该装置不会识动作；当线路发生短路故障时，则必须能够准确地动作，这就要求流过保护装置的最小短路电流值必须大于其动作电流值，通常需要对保护装置进行灵敏度校验。

必须指出，当各种接线方式在不同的相间短路时，其灵敏度不一样，因此必须考虑接线系数。

（1）当三相短路时，各种接线的灵敏度为

$$K_S^{(3)} \approx \frac{I_{Kmin}^{(3)}}{I_{OP}^{(3)}} \tag{6-9}$$

（2）三相式和两相式接线，在两相短路时的灵敏度为

$$K_S^{(2)} = \frac{I_{Kmin}^{(2)}}{I_{OP}^{(2)}} = \frac{I_{Kmin}^{(2)}}{\frac{I_{OP}^{(3)} K_W^{(3)}}{K_W^{(2)}}} = \frac{\sqrt{3}}{2} \frac{I_{Kmin}^{(3)}}{I^{(3)}{}_{OP}} \tag{6-10}$$

（3）两相差式接线，在 A、C 两相短路时的灵敏度为

$$K_S^{(2)} = \frac{I_{Kmin}^{(2)} \frac{\sqrt{3}}{2} I_{Kmin}^{(3)}}{I_{OP}^{(2)} \frac{\sqrt{3}}{2} I_{OP}^{(3)}} - \frac{I_{Kmin}^{(3)}}{I_{OP}^{(3)}} \tag{6-11}$$

两相差式接线，在 A、B 或 B、C 两相短路时的灵敏度为

$$K_S^{(2)} = \frac{I_{Kmin}^{(2)}}{I_{OP}^{(2)}} = \frac{\frac{\sqrt{3}}{2} I_{Kmin}^{(3)}}{\sqrt{3} I_{OP}^{(3)}} = \frac{1}{2} \frac{I_{Kmin}^{(3)}}{I_{OP}^{(3)}} \tag{6-12}$$

为了保证保护装置具有足够的反应故障能力，必须校验其最小灵敏度 K_{Smin}，要求 $K_{Smin}^{(2)} \geqslant 1.5$。

6.4.2 电流速断保护

在过电流保护的时限整定中，我们知道，过电流保护越靠近电源的线路，其动作时限越长，而其短路电流越大，则危害也越大，显然这不符合保护速动性的原则。因此，一般当电流保护时限大于 1 s 时，要求装设速断保护。

速断保护是一种不带时限的过电流保护，其动作原理相当于取消了时间继电器的定时限过电流保护的原理。速断保护的选择性是由动作电流的整定来保证的，其动作电流要求避开下一级线路首端最大三相短路电流，以保证不产生误动作。

在图 6－16 中，KA_1 应该按照 K_1 在最大短路电流时整定，即

$$I_{OP} = K_{CO} I_K^{(3)} \tag{6-13}$$

相应的继电器动作电流为

$$I_{OP2} = \frac{K_W K_{CO}}{K_1} I_K^{(3)} \tag{6-14}$$

式中，$I_K^{(3)}$ 为被保护线路末端最大短路电流；K_{CO} 为可靠系数，DL 型继电器取 1.2～1.3，GL 型继电器取 1.5～1.6。

由速断保护动作电流的整定过程可见，速断保护不能保护线路的全长，在线路末端会出现一段不能保护的“死区”，这无法满足可靠性的原则。因此，速断保护往往与带时限的过电流保护配合使用。

速断保护灵敏度用最小系数在运行方式下的保护装置安装处的两相短路电流进行校验，即

$$K_{\mathrm{Smin}}=\frac{K_{\mathrm{W}}I_{\mathrm{K}}^{(2)}}{K_{1}I_{\mathrm{OP2}}}\geqslant 1.5 \tag{6-15}$$

6.4.3 中性点不接地系统的单相接地保护

1. 绝缘监视装置

在工厂变电所常设三只绕组单相电压互感器或者一台三相五柱式电压互感器组成绝缘监视装置，如图 6-17 所示，在其二次侧星形接法的绕组上接有三个电压表，以测量各相对电压，另一个二次绕组接成开口三角形，接入电压继电器。

正常运行时，三相电压对称，没有零序电压，过电压继电器不动作，三只电压表读数均为相电压。

当三相系统任一相发生完全接地时，接地相对地电压为零，其他两相对地电压升高，同时在开口三角上出现零序电压，使电压继电器动作，发出故障信号。

此时，运行人员根据三个电压表上的电压指示，判断出故障相，但还不能判断是哪一条线路，可依据逐一短时断开线路来寻找。这种方法只适用于引出线不多，又允许短时停电的中小型变电所。

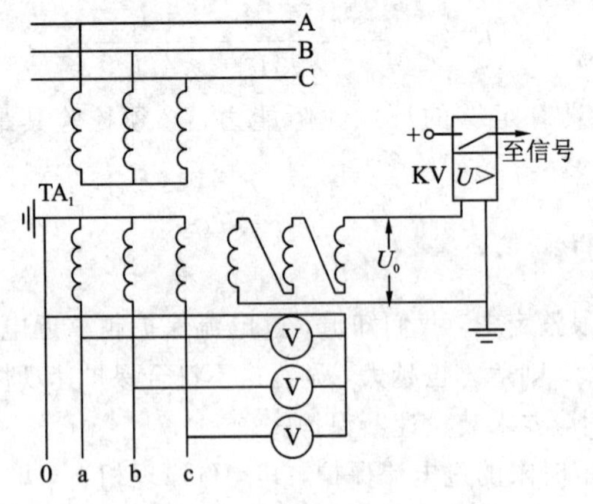

图 6-17 绝缘监视接线图

2. 单相接地保护

单相接地保护是利用系统发生单相接地时所产生的零序电流来实现的。架空线路的单相接地保护，一般采用由三个单相电流互感器同极性并联构成的零序电流滤过器。对于电缆，为了减少正常运行时的不平衡电流，都采用专门的零序电流互感器，套在电缆头处，如图 6-18 所示。当三相对称时，由于三相电流之和为零，在零序电流互感器二次侧不会感应出电流，继电器不动作。当出现单相接地时，产生零序电流，从电缆头接地线流经电流互感器。在互感器二次侧产生感应电势及电流，使继电器 KA 动作，发出信号。需要注意的是，当电缆头的接地线在装设时，必须穿过零序电流互感器铁芯后再接地，否则接地保护不起作用。

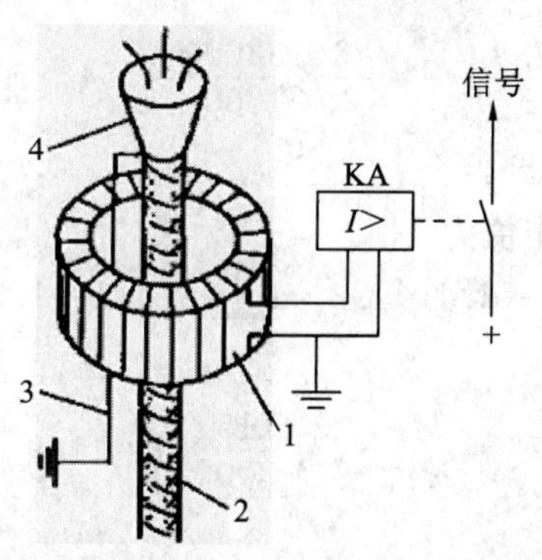

1—零序电流互感器(其环形铁芯上绕二次绕组，环氧浇注)；

2—电缆；3—接地线；4—电缆头；KA—电流继电器

图 6-18　单相接地保护的零序电流互感器的结构和接线

三段式电流保护例图如图 6-19 所示。某 35 kV 供电网路，拟在保护 1 和保护 2 上分别安装三段式电流保护。保护均采用两相式接线，线路 L_1 保护用电流互感器的变比 $K_{TA}=300/5$ 线路 L_1 中的最大负荷电流 $I_{Lmax}=210$ A。线路的 k_1、k_2、k_3 点在系统最大和最小运行方式下的三相短路电流值分别为 $I_{K1max}^{(3)}=3820$ A，$I_{K1min}^{(3)}=3200$ A；$I_{K2max}^{(3)}=1350$ A，$I_{K2min}^{(3)}=1150$ A；$I_{K3max}^{(3)}=500$ A，$I_{K3min}^{(3)}=400$ A。试对线路 L_1 的三段式电流保护进行整定计算。(保护 2 的定时限过流保护的动作时间按阶梯原则确定为 1.3 s)。

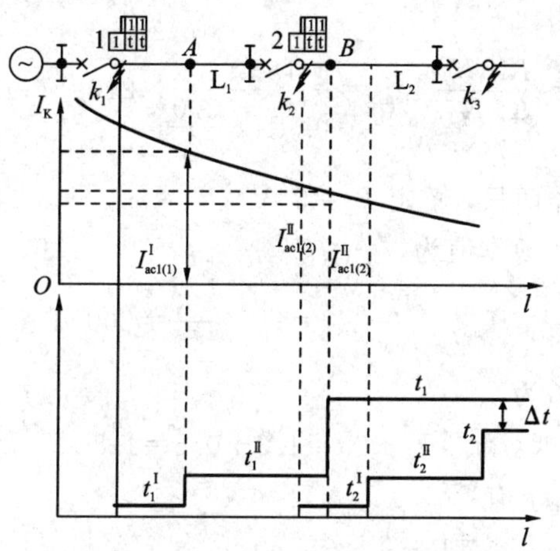

图 6-19　三段式电流保护例图

分析：(1) 无时限电流速断保护的整定计算。

① 继电器动作值的确定，有

$$I_{ac}^{\mathrm{I}}=\frac{K_{CO}K_W}{K_{TA}}I_{K2max}^{(3)}=\frac{1.3\times1}{\frac{300}{5}}\times1350=29.25\ \mathrm{A}$$

取 DL-11/50 继电器两只，整定 $I_{ac}^{\mathrm{I}}=30$ A。

② 保护装置一次侧的动作值为

$$I_{ac1}^{\mathrm{I}}=\frac{I_{ac}^{\mathrm{I}}}{K_W}K_{TA}=\frac{30}{1}\times\frac{300}{5}=1800\ \mathrm{A}$$

③ 保护的灵敏度校验，有

$$K_{Smin}=\frac{\sqrt{3}}{2}\frac{I_{K1min}^{(3)}}{I_{ac1}^{I}}=\frac{\sqrt{3}}{2}\times\frac{3200}{1800}=1.54>1.5\text{(合格)}$$

(2) 带时限的电流速断保护。

① 保护装置一次侧的动作值为

$$I_{ac1}^{II}=K_{CO}I_{ac1(2)}^{I}=1.1\times1.3\times I_{K3max}^{(3)}=1.1\times1.3\times500=715\ \text{A}$$

② 继电器的动作值为

$$I_{ac}^{II}=\frac{I_{ac1}^{II}}{K_{TA}}K_{W}=\frac{715}{\frac{300}{5}}\times1=11.9\ \text{A}$$

取 DL－11/20 继电器两只，整定 $I_{ac}^{II}=12$ A，而此时实际对应的保护装置一次侧的动作值应为 $I_{ac1}^{II}=\frac{I_{ac}^{II}}{K_{W}}\cdot K_{TA}=\frac{12}{1}\times\frac{300}{5}=780$ A。

③ 保护的动作时间 t_1^{II}（保护 2 的电流速断保护的动作时间应为零秒）为

$$t_1^{II}=\Delta t=0.5\ \text{s}$$

④ 保护的灵敏度校验，有

$$K_{ttun}=\frac{\sqrt{3}}{2}\frac{I_{K2min}^{(3)}}{I_{ac1}^{II}}=\frac{\sqrt{3}}{2}\times\frac{1150}{780}=1.28>1.25\text{(合格)}$$

(3) 定时限过流保护。

① 继电器的动作值为

$$I_{ac}=\frac{K_{CO}K_{W}}{K_{re}K_{TA}}I_{Lmax}=\frac{1.2\times1}{0.85\times\frac{300}{5}}\times210=4.94\ \text{A}$$

取 DL－11/10 继电器两只，整定 $I_{ac}=5$ A。

② 保护装置一次侧的动作值为

$$I_{ac1}=\frac{I_{ac}}{K_{W}}K_{TA}=\frac{5}{1}\times\frac{300}{5}=300\ \text{A}$$

③ 保护的动作时间 t_1 为

$$t_1=t_2+\Delta t=1.3+0.5=1.8\ \text{s}$$

④ 保护的灵敏度校验，有

$$K_{sttun}=\frac{\sqrt{3}}{2}\frac{I_{K2min}^{(3)}}{I_{ac1}}=\frac{\sqrt{3}}{2}\times\frac{1150}{300}=3.3>1.5\text{(合格)}$$

6.5 变压器的保护

变压器是供电系统中十分重要的供电元件，它的故障将对供电系统的正常运行带来严重的影响，同时大容量的变压器也是十分贵重的元件，因此，必须根据变压器的容量和重要程度考虑装设性能良好、工作可靠的继电保护装置。

变压器内部故障主要有绕组的相间短路、绕组匝间短路和单相接地短路等；变压器的外部故障最常见的是引出线上绝缘套管的故障而导致引出线的相间短路或接地短路故障。变压器不正常工作状态有：由于外部短路和过负荷而引起的过电流、油面的过度降低、油温的升高等。

根据上述类型的故障和不正常运行状态，对中小型工厂变压器装设的保护如表 6-1 所示。

表 6-1　中小型变压器保护选择表

<table>
<tr><th rowspan="2">变压器容量/kVA</th><th colspan="5">保护装置</th><th rowspan="2">备注</th></tr>
<tr><th>过电流保护</th><th>电流速断保护</th><th>瓦斯保护</th><th>单相接地保护</th><th>温度信号</th></tr>
<tr><td>小于 400</td><td>—</td><td>—</td><td>—</td><td>—</td><td>—</td><td>一般采用 FU 保护</td></tr>
<tr><td>400～750</td><td rowspan="2">一次侧采用断路器时装设</td><td rowspan="2">一次侧采用断路器，且过电流保护时限大于 0.5 s时装设</td><td>车间内变压器装设</td><td rowspan="2">低压侧干线 Y/Y_0 12 接线变压器装设</td><td>—</td><td rowspan="2">一般用 GL 型过电流继电器</td></tr>
<tr><td>800</td><td>装设</td><td>装设</td></tr>
<tr><td>1000～1800</td><td>装设</td><td>过电流保护时限大于 0.5 s时装设</td><td>装设</td><td>—</td><td>装设</td><td></td></tr>
</table>

对于大容量总降变压器一般还装设纵差保护作为主保护。

6.5.1　变压器的过电流、速断和过负荷保护

1. 过电流保护

变压器的过电流保护主要是对变压器外部故障进行保护，也可作为变压器内部故障的后备保护，400 kVA 以下的变压器多采用带时限过电流保护，其动作电流和动作时限的整定与线路保护完全一样，即

$$I_{OP2}=\frac{K_W K_{CO}}{K_1 K_{re}} I_{TIN} \tag{6-16}$$

式中，I_{TIN}为变压器一次侧额定电流。

变压器过电流保护常用的接线形式(如图 6-20 所示)有：

(1) 两相差接法。这种方式当未装电流互感器的中间相低压单相接地时，其他两相高压侧有$\frac{1}{3}I'_K$的故障电流流过，继电保护虽能反应，但其灵敏度低。

(2) 两相两继电器接法。

(3) 两相三继电器接法。

当低压侧中间相短路时，流过第三个继电器为非故障相电流继电器电流之和，灵敏度提高了一倍。

2. 电流速断保护

电流速断保护主要是对变压器的内部短路故障进行保护。因为内部故障十分危险，可能会引起爆炸，变压器速断保护原理与线路保护相同，其动作电流按式(6-17)整定，即

$$I_{OP2}=\frac{K_{CO} K_W}{K_1} I_{Kmax} \tag{6-17}$$

式中，I_{Kmax}为变压器二次侧三相短路电流换算到一次侧值；变压器速断保护的灵敏度$K_{Smin}\geqslant 2$。

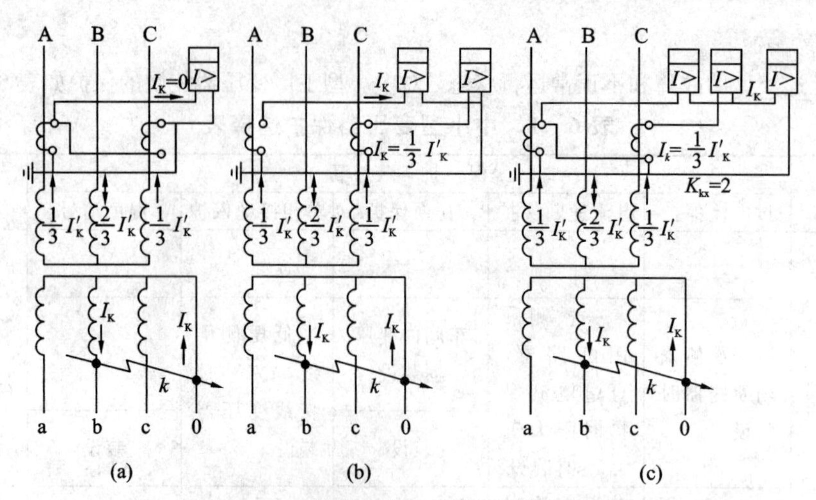

图 6-20　变压器过电流保护常用的接线形式

(a) 两相差接法；(b)两相两继电器接法；(c)两相三继电器接法

6.5.2　瓦斯保护原理

变压器的瓦斯保护主要用来监视变压器油箱内故障。当变压器内发生故障时，在电弧的作用下，将使变压器中的变压器油和其他绝缘材料分解产生气体，瓦斯保护就是利用这种气体来实现保护的装置。

瓦斯保护的主要元件是瓦斯继电器，装设在变压器油枕与油箱之间的连通管上，如图 6-21 所示。瓦斯继电器内具有两对触点，分别反映变压器内的故障和事故，并作用于信号或跳闸。当变压器内发生故障时，电流产生的电弧使附近的油气化，产生少量气体并逐渐上升，使连通管及瓦斯继电器内的变压器油面下降，继电器上面一对触点接通，发出报警信号。

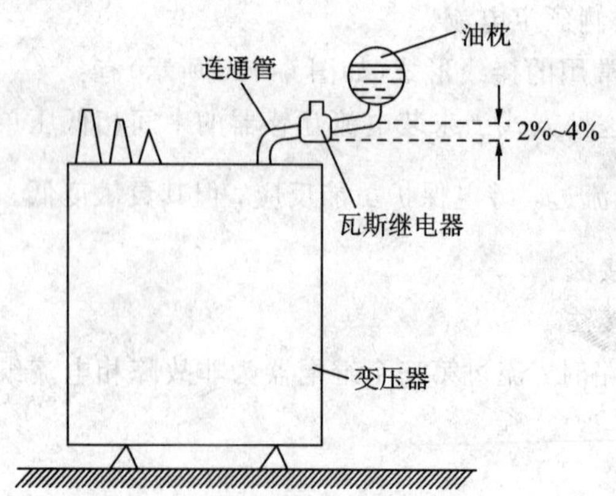

图 6-21　瓦斯继电器安装示意图

6.6　高压电动机的过电流保护

高压电动机在运行过程中，可能会发生各种短路故障或不正常运行状态。如定子绕组相间短路、单相接地故障、供电网电压和频率的降低而使电动机转速下降等，这些故障或不正常运行状态，若不即时发现并加以处理，会引起电动机严重损坏，并使供电回路电压显著降低，因此，必须装设相应的保护装置。

规程规定，对容量为 2000 kW 以上的电动机或容量小于 2000 kW 但有六个引出线的重要电动机，应装设纵差保护；对于一般电动机，应装设两相或电流速断保护，以便尽快切除故障电动机。

6.6.1　电动机的过负荷保护及相间短路保护

1. 电动机的电流速断保护

电动机的相间短路属于电动机最严重的故障，它会使电动机严重烧损，因此必须无时限迅速切除故障。容量在 2000 kW 以下的电动机广泛采用电流速断作为电动机相间短路的主保护。电动机的电流速断保护常采用两相差式接线，当灵敏系数要求较高时，可采用两相不完全星形接线，如图 6-22 所示。

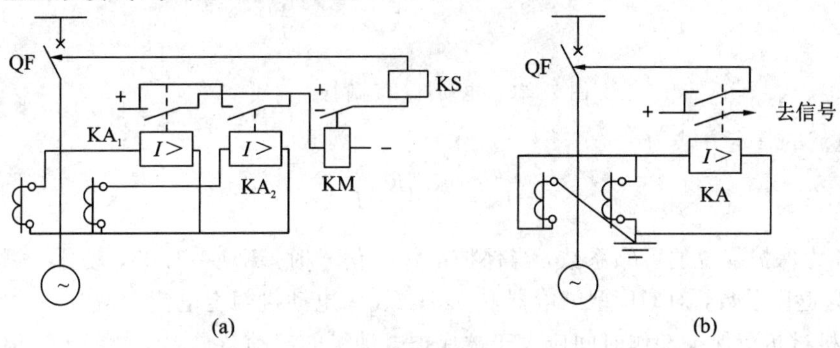

图 6-22　电动机电流速断保护原理接线图

(a) 两相式接线；(b) 两相差接线

电动机电流速断保护的动作电流应避开高压电动机的最大起动电流，其整定应满足下式，即

$$I_{OP}=K_{CO}I_{S1max}=K_{CO}K_{S1}I_{NM} \tag{6-18}$$

保护装置的动作电流为

$$I_{OP2}=\frac{K_W}{K_1}I_{OP} \tag{6-19}$$

式中，I_{S1max}、K_{S1} 分别为电动机的最大起动电流和起动系数；K_{CO} 为可靠系数，GL 型继电器取1.8～2，DL 型继电器取 1.4～1.6；I_{NM} 为高压电动机额定电流；K_W 为接线系数；K_1 为电流互感器变比。

电动机电流速断保护上网灵敏度可按式(6-20)校验，即

$$K_{min}=\frac{I''^{(2)}_{Kmin}}{I^{(2)}_{OP2}}=\frac{\frac{\sqrt{3}}{2}I''^{(3)}_{Kmin}}{I^{(2)}_{OP2}}\geqslant 2 \tag{6-20}$$

式中，$I''^{(3)}_{Kmin}$ 为在系统最小运行方式下，电动机端子上最小三相短路电流次暂态值。

2. 电动机的过负荷保护

对于容易发生过载的电动机以及在机械负载情况下，不许起动或不允许自起动的电动机上均应装设过负荷保护。根据电动机允许过热条件，电动机的过负荷保护应当具有反时

限特性，过负荷倍数大，允许过负荷时间越短。电动机过负荷特性曲线如图 6－23 所示，反时限动作特性曲线不超过电动机过负荷允许持续时间曲线。当出现过负荷时，经整定延时保护装置发出预告信号，以便及时减负荷或者将电动机从电源中切除。

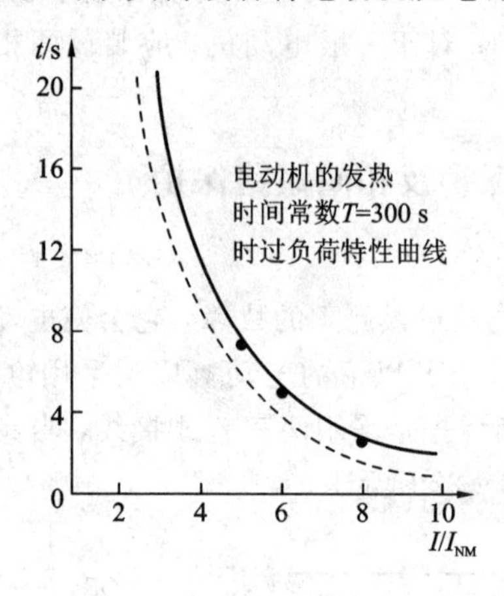

图 6－23 电动机过负荷特性曲线

其动作电流的整定方法为

$$I_{OP}=\frac{K_{CO}K_W}{K_{re}K_1}I_{NM} \tag{6-21}$$

式中，K_{CO}为保护装置的可靠系数，当保护动作与信号时，$K_{CO}=1.05$，动作于跳闸时，取 1.2；K_{re}为返回系数，对 GL 型继电器取 0.8；I_{NM}为电动机额定电流。

电动机过负荷保护动作时间应大于被保护电动机的起动与自起动时间 t_{st}，但不应超过电动机过负荷允许持续时间，一般可取 10 s～15 s。在实际整定中利用感应式继电器时，其动作时限 t_{ol}可按两倍动作电流与两倍动作电流时的过负荷允许持续时间 t_{ol}，在继电器时限特性曲线上求出 10 倍动作电流时的动作时间，即为整定动作时限。

两倍动作电流时的过负荷允许持续时间 t_{ol}可按式(6－22)计算，有

$$t_{ol}=\frac{150}{\left(\frac{2I_{OP2}K_1}{K_W I_{NM}}\right)^2-1} \tag{6-22}$$

6.6.2 高压电动机纵差保护

高压电动机的纵差保护多采用两相不完全星形接线，由两个 BCH－2 型差动继电器或两个当电动机容量在 5000 kW 以上时，采用三相完全星形接线，如图 6－24 所示。

电动机在起动时会有励磁涌流产生，由此产生不平衡电流。对于采用 DL－11 型继电器构成的纵差保护，常用带 0.1 s 延时来躲过起动时励磁涌流的影响；对于由 BCH－2 型差动继电器构成的差动保护可利用速饱和变流器及短路线圈的作用消除电动机起动时的励磁涌流的影响。

保护装置的动作电流应躲过电流互感器的二次回路断线时的最大负荷电流，按式(6－23)整定

$$I_O=\frac{K_{CO}}{K_1}I_{NM} \tag{6-23}$$

式中，K_{CO}为可靠系数，对 BCH－2 型继电器取 1.3，对 DL 型电流继电器，取 1.5～2。

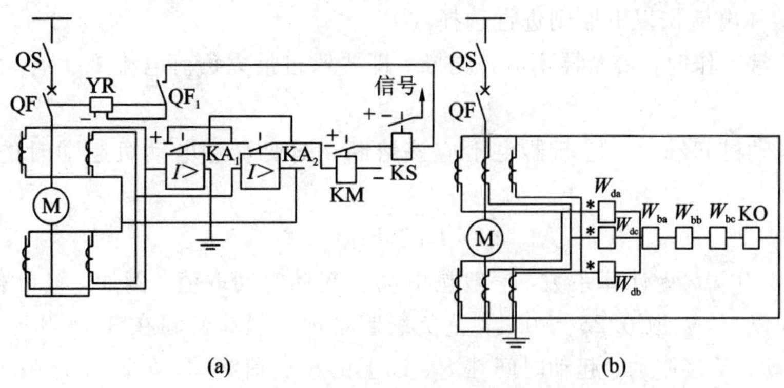

图 6－24　电动机纵差保护原理接线图

(a) 采用 DL 型电流继电器两相式接线；(b) 采用 BCH－2 型差动继电器三相式接线

保护装置灵敏度系数按式(6－24)校验，有

$$K_{Smin}=\frac{I_{Kmin}^{(2)}}{K_1\dfrac{I_{ac}}{K_{CO}}}\geqslant 2 \tag{6-24}$$

6.7　低压配电系统的保护

6.7.1　低压熔断器保护

熔断器俗称保险器，主要对供电系统中的元件进行短路保护。当熔断器中流过短路电流时，其熔体熔断，切除故障，保证非故障元件继续正常运行。

熔断器熔体的熔断时间与流过的电流大小有关。电流愈大，其熔断时间愈短；反之就愈长，我们称其为熔断器的安-秒特性曲线，如图 6－25 所示。

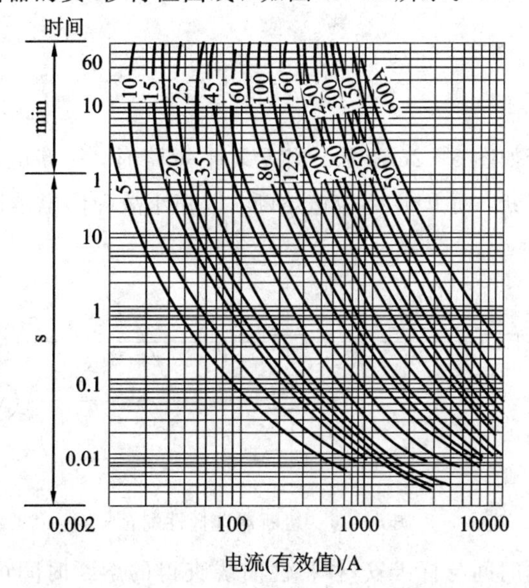

图 6－25　RM10 系列低压熔断器的安-秒特性曲线

1. 熔断器的选择

熔断器熔体电流按以下原则进行选择：

(1) 在正常工作时，熔断器不应该熔断，即要躲过最大负荷电流 I_{ca}，有

$$I_{NF} \geqslant I_{ca} \tag{6-25}$$

(2) 在电动机起动时，熔断器也不应该熔断，即要躲过电动机起动时的短时尖峰电流，有

$$I_{NF} \geqslant kI_{PC} \tag{6-26}$$

式(6-26)中，k 为计算系数，一般按电动机起动时间取值。例如，轻负载起动时，起动时间在 3 s 以下，k 取 0.25 ～0.4；重负载起动时，起动时间在 3 s～8 s，k 取 0.35～0.5；频繁起动、反接制动、起动时间在 8 s 以上的重负荷起动，k 取 0.5～0.6。I_{PC} 为电动机起动尖峰电流。当单台电动机起动时，其尖峰电流为 $I_{PC}=I_{ST}=K_{ST}I_{NM}$；当在配电干线上，多台电动机起动时，取最大一台的起动电流和其他 $N-1$ 台计算电流之和，$I_{PC}=I_{ca}+(K_{ST}-1)I_{NM}$，其中，$K_{ST}$ 为电动机起动电流倍数。

另外，为保证熔断器可靠工作，熔断器的额定电流必须大于熔体熔断电流，才能保证故障时熔体熔断而熔断器不被损坏。熔断器的额定电流还必须与导线允许载流能力相配合，才能有效保护线路，即

$$I_d \geqslant I_{FU} \geqslant I_{NF} \geqslant I_{30} \tag{6-27}$$

2. 灵敏度和分断能力的校验

熔断器保护的灵敏度可按式(6-28)校验，即

$$K_0 = \frac{I_{Kmin}}{I_{NF}} \geqslant 4 \text{ 或 } 5 \tag{6-28}$$

对于普通熔断器，必须和断路器一样校验其开断最大冲击电流的能力，即

$$I_{OFF} \geqslant I_{sh}^{(3)} \tag{6-29}$$

对于限流熔断器，在短路电流达到最大值以前便已熔断，所以按极限开断周期分量值校验，即

$$I_{POFF} \geqslant I''^{(3)}_{K} \tag{6-30}$$

3. 选择性的配合

熔断器选择性配合如图 6-26 所示。当 k 发生短路时，短路电流 I_K 同时流过 FU_1 和 FU_2，应该 FU_2 首先熔断，而 FU_1 不应该熔断，以缩小故障停电范围，因此要求有一个熔断时限的配合。

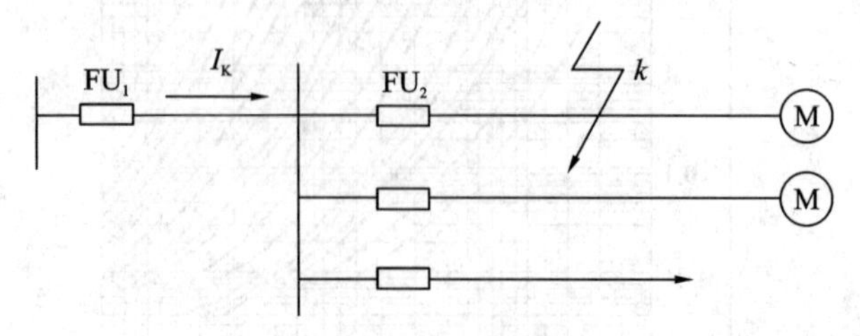

图 6-26　熔断器选择性配合

熔断器的实际熔断时间与标准安-秒特性曲线查得的熔断时间可能有 50%的误差，因此要求在前一级熔断器(如 FU_1)的熔断时间提前 50%、而后一级熔断器(如 FU_2)的熔断

器时间延迟 50%的情况下，仍能保证选择性的要求，即

$$t_1 > 3t_2 \quad (6-31)$$

前后两级熔断器的熔断时间相差两级以上。

6.7.2　低压断路器保护

1. 低压断路器的原理

低压断路器又称为自动空气开关，主要用于配电线路和电气设备的过载、欠压、失压和短路保护。

低压断路器的原理结构如图 6-27 所示。当一次电路出现短路故障时，其过流脱扣器动作，使开关跳闸，如出现过负荷，串联在一次电路的加热电阻丝加热，双金属片弯曲，也使开关跳闸；当一次电路电压严重下降或失去电压时，其失压脱扣器动作，也作用于开关跳闸；如按下按钮 9 或按钮 10，使失压脱扣器断电或使分励脱扣器通电，可使开关远距离跳闸。

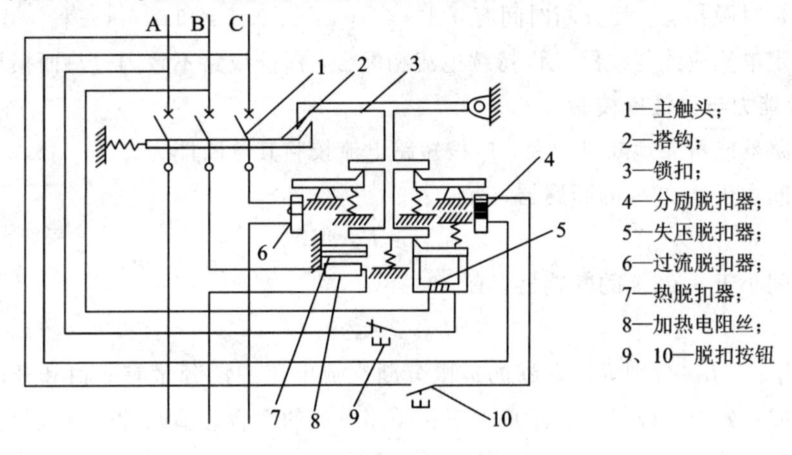

图 6-27　低压断路器的原理结构

2. 低压断路器动作电流的整定

低压断路器具有分段保护特性，使保护具有选择性，可分两段式保护和三段式保护两种，其保护特性曲线如图 6-28 所示。

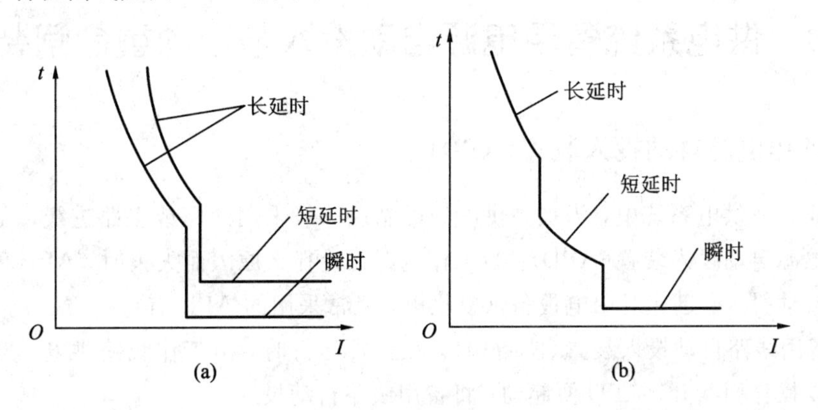

图 6-28　低压断路器的保护特性曲线

(a) 两段式保护；(b) 三段式保护

两段式保护具有过负荷长延时、短路瞬时或短路短延时三种动作特性，常用于电动机保护和照明线路的保护。具有过负荷长延时、短路短延时和短路瞬时三种动作特性的低压断路器称为三段式保护低压断路器，它常用于200 A～4000 A的配电线路保护。

1）长延时过流脱扣器动作电流

长延时过流脱扣器，主要用于过负荷保护，其动作电流应按正常工作电流整定，即躲过最大负荷电流。

2）短延时或瞬时脱扣器动作电流

线路保护的短延时或瞬时脱扣器动作电流，应躲过配电线路上的尖峰电流，有

$$I_{AC1}=K_{CO}I_{re}=K_{CO}[I'_{srmax}+I_{30(N-1)}] \tag{6-32}$$

式中，I'_{srmax}为线路中工作负荷最大一台电动机的全起动电流，它包括周期分量和非周期分量，其值可近似取该电动机起动电流I_{srmax}的1.7倍；K_{CO}为可靠系数，通常取1.2。

对于短延时脱扣器，其分断时间有0.1 s或0.25 s、0.4 s和0.6 s三种。另外，过电流脱扣器的整定电流应该与线路允许持续电流相配合，保证线路不致因过热而损坏。

3. 断流能力与灵敏度校验

为使断路器能可靠地断开电路，应按短路电流校验其分断能力。

分断时间大于0.02 s的断路器，有

$$I_{POFF}\geqslant I''^{(2)}_{K} \tag{6-33}$$

分断时间小于0.02 s的断路器，有

$$I_{OFF}\geqslant I^{(3)}_{sh} \tag{6-34}$$

上两式中，I_{POFF}、I_{OFF}分别为断路器的极限分断交流电流周期分量有效值和开断全电流有效值；$I''^{(2)}_{K}$、$I^{(3)}_{sh}$分别为被保护线路最大三相短路电流的次暂态值与冲击有效值。

当低压断路器作过电流保护时，其灵敏度要求为

$$K_e=\frac{I_{Kmin}}{I_{ca}}\geqslant 1.5 \tag{6-35}$$

式中，I_{Kmin}为被保护线路最小运行方式下的短路电流。

6.8 供电系统备用电源自动投入与自动重合闸装置

6.8.1 备用电源自动投入装置(APD)

在工业企业供电系统中，为提高供电的可靠性一般采用两路或多路进线，在变电所中装设备用电源自动投入装置(APD)。当工作电源无论什么原因而失去时，APD便起动，将备用电源自动投入，迅速对用电设备恢复供电。经常采用的APD有：

(1) 备用线路自动投入装置(明备用)。在正常运行时，由工作线路供电。当工作线路因故障或误操作而断开，APD便起动，将备用线路自动投入。

(2) 分断断路器自动投入装置(暗备用)。在正常运行时，一线带一变，两段母线分列

运行。当任何一段母线因进线或变压器故障而使其电压降低时，APD 动作，将故障电源开关 QF_2跳开，然后合上 QF_5恢复供电。

1. 对备用自投装置的基本要求

(1) 工作电源不论因何种原因失压，APD 都应该可靠动作。

(2) 只有在工作电源失压、备用电源正常的情况下，APD 才可动作，并且必须保证首先断开工作电源后，备用电源才可投入。

(3) 备用电源自动投入的动作时间应尽量短。

(4) 应保证 APD 只能动作一次，以免把备用电源合于故障母线上。

(5) APD 不因电压互感器任一个熔断器熔断而误动作。

2. 备用电源自动投入装置的工作原理

现在以母线分段断路器装设的直流操作 APD(如图 6－29 所示)为例来说明 APD 的动作原理。

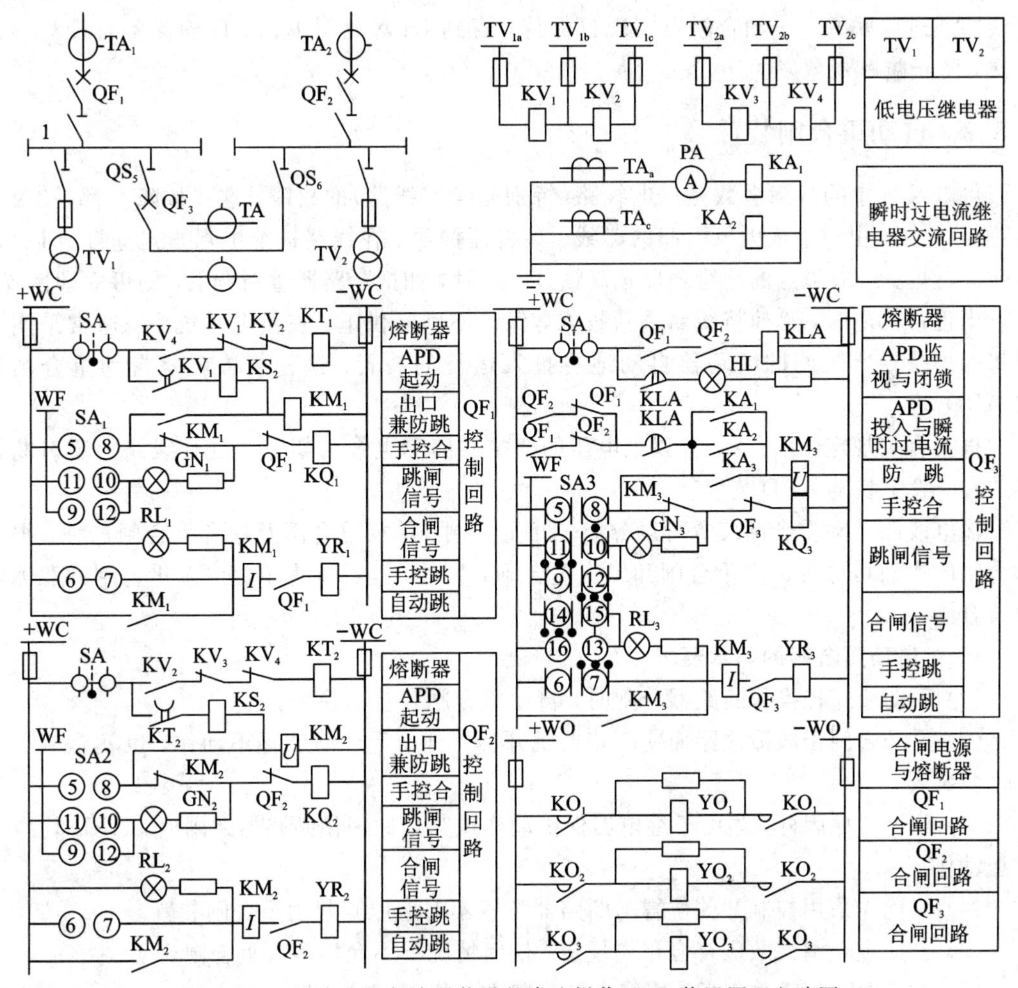

图 6－29　母线分段断路器装设的直流操作 APD 装置原理电路图

在正常工作时，母线分段断路器 QF_3是断开的，两条进线分别运行，QF_1、QF_2处于合闸状态，其对应的动合辅助触点闭合，动断触点打开，因此，用锁继电器 KLA 经 QF_1、

QF_2已动合辅助触点，其延时复归触点闭合，灯 HL 点亮，表明 APD 控制回路正常，并处于预备动作状态。

当一条进线故障，如Ⅰ号进线故障，Ⅰ段母线失压，则低压电压继电器 KV_1、KV_2动作，其动断触点闭合，同时由于Ⅱ段备用母线正常，KV_4线圈得电，其动合触点也闭合，此时满足 APD 起动条件。工作母线失压，备用电源正常，APD 起动，KT_1线圈得电，经过一段延时，其触点闭合，接通中间继电器 KM_1线圈，使其动合触点接通断路器 QF_3的跳闸线圈，断路器跳闸。QF_1跳开后，其动合辅助触点闭合，经 KLA 延时返回，接通 QF_3的合闸接触器 KQ_3线圈，合闸接触器触点闭合，接通了合闸线圈 YR_3，断路器 QF_3合上，投入备用电源。

如果此时 QF_3合于故障母线，则电流互感器 TA 中检测到过电流，电流继电器 KA_1或 KA_2动作，其动合触点闭合，接通中间继电器 KM_3线圈，KM_3动合触点闭合接通 QF_3的跳闸线圈 YR_3，作用于断路器跳闸。同时，KM_3动断触点打开，断开了合闸回路，KM_3的电压线圈通过串联的一个动合触点实现自保持，直到 KLA 延时返回，以确保备自投只动作一次，防止跳跃现象发生。

6.8.2　自动重合闸装置

供电系统中的故障多数是送电线路(特别是架空线路)的故障，这些故障大都是“瞬时性”的，例如，由雷电或大风引起的碰线、鸟兽碰撞等。在线路被继电保护迅速断开以后，电弧即行熄灭，故障点的绝缘强度重新恢复，此时，如把断路器重新合上，则可立即恢复。

当正常供电时，迅速将线路重新投入，保证不间断供电，在供电系统中，通常采用一种将保护装置所跳闸的断路器自动地再投入运行的装置，这种装置就是自动重合闸装置 ARD。

根据有关规定，在 1 kV 及以上电压的架空线路和电缆与架空线混合线路上装有断路器的，一般应装设 ARD 装置。

输电线路自动重合闸装置可以分为三相重合闸、单相重合闸及综合重合闸三种，根据重合闸的次数可分为一次重合闸和二次重合闸，另外，还可分为单侧电源重合闸和双侧电源重合闸。

1. 对自动重合闸的基本要求

(1) 手动或遥控操作断路器分闸时，自动重合闸装置不动作。

(2) 手动合闸于故障线路而使断路器跳开后，自动重合闸装置不动作，也就是应具有“防跳”装置。

(3) 除上述原因外，当由于继电器保护动作或其他原因使断路器跳闸时，ARD 均应可靠地动作。

(4) 应优先采用控制开关位置与断路器位置不对应原则起动重合闸装置。

(5) 自动重合闸次数应符合预先规定，任何情况下不允许多次重合闸。

(6) 自动重合闸动作以后，应能自动复归准备好下一次动作。

(7) 应能和保护装置配合，使保护装置在 ARD 前或 ARD 后加速保护动作。

2. 自动重合闸的基本原理

现以单侧电源线路三相一次自动重合闸为例说明自动重合闸的基本工作原理。如图

6－30 所示。

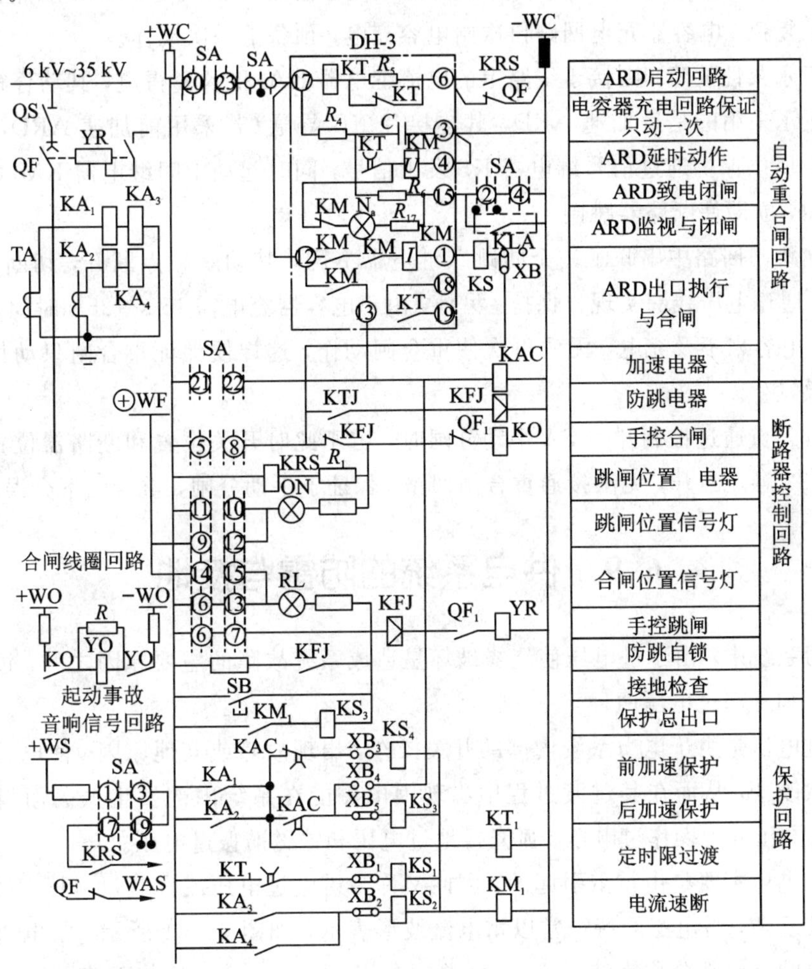

图 6－30　用 DH－2 型继电器组成的一次式 ARD 装置原理接线电路图

当正常运行时，断路器处于合闸状态，其动合辅助触点 QF$_1$ 闭合，动断辅助触点 QF$_1$ 打开，控制开关 SA 位置与断路器位置对应，SA 的 21、23 触点导通，自动重合闸控制转换开关 SA$_1$ 导通，接通电容 C 的充电回路，经电阻 R_4 向电容器充电，同时指示灯 Ne 点亮，指示重合闸电源完好，电容正在充电。大约经过 15 s～25 s，电容充电完毕，指示灯 Ne 熄灭，自动重合闸已处于预备动作状态。当线路上出现故障或其他原因使保护装置动作，断路器跳闸，其动断辅助触点 QF$_1$ 闭合，此时，由于断路器位置与控制开关位置不对应，所以绿灯 GN 发闪光。同时，位置继电器线圈 KRS 经限流电阻 R_1→断路器辅助触点 QF$_1$→合闸继电器 K0 形成回路，KRS 线圈得电，其动合触点闭合，使时间继电器 KT 动作。KT 触点延时闭合，使电容 C 对中间继电器 KM 电压线圈放电，KM 动合触点闭合，接通两条回路：一条回路是，＋WC→SA21、23 触点→SA$_1$→DH－3 型继电器的 17、12 触点→KM 的两个动合触点和 KM 线圈起动信号继电器 KS→连接片 XB→经防跳继电器 KFJ 动断触点和断路器动断辅助触点 QF$_1$ 接触合闸接触器 KO，使断路器合闸；另一条回路是，接通 KAC 加速继电器，预备加速保护动作。

若此时线路上发生的是瞬时性故障，则自动重合闸合闸成功，开关位置与断路器位置一致，断路器动断触点 QF_1 打开，断路器合闸回路位置继电器失电，KRS 触点打开，时间继电器 KT 复位，电容器充电回路再次给电容充电，预备下一次动作。

若合于永久性故障，则接于线路上的电流继电器 KA_1 和 KA_2 得电，其动合触点闭合因图 6-31 所示采用的是后加速 ARD，其连接片 XB_3 导通(若采用前加速 ARD，则连接片 XB_5 导通)，所以保护通过信号继电器 KS 发出信号，同时起动中间继电器 KM_1，接通断路器跳闸线圈，立即使断路器跳闸。

因为在跳闸回路中串联了一个防跳跃继电器 KFJ，其动断触点断开，切断合闸回路，触点闭合，通过电压线圈实现自保持。另外，由于电容器充电需 15 s～25 s 时间，加速保护动作以后，电容来不及充电，无法再次使重合闸动作，这样便保证重合闸只动作一次，防止跳跃现象发生。

当运行人员通过控制开关 SA 手动分闸时，由于此时开关位置和断路器位置一致，则 SA 的 21、23 触点断开，无法接通重合闸回路，保证了手动分闸，重合闸不会误动作。

6.9　供电系统的防雷与接地

在电力系统中，由于过电压使绝缘破坏是造成系统故障的主要原因之一，过电压包括内部过电压和外部过电压两种。

内部过电压是由于电力系统内部的开关操作，出现故障或其他原因，使电力系统的工作状态突然改变，从而在其过渡过程中出现因电磁能在系统内部发生振荡而引起的过电压。内部过电压分为操作过电压、弧光接地过电压和铁磁谐振过电压。

外部过电压主要是由雷击引起的，因此又称为雷电过电压或大气过电压。雷电过电压的机理比较复杂，雷电流的特征常以雷电流波形表示，如图 6-31 所示。雷电流由零增长至最大幅值的这一部分称为波头 τ_{wh}，通常只有 1 μs～4 μs。电流值下降的部分称为波尾 τ_{wl}，长达数十微秒，可以看出，雷电流(雷电压)是一个脉冲雷电冲击波，在波头部分，电流对时间的变化率 $\alpha=\frac{di}{dt}$ 称为陡度。雷电波的陡度对研究过电压保护有着重要意义。陡度越大，则产生的过电压 $\left(U=L\frac{di}{dt}\right)$ 越高，对绝缘的破坏越严重。

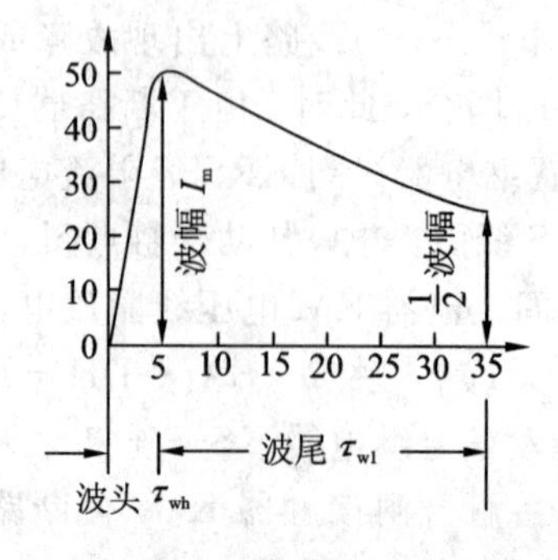

图 6-31　雷电流波形

为简化计算，在工程设计中也可取用斜角波头。这种波形与脉冲波形相比，在计算线路防雷时所得的结果是一致的。

6.9.1　雷电冲击波的基本特征

当输电线路受到雷击时，在输电线路上产生的冲击波向导线两侧流动和传播。雷电波在传导过程中受电晕及其他损耗的影响而畸变，当它到达变电所或其他结点时，还会产生折射和反射现象。下面来分析雷电冲击波沿导线传播的基本规律。

1. 冲击波沿导线传播的基本规律

为了简化问题起见，假设雷电波是沿着无损导线传播的，根据分析计算可得，线路导线的分布电感和导线对地的分布电容是冲击波传播的重要参数，并可以求出电压波和电流波幅值之比，即波阻抗为

$$Z=\frac{U_m}{I_m}=\sqrt{\frac{L_0}{C_0}} \tag{6-36}$$

式中，L_0为架空导线的分布电感，单位为 H/m；C_0为架空导线的对地分布电容，单位为F/m。

波阻抗只决定于线路导线本身的参数 L_0、C_0，而与导线长度和线路终端负载的性质无关。

2. 波的折射与反射

雷电冲击波在传播过程中遇到结点 A，由于结点两侧导线的分布参数不同，波阻抗改变，因而其电压波和电流波的幅值就会改变，产生波的折射与反射。根据分界能量守恒原则，则在 A 点只能有一个电压和一个电流值，如图 6-32 所示。

$$U_{rw}=U_m+U_{ew} \tag{6-37}$$

$$i_{iw}=i_{in}+(-i_{ew}) \tag{6-38}$$

$$U_{in}=i_{in}Z_1 \tag{6-39}$$

$$U_{ew}=-i_{ew}Z_1 \tag{6-40}$$

$$U_{rw}=i_{rw}Z_2 \tag{6-41}$$

式中，U_m为侵入结点的入射波电压；U_{rw}为结点上的折射波电压；U_{ew}为由结点反射回去的反射波电压。

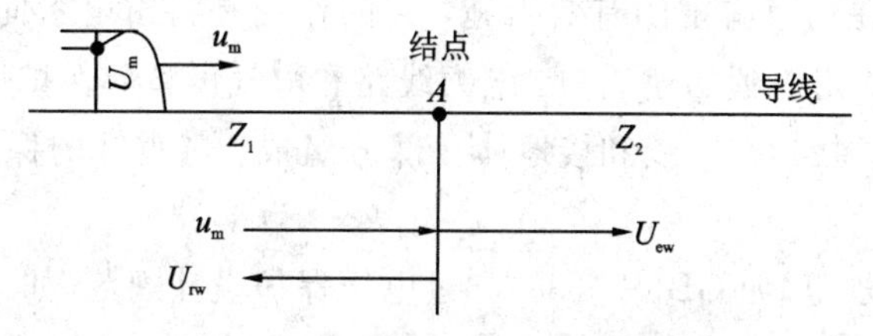

图 6-32　冲击波前进遇到结点 A 时的折射与反射

电流的正负规定为：侵入电流沿导线前进的为正，反行的电流为负。因此，由上述式子可以得出

$$2U_m=U_{rw}+i_{iw}Z_1=i_{rw}+i_{iw}Z_1 \tag{6-42}$$

应用等值集中参数定理可以得到雷电击波的折射与反射原理的等值电路，如图 6 - 33 所示。用等值电路来分析雷电波的传播，将十分方便，有

$$2U_{m}=\frac{U_{rw}}{Z_{2}}(Z_{1}+Z_{2}) \tag{6-43}$$

$$U_{rw}=\frac{2Z_{2}}{Z_{1}+Z_{2}}U_{in}=2U_{m} \tag{6-44}$$

$$U_{ew}=U_{rw}-2U_{in}=U_{m}\left(\frac{2Z_{2}}{Z_{1}+Z_{2}}-1\right)=\frac{Z_{2}-Z_{1}}{Z_{1}+Z_{2}}U_{in}=\beta U_{in} \tag{6-45}$$

式中，α 为冲击波的折射系数，$\alpha=\frac{2Z_{2}}{Z_{1}+Z_{2}}$；$\beta$ 为冲击波的反射系数，$\beta=\frac{Z_{2}-Z_{1}}{Z_{1}+Z_{2}}$。

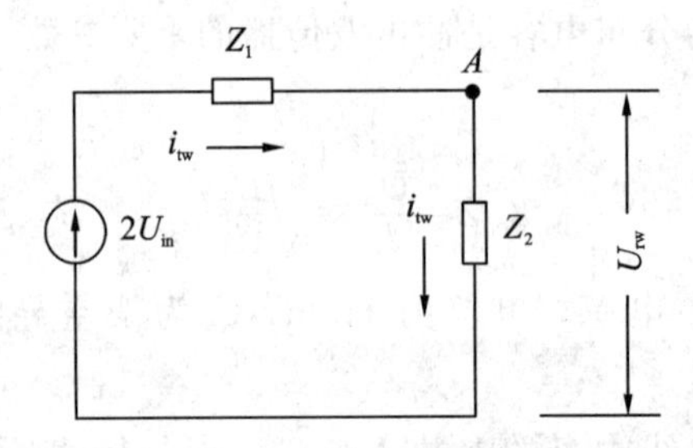

图 6 - 33　波投射到线路的结点 A 时计算用的等值电路

下面讨论几种特殊条件：

(1) 当 $Z_1=Z_2$ 时，$\alpha=1$、$\beta=0$，则 $U_{rw}=U_{in}$、$U_{ew}=0$，即经 A 点，行波仍按原来幅值前行。

(2) 当导线结点 A 点开路时，相当于 $Z_2=\infty$，此时 $\alpha=2$、$\beta=1$，则 $U_{rw}=2U_{in}$、$U_{ew}=U_{in}$，A 点电压增大到行电压的 2 倍，将严重威胁线路的绝缘。

(3) 当导线结点 A 点短路时，相当于 $Z_2=0$，此时 $\alpha=0$、$\beta=-1$，$U_{rw}=0$、$U_{ew}=-U_{in}$，侵入波电压全部反射，且反射波电压为负值，因而在进线线路上的合成波电压为零。

6.9.2　防雷装置

1. 避雷针与避雷线

避雷针与避雷线是防直击雷的有效措施，它的作用是将雷电引向自身金属针(线)上，并完全导入地中，从而对附近的建筑物、电力线路和电气设备起保护作用。

避雷针由接闪器、接地引下线和接地体三部分组成。避雷针的保护范围，以它对直击雷保护的空间来表示。

我国过去的防雷规范(如 GBJ57—83)和过电压保护设计规范(如 GBJ64—83)，对避雷针和避雷线的保护范围都是按“折线法”来确定的，而新颁布的国家标准 GB50057—94《建筑物防雷设计规范》则规定采用 IEC 推荐的“滚球法”来确定。

滚球法是指选择一个半径为 h_r(滚球半径)的球体，沿需要防护直击雷的部位滚动，如果球体只接触到接闪器或接闪器与地面，而不触及需要保护的部位，则该部位就在接闪器的保护范围之间，如图 6 - 34 所示。

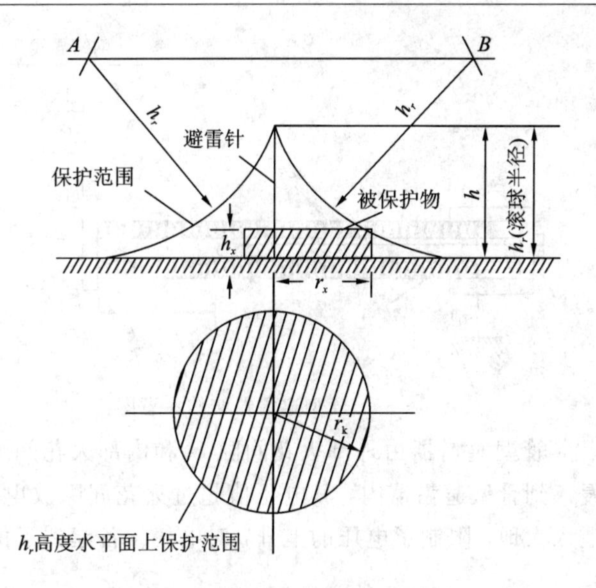

图 6-34　单支避雷针的保护范围

滚球法具体的计算方法如下：

(1) 距地面 h_r 处作一平行于地面的平行线，滚球半径为 h_r，根据建筑物或被保护设备的防雷类别来确定，如表 6-2 所示。

表 6-2　滚球半径的确定

建筑物防雷类别	第一类	第二类	第三类
滚球半径 h_r/m	30	45	60

(2) 以避雷针的针尖为圆心、h_r 为半径，作弧线，交于上述平行线的 A、B 两点。

(3) 分别以 A、B 为圆心、h_r 为半径作弧线，均与针尖相交，并与地面相切，由此弧线起到地面上的整个锥形空间就是避雷针的保护范围。

(4) 在被保护物高度 h_x 水平面上的保护半径为

$$r_x = \sqrt{h(2h_r - h)} - \sqrt{h_x(2h_r - h_x)}$$

以上是按避雷针高度 $h \leqslant h_r$ 的情况来计算的。如果针高 $h > h_r$，则应在避雷针上取高度为 h_r 的一点来代替避雷针的针尖作为圆心，其余同上。

避雷线的保护范围，其保护空间也可以用同样方法求得。

2. 避雷器

避雷器是防止雷电波侵入的主要保护设备，与被保护设备并联口当雷电冲击波侵入时，避雷器能及时放电，并将雷电波导入地中，使电气设备免遭雷击损坏。而过电压消失后，避雷器又能自动恢复到初始状态。同时，避雷器还能保护操作过电压。

避雷器可以分为管型避雷器、阀型避雷器以及金属氧化物避雷器等几种。

1) 管型避雷器

管型避雷器实质上是一个具有灭弧能力的保护间隙，其结构如图 6-35 所示。

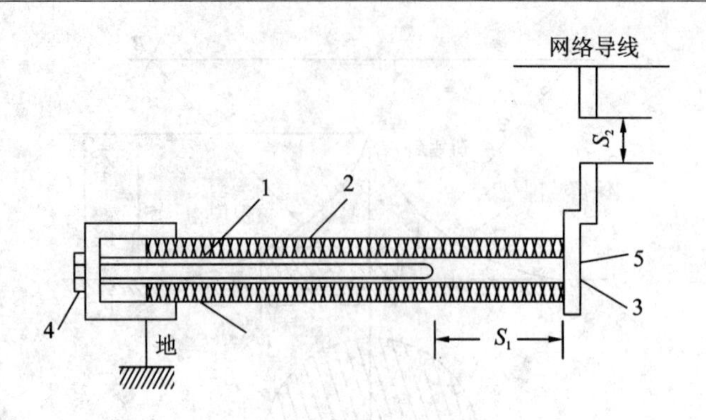

图 6－35　管型避雷器结构示意图

从图中可以看出，管型避雷器由外部火花间隙 S_2 和内部火花间隙 S_1 两个间隙串联组成。当高压雷电波侵入到管型避雷器内，其电压值超过火花间隙放电电压时，内外间隙同时击穿，使雷电波泄入大地，限制了电压的上升，对电气设备起到了保护的作用。

2）阀型避雷器

阀型避雷器是性能较好的一种避雷器，其结构如图 6－36 所示。它的基本元件是装在密封磁套中的火花间隙和被称为阀片的非线性电阻。

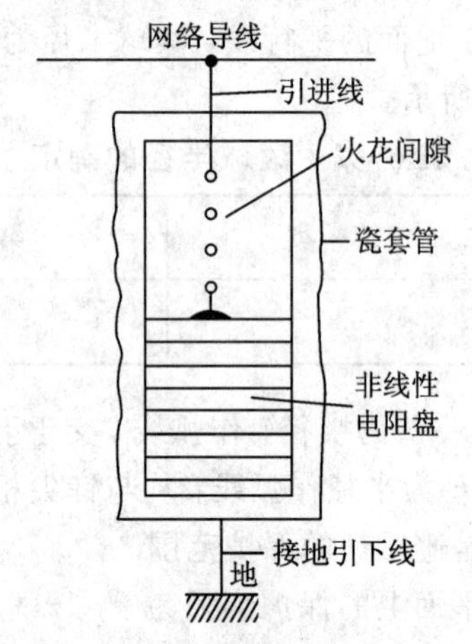

图 6－36　阀型避雷器结构示意图

阀片是金刚砂和结合剂在一定的温度下烧结而成的。阀片的电阻的阻值随通过的电流值而变，当很大的雷电流通过阀片时，它将呈现很大的电导率。这样避雷器上出现的电压不高；当阀片上加以电网电压时，它的电导率突然下降，而将工频续流限制到很小的数值，为火花间隙的断流创造了良好的条件。

3）金属氧化物避雷器

金属氧化物避雷器又称为压敏避雷器，是一种新型避雷器，结构上无火花间隙，仅有以氧化锌或氧化铋等金属氧化物高温烧结而成的压敏电阻（阀片），它有较理想的伏安特性，阀片非线性系数很小，约为 0.05。在工频电压下，阀片呈现极大电阻，能迅速抑制工频续流，因此不需要串联火花间隙来熄灭工频续流引起的电弧。

金属氧化物避雷器具有无间隙、无续流、体积小和重量轻等优点，有取代其他各类避雷器的趋势。

6.9.3　工厂供电系统的防雷

1. 对直击雷的防护

根据运行经验表明，按规程规定装设避雷针或避雷线对直击雷进行防护，是非常可靠的。

设避雷针(线)应考虑以下两个方面：

(1) 应使所有被保护物处于避雷针(线)的保护范围之内。

(2) 应防止当雷电流沿引下线入地时，所产生的高电位对被保护对象发生反击现象，因而在防雷装置与被保护物之间，应保持足够的安全距离 S_k，它有以下两种情况：

① 当防雷装置与附近金属物体之间不连通时，安全距离 S_k 为

$$S_k \geqslant 0.75K_c(0.4R_{sh}+0.1h)$$

式中，R_{sh}为避雷装置冲击接地电阻，单位为 Ω；h 为引下线计算点到地面的高度，单位为 m；K_c为计算系数，对单根引下线取 1，两根引下线及接地未成闭环的多根引下线取0.66，避雷带(网)的多根引下线取 0.44。

② 当防雷装置与附近金属物体之间相连时，安全距离 S_k 为

$$S_k > 0.075K_cL$$

式中，L 为引下线计算点到连接点的长度，单位为 m。

对于 35 kV 线路需在距变电所 1 km～2 km 的进线段加强防雷措施，一般可采用装设避雷线来解决。

2. 对侵入雷电冲击波的防护

为保护工厂供电系统免受沿供电线路传来的感应过压危害，一般应为主要电气设备附近和架空线路进出口处装设避雷器。原则上，避雷器应装在雷电波侵入的方向，且与被保护设备距离越近越好，如图 6－37 所示。

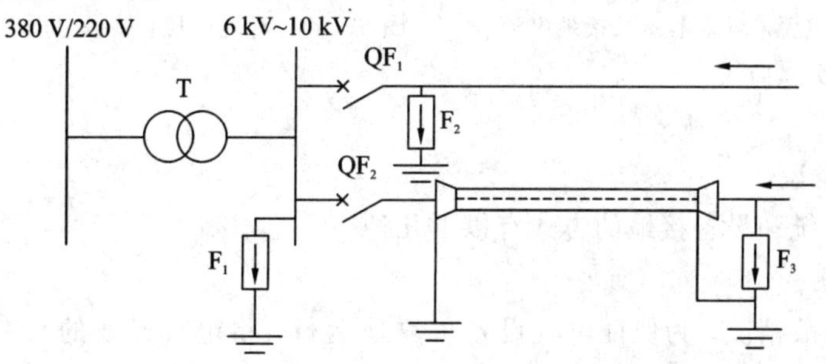

图 6－37　6 kV～10 kV 变电所防雷保护

6.9.4　接地保护

1. 接地的基本知识

电气设备的某部分与土壤之间做良好的电气连接，称为接地。直接与大地接触的金属导体称为接地体，连接接地体和电气设备的导线称为接地线，接地体和接地线合称为接地装置。

当电气设备发生接地故障时，电流就通过接地体向大地做半球形散开，这一电流称为

接地电流，用 I_K 表示。由于这半球形的球面在距接地体越远的地方，球面越大，所以距接地体越远的地方散流电阻越小，其电位分布是如图 6－39 所示的曲线。

试验证明，在距单根接地体或接地故障点 20 m 左右的地方，实际上散流电阻已趋于零，也就是这里的电位已趋于零，这个电位为零的地方，称为电气上的“地”或“大地”。

电气设备的接地部分，如接地的外壳和接地体等，零电位的“大地”之间的电位差，就称为接地部分的对地电压，如图 6－40 所示的 U_E。假如人站在 1 处触及设备外壳，人手电位为 U_E，而脚的电位为 U_1，加于人体电压称为接触电压 U_{lou}，此时 $U_{lou}=U_E-U_1$。接地电流电位分布曲线越陡，则接触电压越高。例如，人在接地体周围 20 m 的范围内走动，前后脚在地面电流方向的间距为 0.8 m 的电位差称为跨步电压，用 U_{step} 表示。

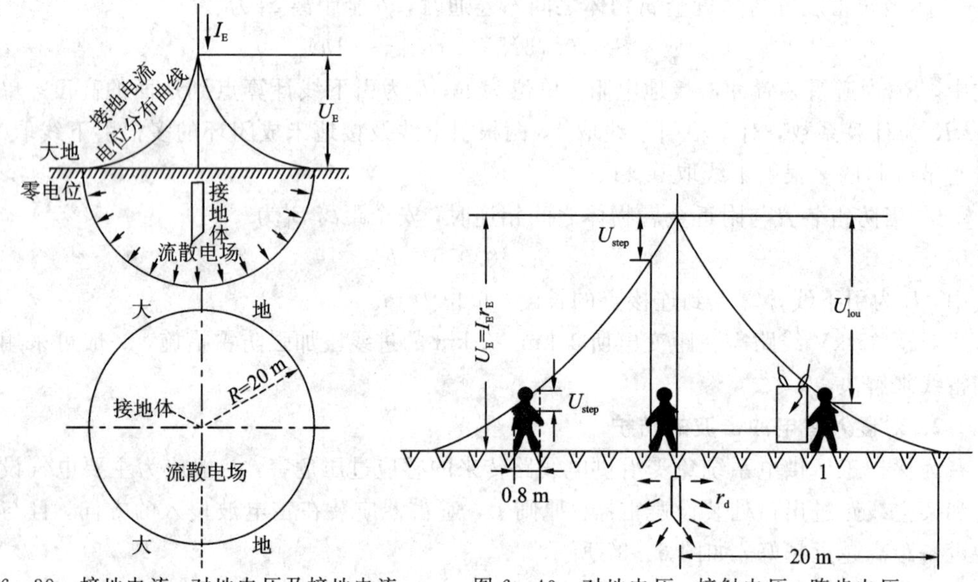

图 6－39　接地电流、对地电压及接地电流电位分布曲线

图 6－40　对地电压、接触电压、跨步电压

2. 接地的类型

工厂供电系统和设备接地的方式有以下几种。

1）工作接地

在正常和事故情况，为保证电气设备可靠地运行，将电气设备的某一部分进行接地，称为工作接地。例如，变压器、发电机、电压互感器的中性点接地等，都属该类接地方式。

2）保护接地

电气设备的不带电金属外壳可能会由于绝缘损坏或其他难以预见原因带电，为防止外壳带电危及人身安全，常将它们的外壳可靠地接地，这种接地方式称为保护接地。根据供电系统的中性点及电气设备的接地方式，保护接地可分为三种不同类型，即 IT 系统、TN 系统和 TT 系统，其分述如下：

(1) IT 系统。在中性点不接地的三相三线制供电系统中，将电气设备在正常情况下不带电的金属外壳及其框架等与接地体经各自的 PE 线(保护线 PE)，分别直接相连，称为 IT 系统，如图 6－41 所示。

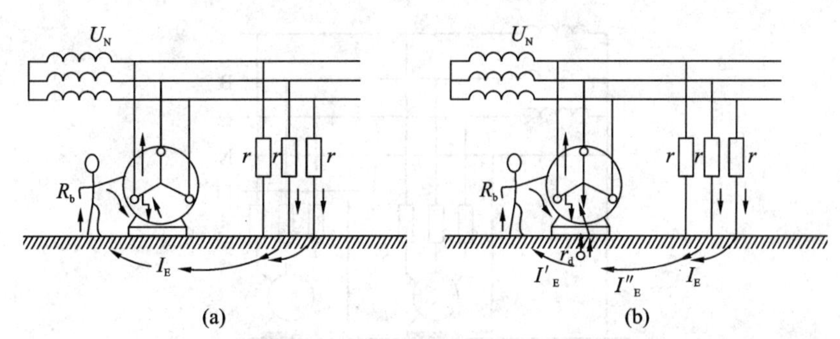

图 6-41　中点不接地的三相三线制供电系统无接地与有接地的触电情况

(a) 无保护接地时的电流通路；(b) 有保护接地(IT 系统)时的电流通路

在 IT 系统中，如绝缘损坏碰壳后，使外壳带电，则接地电流 I_E 将同时沿接地装置和人体两条通路流通。人体电阻 R_b 比接地电阻 R_E 大得多，所以流经人体的电流就比较小。显然，只要按规程要求选择接地电阻，就不会有危险。

(2) TN 系统和 TT 系统。这两种系统都适用于电源大电流接地低压三相四线制系统，设备的金属外壳经公共的 PE 线、PEN 线或 N 线接地，即过去所谓保护接零，其中，TN 系统又可分成 TN－C 系统、TN－S 系统、TN－C－S 系统等几种，分述如下：

① TN－C 系统。配电线路中性线 N(N 线)与保护线 PE 接在一起，电气设备不带电金属部分与之相连，如图 6-42 所示。在这种系统中，当某相的线路因绝缘损坏而与电气设备外壳相碰时，形成较大的单相接地短路电流，引起熔断器切除故障线路，从而起到保护作用。该接地方式适用于三相负荷比较平衡且单相负荷不大的场所。

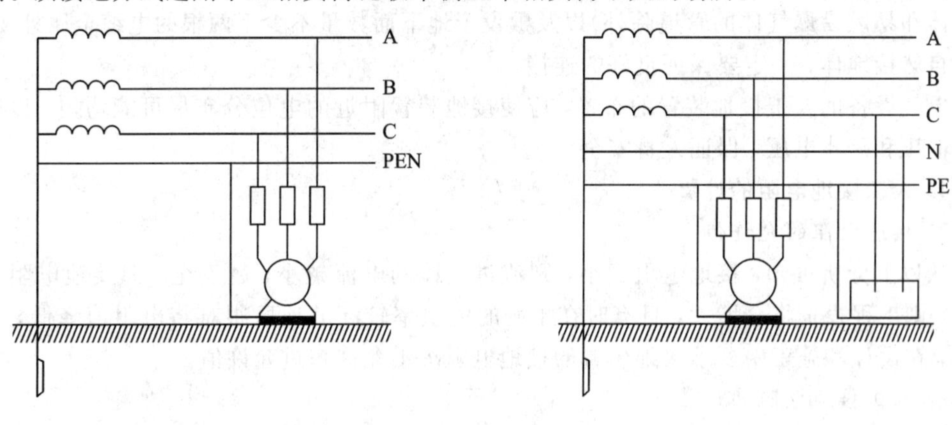

图 6-42　TN－C 系统　　　图 6-43　TN－S 系统

② TN－S 系统。配电线路中性线 N 与保护线 PE 分开，电气设备的金属外壳接在保护线 PE 上，如图 6-43 所示。在正常情况下，PE 线上没有电流流过，不会对接在 PE 线上的其他设备产生电磁干扰。该接地方式适用于环境条件差，安全可靠要求较高以及设备对电磁干扰要求较严的场所。

③ TN－C－S 系统。该系统是 TN－C 与 TN－S 系统的综合，如图 6-44 所示，兼有两个系统的特点，适用于配电系统局部环境条件较差或数据处理、精密检测装置等场所。

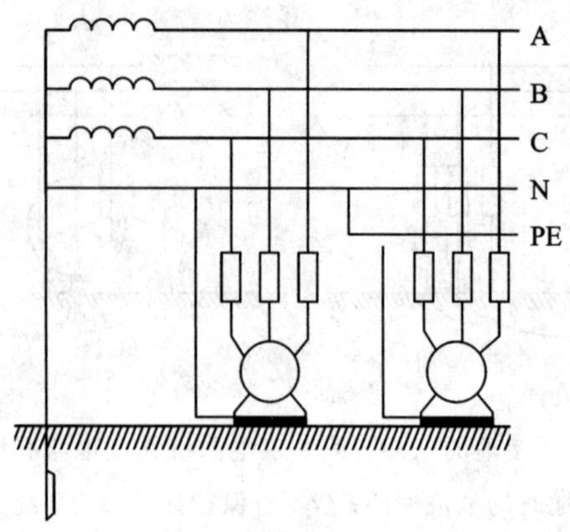

图 6-44 TN-C-S系统

3）重复接地

在中性点接地方式中，为了进一步提高安全性，除采用保护接零外，还须在零线的一处或多处再次接地，称为重复接地。其作用是当系统中发生碰壳或接地短路时，可以降低零线的对地电压；当零线一旦断线时，可使故障程度减轻。

3. 接地装置的选择

在设计和装设接地装置时，首先应充分利用自然接地体，以节约投资。如果实地测量所利用的自然接地体电阻已能满足要求，而且这些自然接地体又满足热稳定条件时，就不必再装设人工接地装置，否则应装设人工接地装置作为补充。

可以作为自然接地体的有：建筑物的钢结构和钢筋、行车的钢轨、埋地的金属管道(可燃液体和易燃易爆气体的管道除外)以及敷设于地下面数量不少于两根的电缆金属外皮等，利用自然接地体，一定要保证良好的连接。

电气设备的人工接地装置的布置，应使接地装置附近的电位分布尽可能均匀，以降低接触电压和跨步电压，保证人身安全。

4. 人工接地电阻的计算

1）接地电阻的允许值

从以上分析可知，接地电阻越小，则流过人体的电流越小，越安全。但接地电阻要求越小，则工程投资将会增大，且有时在土壤的电阻率较高的地区很难将电阻值降低，尽管如此，在设计和施工中要求接地装置的接地电阻决不允许超过允许值。

2）人工接地电阻的计算

接地电阻的计算，通常忽略接地线的电阻值，而只计算在一定土质条件下接地体的接地电阻，具体计算步骤如下：

(1) 垂直埋设管型接地体的接地电阻为

$$R_{EV}=\frac{\rho}{2\pi l}\ln\frac{4l}{d}\Omega$$

式中，ρ 为土壤电阻率，单位为 Ω · cm；l 为接地体的长度，单位为 cm，常取 2 cm～2.5 cm；d 为接地钢管直径，单位为 mm，常取 50 mm。

垂直接地体如果是角钢或扁钢，可以近似等效成管钢计算。等边角钢等效直径为 $d=0.84b$，扁钢为 $d=0.5b$，其中，b 为等边角钢或扁钢的宽度。

当多根垂直接地体并联时，其总接地电阻为

$$R_{\Sigma}=\frac{R_{EV}}{n \cdot \eta} \tag{6-53}$$

式中，R_{EV}为单根垂直接地体的接地电阻，单位为 Ω；n 为并联的垂直接地体数目；η 为接地体的利用系数。

(2) 水平埋设接地体的接地电阻，一般用扁钢、角钢或圆钢，它们的接地电阻值由下式进行计算，有

$$R_{EH}=\frac{\rho}{2\pi l}\left(\ln \frac{L^2}{dh}+A\right)$$

式中，L 为水平接地体总长度，单位为 cm；h 为接地体埋深，单位为 cm，一般为 0.5 m 以下；A 为水平接地体的结构修正系数。

6.9.5　电力系统的中性点接地

电力系统的中性点接地方式与系统的供电可靠性、人身安全、设备安全、绝缘水平、过电压水平等密切相关。近年来，由于配网中电缆线路的大量采用，使得系统电容电流逐年增加，不接地方式和消弧线圈接地方式已不能很好地保证配网安全可靠运行。同时，城市配网结构的加强以及自动化设备的采用，在一定程度上弥补了线路跳闸引起的在可靠性方面的劣势。因此国内一些城市开始在某些配网中采用小电阻接地方式。新修订的相关行业标准提出在可采用消弧线圈接地方式或者小电阻接地方式的配网，选择中性点接地方式时应考虑供电可靠性要求、故障时瞬态电压、瞬态电流对电气设备的影响等。中性点接地方式对配网可靠性的影响是继电保护、过电压、过电流、绝缘配合等多因素共同作用的结果，目前电网还没有一种方法能全面考虑这些因素来定量比较中性点接地方式对配电网可靠性的影响。

中性点接地方式对配电网可靠性的影响是由跳闸影响因子、负荷密度和配网结构共同决定的。其中，跳闸影响因子又包括线路的各种故障率、继电保护装置的整定策略、过电压、过电流、选线方式等。在单个因子下，各种中性点接地方式对配电网可靠性的影响大小可以通过定性分析得出，知道各个可靠性影响因子下的配网可靠性高低并不能比较各中性点接地方式的配电网可靠性大小。本书提出用蒙特卡洛法模拟各种中性点接地方式下配电网的故障过程的方法，综合考虑了各种可靠性影响因子，得出的可靠性指标可以反映中性点接地方式对配电网可靠性影响大小，实现了电缆较多的配网中性点接地方式的优化选择。

6.10　我国电力系统保护的发展与现状

继电保护的历史背景及发展现状：20 世纪 90 年代出现了装于断路器上并直接作用于断路器的一次式的电磁型过电流继电器，21 世纪初，随着电力系统的发展，继电器才开始广泛应用于电力系统的保护。这个时期可认为是继电保护技术发展的开端。

1901 年出现了感应型过电流继电器。1908 年提出了比较被保护元件两端的电流差动保护原理。1910 年方向性电流保护开始得到应用，在此时期也出现了将电流与电压比较的保护原理，并导致了 20 世纪 30 年代初距离保护的出现。随着电力系统载波通信的发展，

在1927年前后，出现了利用高压输电线上高频载波电流传送和比较输电线两端功率或相位的高频保护装置。20世纪50年代，微波中继通信开始应用于电力系统，从而出现了利用微波传送和比较输电线两端故障电气量的微波保护。早在20世纪50年代就出现了利用故障点产生的行波实现快速继电保护的设想。经过20余年的研究，终于诞生了行波保护装置。显然，随着光纤通信将在电力系统中的大量采用，利用光纤通道的继电保护必将得到广泛的应用。以上是继电保护原理的发展过程。与此同时，构成继电保护装置的元件、材料、保护装置的结构形式和制造工艺也发生了巨大的变革。20世纪50年代以前的继电保护装置都是由电磁型感应型或电动型继电器组成的这些继电器统称为机电式继电器。

20世纪50年代初由于半导体晶体管的发展，开始出现了晶体管式继电保护装置，称为电子式静态保护装置。20世纪70年代是晶体管继电保护装置在我国大量采用的时期满足了当时电力系统向超高压大容量方向发展的需要。20世纪80年代后期标志着静态继电保护从第一代(晶体管式)向第二代(集成电路式)的过渡，目前后者已成为静态继电保护装置的主要形式。

在20世纪60年代末，有人提出用小型计算机实现继电保护的设想由此开始了对继电保护计算机算法的大量研究对后来微型计算机式继电保护(简称微机保护)的发展奠定了理论基础。

20世纪70年代后半期比较完善的微机保护样机开始投入到电力系统中试运行。20世纪80年代微机保护在硬件结构和软件技术方面已趋于成熟并已在一些国家推广应用，这就是第三代的静态继电保护装置。微机保护装置具有巨大的优越性和潜力，因而受到运行人员的欢迎。进入20世纪90年代以来，它在我国得到了大量的应用，将成为继电保护装置的主要形式。可以说微机保护代表着电力系统继电保护的未来，将成为未来电力系统保护控制运行调度及事故处理的统一计算机系统的组成部分。

电力系统继电保护的作用与意义是，随着电力系统的高速发展和计算机技术，通信技术的进步，继电保护向着计算机化、网络化、保护、测量、控制、数据通信一体化和人工智能化方向进一步快速发展。与此同时，越来越多的新技术、新理论将应用于继电保护领域，这要求继电保护工作者不断求学、探索和进取，达到提高供电可靠性的目的，保障电网安全稳定运行。继电保护在电力系统安全运行中的主要作用：

① 保障电力系统的安全性。当被保护的电力系统元件发生故障时，应该由该元件的继电保护装置迅速准确地给脱离故障元件最近的断路器发出跳闸命令，使故障元件及时从电力系统中断开，以最大限度地减少对电力系统元件本身的损坏，降低对电力系统安全供电的影响，并满足电力系统的某些特定要求(如保持电力系统的暂态稳定性等)。

② 对电力系统的不正常工作进行提示。反映电气设备的不正常工作情况，并根据不正常工作情况和设备运行维护条件的不同(例如，有无经常值班人员)发出信号，以便值班人员进行处理，由装置自动地进行调整或将那些继续运行会引起事故的电气设备予以切除。反应不正常工作情况的继电保护装置允许带一定的延时动作。

③ 对电力系统的运行进行监控。继电保护不仅仅是一个事故处理与反应装置，同时也是监控电力系统正常运行的装置。

继电保护的顺利开展在消除电力故障的同时，对社会生活秩序的正常化、经济生产的正常化做出了贡献。不仅确保社会生活和经济的正常运转，还从一定程度上保证了社会的稳定，人们生命财产的安全。例如，北美大规模停电断电事故，就造成了巨大的经济损失，引发了社会的动荡，严重的威胁到了人们生命财产的安全。可见，电力系统的安全与否，不仅仅是照明失效的问题，更是社会安定、人们生命安全的问题。所以，继电保护的有效性，就给社会各方面带来了重大的影响。

电力系统继电保护装置的基本要求：继电保护装置应满足可靠性、选择性、灵敏性和速动性的要求。这四"性"之间紧密联系，既矛盾又统一。其分述如下：

① 动作选择性。它是指首先由故障设备或线路本身的保护切除故障，当故障设备、线路本身的保护装置或断路器拒动时，才允许由相邻设备保护、线路保护或断路器失灵保护来切除故障。上、下级电网(包括同级)继电保护之间的整定，应遵循逐级配合的原则，以保证电网发生故障时有选择性地切除故障。切断系统中的故障部分，而其他非故障部分仍然继续供电。

② 动作速动性。它是指保护装置应尽快切除短路故障，其目的是提高系统稳定性，减轻故障设备和线路的损坏程度，缩小故障波及范围，提高自动重合闸和备用设备自动投入的效果。

③ 动作灵敏性。它是指在设备或线路的被保护范围内发生金属性短路时，保护装置应具有必要的灵敏系数(规程中有具体规定)。通过继电保护的整定值来实现。整定值的校验一般一年进行一次。

④ 动作可靠性。它是指继电保护装置在保护范围内该动作时应可靠动作，在正常运行状态时，不该动作时应可靠不动作。任何电力设备(如线路、母线、变压器等)都不允许在无继电保护的状态下运行，可靠性是对继电保护装置性能的最根本的要求。

继电保护的基本原理总体可以概括为：提起和利用差异。即区分出系统的正常、不正常故障和故障三种运行状态。选择出发生故障和出现异常的设备，寻找到电力系统在这三种运行状态下的可测参数的差异，提取并利用这些可测参数差异实现对三种运行状态的快速区分。

电力系统继电保护的组成：电力系统继电保护一般由测量元件、逻辑元件及动作元件三部分组成：

① 测量元件。测量从被保护对象出入的有关物理量，如电流、电压、阻抗、功率方向等。与已给定的整定值进行比较，根据比较结果给出"是"、"非"、"大于"、"不大于"等具有"0"或"1"性质的一组逻辑信号，从而判断保护是否应该开启。

② 逻辑元件。根据测量部分输出量得大小、性质、输出的逻辑状态，出现的顺序或它们的组合，是保护装置按一定的布尔逻辑及逻辑工作，最后确定是否应跳闸或发信号，并将有关命令传给执行元件。

③ 动作元件。根据逻辑元件传送的信号，最后完成保护装置所担负的任务。

我国继电保护技术的发展是随着电力系统的发展而发展的，电力系统对运行可靠性和安全性的要求不断提高，也就要求继电保护技术做出革新，以应对电力系统新的要求。熔断器是我国最初使用的保护装置，随着电力事业的发展，这种装置已经不再适用，而继电保护装置的使用，是继电保护技术发展的开始。我国的继电保护装置技术经历了机电式、整流式、晶体管式、集成电路式的发展历程。

与传统的继电保护相比，微机保护有其新的特点：一是全面提高了继电保护的性能和有效性。主要表现在其有很强的记忆力，可以更有效的采取故障分量保护，同时在自动控制等技术，例如，在自适应、状态预测上的使用，使其运行的正确率得到进一步提高。二是结构更合理，耗能低。三是其可靠性和灵活性得到提高，例如，其数字元件不易受温度变化影响，具有自检和巡检的能力，而且操作人性化，适宜人为操作，可以实现远距离的实效监控。

微机继电保护技术的这些特点，使得这项技术在未来有着广阔的发展前途，特别是在计算机高度发达的21世纪，微机继电保护技术将会有更大的拓展空间。在未来继电保护技术将向计算机化，网络化，智能化，保护、控制、测量和数据通信一体化发展的趋向发展。

我国应当在继电保护技术上增加投入，以便建立一套适应现代电力系统安全运行保障要求的继电保护技术，在继电保护装置的使用上要注意及时的更新，适应我国各方面对电力安全使用的要求，为在未来切实地做好继电保护工作提供最基本的设备支持。同时还应该掌握世界继电保护技术的发展，在微机继电保护技术上进一步增强研究引进的力度，使我国的电力系统的安全系数达到世界先进水平，为我国强势的经济增长速度提供更完善的电力支持。

继电保护对我国电力系统的安全运行，起着不可替代的作用。在我国经济持续发展，对电力要求不断增大的情况下，要做好继电保护工作，就要从各方面对继电保护的基本任务和意义以及起保护作用的继电保护装置有深刻的了解，并要及时掌握未来技术发展的方向。随着科技时代的来临，特别是电子技术、计算机技术和通信技术的发展，我国继电保护技术主要是向微机继电保护技术方向发展。

第7章　供电系统的信息化

内容摘要： 供电系统信息化的基本功能、供电系统信息化的结构和硬件配置、微机保护方法等，重点研究电力行业如何实现全过程控制与管理。

理论教学要求： 掌握供电系统信息化的基本功能和供电系统的微机保护。

工程教学要求： 掌握供电系统信息化和变电站信息化系统的应用，包括系统的操作和维护。

信息技术的兴起与迅猛发展给传统的电力行业带来了新的机遇和挑战，以信息化来带动生产自动化和管理现代化已是促进电力行业发展的主要途径。电力企业信息一体化系统建设涵盖的范围主要是：生产信息、营销服务信息、资产经营信息、物资管理、人力资源管理等信息，其中建设的重点：一是统一分类各项基础数据；二是统一搭建系统平台；三是规范提炼各过程管理信息；四是建立各专业智能化专家知识系统。

在供电系统的变电所(或变电站)中，目前二次部分都采用的是机电式继电保护装置、仪表屏、操作台及中央信号系统等对供电系统的运行状态进行监控。这样的配置，其机构复杂、信息采样重复、资源不能共享、维护工作量大。在供电系统中，正常操作、故障判断和事故处理是变电所的主要工作，而素质仪表不具备数据处理功能，对运行设备出现的异常状态难以早期发现，更不便于和计算机(即微机)联网、通信。随着计算机技术与控制技术的发展，电网改造的需求增多，变电所信息化已成为发展趋势，其中，以变电所的信息化为重点研究对象。

7.1　供电系统信息化的基本功能

变电所信息化是指将变电所的继电保护装置、控制装置、测量装置、信号装置综合为一体，以全微机化的新型的二次设备替代机电式的二次设备，用不同的模块化软件实现传统设备的各种功能，用计算机局部网络(LAN)通信代替大量的信号电缆链接，通过人机接口设备，实现变电所信息化管理、监视、测量、控制打印记录等所有功能。变电所信息化的特点：

(1) 功能信息化。变电所信息化是建立在计算机硬件技术、数据通信技术、模块化软件技术上发展起来的，它除了直流电源以外，综合了全部的二次设备为一体，即监控装置综合了仪表屏、模拟屏、中央信号系统、操作屏和光字牌，微机保护代替了传统的电磁保护。

(2) 微机化结构。信息化系统内的主要插件全是微机化的分布式结构，网络总线将微机保护及数据采集控制环节的CPU构成一个整体，实现各种功能，一个系统往往有几十个CPU同时并行运行。

(3) 操作监视屏幕化。变电所值班人员完全面对屏幕显示器对变电所进行全方位监视与操作。计算机屏幕上的数据显示代替了指针式仪表读数；CRT 屏幕上的实时接线画面取代了传统的模拟屏；在操作屏上进行的跳闸、合闸操作被 CRT 屏幕上的图标操作取代；光字牌报警被 CRT 屏幕画面的动态显示和文字提示所取代。从计算机屏幕上可以监视到整个变电所的运行状态。

(4) 运行管理智能化。由于信息化系统本身所具有的自诊断功能，它不仅能监测供电系统的一次设备，还能够实现在线自检。相应开发的专家系统，如故障判断，负荷控制系统等能对变电所实现智能化运行管理。

供电系统中变电所信息化系统的基本功能主要取决于供电系统的实际需要，技术上实现的可能性以及经济上的合理性。图 7-1 是变电所信息化基本功能框图。

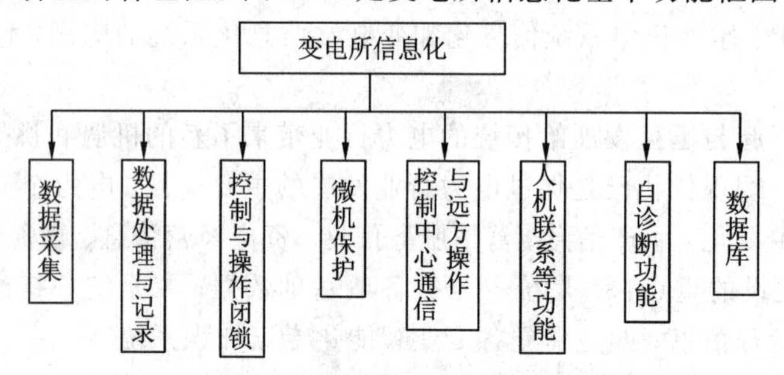

图 7-1　变电所信息化基本功能框图

变电所信息化的基本功能归纳起来有以下几个方面。

1. 数据采集

对供电系统运行参数进行在线实时采集是变电所信息化系统的基本功能之一。运行参数可归纳为模拟量、状态量和脉冲量。

(1) 模拟量。变电所中典型的模拟量有：进线电压、电流和功率值，各段母线的电压、电流，各馈电回路的电流和功率等，此外还有变压器的油温、电容器室的温度、直流电源电压等。

(2) 状态量。变电所中采集的状态量有：断路器与隔离开关的位置状态、一次设备运行状态及报警型号、变压器分接头位置信号、电容器的投切开关位置状态等，这些信号大部分通过光电离方式的开关量中断输入或扫描采样获得。

(3) 脉冲量。脉冲电度表输出的以脉冲信号表示的点度量。

2. 数据处理与记录

对采集的数据定时记录，代替了值班电工复杂的抄表工作，主要有以下几种类型：

(1) 变电所运行参数的统计、分析和计算。它包括变电所进线及各馈电回路的电压、电流、有功功率、无功功率、功率因数、有功电量、无功电量的统计计算；进线电压及母线电压，各次谐波电压畸变的分析，三相电压不平衡的计算；日负荷、月负荷的最大值、最小值、平均值的统计分析；各类负荷报表的生成及负荷曲线的绘制等。

(2) 变电所内各种事件的顺序记录并存档。如各开关的正常操作下的次数、发生的时间，继电保护装置和各种自动装置动作的类型、时间、内容等。

(3) 变电所内运行参数和设备的越限报警及记录。在给出声光报警的同时，记录下被检测的名称、限值、越限值、越限的百分数、越限的起止时间等。

3. 控制与操作闭锁

可通过变电所信息化系统的CRT屏幕对变电所内各个开关进行操作，也可以对变压器的分接头进行调节控制，对电容器组进行投切。为了防止计算机系统故障时无法操作被控设备，在设计上应保留人工直接跳合闸手段。

4. 微机保护

主要包括线路保护、变压器保护、母线保护、电容器保护、备用电源的自动投入装置和自动重合合闸装置等。

5. 与远方操作控制中心通信

本功能即常规的远动功能，在实现"四遥"(遥测、遥信、遥调、遥控)的基础上增加远方修改整定保护定值，当变电所的运行参数需要向电力部门传送时，可通过相应的接口和通道，按规定的通信规约向电力部门传输数据信息。

6. 人机联系等功能

当变电所有人值班时，人机联系功能在当地监控系统的后台机(或称为主机)上进行；当变电所无人值班时，人机联系功能可在远方操作控制中心的主机或工作站上进行，操作人员面对的都是CRT屏幕，操作工具都是键盘或鼠标。

人机联系功能是用户面对变电所信息化的窗口，通过屏幕现实，可以使值班人员随时全面了解供电系统及变电所的运行状态，包括供电系统的主接线、实时运行参数、变电所内一次设备的运行状况、报警画面与提示信息、事件的顺序记录、事故记录、保护整定值、控制系统的配置显示及各种报表和负荷曲线。通过键盘可以修改保护的定值及保护类型的选定，报警的界限、设置与退出，手动与自动的设置，人工操作控制断路器及隔离开关等。

屏幕显示的优点是直观、灵活、容易更新，但是它是暂时的，不能够长期保存信息，而人机联系的另一种方式就是打印记录功能，因此屏幕显示和打印记录是变电所信息化系统进行人机联系不可缺少的互补措施。

打印通常分为定时打印、随即打印和召唤打印三种方式：定时打印一般用于系统的运行参数、每天的负荷报表及负荷曲线等；随即打印用于系统发生异常运行状态、参数越限、开关变位、保护动作等情况，立即打印有关信息；召唤打印是指根据值班人员的需要和指令，打印指定的内容。

7. 自诊断功能

信息化系统的各单元模块应具有自诊断功能，自诊断信息也像数据采集一样周期性地传输到后台操作控制中心。

8. 数据库

数据库是用来存储整个供电系统所涉及的数据信息和资料信息，对整个供电系统而言，其数据库中的类型可分为基本类数据、归档类数据。

基本类数据是整个数据库的基础，它包括供电系统的运行参数和状态数据，如电压、电流、有功功率、无功功率开关位置、变压器的油温等。

基本类数据实际上也就是将变电所中的部分一次设备和与其相关的基本数据结合一起作为一个整体对待，便于其他系统的引用，如变压器数据包括分接头的位置和温度、一次侧电流和电压、二次侧电流和电压、有功及无功功率、分接头调节控制及相关的操作等。

归档类数据主要存在于磁盘文件中，只有查看历史数据时才用到，它分两类：一类是变电所基本信息类数据，如变电所内一次、二次设备的型号、规格、技术参数等原始资料；另一类是反映变电所运行状态类型的数据，如日负荷、月负荷的平均值、最大值、最小值，事故报警历史记录等，这类数据一般都带有时标（即标记时间及相关参数发生的时刻），以备查阅。

除了以上基本功能外，目前一些信息化系统已开发出了相应的智能分享模块软件，如事故的综合分析、自动寻找故障点、自动选出接地线路、变电所倒闸操作器的自动生成和打印等功能。

7.2 变电所信息化系统的结构和硬件配置

7.2.1 变电所信息化系统的结构

在供电系统中，由于变电所的电压等级、容量大小、值班方式、投资能力的不同，所选用的变电所信息化系统的硬件结构也不尽相同，根据变电所在供电系统中的地位和作用，对变电所信息化系统的结构设计应考虑可靠、实用、先进的原则。

变电所信息化系统的结构模式可分为集中式、分布集中式和分布分散式三种类型，分述如下：

1. 集中式信息化系统结构

图 7-2 为集中式信息化系统结构示意图，这种系统结构的可靠性较低，功能有限，其系统的扩充性和维护性都较差。

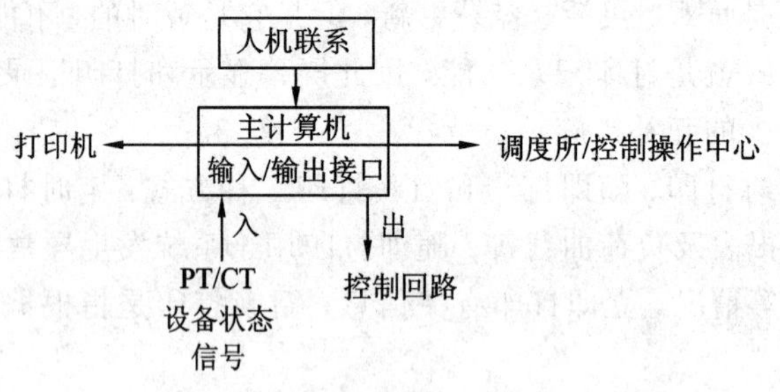

图 7-2 集中式信息化系统结构示意图

2. 分布集中式信息化系统结构

图 7-3 为分布集中式信息化系统结构示意图，它是将变电所内各回路的数据采集单元、控制单元和保护单元分别集中安装在变电所控制室内的数据采集柜、控制柜和保护柜中，其相互之间通过网络与控制主机相连。

3. 分布分散式信息化系统结构

图 7-4 为分布分散式信息化系统结构示意图，它是将变电所内各回路的数据采集、微机保护及监控单元综合为一个装置，就地安装在数据源现场的开关柜中，每个回路对应一套装置，装置的设备相互独立，通过网络电缆连接，与变电所主控室的监控主机设备进行通信。

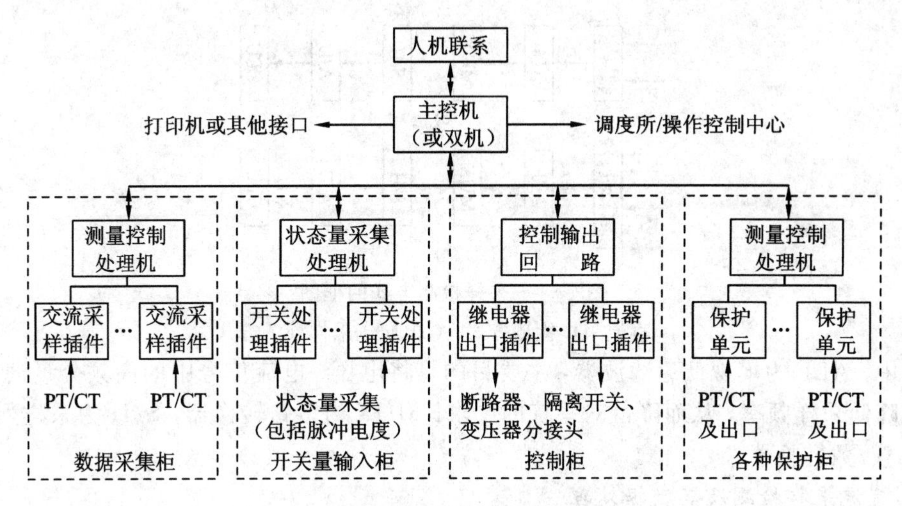

图 7-3　分布集中式信息化系统结构示意图

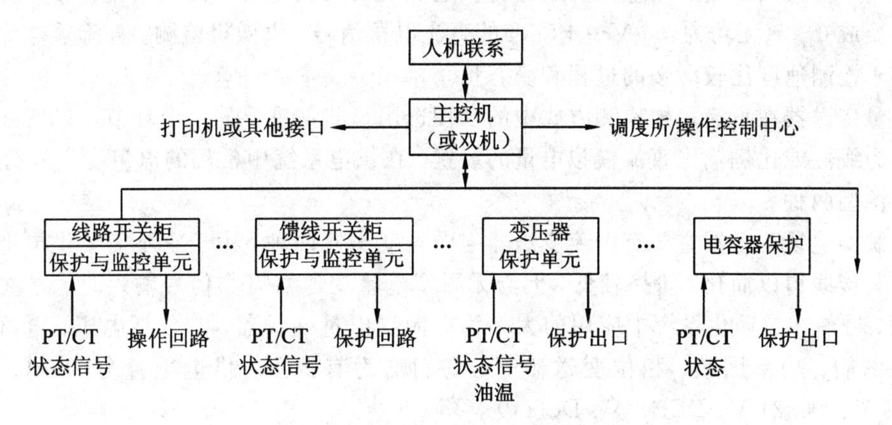

图 7-4　分布分散式信息化系统结构示意图

分布分散式结构减少了所内的二次设备及信号电缆，避免了电缆传说信息时的电磁干扰，节省了投资，简化了维护，同时最大限度地压缩了二次设备的占地面积。由于装置的相互独立，系统中任一部分故障时，只影响局部，因此提高了整个系统的可靠性，也增加了系统的可扩展性和运行的灵活性。

可见分布集中式和分布分散式两种分布式结构，区别在于每个单元模块是对应一条回路，还是对应变电所内的一次设备进行配置，可以根据实际要求选择不同的结构。

7.2.2　变电所信息化系统的硬件配置

变电所信息化系统的硬件配置一般由数据采集与处理、中央处理机(包括打印机、监视器、通信接口等外围设备)、微机保护、操作与控制、故障滤波等各功能模块及变电所通信网络组成。

1. 数据采集与处理

数据采集主要是模拟量与开关量数据的采集。模拟量的检测一般有两种方式，即直流采样检测和交流采样检测，两种条样检测方式的框图如图 7-5 所示。

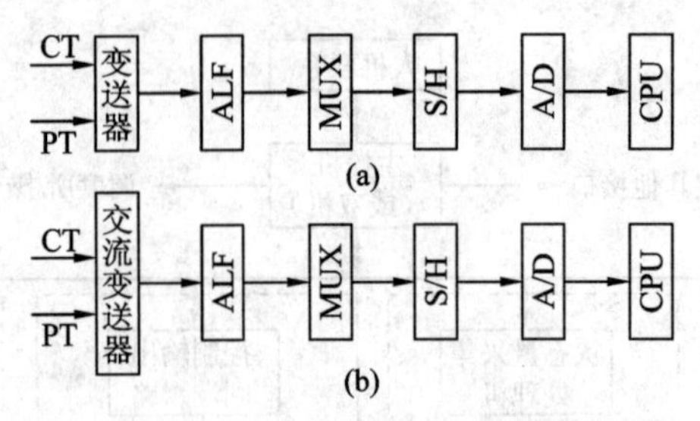

图 7-5　采样检测方式的框图

(a) 直流采样检测方式；(b) 交流采样检测方式

图中，ALF 为模拟低通滤波器，主要目的是将电压、电流信号中的高频分量滤掉，这样可以降低采样频率，从而降低对系统的要求；MUX 为多路转换器；S/H 为采样保持器；A/D 为模/数转换器。

1) 直流采样检测及其数据处理

直流采样检测是指采用电量变送器将供电系统的交流电压、交流电流、有功及无功功率等转换成 0～5(无功为－5 V～＋5 V)的直流电压信号，供微机检测。直流采样检测方式一般用于检测速度比较缓慢的过程和稳态量。

电量变送器在直流采样检测方式中的合理选用是非常重要的一个环节，它是将交流电量转换为线性或比例输出直流模拟电量的装置。在供电系统中常用的电量变送器分为无源型和有源型两种。

无源型电量变送器主要有电流变送器与电压变送器两种，由于它不需要供电电源，从而使安装接线得以简化，价格较低，但当无源型电量变送器有小信号输入时，测量精度不易保证。目前在自动化系统中应用的大多为有源型电量变送器，它包括电压、电流、有功和无功电能、功率因数、相位变送器等，它们均为有源型，供电电量分为 AC 110 V、AC 220 V、DC 24 V、DC 48 V、DC 110 V 等。

电量变送器的接线比较简单，基本上相同于一般计量仪表在系统中的接线，即电流变送器(BC)的输入端应串接在电流互感器的二次回路中，电压变送器(BU)的输入端应并接在电压回路上，如图 7-6 所示。

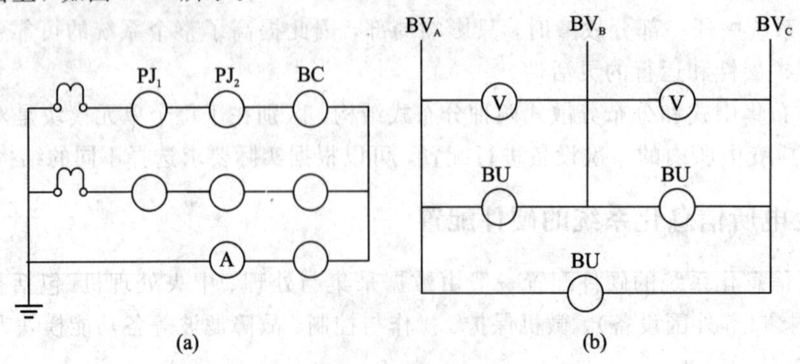

图 7-6　电量变送器的接线示意图

(a) 电流变送器接线示意图；(b) 电压变送器接线示意图

在直流采样检测中，某一模拟量经变送器、低通滤波、采样保持、A/D 转换被采集到内存后，还需要进行一系列的加工和处理，才能称为有用的数据，一般通过专用软件来实现下列处理：

(1) 采集到的数据排队，按通道集中存放。

(2) 数字滤波排除可能的随机干扰，在数字滤波时通过一种算法来提高检测的精度，常用的算法有算术平均值法、中值滤波法以及惯性滤波法等。

(3) 对数据进行合理性检查和越限检查。

(4) 将采集到的数据乘以不同的系数，恢复到与原来一样的大小和单位，便于显示或打印出来，这一过程称为标度转换。

2) 交流采样检测及其数据处理

交流采样检测是指采用交流变送器将交流电压和交流电流转换成峰值为±5V 的交流电压信号。这种方法的特点是结构简单、速度快、投资少、工作可靠，缺点是程序设计较繁琐，同时它要求 A/D 转换接口是双极性的，对转换速度要求较高。

由于交流采样所得到的信号是瞬间值，无法直接识别它的大小和传送方向(指功率)，这就需要通过一定的软件处理把信号的有效值计算出来。交流采样的算法较多，下面介绍两种算法：

(1) 亮点采集算法。该算法用于纯正弦波输入信号。

假设单个输入信号为

$$u=U_{\omega}\sin\omega t \tag{7-1}$$

若相隔 90°采集两点，有

$$u_1=U_m\sin\omega t$$
$$u_2=U_m\sin(\omega t+90°)=U_m\cos\omega t$$

则

$$u_1^2+u_2^2=U_m^2\sin^2\omega t+U_m^2\cos^2\omega t=U_m^2=2U^2$$

所以该信号的有效值为

$$U=\sqrt{\frac{u_1^2+u_2^2}{2}} \tag{7-2}$$

同理，对于电流有

$$I=\sqrt{\frac{i_1^2+i_2^2}{2}} \tag{7-3}$$

如果输入信号为复合信号(如功率等)，即

$$u=U_m\sin\omega t$$
$$i=I_m\sin(\omega t+\varphi)$$

若相隔 90°的两组采样值为

$$u_1=U_m\sin\omega t$$
$$i_1=I_m\sin(\omega t+\varphi)$$
$$u_2=U_m\sin(\omega t+90°)=U_m\cos\omega t$$
$$i_2=I_m\sin(\omega t+\varphi+90°)=I_m\cos(\omega t+\varphi)$$

进行如下运算，则

$$\begin{aligned}u_1i_1+u_2i_2&=U_m\sin\omega t\cdot I_m\sin(\omega t+\varphi)+U_m\cos\omega t\cdot I_m\cos(\omega t+\varphi)\\&=U_mI_m[\sin\omega t\sin(\omega t+\varphi)+\cos\omega t\cos(\omega t+\varphi)]\\&=U_mI_m\cos[\omega t-(\omega t+\varphi)]\\&=2UI\cos\varphi=2P\end{aligned}$$

所以

$$P=\frac{1}{2}(u_1 i_1+u_2 i_2) \tag{7-4}$$

利用 $u_2 i_1-u_1 i_2$ 可得

$$Q=\frac{1}{2}(u_2 i_1-u_1 i_2) \tag{7-5}$$

(2) 全周波的傅氏算法。该算法用于当输入信号含有高次谐波的畸变分量时。根据傅氏级数理论，当一个周期函数满足狄里赫利条件时，就可以分解为傅立叶级数。这里只给出结果，推导过程略。

第 n 次谐波分量幅值的实部 α_n 和虚部 b_n 为

$$\alpha_n=\frac{2}{T}\sum_{k=0}^{N-1} f_k\cos\left(\frac{2\pi}{N}kn\right)\cdot\frac{T}{N}=\frac{2}{N}\sum_{k=0}^{N-1} f\cos\left(\frac{2\pi}{N}kn\right)(n=0,1,\cdots,N-1)$$

$$b_n=\frac{2}{T}\sum_{k=0}^{N-1} f_k\sin\left(\frac{2\pi}{N}kn\right)\cdot\frac{T}{N}=\frac{2}{N}\sum_{k=0}^{N-1} f\sin\left(\frac{2\pi}{N}kn\right)(n=0,1,\cdots,N-1)$$

式中，f_k 为第 k 个时间点的采样值；n 为虚波次数；N 为一个周期 T 中的采样点数。

例如，对于非正弦的周期函数 $u(t)$，若每个周期采样 12 个点，则基波分量的实部为

$$\begin{aligned}U_{E1}&=\frac{2}{12}\sum_{k-1}^{12} u_K\cos k\,\frac{2\pi}{12}\\&=\frac{1}{12}[2(u_{12}-u_6)+(u_2-u_4-u_8+u_{10})+\sqrt{3}(u_1-u_5-u_7+u_{11})]\end{aligned}$$

同理，基波分量的虚部为

$$U_{X1}=\frac{1}{12}[2(u_3-u_9)+(u_1+u_7-u_5-u_{11})+\sqrt{3}(u_2-u_8+u_4-u_{10})]$$

$$P=\frac{1}{2}(U_R I_R+U_X I_X)$$

$$Q=\frac{1}{2}(U_X I_R-U_R I_X)$$

3) 采样保持与多路转换器的配置

在变电所信息化系统中，数据采集往往要同时采集输入多个信号，在每一个采样周期中，要对多个通道输入信号全部采样一次，一般采用同时采样和顺序采样两种方式。图 7-7为同时采样方式，图 7-8 为顺序采样方式。

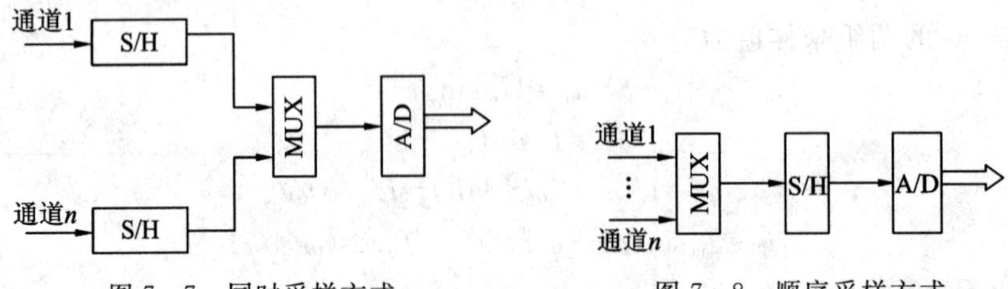

图 7-7　同时采样方式　　　图 7-8　顺序采样方式

在通常情况下，同时采样方式用于待采样的数据数较多的情况，而顺序采样用于采集信号较少的场合。

4) 开关量的检测与识别

变电所的开关量有断路器、隔离开关的状态、继电器和按键触电的通断等。断路器和

隔离开关的状态可以通过其辅助触电给出信号，继电器和按键则由本身的触电直接给出信号。

在供电系统中，作为开关信号的电压一般都比较高(110 V～220 V)，这种高电压不能直接进入微机接口电路，须采用隔离措施，可采用中间继电器，也可采用光电隔离器件。光电隔离器件与微机接口的输入方式如图 7－9 所示。

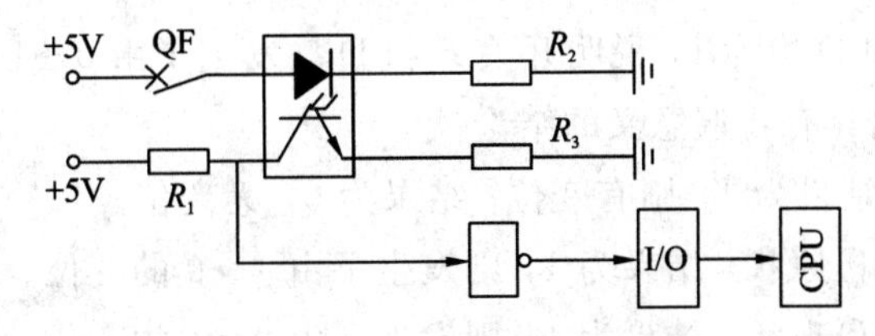

图 7－9　光电隔离器件与微机接口的输入方式

当 QF 断开时，其动合辅助触点打开、光电隔离的二极管截止，光电隔离器输出高电位，经反向器反相输出低电位，微机采集的二进制数为“0”；相反。微机采集的二进制数为“1”。

开关量的采集方式可以采用定时查询方式，也可以采用中断方式，一般隔离开关的状态变化比较缓慢，同时重要程度也不高，因此可以采用定时查询方式输入，而对于断路器和继电器状态可用中断方式输入，以便响应及时。

开关量检测中一个重要的工作就是变位识别，包括是否变位和何种变位，以便根据开关状态的变化执行某项操作。

下面介绍一种逻辑算法以确定开关量的变位识别，开关量的状态通常用一位二进制数来表示，若用“1”表示闭合，“0”表示断开，例如，A、B、C、D 四个开关的原始状态为 1010，现状态为 1101，可见 A 开关状态没有变化，而开关 B、C、D 状态均发生了变化，根据逻辑运算中的“异或”运算的规律“相同为 0，不同为 1”，将原状态和现状态进行“异或”运算，则有

		A	B	C	D
原状态		1	0	1	0
现状态	$\oplus$	1	1	0	1
		0	1	1	1

结果表明，开关 A 状态没有变化，而开关 B、C、D 状态发生了变化，但其变位状况是 1→0，还是 0→1，则需进一步确定，在已确定变了位的开关量中，若原状态为“1”，则必定发生了由 1→0 的变位，因此，将上面异或的结果与原状态进行一次逻辑“与”的运算，可以找到发生由 1→0 变位的开关，即

		A	B	C	D
原状态		1	0	1	0
异或结果	$\cap$	0	1	1	1
		0	0	1	0

结果表明，开关 C 发生了由 1→0 的变位。

同样的道理，在已经确定变了位的开关量中，若现在的状态为“1”，则必定是发生了由 0→1 变位。可见只要将异或的结果和现在状态进行一次“与”运算就可确定由 0→1 变位的

开关，即

		A	B	C	D
原状态		1	1	1	1
异或结果	⋂	0	1	1	1
		0	1	0	1

结果表明开关 B 和 D 均为 1，说明开关 B 和 D 均发生了由 0→1 的状态变位。

综合分析可以得出具有普遍意义的结论：

(1) 现状⊕原状，结果为 1，则有变位；结果为 0，无变位。

(2)（现状⊕原状）⋂原状，结果为 1，则发生了由 1→0 的变位。

(3)（现状⊕原状）⋂现状，结果为 1，则发生了由 0→1 的变位。

2. 中央处理机

中央处理机系统一般可采用单片机系统和多机系统两种基本配置。单片机系统是指变电信息化的全部功能由一台中央处理器来控制和完成。这种配置系统结构简单，造价低。缺点是容易受限制，如检测量多，则响应速度受影响，且工作可靠性较差，因此一般用于小型变电所。

通常的系统都采用多机系统，多机系统分两种配置：一种为两台主机，一台工作，另一台处于热备用状态，这种系统的可靠性较高，能保证不间断连续工作；另一种配置是采用一台(或两台)主机和若干台前置机，前置机负责数据的采集和通信联络工作，收集到的信息经初步处理后向主机传送。至于打印、现实、人机联系及运动通信等功能，则由主机统一指挥和调度，这种系统称为分布式多机系统。这种配置的优点是功能强，容量大，灵活、可靠，便于维护和扩充，它可以根据现场实际情况灵活地增减前置机的数量，以满足不同供电系统的需要。

由于实时部分都由前置机负责，因此中央处理机可以采用高级语言编程，因而比较容易实现更复杂的功能和运算。

3. 变电所的运行和控制

变电所信息化系统是一个实时监控系统，它不仅要监视变电所正常运行时主要运行参数和开关操作情况，而且要检测不正常状态和故障时的相关参数和开关信息，进行判断和分析，输出执行指令，去控制某些对象或调节某些参数使偏离规定值的参数重新恢复到规定值的范围内。

信息化系统中的控制一般采用负荷控制，继电保护控制和采用有载调压变压器及补偿电容器组进行电压和无功功率补偿容量的自动调节，以保证低压侧母线电压在规定范围内及进线的功率因数满足电离部门的要求。

7.3 供电系统的微机保护

与传统的模拟式继电保护相比较，微机保护可充分利用和发挥计算机的储存记忆，逻辑判断和数值运算等信息处理功能，在应用软件的配合下，有极强的综合分析和判断能力，可靠性很高。

微机保护的特性主要是由软件决定的，所以保护的动作特性和功能可以通过改变软件程序以获取所需要的保护性能，且有较大的灵活性。由于具有较完善的通信功能，便于构成信息化系统，最终实现无人值班，提高系统运行的自动化水平。

目前，我国许多的电力设备的生产厂家已有很多成套的微机保护装置投入现场运行，并在电力系统中取得了较成功的运行经验。

7.3.1　微机保护的构成

典型的微机保护系统由数据采集、微机系统、开关量输入/输出系统三部分组成，如图 7-10 所示。其中，数据采集部分包括交流变换、电压形成、模拟低通滤波、采样保持、多路转换、一级模/数(A/D)转换等，功能是将模拟输入量准确地转换为所需的数字量。

微机系统是微机保护的核心部分，包括 CPU、RAM、EPROM、E^2PROM、可编程定时器和控制器等。功能是根据预定的软件，CPU 执行存放在 EPROM 和 E^2PROM 中的程序，运用其算术和逻辑运算的功能，对由数据采集系统输入至 RAM 区的原始数据分析处理，从而完成各种保护功能。

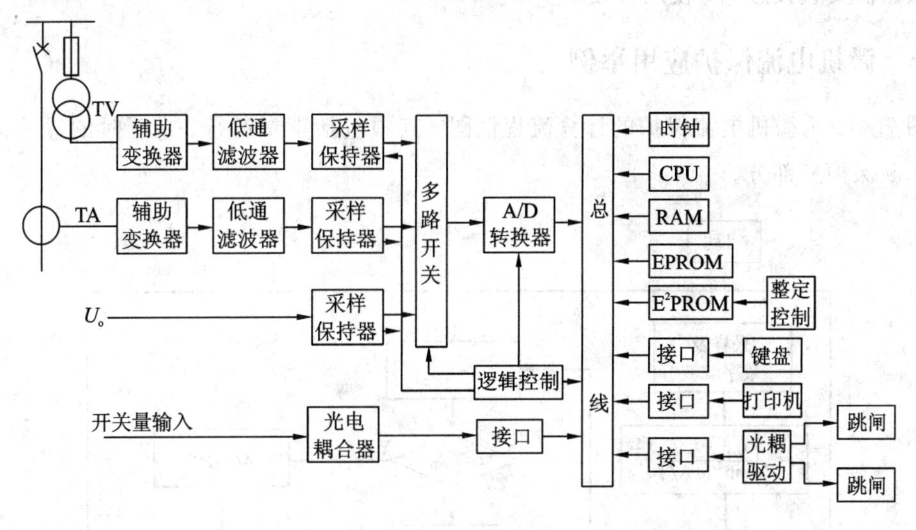

图 7-10　微机继电保护装置硬件系统示意图

开关量输入/输出系统让由若干个并行接口适配器，光电隔离器及有接口的中间继电器等组成，以完成各种保护的出口跳闸、信号报警、外部接口输入及人机对话等功能，该系统开关量输入通道的设置是为了实时地了解断路器及其他辅助继电器的状态信号，以保证保护动作的正确性，而开关量的输出的熔点则是为了完成断路器跳闸及信号报警等功能设计的。

微机保护系统的基本工作工程是：当供电系统发生故障时，故障信号将由系统中的电压互感器和电流互感器传入微机保护系统的模拟量输入通道，经 A/D 转换后，微机系统将对这些故障信号按固定的保护算法进行运算，并判断是否有故障存在。一旦确认故障在保护区域内，则微机系统将根据现有断路器及跳闸继电器的状态来决定跳闸次序，经开关量输出通道输出跳闸信号，从而切除系统故障。

7.3.2　微机保护的软件设计

微机保护的软件设计就是寻找保护的数学模型。数学模型是微机保护工作原理的数字表达式，也是编制保护计算机程序的依据，它通过不同的算法可以实现各种保护的功能，而模拟式保护的特性和功能完全由硬件决定，而微机保护的硬件是共同的，保护的特性与功能主要由软件所决定。

供电系统继电保护的种类很多，然而不管哪一类保护的算法，其核心问题都是要算出可表示被保护对象运行特点的物理量，如电压、电流的有效值和相位等，或者算出它们的序分量、基波分量、谐波分量的大小和相位等。有了这些基本电量的算法是研究微机保护的重点之一。

目前微机保护的算法较多，常用的有导数算法、正弦曲线拟合法(采样值积算法)、傅立叶算法等，由于篇幅关系，不再详述。值得一提的是，目前许多生产厂家已将微机保护模块化、功能化，如线路微机保护模块、变压器微机保护模块、电动机微机保护模块等，用户可根据需要直接选购，使用方便。

7.3.3　微机电流保护应用举例

图 7－11 为微机电流保护的计算流程框图。其中包括正常运行、带延时的过滤保护和电流速断保护三部分。

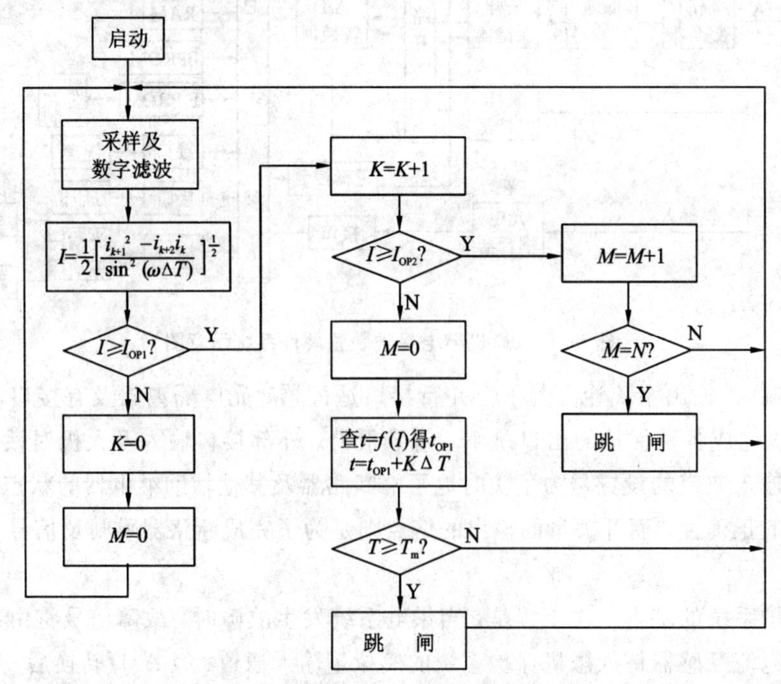

图 7－11　微机电流保护的计算流程框图

在供电系统正常运行时，微机保护装置连续对系统的电流信号进行采样，为了判断是

否故障，采用正弦曲线拟合法(即三采样值积累法)对数据进行运算处理，该算法的公式为

$$I=\frac{1}{2}\left[\frac{i_{k+1}^{2}-i_{k+2}i_{k}}{\sin^{2}(\omega\Delta T)}\right]^{\frac{1}{2}} \tag{7-7}$$

从而求得电流有效值，将它与过流保护动作整定值 I_{OP1} 和电流速断保护整定值 I_{OP2} 进行比较。当计算出来的电流小于 I_{OP1} 和 I_{OP2} 时，说明系统运行正常，微机保护装置不发出跳闸指令。

当供电系统发生故障时，计算出的 I 大于定值 I_{OP1} 时，保护程序进入带延时的过电流保护部分，这时计数器 $K+I$，K 的作用是计算从故障发生开始所经过的采样次数。如果 I 小于 I_{OP2}，则对第二个计数器 M 清零。同时，运行程序通过查表的方式查询过电流继电器的时间、电流特性，该特性 $t=f(I)$ 反映了在特定电流数值条件下，过流延时跳闸的起始时间，即可得到在动作电流为 I_{OP1} 时的起始时间 t_{OP1}。用 t_{OP1} 和故障发生所经历的时间 $K\Delta T$ 相加之后，与过流保护的延时时限 T_m 相比较，当 $t_{OP1}+K\Delta T\geqslant T_m$ 时，则保护发出跳闸命令完成带延时的过流保护运算。

当 $I\geqslant I_{OP2}$ 时，保护计算进入电流速断部分，此时 M 开始计数，直到它到达某一固定值 N 时，就发出跳闸命令。N 是一个延时，用于躲过系统故障时出现的尖脉冲。当 $f_N=16f_0$ 时，取 $N=4$ 表示速断动作具有 1/4 工频周期的延时。

7.4　变电站信息化系统的应用

变电站应用变电站自动化系统，提高了变电站运行的可靠性和稳定性，降低了成本，提高了经济效益，随着变电站自动化技术的发展，人们对变电站自动化提出了更高的要求，进一步降低成本，增强系统的协调能力，提高系统的可靠性，特别使基于硬软件平台的数字化技术和通信技术的应用，促使人们对变电站保护和控制二次系统技术的整体概念有了深入的思考和研究，进一步组合和优化变电所自动化系统功能，以适应和满足变电站自动化系统的新要求。RCS－90000 变电站信息化系统简称(RCS－90000 系统)在这方面做了一些尝试。

7.4.1　RCS－90000 系统结构

RCS－90000 变电站信息化系统是根据变电站的特点，在总结多年的继电保护及变电站信息化系统研究、开发和实际工程经验，将保护、测量、监视和控制紧密集成而形成的新型变电站信息化系统。该系统是采用面向对象的设计思想。利用最新的计算机和网络通信技术，由保护测控单元组成，通过计算机通信网的连接，完成各保护测控单元与变电站自动化系统。该系统底层的互联，形成一个完整的变电站的信息化系统。各保护测控单元及变电站其他自动化设备或子系统在变电站的主计算机系统的协调、管理和控制之下，完成变电站运行、监视和控制任务。各保护测控单元可就近安放在开关柜上或开关现场，通过光纤或计算机通信网络事先与变电站计算机通信、交换信息。RCS－90000 系统结构框图如图 7－12 所示。

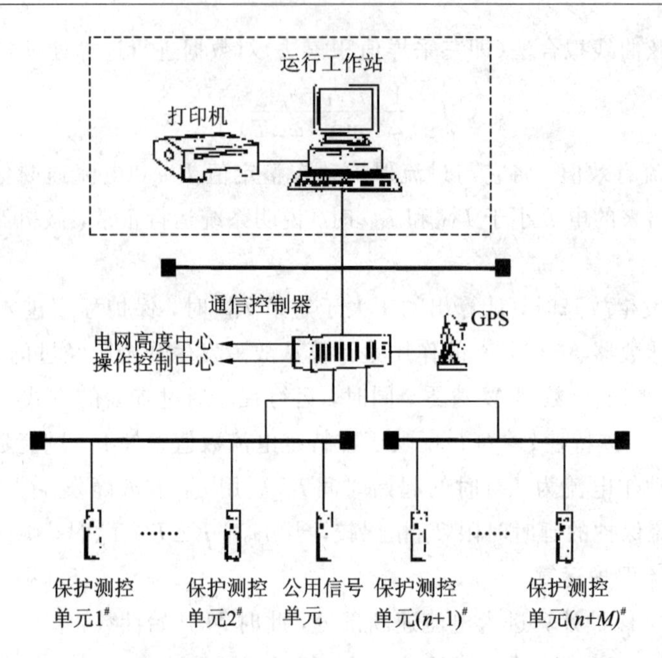

图 7-12 RCS-90000 系统结构框图

7.4.2 RCS-90000 功能的实现

RCS-90000 变电站信息化系统主要实现的功能有：数据采集和处理功能、馈线和主设备保护功能、备用电源自投入一级自动准同期、低周减载、电压无功控制等自动功能、分散式小电流接地选线功能、运动功能、硬件对时网络、变电站常规 SCADA 功能、如人机界面、越限和变位监视、报警处理、报表打印、保护定值查阅和远程修改、故障录波和显示等功能。

RCS-90000 变电站信息化系统还提供了灵活的逻辑编程功能。通过该功能，用户通过人机界面简单的操作，可对自动化系统所采集的信号进行逻辑运算处理和加工，生成所希望的信号和控制，既方便了使用者，又大大减少了系统修改的工作量。

RCS-90000 变电站信息化系统已经在实际中得到了广泛的应用。系统运行表明：系统所提供的功能基本满足了变电站运行监视、控制和管理的需要，运行稳定可靠。

7.4.3 RCS-90000 的主要特点

RCS-90000 变电站信息化系统具有可扩性强、可靠性高、安全性好、功能齐全、配置灵活、集成度高、抗恶劣环境、对时精度高等特点。

1. 二次系统建设投资少

将保护、监控、自动装置等功能集成在一个装置中完成，大大减少了为实现这些二次功能所需要的二次连接电缆，同时，实现数据共享，集成更多的功能于一体使建设投资大大减少。在 RCS-90000 系统中不仅继电保护、测控等功能集中在一个保护单元中，而且还将变压器主后备保护集中在一个装置中，减少了连接线，方便维护，真正实现了变压器保护的双重化。在变压器源自投入与分段开关或桥开关密切联系，实现数据共享，集成了分段、开关保护和测控功能。此外，系统还提供一些工具和逻辑处理功能，以适应特殊需要和功能。

2. 具有较高的可靠性

在 RCS－90000 系统中，集成保护和后备保护于一套装置中，在保护装置内部，采取双微处理器方式提高可靠性。两套微处理器同时采样，分别处理，仅当两处理器同时功能，尽可能采用数字通信方式交换信息，提高可靠性。

3. 便于维护

RCS－90000 系统充分利用计算机的处理能力，为使用者提供多种手段和工具，方便检查与维护，如提供给使用者便携式自动、半自动测试仪。将测试仪与装置的调试借口相连，仅需要简单的装置，便可在数分钟内完成功能检测和检查。

4. 具有良好的可扩展性

扩展、增添新的功能，是自动化系统在设计研究中必须考虑的。RCS－90000 系统在硬件上统一规划和设计，做好了模块化的工作，形成了基本硬件平台。为了适应不同的功能要求，在软件上选择广为使用且又具有发展前景的 Windows NT 系统作为操作系统，提供应用软件以全面的系统支持，保证系统良好的可扩展性。

7.5 智能电能表

作为测量电能的专用仪表——电能表，自诞生至今已经有一百多年的历史。随着电力系统、所有以电能为动力的产业的发展一级电能管理系统的不断完善，电能表的结构和性能也经历了不断更新和优化的发展过程。伴随着现代化电能管理要求以高新技术手段确保经济杠杆调配电能的使用，以求更高的供电效率，这便对电能计量仪器仪表提出了多功能化的要求，希望它不仅能够测量电能，而且能够用于管理。因此，功能单一且操作规模的感应式电能表以及相关的机械装置，已不能适应现代电能管理的需要，为使电能计量仪器仪表适应工业现代化和电能管理现代化飞速发展的需求，电子式电能表应运而生，而且迅速地被推广，在实践中得到广泛应用。

7.5.1 智能电能表的功能

智能电能表的基本功能有多种，可划分为用电计量、监视、控制和管理等四类。

1. 计量功能

智能电能表的计量功能具体地又分为累计和实时计量两部分。累计计量功能主要包括累计(并实现)双向供电的有功电能、无功电能和现在电能的消耗量、断电时间、断电次数及超功率时间等，而实时计量功能的内涵为测量并显示工频电能的所有参数，如各相电流、相电压等。

2. 监视功能

监视功能主要为最大需要量和防窃点的监视，还有缺相指示、停电和复电时间记录、预付费表的所购电能将用尽的报警及电压异常报警等。

3. 控制功能

控制功能主要为时段控制和负荷控制。前者用于多费率分时计费；后者则是指通过接口接受远方控制指令或通过仪表计内部的编程(考虑时段和或负荷定额)控制负荷。

4. 管理功能

智能电能表的管理功能包括按时段/费率进行计费、预付费提示、为抄表提供必要信息数据、可参与组网进入电能管理系统等。

7.5.2 智能电能表的结构与管理

智能电能表是在数字功率表的基础上发展起来的，它采用乘法器实现对电功率的测量，其工作原理如图 7-13 所示。被测的高电压 U、大电流 I 经过电压变换器和电流变换器和电流变换器转换后送至乘法器 M，乘法器 M 完成电压和电流瞬时值相乘，输出一个与一段时间内的平均功率成正比的直流电压 U_0，然后再利用电压/频率转换器，将 U_0 转换成相应的脉冲频率 f_0，即得到 f_0 正比于平均功率，将该频率分频，并通过一段时间内计数器的计数，便显示相应的电能。

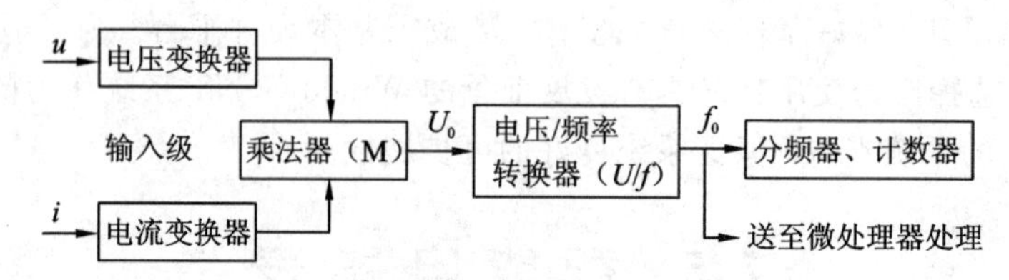

图 7-13　智能电能表的工作原理

7.5.3 智能电能表在用电需求侧管理系统中的应用

智能电能表的发展大致经历了两个阶段：第一阶段是从 20 世纪 70 年代初起至 80 年代中期的电能表技术的电子化，如何提高其使用寿命和准确度、拓宽量程以及降低故障等，先后研制出脉冲式电能表和较多功能的模拟智能电能表，其中包括功能单一的民用计度收费表和较多功能的工业用表；第二阶段自 20 世纪 80 年代中期起，特别是进入 20 世纪 90 年代以后，在计算机技术和微电子技术的有力支持下，使电子式电能表智能化，增加功能称为电子式电能表技术发展的主要特征。体现这些技术特征的典型现代电子式电能表主要有用于远程、无线、红外、低压配电线路等通信方式数据能被自动抄取的一类表，有磁卡式、电卡式预付表、多用户组合式表以及工业用具有几十种甚至上百种功能的多功能表。

供电、用电管理系统的逐步自动化和现代化，向作为管理基础的电能计量仪器仪表不断提出新的更高的要求。依托于计算机、微电子技术的日新月异而迅速发展的现代电子式电能表技术，也必将在更广泛的应用过程中，推动并加强供电、用电管理系统的自动化与现代化进程。

在实践中，电子式电能表得到了较为广泛的应用，与相应的设施相配套，便分别构成了在实践中广泛应用的自动抄表技术系统、智能化预付费用管理等系统。

1. 自动抄表系统

图 7-14 为智能电能表-集中抄表系统结构框图，图中智能集中三相表被安装在配电变压器下，它能够自动按时通过低压配电线抄手测量该配电变压器所带各负荷耗用电能的智能电能表的数据信息，实时地通过电话线与主站通信，接受主站的自动化管理；它的另一功能就是自动核算线损。主站-电费中心由通用系统和电费管理系统软件共同组成，通

过公用电话线管理若干个智能集中三相表，完成电费核算。

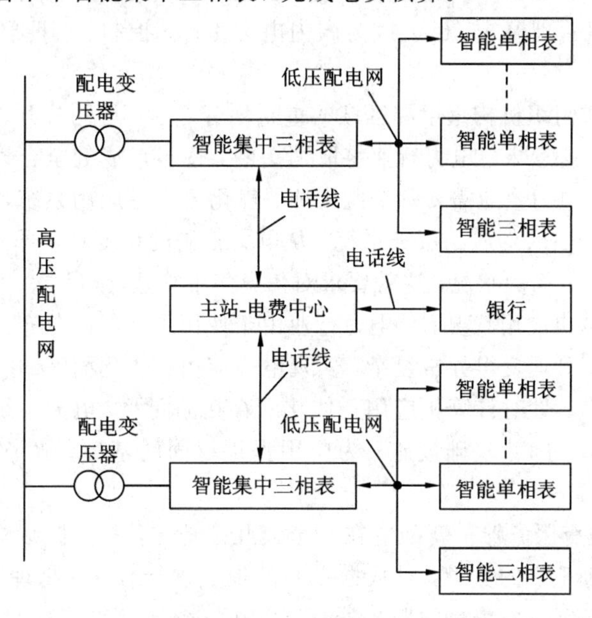

图7-14 智能电能表—集中抄表系统结构框图

2. 智能化预付费电能表

智能化预付费电能表是一种控制计量仪表，图7-15为卡式智能电能表在电能计量管理系统中的应用框图，该系统主要由计算机、售电写卡器、售电终端、购电卡、电能表、打印机及不间断电源UPS等组成。

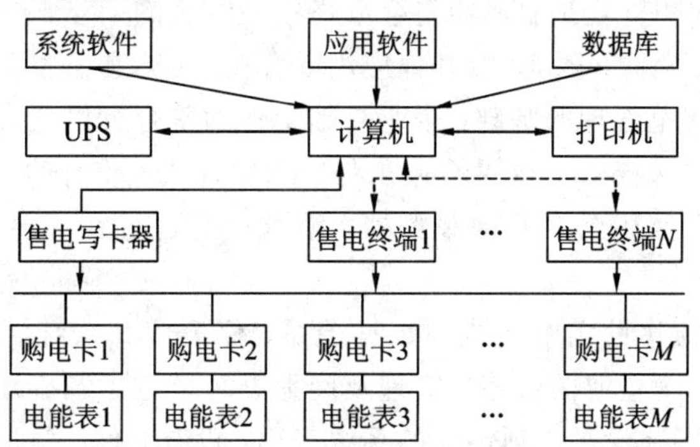

图7-15 卡式智能电能表在电能计量管理系统中的应用框图

7.6 在电力行业中实现全过程控制与管理

在信息技术应用中，有一个重要的课题，应用的一体化。电力系统目前也面临着应用的一体化问题。电力计算机应用一体化，一方面要完成各系统本身的一体化管理，另一方面还包含全部系统的一体化，即建立综合信息系统，整合信息孤岛。

在电力控制领域，20世纪60年代初，美国一家小电厂最早使用了计算机控制系统，当时该电厂采用的是集中管理模式，但由于当时计算机系统的可靠性很差，与本身已具有高度稳定能力的电力主设备相比，计算机的集中控制显得很不可靠，因此后期逐渐形成了计算机分布控制、管理的模式。中国的电力信息系统发展也经历了同样的过程，到目前为止，分布式的计算机管理模式，已经成为国内电力生产、控制、调配管理的最主要的信息化手段。

在电力行业完成组织机构重组和区域的重新划分之后，厂网分开、竞价上网的经营模式将逐步变为现实，这意味着电力行业将取消垄断，逐步形成健全合理的竞争机制。为了在竞争中取得成功，电力企业需要一个既集成、优化原有各应用系统，又能满足当前和未来挑战性需求的综合实时的应用服务系统。从电力控制的角度看，要实现全过程的管理和控制，就必须了解各方面的状况，这就要求对信息集中管理。

但从目前的计算机应用状况看，电力行业由于使用了多年的分布式系统，形成了许多数据孤岛，使得统一管理变得异常复杂，实现电力应用一体化面临的一个重要问题就是如何降低系统的复杂性。针对计算机应用一体化所存在的问题，电力系统的服务器整合的战略思想是：优化现在的 IT 基础设施，为应用提供稳固的基础。服务器整合分为以下三个阶段：

(1) 集中：把现有服务器重新配置在一个或几个地方，服务器结构不变。集中化涉及减少运营服务器物理地点的数量，对数据中心的地点进行合并。物理整合用几个容量大、功能强的服务器，替换一个较小的服务器，可以在一个地方、一个部门或整个公司实施。物理整合可以提高现有服务器系统的使用效率，改善应用程序的容量及性能，提高可管理性、可扩展性，降低系统维护、技术支持及软件升级等方面的费用。

(2) 数据整合：整合到一起的数据可被多台服务器存取，数据整合应在服务器集中和物理整合之后。数据整合可以通过更集中的方式管理和控制，从而创造更大的规模效应。

(3) 应用整合：应用整合是服务器整合策略中最综合的一步，应用整合包括把各种应用和数据，如 Web 服务、ERP、BI 及其他应用混合在一起。服务器整合是包括电力在内的所有行业实现统一、规范管理的基础，企业基础架构的整合可以通过多种方式实现，而把企业级服务器虚拟化技术与 Linux 结合起来将成为实现快速整合的捷径。这种方式能够把几十台、几百台、几千台甚至上万台服务器，整合成为运行在一台主机上的众多虚拟服务器。

信息一体化系统的建设实施在梳理数据关系、保证信息系统源头唯一、实现信息共享、密切协作的同时，为企业的数字化管理及网上办公奠定了基础。但我们必须清醒地意识到一体化信息系统的建设是一项庞大的系统工程，没有时间、经济和技术的保障必将造成项目框架搭起，而内核停顿，甚至不了了之的结局。而且，其前期必然存在大量信息录入工作、信息管理工作，投资回报短期不明显等问题。因此，一个企业只有在具备现代化管理意识的领导群体，经济效益较好，且拥有一支信息管理严谨、技术过硬的维护队伍，才能从深度、广度上实施一体化信息系统建设工作。

第 8 章　电力系统 CAD 软件开发应用

内容摘要： 电力系统 CAD 软件、CAD 软件的开发方法、CAD 软件的文档组织、电力系统 CAD 软件开发步骤。

理论教学要求： 掌握 CAD 应用软件的开发方法和电力系统 CAD 软件的开发步骤。

工程教学要求： 掌握 CAD 应用软件的开发方法和使用方法。

软件开发是根据用户要求建造出软件系统或者系统中的软件部分的过程。软件开发是一项包括需求捕捉和分析、设计、实现和测试的系统工程。软件一般是用某种程序设计语言来实现的。通常采用软件开发工具进行开发。软件分为系统软件和应用软件。软件并不只包括可以在计算机上运行的程序，与这些程序相关的文件一般也被认为是软件的一部分。软件设计思路和方法的一般过程包括：设计软件的功能和实现的算法及方法、软件的总体结构设计和模块设计、编程和调试、程序联调和测试以及编写、提交程序。

电力系统的软件开发是将电力专业领域的传统设计方法转化成计算机上操作的过程。开发高性能的 CAD 软件成为 CAD 技术推广应用和深入发展的关键。为了使 CAD 软件真正实用化，具有可靠性，要求用科学、严谨的工作方式进行软件产品的开发。

国内 CAD 软件开发分两种方式：一类是以 AutoCAD 为平台二次开发的应用软件；另一类是自主平台的 CAD 软件，即从最底层进行开发，不依赖于国外的平台软件。无论哪种开发方式，都必须遵循基本的规律。下面将使用软件工程中的一些基本概念和原则，针对电气工程 CAD 软件的特点，介绍 CAD 开发基础、开发方法，并以不同电气工程 CAD 系统为例说明其软件结构与实施步骤。

8.1　电力系统 CAD 软件

8.1.1　软件工程

1. 软件工程的提出

1986 年，在北大西洋公约组织的计算机会议上首次提出了软件工程这一术语，其目的是要用工程化、规范化方法实现软件的开发和维护。提出这一要求的基本原因有以下几个方面。

1）软件的复杂性增加

软件随应用的发展其复杂性增加，计算机已应用到各行各业，许多软件都以“十万行”、“百万行”来计数，这样一个庞大的软件难以采用个体方式完成。必须寻找软件开发、使用、维护的新途径，使之花费尽可能少的代价，得到正确、高质量的软件。

2）软件生产成本较高

随着集成电路的飞速发展，硬件成本下降，软件成本上升，目前一个 CAD 系统中硬件与软件的投资比达1∶4。软件成本高的一个重要原因是开发方法落后，只有采用规范化方法才能降低成本。

3）软件开发周期长

据统计资料表明，软件开发所需参数随程序代码行数的上升呈指数曲线上升。手工的落后编程方式不能适应计算机应用突飞猛进发展的需要。

4）维护工作量大

一般情况下，软件70%的错误是设计产生的，30%的错误是编程产生的。软件在验收时并不能发现全部错误，在软件改错的过程中还会产生新的错误，在扩大功能的过程中也会产生错误，加上软件开发者不重视技术资料的及时整理和审定以及程序中说明语句的叙述，使维护更加困难。基于上述原因，为了及时解决“软件危机”，人们不得不重视研究软件开发、使用、维护的工程化、规范化问题。

2. 软件工程的提出

1）软件的定义

1976年，IEEE杂志上指出，“软件由程序以及开发它、使用它、维护它所需要的一切文档组成”。1983年，IEEE对软件的定义更加明确，即“软件是计算机程序、方法、规则及其相关的文档以及在计算机上运行时所必需的数据”。该定义全面阐述了软件包括的内容。软件应有以下三方面的含义：

（1）个体含义是指程序及相关的一切文档。

（2）整体含义是指在一个计算机系统中，它是硬件以外的所有组成。

（3）学科含义是指开发、使用、维护软件的理论、方法和技术的研究。

2）工程化软件的要求

工程化软件应满足以下基本要求：① 正确性；② 可靠性；③ 简明性；④ 易维护；⑤ 采用结构化设计方法；⑥ 文档齐全，格式规范。

20世纪50年代，软件以节省存储空间、速度快为主要标准。20世纪80年代，以正确、易读、易修改、易测试为标准。标准的改变主要反映了工程化软件的要求。软件工程是指开发、运行、维护和修改软件的系统方法，它涉及软件的整个生存期。

3. 软件的生存期

软件从开始设计、开发、实现运行到最后停止使用的整个过程称为生存期，一般分为分析、设计、编写、测试、运行维护五个阶段，在每个阶段都有其具体的内容：

（1）分析阶段。分析阶段的主要任务是要确立软件总目标、功能、性能以及接口设想，建立软件系统的总体逻辑模型。

（2）设计阶段。设计阶段要将逻辑模型按照功能单一的原则划分模块，并确定模块之间的接口。

（3）编写阶段。对模块进行编程，并给出结构良好、易读的程序说明。

（4）测试阶段。进行单元测试和整体测试，检验其功能是否满足设计要求。

（5）维护阶段。解决测试中发现的问题，修改软件，使之适应新要求。

在这五个阶段中，若开始的工程化程度好，对后面的影响是非常大的。

8 1.2　电气 CAD 软件的特点及开发要求

1. 特点

在电气 CAD 应用软件的研制中，可以从数据的输入、输出、传输、存储及加工五个方面来分析它的特点。

(1) 输入：输入方式以菜单、图形及其二者的结合为主，对输入数据的正确性应有严格的检验手段。

(2) 输出：电气 CAD 软件的输出格式并不复杂，文字报表要求不高，图形以二维为主，且大部分是有规则的几何图形。

(3) 存储：CAD 存储管理的数据可分为两大类，一类是公用标准数据，另一类是设计数据。前者以静态存储管理为主，后者以动态存储管理为主。

(4) 传输：CAD 软件在功能模块级方面有较高的独立性，在各个子系统之间独立性更强，一般都能单独运行，信息传送速度要求不高，只是在数据格式上有较严格的要求，国际上已有统一的标准格式，如 GKS、IGES、CGM 等。

(5) 处理：因电气 CAD 软件主要与几何图形、拓扑关系、离散数学、计算方法等有关，因此对不同算法或技术要求需求必须用不同的程序库工作。

由上述特点可见，CAD 软件在工程化方面的要求比一般软件还要高，在某些方面的实现还比较困难，但只要软件的开发人员和应用人员一开始就严格按照软件工程的要求去做，软件工程化的目标就一定能实现。

2. 软件开发基本要求

(1) 硬件支撑环境。首先要确定 CAD 软件将要运行的硬件环境，即软件要求的硬件性能指标，内外存储容量，打印机、绘图仪、图形输入板等设备的使用方式和特点。

(2) 软件支撑环境。主要明确三点：①使用的操作系统，如 Windows、UNIX 或其他；②选用的编程语言，如 FORTRAN、VB、C 或其他；③采用的图形标准，如 GKS、PHIGS、CORE 或其他。这三点对 CAD 软件的编制及以后的维护、移植等阶段的工作影响极大，必须认真选择。

(3) 软件性能要求。软件开发时必须按照软件工程的思想，从开发、立项、分析、设计、编程到运行维护的全过程都要有正确的决策、合理的组织以及科学的方法。其基本要求是：

① 正确性：软件应当满足用户提出的应用要求，实现规划的全部功能，性能优越，结果正确。

② 可靠性：软件在各种极限情况下多次反复测试不失败，运行出错的概率小于预定目标，运行正常，容错性好。

③ 完整性：软件应提供完整的有效运行程序和文档资料以及必要的培训服务。

④ 实用性：软件应具有良好的人机界面，操作简便，有一定的适用范围，能解决实际问题。

⑤ 可维护性：便于纠正软件错误，扩充系统功能，实现各类维护活动。

⑥ 简明性：程序简单易读，采用模块化设计，接口简单。

8.2　CAD 应用软件的开发方法

8.2.1　程序设计原则

CAD 系统的设计就是利用软件技术，提出在计算机系统上实现工程设计的方案和手段。设计的成果就是软件。开发 CAD 软件是一项庞大的软件工程。

1. 分阶段设计

CAD 程序系统的研制过程可分为以下几个阶段：

(1) 需求分析：分析任务，确定设计系统的功能，并做可行性分析。

(2) 总体设计：通过分析和设计，确定系统的结构和数据流程。

(3) 详细设计：主要是确定算法，完成模块细节设计，为编写代码做具体准备。

(4) 编写代码：用高级语言或汇编语言实现前面各阶段的设计。

(5) 程序调试：逐个模块上机运行调试修改及统调。

(6) 程序系统的运行和维护。

编写程序前应做好设计。对于较大的系统，设计更要做到精益求精，切忌在没有做好规划和设计的情况下就去编写程序和上机调试，其结果往往是故障太多，以致系统长期不能运行。即使能交付使用，但在以后进行扩充时，将会困难重重。设计工作做得好，后面的工作就能顺利进行，减少返工，节省上机费用。据以往的统计，前面三个阶段占 40%的时间，编写代码阶段占 20%的时间，程序调试阶段占 40%的时间。在调试阶段发现的错误中，若属于编程错误，修改起来较为容易；若属设计上的错误，则要返回到前面几个阶段的工作。设计工作的目标之一是减少这种返回。

2. 减少维护工作量

程序系统初步调试成功后，接着便是运行、维护阶段。从实践中认识到，此时最多只完成了一半的工作量，而修正和维护占据了大量的时间。造成维护工作量大的原因是：

(1) 设计考虑欠周密。实际上不可能完全做到没有错误，调试的目的就是帮助发现错误。有的系统运行几年后仍会发现错误。

(2) 程序系统结构不好。由于程序段的功能太多，程序太复杂，即使是自己编写的程序，过一阶段后，有时也会变得不熟悉，修改起来困难。此外，每个人的风格不同，因此修改别人写的程序难度更大。

(3) 设计任务的要求有所改变，导致修改程序。由于程序系统的结构不好，模块化程度低，各程序段互相牵连严重，因此这种修改十分困难，一处修改常常导致不少新的错误。

3. 程序的质量指标

以前计算机的内存容量小、运算速度慢，因此往往把程序的长度和运算时间作为评价程序质量的重要指标。但现代计算机的存储和计算速度已大大提高，评价质量的标准也有了变化。评价程序质量的主要指标是：

(1) 正确性：一个可以使用的程序首先要运算正确，要保证在各种输入条件下都能正确运行。

(2) 结构清晰：组成系统的各部分程序关系明确。

(3) 程序简单：各部分程序简单且便于阅读，不要为缩短程序而使程序过于复杂。

(4) 容易修改和维护：这样可降低调试和维护的代价。

以上几点是各类程序系统的共同目标。在保证上述条件下，才考虑缩短长度，减少运算时间。此外，不同的任务可能还有自己的标准。例如，当输入数据很多时，如何方便用户管理数据以减少出错便是一条。

8.2.2　CAD系统开发过程

1. 需求分析

需求分析阶段主要明确CAD软件开发的要求，包括功能、可靠性等，讨论实现预定要求的可行性，选定软件的开发环境(硬件及软件支撑环境)和运行环境。

1) 分析任务

了解该任务原来的设计流程，设计的初始条件和约束条件，它的设计内容及对图纸的要求以及使用哪些资料、数据等。这样对设计系统的功能、规模就有了初步的了解。

2) 确定要求

确定设计系统的总功能，明确输入条件和输出内容。确定设计系统采用哪一种类型系统，采用人机交互型还是非人机交互型系统。

3) 可行性分析

分析系统在计算机上实现设计的可能性，原有设计过程和设计要求是否有改变的地方，例如应用优化方法进行设计等。从本单位的设备、资金、人力和能力上分析是否能够完成系统的研制。

4) 写出技术报告

写出概要报告，说明任务名称、设计系统的功能及组成、研制计划的进度和需要的费用、研制人员的组成等。第一次做软件开发工作，缺少经验，不妨先做容易的部分，困难的部分留着以后做。开发大的设计系统，应有专业人员和系统管理人员参加，研制任务的总负责人应由熟悉专业和计算机的人来担任。

2. 总体设计

总体设计阶段的目的是确定整个程序系统的结构及其组成和相互关系，并确定功能块的输入和输出、数据结构和开发语言等。

1) 程序系统结构设计

在开始设计一个项目时，说明要十分明确。设计达到的要求(即程序功能)要做得很细，例如，对于开发矿井电网的设计系统，给出设计系统的总功能如下：

(1) 用优化方法选择电缆等设备，并满足热稳定的要求。

(2) 末端电动机起动时机端电压不小于75% U_e。

(3) 电源进线短路容量小于50 MV·A。

(4) 绘制电气接线图。

按此要求，设计人员会感到不具体、不明确，不知从何下手。经分析，可将此项设计工作分配到各个分项中。

矿井电网设计的功能模块如图 8－1 所示。

电网设计
- 负荷统计及分布计算
- 变压器及开关设备选择
- 优先电缆及短路计算，动热稳定校验，开关校验
- 电压损失计算及电动机起动校验
- 保护装置整合
- 绘制电气接线图

图 8－1　矿井电网设计的功能模块

分项功能块还可以分解为更小的功能块，直到不能再分为止。

2）自顶向下设计法

将设计任务连续划分为功能块的设计方法，称为自顶向下设计法。由它得到的块图，表明了组成程序系统的结构图。采用自上而下的设计方法是一个好办法，对大型系统的设计尤为有效。

3）确定数据的流通途径

在设计系统的结构图时，还要分析系统运行时数据的流通，设计好与系统外部数据输入、输出的次序和途径。当一个系统的数据流通较为复杂时，最好在图上标注出数据的流向。此时要定义出数据的变量名称。

3. 详细设计

详细设计阶段的任务主要有决定实现模块功能的算法、决定模块的数据结构、精确描述算法。其具体步骤主要有以下几个方面：

1）使问题模型化

应用计算机解决实际问题，就要将这个实际问题抽象化，建成计算机模型。通常，对实物模型均以其上点的坐标参数加上程序来定义，这种模型称为几何模型。计算机是通过数值运算和逻辑运算来解决问题的，还需把求解问题归纳为明确的数学模型。

电力及厂矿供电中的电流计算、短路电流计算和继电保护整定等都用现成的公式及算法模型来描述。拓扑描述没有现成的公式，设计者就要花时间建立一种网络识别的模型。

2）设计算法并画流程图

算法通常是指包含在一个程序段内所要进行的连续处理的步骤，它由输入产生输出。这个步骤即是一个算法。一个正确的算法产生的结果应该是唯一的。

在数学模型确定之后，便要制订问题求解的一个算法，用流程图来表明算法的过程。在画流程图时，对计算内容的说明应尽量写得明白、易懂，采用的符号应与下一步编程中使用的变量、数组名一致。所以此时要编写一个符号名表，定义出使用的全部变量和数组名。

编写程序时以流程图作为依据，对程序的结构只使用三种基本逻辑控制结构。每个控制结构只有一个入口和一个出口，它从顶上进入，从底部出去。三种基本结构如下：

（1）顺序结构：它表示一个任务完成后，接着完成下一个任务。

（2）选择结构：当一个判断为“真”时执行其中一项，判断为“假”时执行另一项。

（3）循环结构：一项任务反复地执行直至一个预告规定的条件满足为止。

三种基本控制结构如图 8-2 所示。

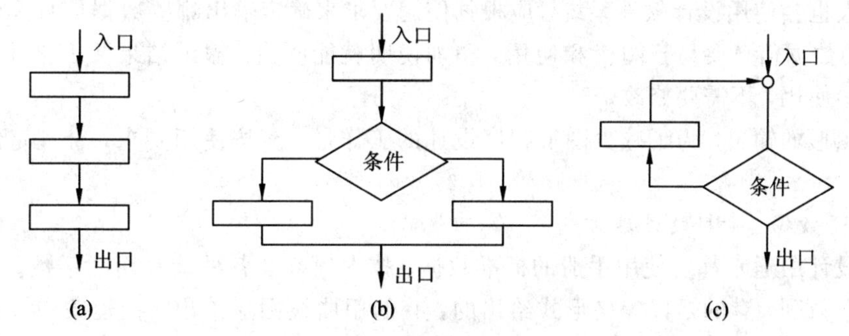

图 8-2　三种基本控制结构

(a) 顺序结构；(b) 选择结构；(c) 循环结构

为实际使用方便，允许使用如图 8-3 所示的三种扩展控制结构。

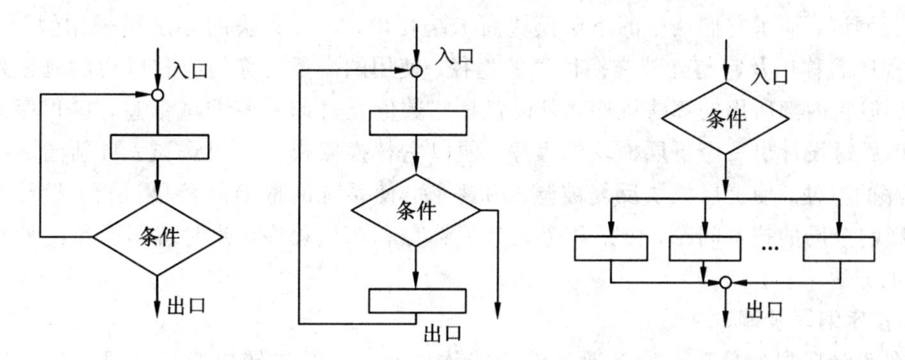

图 8-3　三种扩展控制结构

设计程序时采用上述的控制结构，连续组合起来组成程序，一个结构的出口点连接下一个结构的入口点，程序段执行十分清楚。当然也可使用嵌套方式控制结构来组成程序，如图 8-4 所示。结构化程序简单，编写容易，不易出错，调试、修改都方便。流程图写得越详细，编写工作就完成得越快。流程图的另一用途是当程序上机调试时，一旦发生逻辑性的错误，对照流程图能较快地找出问题来。所以在编写程序之前，应重视画流程图的工作。先画好系统的总流程图，再详细画出各处模块的流程图。

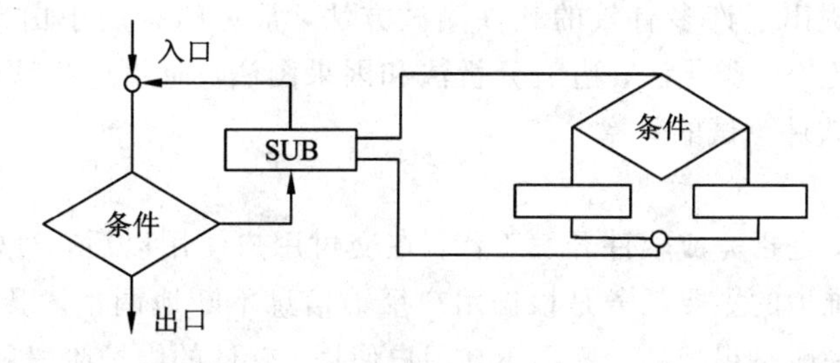

图 8-4　嵌套方式控制结构

3) 数据信息的输入与输出

输入与输出部分的效果是评价程序的指标之一。要确定输入的数据和输入的顺序。输入的方法是使用键盘、磁盘或其他方式导入，要根据计算机的设备情况和计算机过程的需要来确定。在编制程序语句时，要考虑到使用户准备数据工作简单和方便，做到使不懂程序设计的人也会使用设计软件系统。应根据使用要求来确定输出哪些数据信息及输出的格式。输出的数据信息要易于阅读和使用，稍加说明就能明白。输出结果要表格化，装订成册就能直接使用，不需要修改。

关于图形的输出，为了减少图形程序设计的工作量，应按使用要求，合理定制输出图形的内容。

4）手册数据、资料的处理方法

电气设计中通常都要使用手册的标准数据、技术规范及各种计算用的系数。这些数据有的是一个数列，有的是以表格形式给出的，有的用曲线图形给出。在程序中如何表示应在编写程序之前确定好。详细设计完成之后便进入编写和调试程序阶段。程序系统的结构采用自上向下的方法设计，编写和调试各种模块的程序最好也是自顶向下进行，因为主控模块以及较上层的模块往往是系统的关键模块，影响全局，程序也较为复杂。当要对上层模块进行调试，而供它们调用的下层模块尚未编写出来时，解决的办法是采用假模块。假模块的程序名称以及它与外部交换信息的途径、使用的变量名称均应和以后的真模块所用的相同。但它内部所用的算法程序，只设置某些数值及打印一些调试信息，供程序设计者使用。以后每设计出一个下层模块的程序，便以它替换假模块上机调试。自顶向下编写和调试程序的方便，使上层模块反复被调试和考验，使系统的框架能较早运行，设计中关键性的、影响全局的技术问题，由某几个人分工编写和调试程序，此时就不能单纯地执行自顶向下的方法了。

4. 程序编写及调试

软件设计阶段的最后一步是通过编码将软件设计的结果转化成计算机可以识别的程序，这一阶段称为编码阶段。编码调试阶段的主要任务是将详细设计阶段得到的算法描述转化成某种语言表示的程序。因此相对而言，编码阶段的工作要比前面几个阶段容易。

5. 软件测试

软件开发以后必须经过软件测试，否则软件的质量就无法得到保证。软件测试是指软件开发基本完成之后，软件设计者通过一些模拟用户使用的实例来检验软件的质量，包括软件是否能完成预定功能、软件的可移植性、软件处理非法数据的能力、软件处理边值问题的能力、软件的可靠性等。常用的软件测试方法有穷举测试、黑盒测试和白盒测试。人们在长期的实践中提出了许多有效的软件测试方法，常见的有用于白盒测试的逻辑覆盖法、用于黑盒测试的等价类化法、边值分析法和因果图法。应用这些软件测试方法，在一定程度上可以提高软件测试的效率。

6. 软件维护

所谓软件维护，是指完成软件开发工作，在交付用户使用以后，对软件进行的一些软件工程活动。软件维护的主要任务是根据用户反馈信息不断地调整，以排除故障，完善性能。软件维护阶段一般是很长的，只要还有用户使用，软件的维护阶段就无法结束。

7. 文档编制

软件开发的各个阶段都将产生很多设计结构，这些设计结果往往以稳健的形式存在。文档编制需要解决的问题是如何实现这些文件以及使这些文件便于阅读、管理和修改等。

8.3　CAD 软件的文档组织

8.3.1　CAD 的文档规范

在 CAD 软件的研制阶段中，整个过程集中体现在文档的编写和程序的编制上。

1. 分析阶段的文档规范

(1) 任务的目标：说明任务的目的和目标、所需硬件和软件及环境限制。

(2) 信息描述：任务的输入/输出信息描述，被开发软件、配件与其他软件以及与用户之间接口的描述。

(3) 功能描述：说明软件采用的功能细节、功能之间以及数据之间的关系。

(4) 操作方式：说明软件采用的操作方式，如菜单方式、命令方式、专用语言的方式、文件处理方式。

(5) 性能说明：响应时间，运行时间，存储要求，测试要求，维护要求。

(6) 数据流图及说明：通过对软件数据流图的分析形成数据图或其他形式的描述。数据流图要反映该软件有哪些部分组成、各部分之间有什么联系等。

(7) 其他：说明软件原有工作的基础、本软件与其他软件的兼容性等。

2. 总体设计阶段的文档规范

总体设计阶段的文档说明软件的总体结构和模块之间的关系，定义各功能模块的接口、控制接口，设计全局数据结构，确定本软件与其他软件的接口界面信息，确定命令调用子程序包及菜单等用户界面的详细内容，提出初步的手册。

(1) 软件的总体结构描述。总体结构由结构图、数据流程图和软件目标来描述，各功能模块内应满足积木式结构，软件的输入、输出和处理功能尽可能放在独立的模块里。结构图的主要成分有：

① 模块(方框表示)。框内写有反映该模块功能的名字，并尽可能地反映模块内的联系。

② 调用(箭头线表示)。从一个模块指向另一模块的箭头线表示前一模块中含有对后一模块的调用。

③ 数据(箭头线上的箭头表示)。调用线上的箭头表示从前一模块传送给另一个模块的数据，箭头同时指出了传送的方向。

④ 除上述符号外，还可以采用其他辅助性符号做进一步说明，也可以通过列表方式补充说明。

(2) 分层模块结构图。给出每层中模块结构图，说明模块内在的联系、模块与模块之间的联系。

(3) 对模块的描述。对每个模块进行说明，给出其功能、接口界面信息描述，外部文档及全局数据定义。

(4) 全局数据结构的设计与描述。对该软件主要模块所用的数据结构进行设计。

(5) 外部界面及接口信息、子程序包、命令调用及菜单等用户界面的详细内容。

(6) 提出初步的用户手册。

3. 详细设计阶段的文档规范

该阶段主要描述概要设计中产生的功能模块，设计功能模块的内部细节，包括算法和数据结构，为编写源程序提供必要的说明。详细设计阶段的主要描述如下：

(1) 细化功能模块：将概要设计中的功能模块化成若干个程序模块。要求每一个被调用的程序都按照程序模块来说明。

(2) 程序模块的描述：描述程序模块的输入、输出和处理功能。每个程序模块最好分别具有单一入口和单一出口。

(3) 过程的描述：给出功能模块和数据模块内的数据流和控制流，描述其功能的实现过程。

(4) 算法的描述：选择适当的算法表示工具，对每个模块的算法进行详细描述，达到能直接进行程序编写的目的。

(5) 数据结构的描述：详细描述模块内的数据结构，包括内部表格、栈、文件、公共变量的计算，并给出数据结构图。

(6) 各程序模块间接口信息的描述：详细描述各模块之间的接口，包括参数的形式和传送方式、上下层的调用关系等。

4. 实现阶段的文档规范

实现阶段指将详细设计说明转化为所要用的程序设计语言书写的源程序，并对编好的源程序进行模块测试，验证程序模块与详细设计说明的一致性。编写源程序的基本要求如下：

(1) 结构清晰，可读性好，可维护性强，易于修改。

(2) 语句简明，直截了当，不要使用一行多句的格式，对难于理解的逻辑表达方式应先对其进行变换，使之简明易懂。

(3) 尽量利用现成的函数或子程序，程序中参数不宜过多，少用临时变量。

(4) 输入/输出的格式要尽可能地简洁统一，数据输入应有出错检查和出错恢复的措施，交互输入参数一次不宜个数太多，并尽可能使格式一致。

(5) 主程序主要实现调用和流程控制，不应包含大量的计算和输入/输出语句。

(6) 一个程序单位的长度不宜超过300行(不包括程序头部分)。

(7) 文件程序单位名所用名字不得与所用语言中的语句名、函数名、操作系统命令名以及已存在的文件名、程序名相重，其长度也应符合操作系统的限制。一个软件中的文件名和程序名应尽量保持风格一致，如开头和结尾用同一字母。

(8) 使用恰当的注释格式和必要的注释语句是提高程序可读性及可维护性的重要措施。

(9) 程序的排列要整齐、醒目、清晰、易读。

(10) 程序应有容错功能。

5. 测试验收的文档规范

(1)软件测试的三个阶段：

① 模块测试(单元测试)。该阶段分为三个部分：

A. 静态分析：对设计文档进行分析，检查其相容性(模块间接口的相容、相应数据格式的相容)、必要性、正确性。

B. 模块内部数据结构：检查它们是否有不相容的说明、上溢下溢处理等情况。

C. 模块间接口的测试：检查输入参数、跨模块的全程变量与定义是否相适应；输入/输出语句、文件属性是否正确；提示长度与缓冲区大小是否匹配。

② 动态测试。对模块程序的每个分支、算法进行测试，对出错情况进行重复测试。

③ 功能测试。按照模块功能逐一检查其功能执行。

(2) 组装测试把经过单元模块测试的程序组合起来，对其功能、输入/输出、可靠性、可维护性、响应时间、效率等方面进行测试。测试报告有测试计划、方法、数据、示例等结果及程序性能测试的结果。

(3) 验收测试。验收测试分为：

① 考核软件的功能是否实现了预定的设计要求，检验软件的正确性和可靠性。

② 根据用户的要求考核软件的实用性。

③ 拟定具有代表性、综合性、反映工程实际需要的考题 3～5 个进行考核。

④ 在最终用户环境下做强度测试，即在实际用户使用环境下进行 3～5 天(每天不少于 8 小时)的全面功能测试。

⑤ 检查文档资料是否齐全、规范。

⑥ 检查软件的接口界面是否符合设计要求。

(4) 验收文档的内容。对一个软件进行验收，应至少准备好以下文档：

① 技术说明书。

② 使用说明书。

③ 维护手册。

④ 测试报告。

⑤ 用户使用报告。

⑥ 源程序清单。

⑦ 源程序介质(磁盘或光盘)。

8.3.2　CAD 软件说明书类型与格式

常用的软件说明书有技术说明书、使用说明书和维护手册。

1. 技术说明书

设计技术说明书应包括以下内容：

(1) 国内外本软件的技术现状、水平和发展趋势。

(2) 用户对软件的要求及本软件的目标，并分析软件满足用户要求的应用领域。

(3) 开发环境所需的硬件、软件支持及其使用范围。

(4) 软件的总体方案、功能指标、设计思想和特点、关键技术。

(5) 总体设计模块层次图。

(6) 分层模块结构图、功能说明、输入/输出信息及所用的算法。

(7) 信息处理和组织方法，数据结构，内部表、栈、文件等的组织及处理，数据在模块中的流程，输入数据的组织与输入方式，输出结果。

(8) 本软件所依据的主要原理及方法、主要算法的介绍及分析。

(9) 各模块装配方法、系统原理及方法、内存管理。

(10) 本软件的外部界面及接口描述(如命令调用、交互菜单、子程序等)。

(11) 程序规模及性能(如内存开销、程序条数、子程序个数、运行时间等)。

(12) 本软件使用的限制、克制方法及改进。

(13) 主要参数资料。

2. 使用说明书(用户手册)

每个软件必须有使用说明书，它应包括以下内容：

(1) 可用文档。提供可用文档的完整目录，包括文档控制号和发布日期。

(2) 功能综述。

(3) 本软件的运行环境。

(4) 上机前的准备。上机操作说明、操作步骤、命令菜单及子程序包的功能、使用方法的详细说明以及使用示例。

(5) 数据的准备与数据的输出信息格式及示例。

(6) 数据文件和数据描述。包括数据文件的内容、类型、大小、提示、可存取性及用途的描述，文件的创建、更新、保护和保存的方法，文件之间相互关系的描述。

(7) 软件提示信息说明、出错信息及错误信息分析。

(8) 与其他模块的接口和可支持的功能扩充。

(9) 至少有五个以上完整的使用示例，这些示例应包括软件的各种主要功能。

3. 维护手册

每个软件必须有维护手册，应包括以下内容：

(1) 软件的安装：介绍软件运行的硬/软件环境、外部设备及输入/输出的限制，详细描述安装命令、系统提示信息、用户回答信息以及故障或出错等不正常情况下的处理，介绍几个测试实例和表演程序，以证明软件已成功地安装，应说明测试的结果和表演程序正常运行的情况。

(2) 软件的维护：分析软件运行时可能出现的故障，说明诊断步骤和方法；介绍诊断程序及其使用方法、故障排队的方法；说明软件发生故障后的恢复及程序和数据的保护方法以及软件的测试步骤和方法；有五个以上表演示例，可较全面地检查软件的功能和性能。

8.4 电力系统 CAD 软件开发步骤

电力系统及供电 CAD 设计包含的内容很多，但归纳起来，有以下几方面的任务：

(1) 电气工程数据库系统的创建与管理。

(2) 电气设计的方案确定及相关计算分析。

(3) 电气图形的绘制及文件管理。

(4) 图示化人机交互界面设计。

对不同的环境调节可选择不同的开发类型。本节介绍供电 CAD 软件的分类开发、总体目标、结构框图及其实施步骤。

8.4.1 电力系统及供电 CAD 的分类开发

电力系统及供电 CAD 软件按开发方式可分为三类。

1. 开发专用独立的应用程序

使用独立的应用程序去完成设计进程中某一阶段的具体工作，是 CAD 技术初级阶段常见的方式。在电力工程中，典型的例子有潮流计算程序、短路电流计算程序等。这种专项应用程序有以下一些优点：

(1) 针对性强。

(2) 周期短，见效快。

(3) 不需要硬件投资，开发成本低。

(4) 易于用通用性程序语言开发，不受软件、硬件环境的限制，适应性强。

2. 阶段设计系统

某一阶段的任务由程序自动完成，如市面上流行的 AutoCAD 制图软件，本书介绍矿井电网设计软件。前者仅完成绘图阶段的任务，后者完成分析计算、设备选择及综合统计等任务。这类设计系统的优点是简化了数据输入，提高了自动化程度，并提高了功效。

3. 综合设计系统

从方案确定、数据输入到全过程完成、结果输出，由计算机连续作业，在人工参与下进行，这是 CAD 软件技术的发展方向。例如，供配电综合设计系统应完成的内容为：

(1) 负荷计算，短路计算，设备优化、选择和校验。

(2) 方案比较，经济分析，节点域无功能补偿。

(3) 保护装置的选择和校验。

(4) 正常潮流分布与线变损分析。

(5) 绘图及编制技术文档。

其最大的优点是自动化程度高、效益高、智能化。

8.4.2　电力系统及供电 CAD 系统总体目标和结构框图

一个具体的电力系统及供电 CAD 系统要达到的目标是：根据用户的电力需求，遵照国家及行业规范、标准，利用计算机技术辅助人工完成电力及厂矿供电系统的电气设计，达到安全、可靠、优质与经济供电。一个简洁型电气 CAD 系统结构框图如图 8-5(a)所示。

系统以数据库为核心，通过接口实现数据、计算模块与绘图模块间的通信，成为一个统一的整体。其模块联系图如图 8-5(b)所示。

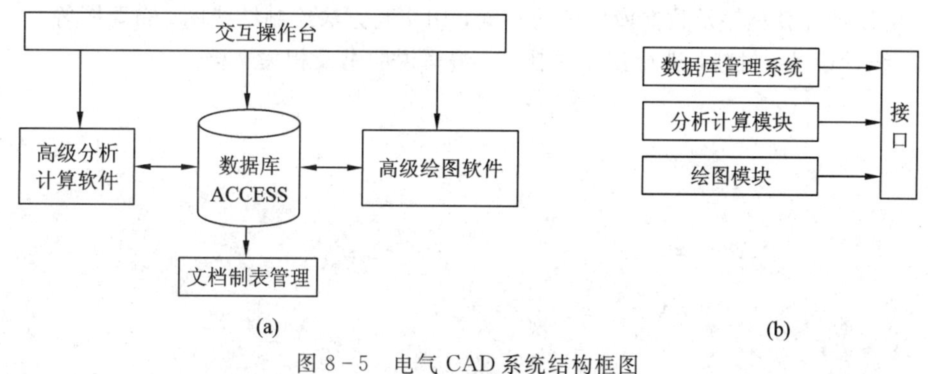

图 8-5　电气 CAD 系统结构框图

(a) 框图；(b) 模块联系图

关系说明：根据设计要求和已知的原始数据，调用有关分析计算模块设计计算，用于查询有关参数，得到满意的结果后送入高级语言编制的参数绘图系统中，就得到 AutoCAD 可以识别的图形文件，再送入 AutoCAD 图形编辑系统中处理得到图形，存入图形库。设计过程中需要保留待用的数据，也可及时送到数据库存储起来。

8.4.3 电力系统及供电 CAD 实施步骤

下面以企业供电 CAD 为例说明电气 CAD 系统的实施步骤：

(1) 选择和构建工程数据库。独立的中小 CAD 系统，可选用中小型数据库，如 ACCESS等。若系统较大或远程联网传输数据，采用 SQL 较优越。数据库是 CAD 系统的核心，用于存储各电气设备及电网的原始数据及规范标准等公用数据，供设备选择、安装、计算与绘图。按设计要求，由检索程序选择设备型号及技术参数，提供给设计计算程序包分析、比较并检验，优选出合格的设备并进行电气计算。前述数据库均支持设计计算程序包和绘图程序包。

(2) 工程计算数学模型及程序模块设计。计算工具软件可选用一种通用高级语言，考虑到绘图及网络操作，此处选用内嵌 JET 数据引擎的 Visual Basic 可视化语言。

电气一次的各项计算分析工作，如负荷计算、设备选校、保护整定、确定一次结线方案、导线选择、防雷与接地设计等均有成熟的算法，可分类形成独立的程序模块，供计算机模块调用。计算结果传送给数据库和绘图程序。

(3) 绘图软件的选用与开发。

① 选用可视化语言与通用绘图软件 AutoCAD 开发出电气图元库，包含电气元件、开关、电机、电器、线路等基本元素，并建立图元对象与属性数据库之间的链接关系。

需要说明的是，AutoCAD 虽然具有很强的绘图与图形编辑功能，也具有适应数据库信息的功能，但因缺少相应的高级语言的图形对象事件，因此不能在 AutoCAD 图形实体上用鼠标操作图元对象而激发运行分析软件的行为，满足不了电力软件系统的图元化操作。在第 6 章介绍的 VB 高级绘图程序能满足这种要求。内嵌于 AutoCAD 中的 VBA 具有图形对象事件响应的功能，但因受制于 AutoCAD 的环境，难以替代 VB 的功能而有局限性。

② 在图元库的基础上建立支路图库、功能图块库和文档库，供绘图调用、编辑和查阅。

③ 由设计计算程序及数据库提供的数据，用交互方法绘制结线图、布置图等。

(4) 统计设备、材料，进行预算并制表，编写说明书及相关文档。

第9章　轨道交通供电系统

内容摘要： 轨道交通的基本概念、轨道交通供电系统的组成、轨道交通供电系统的特点及有轨电车。

理论教学要求： 掌握轨道交通供电系统的组成和特点。

工程教学要求： 理解轨道交通供电系统的组成和特点，掌握轨道交通供电系统的检修与维护。

进入21世纪，我国城市轨道交通建设将进入快速发展的阶段。据初步统计，国内目前已有十几座城市正在建造快速轨道交通工程，已实现运营线路的总长度为500 km。另外还有相当数量的大、中城市，正在着手不同类型轨道交通建设的前期筹备工作。预计在未来中国城市发展中，轨道交通的建设速度将会不断加快。牵引变电所、电力机车、接触网是城市轨道交通系统中最重要的组成部分。牵引变电所通过接触网给电力机车提供电能，因此牵引供电系统被誉为城市轨道交通的“翅膀”。牵引供电系统由电网输入线路、牵引变电所、馈电线、接触网、回流线等组成供电网络。城市轨道交通的电能取自城市电网，其供电方式有集中式、分散式、混合式三种。

作为公共交通系统的一个重要组成部分，在中国国家标准《公共交通常用名词术语》中，将轨道交通定义为“通常以电能为动力，采取轮轨运转方式的快速、大运量公共交通的总称”。目前轨道交通有地铁、轻轨、有轨电车以及悬浮列车等多种类型，称为“城市交通的主动脉”。

城市轨道交通供电系统：由电力系统经高压输电网、主变电所降压、配电网络和牵引变电所降压、换流(转换为直流电)等环节，向城市轨道快速交通线路运行的动车组输送电力的全部供电系统。城市轨道交通供电系统通常包括两大部分：对沿线牵引变电所输送电力的高可靠性专用外部供电系统；从直流牵引变电所经降压、换流后，向动车组电的直流牵引供电系统。

本书所指的轨道交通包括高铁、动车、城际列车和城市轨道交通等，下面以城市轨道交通为例研究轨道交通供电系统(本章)、接触网(第10章)、电力牵引与电力计算(第11章)。

9.1　轨道交通

9.1.1　轨道交通

轨道交通是由地铁、轻轨铁路和独轨铁路等组成的，它是近代高科技的产物，大多采用全闭道路、立体交叉、自动信号控制和电动车组等高科技产品和手段；其行车密度大、运行速度高、载客能力大；其疏通客流的能力与传统的道路公共交通工具相比，具有无与伦比的优越性。

1. 地铁

地铁是地下铁轨交通的简称，它是一种在城市中修建的快速的、大运量的轨道交通，通常以电力牵引，其单向高峰小时客运能力可达 30 000 人次以上，它的路线通常设在地下隧道内，也有在城市中心以外地区从地下转到地面或高架桥上。图 9-1 为广州地铁。

图 9-1　广州地铁

目前世界上一些著名的特大城市，如纽约、伦敦、巴黎、莫斯科、东京、北京、上海、重庆等，均已形成一定的城轨交通模型和网络，且以地铁为主干，延伸到城市的各个方向。地铁有以下特征：

(1) 全部或者大部分路线建于地面以下。

(2) 建设费用大，周期长，成本回收慢。

(3) 行车密度大，速度高。

(4) 客运量大。

(5) 地铁列车的编组数决定于客运量和站台的长度，一般为 2～8 辆。在中国由于城市人口多，一般为 8 辆以上。

(6) 地铁车辆消音减震和防火均有严格要求，既安全，又舒适。

(7) 受电的制式主要有直流 750 V 第三轨受电或电流 1500 V 架空线受电弓受电。

2. 轻轨

城市轻轨交通是在老式的地面有轨电车的基础上发展起来的，它与一般的铁路相比，其轨道和车辆都是轻型的，其运输系统相对也比较简单，较适宜于中等运量的城市客运交通。图 9-2 为大连的城市轻轨。

图 9-2　大连的城市轻轨

国外开发的城市轻轨交通系统主要有三种类型：旧车改进型、新线建设型和新交通系统型。轻轨有以下特征：

(1) 它是以钢轮和钢轨为车辆提供走行的一种交通方式。车辆由电力提供牵引动力，可以采用直流、交流或线性电机驱动。

(2) 轻轨的建设费用比地铁少，每公里路线的造价仅为地铁的 1/5～1/2。

(3) 轻轨交通的单向运输能力一般为每小时 2～4 万人次，介于地铁和公共汽车之间，属于中等运输能力的一种公共交通形式。

(4) 轻轨线路可以为地面、地下和高架混合型，一般与地面道路完全隔离，采用半封闭或全封闭专用车道。

(5) 轻轨车辆有单节 4 轴车、双节单铰 6 轴和 3 节双铰 8 轴车等。

(6) 轻轨交通对车辆和线路的消音和减震有较高要求。

(7) 电压制式以直流 750 V 架空线(或第三轨)供电为主，也有部分采用直流 1500 V

和直流 600 V 供电。

(8)轻轨车站分为地面、高架和地下三种形式。

3. 独轨

独轨交通的设想早在 19 世纪末已经形成。1901 年德国鲁尔地区的三个工业城市之间，在险峻的乌珀河谷上空建成一条快速交通线，车辆吊在架空的导轨下面，沿着导轨行驶，后来三市合并成为乌珀塔尔市，这个独轨交通成为该市的一个标志。

独轨交通用于城市公共交通，开始进展比较缓慢。日本从德国引进专利，近 30 年开发了多种独轨铁路，在世界城轨交通中独树一帜。我国的重庆市从日本引进的独轨交通系统已经开始运营，如图 9-3 所示。

图 9-3　重庆的独轨交通系统

独轨交通采用高架轨道结构，按结构分为跨坐式和悬挂式两种类型。前者车辆的行走装置(转向架)跨骑在走行轨道上，其车体重心处于走行轨道的上方。后者车体悬挂于可在轨道梁上行走的走行装置的下面，其重心处于走行轨道梁的下方。独轨交通的优点是：

(1) 独轨线路占地小，可充分利用城市空间，适宜于在大城市的繁华中心区建线，对城市景观及日照影响小。

(2) 独轨线路的构造较简单，建设费用低，为地铁的 1/3 左右。

(3) 能实现大坡度和小曲线半径运行，可绕行城市的建筑物。

(4) 一般采用轻型车辆，列车编组为 4～6 辆。

(5) 走行装置采用空气弹簧和橡胶轮结构，并采用电力驱动，故运行噪声低、无废气且乘坐舒适。

(6) 独轨线路架于空中，具有交通和旅游观光的双重作用。

(7) 跨坐式轨道梁采用预应力混凝土梁制成，悬挂式轨道梁一般为箱型断面的钢结构。

独轨铁路交通的缺点是：

(1) 能耗大。由于其走行装置采用橡胶轮，它与混凝土轨面的滚动摩擦阻力比钢轮钢轨大，故其能耗比一般轨道交通约高 40%，且有轻度的橡胶粉尘污染。

(2) 运能较小。一般每小时单向最大客运量为 1～2 万人次。

(3) 独轨线路不能和常规的地铁、轻轨等接轨。

(4) 道岔结构复杂且笨重，转换时间较长，从而延长了列车折返时间。

(5) 列车运行至区间时若发生事故，疏散和救援工作困难。

9.1.2 轨道交通的特点

轨道交通与城市道路交通相比，有以下特点：

(1) 安全。轨道交通因为有运量大的特点，人们在设计、建设、管理以及资金的投入方面，对城市轨道交通的安全特别重视。

(2) 快捷。轨道交通不受地面环境的影响。

(3) 准时。轨道交通在其专用的轨道上行驶，在可靠技术支持下，按照运营计划行驶，一般都会正常准时运营。

(4) 舒适。轨道交通的乘车环境好。

(5) 运量大。轨道交通的车厢空间大，一列地铁可载 2000 人以上。

(6) 无污染(或少污染)。轨道交通的动力是电能，没有污染。

(7) 占地少，不破坏地面景观。轨道交通的路线主要在地下，占用城市地面面积少，不会破坏地面景观。

(8) 投资大，技术复杂，建设周期长。轨道交通是一个庞大的系统工程，它涉及土建(装修)、机械、电子、供电、通信、信号等技术。设备多，技术要求高，其系统性、严密性、联动性要求高。土建工程大而多且建设的周期长。涉及的资金投入一般是每千米 4～6 亿。一般大城市建成一个 200 km 的地铁网络，要投资上千亿的资金且时间要 10～12 年以上。

9.2 轨道交通供电系统简介

9.2.1 轨道交通供电系统的供电制式

轨道交通的供电系统由变电所、接触网(接触轨)和回流网三部分构成。变电所通过接触网(接触轨)，由车辆受电器向电动客车馈送电能，回流网是牵引电流返回变电所的导体。

牵引网的供电制式主要有电流制式、电压制式和馈电方式。目前城市轨道交通的直流牵引电压等级有 DC 600 V、DC 750 V 和 DC 1500 V 等多种。我国的国家标准《地铁直流牵引供电系统》规定了 DC 1500 V 和 DC 750 V 两种电压制式。

牵引网的馈电方式分为架空接触网和接触轨两种基本类型。其中，电压制式与馈电方式是密不可分的。一般 DC 1500 V 电压采用架空接触网馈电方式。DC 750 V 电压采用第三轨馈电方式。供电制式选择的原则是：

(1) 供电制式与客流量相适应。客流量是轨道交通设计的基础。根据预测客流量大小，选择使用的电动客车类型和列车编组数量。一般大运量的轨道交通系统，采用 DC 1500 V 电压和架空接触网馈电。中运量的系统采用 DC 750 V 和接触轨馈电方式。

(2) 供电安全可靠。轨道交通是城市交通的骨干，一旦牵引网发生故障，造成列车停运，就会影响市民出行，引起城市交通混乱。因此，安全可靠是选择供电制式的最重要的条件。

(3) 便于安装和事故抢修。选用的牵引网应便于施工安装和日常维修，一旦发生牵引网故障，应便于抢修，尽快恢复运营。

(4) 牵引网使用寿命长，维修工作量小，是降低轨道交通运营成本的重要条件。

(5) 城市轨道交通是城市的基础设施，应注重环境和景观效果。

9.2.2　国外轨道交通供电系统的发展

电力牵引力用于轨道系统已有 100 多年的历史，随着经济和科学技术的不断发展，用于轨道交通的电力牵引方式有许多不同的制式出现。这里所说的制式是指供电系统向电动车辆或电力机车供电所采用的电流和电压制式，如直流制式或交流制式，电压制式、交流制式中的频率(工频或低频)以及交流制式中的单相或三相等。

为了便于理解电力牵引制式的变化和发展原因，首先介绍一下对牵引列车的电动车辆或电力机车特性的基本要求：

(1) 启动加速性能。要求启动加速力大而且稳定，即恒定的大的启动力矩，便于列车快速平稳启动。

(2) 动力设备容量利用。对列车的主要动力设备——牵引电动机的基本性能要求为：当列车轻载时，运行速度可以高一些，而列车重载时运行速度可以低一些。这样无论列车重载或轻载都可以达到对牵引电动机容量的充分利用，因为列车的牵引力与运行速度的乘积为其功率容量，这时乘积近乎为常数。

(3) 调速性能。列车运输，特别是旅客运输，要求有不同的运行速度，即调速。在调速过程中既要达到变速，还要尽可能经济，不要有太大的能量损耗，同时还希望容易实现调速。

在了解了以上对列车牵引的基本特性要求后不难看出，直流串激电动机的性能是很符合这个要求的，即其机械性(转矩与转速的关系特性)正符合重载时速度低，轻载时速度高的要求。更形象地说，它具有牛、马特性，牛可以拉得多一些，但跑得慢；马跑得快，但力气小，拉得小一些。

此外，从直流串激电动机的启动和调速方法看，也是比较容易实现的。为了限制直流串激电动机刚接通电源时启动电流太大和正常运行时降低其端电压，最早采用在电动机回路中串联大功率电阻的方法来达到限流和降压的目的。这种方法实现是容易的，但在启动和调速过程中却带来了大量的能量损耗，很不经济。尽管如此，由于局限于一定时期的技术发展水平，采用直流串激电动机作为牵引力就成为最早、也是迄今为止被长期运用的形式，这就是供电系统直接以直流电向电动车辆或电力机车供电的电力牵引“直流制式”。

随着矿山和干线电力牵引的发展，列车需要的动力越来越大，如果采用直流供电制式，因受直流串激电动机(牵引电动机)端电压不能太高的限制，会导致供电电流很大，因此供电系统的电压损失和能量损耗必然增大。因此出现了“低频单相交流制”。

低频单相交流制是交流供电方式，交流电可以通过变压器升降压，因此可以升高供电系统的电压，在到达列车后再经车上的变压器将电压降低到适合牵引力电动机应用的电压等级。由于早期整流技术的关系，这种制式采用的牵引电动机在原理上与直流串激电动机相似的单相交流整流子电动机。这种电动机存在着整流换向问题，其困难程度随电源频率的升高而增大，因此采用了“低频单相交流制”，它的供电频率为 25 Hz，其电压有 6.5 kV～11 kV 和 15 kV～16 kV 等类型。由于用了低频电源使供电系统复杂化，需由专用低频电厂供电或由变频电站将国家统一工频电源转换成低频电源再送出，因此没有得到广泛应用，只在少量国家的工矿或干线上应用。

由于低频单相交流制存在以上缺点，长期以来，人们一直在寻求一种更理想的牵引供电方式，这就是“工频单相交流制”。这种制式既保留了交流制式，可以升高供电电压的长处，又仍旧采用直流串激电动机作为牵引电动机，在电力机车上装设降压变压器和大功率整流设备，将高压电源降低，再整流成适合直流牵引电动机应用的低压直流电，电动机的调压调速可以通过改变降压变压器的抽头或可控制整流装置电压来实现。工频单相交流制是当前世界各国干线电气化铁路应用较普遍的牵引供电系统。我国干线电气化铁路即采用这种制式，其供电电压为 25 kV。

在牵引制的发展过程中曾出现过“三相交流制”的形式，但由于供电网比较复杂，必须要有两根(两相)架空线接触和走行轨道构成三相交流电路，两根架空线之间又要进行高压绝缘，造成的困难和投资更大，因此被淘汰。

关于直流制式的电压等级应用的大致情况：干线电气化铁路的供电电压有 3 kV 的，电压没有再提高是因为受到直流牵引电动机端电压的限制，其值一般为 1.5 kV 左右，用 3 kV供电，一般就需要将两台电动机串联，再提供供电电压，其连接就更复杂，还涉及当时整流装置绝缘水平的问题。这种制式在前苏联和东欧一些国家应用最普遍。

由于大功率半导体整流元件(晶闸管)的出现，在直流制电动车辆上，采用以晶闸管为主体的快速电子开关(整流器)，可对直流串激电动机进行调压调速，消除了用串联电阻启动和降压调速的不经济方法。这种方法给直流制式增添了新的生命力。

另外还由于快速晶闸管的出现，近年来发展为由快速晶闸管等组成逆变器，不但将直流电逆变成交流电，而且频率可以调节，这样就解决了多年来想采用结构简单的鼠笼式异步电动机作为牵引电动机的目标。用变频改变异步电动机速度的方法(简称变频调速)，使异步牵引电动机性能满足牵引列车特点的要求。这种方法在国外无论在城市轨道交通还是在工矿或干线电牵引车辆上都应用很多。上海市地铁 2 号线的电动车辆也采用这种形式。不过，尽管电动车辆上采用的是交流异步牵引电动机，其架线供电电压还是直流的，所以还属于直流制式的范畴，这就给直流制式的应用打开了一个更宽广的天地，使它更有生命力。

从 1863 年伦敦建成世界上第一条地下铁道以来，在 140 多年的时间内，各国已有近百座城市修建了城市轨道交通。城市轨道交通几乎毫无例外地都采用直流供电制式，这是因为城市轨道交通运输的列车功率不是很大，其供电半径(范围)也不大，因此供电电压不需要太高；又由于直流制比交流制的电压损失小(在同样电压等级下)，因此没有点抗压降。另外由于城市内的轨道交通，供电线路都处在城市建筑之间，供电电压不宜太高，以确保安全。基于以上原因，世界各国城市轨道交通的供电电压都在 DC 550 V～1500 V 之间，但其挡级很多，这是由各种不同交通形式，不同发展历史时期造成的。现在国际电工委员会拟定的电压标准为 600 V、750 V 和 1500 V 三种。后两种为推荐值。我国国标也规定为 750 V 和 1500 V，不推荐现有的 600 V。DC 1500 V 接触网和 DC 750 V 第三轨馈电都是可行的。从世界范围来看，采用第三轨馈电的占多数。

目前，为了降低工程造价，各国城市轨道交通有向地面线和高架线发展的趋向。随着人们环保意识的增强，越来越重视轨道交通的城市景观效果，因此，新建的轨道交通系统采用第三轨馈电的日益增多。例如，1990 年建成的新加坡地铁，集中了世界最先进的技术，为保护旅游城市环境，采用第三轨馈电。近年新建的吉隆坡轻轨、曼谷地铁、德黑兰地铁，都采用 DC 750 V 第三轨馈电。

近年来，有人说第三轨馈电是陈旧落后的技术，接触网是先进技术。这时一种片面的说法。衡量一条地铁是否先进，应该是它的自动化水平的高低、计算机技术和信息技术应用的程度以及是否符合环保要求和景观要求，而不是采用了哪种供电方式。

9.2.3　国内轨道交通供电系统的发展与现状

我国自 1969 年建成北京第一条地下轨道之后，相继已有上海、广州等城市的轨道交通投入商业运营。其中北京和天津地铁采用 DC 750 V 第三轨馈电。上海、广州、南京、深圳和大连采用 DC 1500 V 接触网馈电。正在筹建或将要运营轨道交通的城市地铁采用 DC 1500 V 接触网馈电。苏州、杭州、武汉和青岛采用 DC 750 V 第三轨馈电。下面我们从不同的角度对以上的两种供电制式进行分析比较。

1. 设备施工安装比较

架空接触网悬挂在钢轨轨面上方，由承力索、滑触线、馈电线、架空线、绝缘子、支柱、支持与悬挂零部件、隔离开关、电缆及拉锚装置等组成，结构比较复杂，零部件较多。架空接触网在施工安装时，因作业面较高，作业不方便，安装调整比较困难。需要使用专用的架线车和大型机具，施工费较高。

第三轨安装在车辆走行轨外侧，由导电接触轨、绝缘子、绝缘支架、防护罩、隔离开关和电缆组成，结构比较简单，零部件较少。第三轨安装高度较低，钢铝复合接触轨每延米重量为 14.25 kg，安装方便，所用机具简单，安装费用较低。

2. 设备投资比较

现以青岛地铁为例，对两种供电制式的设备投资进行比较，青岛地铁第一期工程长约 16.455 km，全部为地下线，设 13 座车站。采用以主变电所为主的混合式供电方案，除去两种电制式相同部分设备的投资(2 座主变电所、车辆段的 1 座牵引降压混合变电所和 2 座降压变电所、10 kV 电缆网络)。下面对两种供电制式下可比部分的设备投资进行比较。

1) DC 1500 V 架空接触网方案

青岛地铁第一期工程，采用 DC 1500 V 架空接触网方案，正线上设 6 座牵引降压混合变压所，设 7 座降压变电所。按牵引降压混合变电所每座造价为 1000 万元、降压变压所每座造价为 400 万元、架空接触网(柔性隧道内)每千米造价为 165 万元计算，系统中可比部分的造价为为 14262 万元。

2) DC 750 V 低碳钢接触轨方案

采用 DC 750 V 低碳钢接轨方案，正线上设 9 座牵引降压混合变电所、4 座降压变电所。该方案变电所的单价与 DC 1500 V 架空接触网方案相同，接触轨每公里造价按 103 万元计算，系统中可比部分的造价为 14 009 万元。

3) DC 750 V 钢铝符合接触轨方案

钢铝符合接触轨是由不锈钢带，通过机械的方法，与铝合金型材相结合制成的接触轨。其特点有：一是重量轻，每延米重量为 14.75 kg；二是电阻率低，牵引网损耗小；三是供电距离较长。

青岛地铁第一期工程，采用 DC 750 V 钢铝符合接轨方案，正线上设 7 座牵引降压混合变电所(接触网方案共有 6 种)，设 6 座降压变电所。钢铝接触轨每千米造价按 125 万元计算。系统中可比部分的造价为 13 538 万元。

由此可见，以设备投资而论，架空接触网方案和低碳钢接触轨方案基本持平，钢铝复合接触轨方案造价最低。

3. 供电可靠性比较

地铁每天平均运营18个小时，必须保证不间断的供电。一旦供电中断，就会造成地铁停运，打乱城市交通秩序。因此，安全可靠的供电是选择供电制式的重要条件。

1）架空接触网系统

柔性架空接触网结构复杂，固定支持零部件较多，所以薄弱环节也多。一旦某个零部件发生问题，会引起滑触线脱落，甚至发生“断弓”等恶性事故。

另外，架空接触网导线张力维持其工作状态，经过多年磨损及电弧烧伤，导线的截面会逐渐减小，其强度也随之降低。加上导线材料的缺陷，在拉锚装置及故障电流作用下，极易发生滑触线断线事故，造成地铁停运。

上述架空线事故，国内几家地铁已发生多起。2001年7月上海地铁1号线，因架空线断线，造成部分路段停运近2个小时。

香港地铁于20世纪80年代初建成，采用DC 1500V架空线供电。建成后多次发生架空线断裂，造成地铁长时间停运，引起地面交通瘫痪。

上述事实说明，架空接触网供电的可靠性较差。一旦发生断线事故，因高空作业也不便于抢修。

2）接触轨系统

接触轨系统的零部件少，结构比较简单，坚固耐用，不存在断轨和刮碰受流器等事故隐患，北京地铁和天津地铁的三轨系统使用近30年，从未发生过因接触轨故障造成列车停运事故。由此可见，接触轨供电系统的可靠性较高。一旦发生事故，抢修也方便、快捷。

4. 使用寿命比较

接触网的使用寿命，关系到接触网更新改造的再投资。根据我国电气化铁路的规定，接触网导线断面允许磨耗量为33%，磨耗到限的导线必须及时更换。按此标准，国产架空接触导线的设计使用寿命为15年，进口接触线的使用寿命可达20年。就是说采用架空接触网供电，系统每隔15～20年就需要更换一次滑触导线。

接触轨的特点是坚固耐磨，使用寿命长。我国地铁考察人员在伦敦地铁看到了使用100多年的第三轨。前几年，北京地铁曾对低碳钢接触轨磨耗状况进行过检测，经过20多年的运营，其磨耗量不到5%。按此计算，接触轨使用100年其磨耗量也不到25%。因此，从使用寿命和节约投资考虑，接触轨方案具有较大优势。

5. 维修费用比较

1）架空接触网系统

架空接触网在运营中维修调整工作量较大，需要组建接触网维修工区。按照国家电气化铁路规定，一个接触网工区定员需25人，配备专用的接触网检查车，承担10 km左右线路接触网的维修任务。按此计算，一条20 km长的铁路，需要设2个接触网工区，定员约为50人。

接触网工区的车辆、机具设备以及人员工资福利等，使运营管理单位每年要付出一笔很大的维修费用及管理费用。

另外，在日常运营中，若接触网发生断线事故，接触网维修车无法开进隧道内，全靠人工抢修。由于作业面高，抢修很困难。香港地铁最长的抢修时间达 12 个小时。

2）接触轨系统

采用第三轨供电，其结构简单，坚固耐用，几乎不用维修。北京地铁没有专职的三轨系统维修人员，由线路维修人员兼顾三轨系统维修。

平常三轨系统维修的内容有：擦拭绝缘瓷瓶、检查馈电电线接头焊点、调整三轨安装位置、检查防爬设备、调整三轨弯头。这些简单的维修工作，不需要大型机具设备，所花维修费用较少。

6. 土建费用比较

快速轨道交通的土建费用，与工程地质条件和施工方法有关。地下车站明挖施工，与供电制式无关，盾构法施工的区间隧道断面，两种供电制式相同，不需要进行比较。

用明挖法施工的区间隧道，两种供电制式的净空高度不同，具有比较性。我国地下铁道界限标准规定，DC 1500 V 架空线系统的隧道净空高度为 4.5 m；DC 750 V 三轨系统的隧道净空高度为 4.2 m。两者相差 0.3 m。按此计算，DC 750 V 三轨系统，每延米区间隧道(双线)可节约钢筋混凝土量为 1.42 m^2，每千米隧道可节约投资 46 万元。

用矿山法施工的直墙拱形隧道，DC 1500 V 系统与 DC 750 V 系统的净空高度相差 0.25 m。每千米隧道减少开挖量为 2350 m^2，可节约投资约 70 万元。

7. 城市景观效果比较

随着人们环保意识的增强，越来越重视城市环境和景观。上海地铁 3 号线建成以后，人们开始反思架空接触网的负面影响，实际上这个问题十年前在国外已经被引起重视。

1990 年建成的新加坡 67 km 地铁线路，1998 年马来西亚吉隆坡建成的两条高架轻轨以及 1999 年建成的泰国曼谷轻轨，从城市景观效果考虑，均采用第三轨馈电。

北京地铁 13 号线，以地面线和高架线为主，采用第三轨馈电，其景观效果受到了市民的称赞。广州地铁总结了过去的经验，在地铁 4 号线上采用 DC 1500 V 电压的第三轨馈电方式。从城市景观效果考虑，第三轨系统有较大的优势。

8. 人身安全比较

地铁系统采用 DC 1500 V 架空接触网，其滑触线悬挂在线路上方 4 m 处，不会对轨道维修人员及发生事故时人员快速疏散带来影响，安全性较好。目前，正在研究中的城际快速轨道交通系统，采用地面线和高架线形式，城市景观退居次要地位。由于人身安全考虑，倾向于采用架空接触网馈电。

在 DC 750 V 三轨系统中，接触轨安装在走行轨旁边，高度较低。在接触轨带电情况下，人员进入隧道或在发生事故时疏散人员有一定的危险性。因此，从人身安全考虑，架空接触网系统具有优势。实践证明，由于在三轨系统上安装有绝缘防护罩，北京地铁运营 30 多年来也未发生工作人员和乘客被电击伤的事故。

9. 牵引网能量损耗比较

牵引网系统的能量损耗，与牵引网的电压制和馈电方式有关。在列车功率相同的条件下，牵引网电压和列车电流成反比，即牵引网电压提高一倍，其列车电流减少一半。因此 DC 1500 V 系统比 DC 750 V 系统的列车电流减小。

变电所的间距增大，牵引网的馈线电流成正比增大。DC 1500 V 系统的变电所间距比 DC 750 V 系统大，二者在牵引网上的实际馈线电流不足 1∶2 的关系，而应该是 1∶1.5

的关系。

另外，架空接触网上的线路电阻为 23 mΩ/km～27 mΩ/km，而钢铝复合三轨的线路电阻为 8 mΩ/km，仅为架空接触网电阻的 1/3。根据电能消耗公式 $W=I^2Rt$ 计算，钢铝复合轨牵引网的电能消耗要比架空接触网的能耗小。

10. 杂散电流腐蚀防护比较

杂散电流腐蚀防护是综合而复杂的工程，它涉及供电制式、轨道扣件、工程结构、接地系统、金属构件等许多方面，同时又贯穿于设计、施工、运营、检测、后期处理等各个环节。某一个环节处理不当，均会产生杂散电流腐蚀。

供电制式是影响杂散电流腐蚀许多环节的一个。要定量地分析它对杂散电流的影响比较困难。而定性地说，由于 DC 1500 V 系统与 DC 750 V 系统，均按最大电压损失来计算确定牵引网，DC 1500 V 系统的钢轨电位比 DC 750 V 的钢轨电位高。因此，DC 1500 V 系统的杂散电流值较大。

综上所述，通过对两种供电制式的比较，可以看出：从工程一次投资比较，DC 1500 V 架空接触网方案最高，DC 750 V 低碳钢三轨方案次之，DC 750 V 钢铝复合轨方案最低；DC 1500 V 架空接触网方案，在人身安全方面具有优势；DC 7500 V 三轨系统方案具有六大优势，即施工安装和故障抢修方便、区间隧道土建费用低、供电可靠性高、使用寿命长、维修工作量小且维修费用和管理费用低、城市景观效果好。

一般来说，预测客流量较大，选用 A 型车 8 辆编组，车组重量达 440 t。按照这样大的负荷确定系统采用 DC 1500 V 架空线供电比较合适。对于一些中等城市，客流量不是很大，选用 B 型车 6 辆编组，车组重量不超过 300 t。在这种线路上，选用第三轨馈电比较合适。

架空接触网适合用在地下线，如用在高架桥上和地面线上，将影响城市景观。也别是旅游城市更要考虑到城市景观效果，应该采用第三轨馈电。

9.3 轨道交通供电系统的组成

9.3.1 供电及供电要求

通常国家供电系统总是把在同一区域(或大区)的许多发电厂通过高压输电线和变电所连接起来成为一个大的统一的供电系统。向该区域的负荷供电，这样由各级电压输电线将发电厂、变电所和电力用户连接起来的一个发电、输电、变电、配电和用户的统一体被称为电力系统。统一的电力系统有以下的一些优越性：

(1) 可以充分利用动力资源。火力发电厂发出多少电能就需要相应的消耗多少燃料。而其他的某些类型发电厂，它能发出多少电能取决于当时该发电厂的动力资源情况，如水电站的水位高低，它随自然条件的变化而变化。因此，组成统一的电力系统以后，在任何时候，可以动态地调整各种动力资源，以求其发挥最大效益。

(2) 减少燃料运输，降低发电成本。大容量火力发电厂所消耗的燃料是很可观的，如果不用高压远距离输电，则发电厂必然要建在负荷中心附近而不能建在燃料资源的生产地，这样就要大量运输燃料，造成发电成本升高。采用高压输电电力系统以后就可以解决以上问题，将发电厂建在资源丰富的地方。

(3) 提高供电的可靠性。由于供电区域内的负荷是由多个发电厂组成的电力系统共同供电的，这样与单个发电厂独立向自己的负荷供电比较起来，对负荷的供电可靠性就可以提高很多，因为系统内发电厂之间可以起到互为后备的作用。与此同时，整个系统的发电设备容量也可以减少很多，降低了设备的投资费用。

(4) 提高发电效率。没有组成电力系统之前，每个发电厂的容量是按照它的供电负荷大小来设计选择的，如果该地区负荷小，则发电设备单机容量就小。通常单机小容量的发电设备总是比大容量的设备运行效率低些，因此组成电力系统之后，不但每个发电厂的单机容量可以尽可能地大一些，以提高单机的运行效率，而且总计数目也可减少，还不受各地区负荷大小的牵制，因为它们是由同一系统供电的，这就达到了提高发电效率的目的。

通常高压输电线到了各城市或工业区以后通过区域变电所(站)将电能转配或降低一个等级(如 35 kV～10 kV)向附近各用电中心送电。城市轨道交通牵引用电既可从区域变电所高压线路得电，也可以从下一级电压的城市地方电网得电，这取决于系统和城市地方电网具体情况以及牵引用电容量大小。

对于直接从系统高压电网获得电力的城市轨道交通系统，往往需要再设置一级主降压变电站，将系统输电电压如 110 kV～220 kV 降低到 10 kV～35 kV 以适应直流牵引变电所的需要。从管理的角度上看，主降压变电站可以由电力系统(电业部门)直接管理，也可以归属于城市轨道交通部门管理。

从发电厂(站)经升压、高压输电网、区域变电站至主降压变电站部分通常被称为牵引供电系统的“外部(或一次)供电系统”。主降压变电站(当它不属于电力部门时)及其以后部分统称为“牵引供电系统”，它应该包括：主降压变电站、直流牵引变电站、馈电线、接触网、走行轨及回流线等。直流牵引变电所将三相高压交流电变成适合电动车辆应用的低压直流电。馈电线是将牵引变电所的直流电送到接触网上。接触网是沿列车走行轨架设的特殊供电线路，电动车辆通过其受流器与接触网的直流接触而获得电力。走行轨道构成牵引供电回路的一部分，回流线将轨道回流引向牵引变电所。

9.3.2　向牵引变电所的供电方式

城市电网对城轨交通的供电方式有以下三种。

1. 集中供电方式

沿着城轨交通线路，根据用电容量和城轨交通线路的长短，建设城轨交通专用的主变电所。主要电所电压一般为进线电源 AC 110 kV，由发电厂或区域变电所对其供电，再由主变电所降为城轨交通内部供电系统所需的电压级(AC 35 kV 或 AC 10 kV)。各主变电所具有两路独立的 AC 110 kV 电源。集中供电方式有利于城轨交通公司的运营和管理，各牵引变电所和降压变电所由环网电缆供电，具有很高的可靠性。广州、深圳、上海和香港城轨交通即为此种供电方式。集中供电方式的环网供电示意图如图 9-4 所示。

1) 主变电所

城轨负荷作为一级负荷，主变电所进线一般为双电源。双电源的设计有两种：一是两路电源均为专用线路，电源可靠性高；另一种是一路电源为专用线路，而另一路 T 接于供电线路与其他用户共享电源。T 接电源可靠性相对来说有所下降，但也能满足地铁供电的要求。两路电源分列运行，相互备用。同时，在设计中通过地铁环网电缆将两座主变电所的母线连接，即使两路外部电源同时发生故障，也可以实现主变电所之间的相互支援，提高了外部电源的安全可靠性。

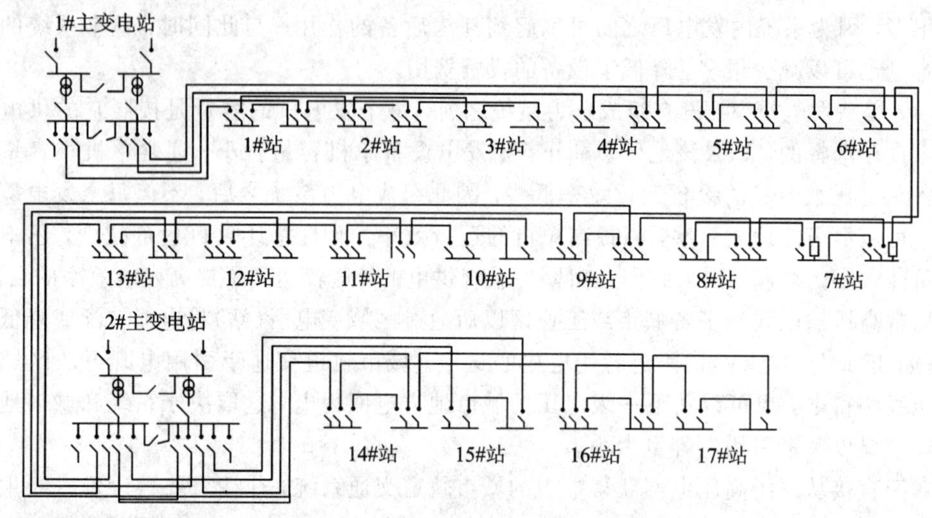

图 9-4　集中供电方式的环网供电示意图

主变电所进线电源侧可采用内桥接线或线路变压器组接线(如图 9-5 所示)，采用何种接线形式，主要考虑外部电源的可靠程度和电力部门的要求。内桥接线的可靠性要略高于线路变压器组接线，主要体现在当一路进线电源有故障时，完全不影响地铁供电系统的运行，而此时线路变压器组接线就只能单台主变压器运行。主变电所中压侧采用单母线分段接线方式，当其中一台主变压器或一路中的压进线不能正常运行时，通过母联开关合闸保证地铁供电的可靠性。当外部电源不稳定时，通过主变压器有载调压开关保证地铁电源的稳定性和可靠性。

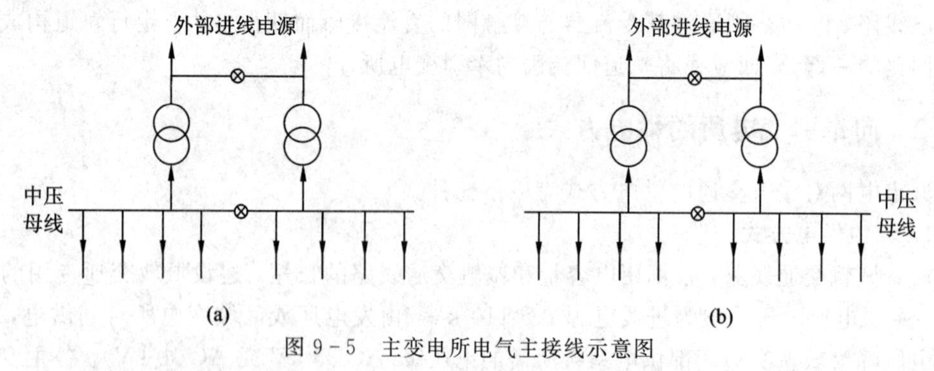

图 9-5　主变电所电气主接线示意图

(a) 内桥接线型；(b) 线路变压器组接线型

2) 中压交流环网系统

城市轨道交通的中压交流环网系统可采用牵引与动力照明相对独立的网络形式，也可采用牵引与动力照明混合的网络形式。对于牵引与动力照明相对独立的网络，牵引供电网络与动力照明网络的电压等级可以相同，也可以不同。供电系统中的中压环网应按列车运行的远期通过能力设计，互为备用线路。当一路退出运行时，另一路应能承担其一、二级负荷的供电，线路末端电压损失不宜超过 5%。一个运行可靠、调度灵活的环网供电系统，一般需满足以下设计原则和技术条件：

(1) 供电系统应满足经济、可靠、接线简单、运行灵活的要求。

(2) 供电系统(含牵引供电)容量按远期高峰小时负荷设计，根据路网规划的设计可预留一定裕度。

(3) 供电系统按一级负荷设计，即平时由两路互为备用的独立电源供电，以实现不间断供电。

(4) 环网设备容量应满足远期最大高峰小时负荷的要求，并满足当一个主变电所发生故障(不含中压母线故障)时，另一个主变电所能承担全线牵引负荷及全线动力照明一、二级负荷的供电。

(5) 电缆载流量满足最大高峰小时负荷的要求，同时当主变电所正常运行，当环网中一条电缆发生故障时，应能保证城市轨道交通正常运行。此时可不考虑主变电所和环网电缆同时发生故障的情况，但应考虑当主变电所与一个牵引变电所同时发生故障时，能正常供电(三级负荷除外)。

在中压环网电压等级的选取上，国内一般有 35 kV/33 kV 和 10 kV 两种等级，环网电压高则可相应减少主变电所的个数和降低线路损耗。目前，国内已经开通和即将开通的地铁线路多数采用集中供电方式，中压环网电压多采用 35 kV/22 kV 等级。

2. 分散供电方式

根据城轨交通供电系统的需要，在城轨交通沿线直接从城市电网引入多路电源，由区域变电所直接对城轨交通牵引变电所和降压变电所供电，称为分散供电。这种供电方式多为 AC 10 kV 电压级，因为我国各大城市的电网在逐渐取消或改造 AC 35 kV 这一电压级，要想在 10 km～30 km 的范围内引入多路 AC 35 kV 电源是不现实的，分散供电方式要保证每座牵引变电所和降压变电所都能获得双路电源。沈阳城轨交通、北京城轨交通的 5 号线即为此种供电方式。分散供电方式的示意图如图 9-6 所示，可以看到，无论是牵引变电所还是降压变电所，其电源都由不同地方的电源提供。

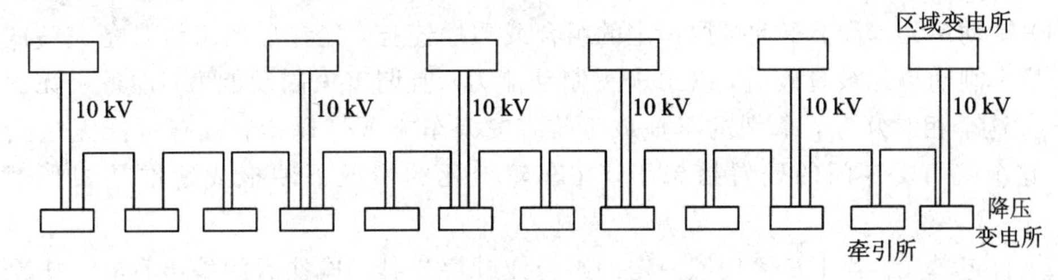

图 9-6　分散供电方式的示意图

采用分散供电方式可以取消地铁主变电所，从而节省主变电所的投资，但是地铁电源系统能否采用这种方式与城市电网发达情况密切相关。采用集中供电方式可使地铁供电系统与外界的接点减少，便于日后的运营维护。

3. 混合供电方式

混合供电方式是前两种供电方式的结合，以集中供电方式为主，个别地段引入城市电网电源作为集中供电方式的补充，使供电系统更加完善和可靠。武汉轨道交通、北京城轨交通的 1 号线和 2 号线即为此种供电方式。

9.3.2 电动车组的概述

1. 概述

“动车组”这个词在流行之前，与其同样的事物也被称为“列车组”、“机车组”等。这个由中国人创造出来的词在英文中没有明确的、对应的解释，最接近的翻译为“Train Set With Power Car”——带有动车的列车编组。图 9-7 为 CRH2 动车组。为了更好地说明，可以人为地把它分为两大部分，即正统意义上的动车组和扩展意义上的动车组，在下文中分别称为“狭义动车组”和“广义动车组”。

图 9-7　CRH2 动车组

“狭义动车组”英文名为“MU”，全称为“Multiple Units”，意为“单元式组合列车”。“单元”是这种列车中最突出和最核心的概念。

“单元”是指车辆以特定方式连挂以实现特定功能的编组。而当这样的编组中一节车也不能再缩减时，称为“最小单元”。在某些情况下，单元内会有可以摘除的冗余车辆。但多数情况下单元就是最小单元。最小单元一旦被拆除，该单元用以实现的功能将消失或者不再完整。在比较罕见的情况下，一节车也可以称为单元。为方便进一步描述，可以按照以下方式划分单元：

(1) 制动单元。若干车辆按照一定的组合或顺序连挂，连挂后的编组具备完整的制动能力。最小制动单元被打破后，编组失去制动能力。所谓丧失制动能力，即编组无法下闸制动——这个相对好办，拿别的车拖或者推，按调车方式慢慢走；也有可能无法松闸缓解——这个就需要专门的处置措施了，在车轮抱死的情况下硬拖或硬推是相当糟糕的主意。

(2) 自走单元。若干车辆按照一定的组合或顺序连挂，连挂后的编组具有若干个司机室，在本编组司机室控制下具备完整的运行能力。在多数情况下，自走单元包含若干个完整的制动单元，而其中又以一个自走单元即为一个制动单元的情况居多。

最小自走单元被打破后，编组失去自力运行能力，并可能因制动单元被破坏而丧失制动能力。当前形态 CRH1 的自走单元为列车＋拖车＋动车；当前形态 CRH2 的自走单元为 4 节，编组为拖车＋动车＋动车＋拖车。

(3) 随走单元。若干车辆按照一定的组合或顺序连挂，连挂后的编组在其他编组的司机室控制下具备完整的运行与制动能力。在多数情况下，随走单元包含若干个完整的制动单元，而其中又以一个随走单元即为一个制动单元的情况居多。随走单元可以不包含司机室，而自走单元在很多情况下也具备随走功能。

最小随走单元被打破后，编组失去自力运行能力，并同样可能因制动单元被破坏而丧失制动能力。

(4) 若干车辆按照一定的组合或顺序连挂，连挂后的编组能用来执行运营任务。不同的运营组织方式对运营单元有不同的要求，但运营单元一般包含若干完整的自走/制动单元，有时也包含随走单元。

(5) 特殊单元。在 ICE3 型列车中，4、5 号车都是拖车，没有动力，纯粹只是与列车首尾两个自走单元兼容的电器制动单元。这样的单元在其他型号/系列的列车中是非常罕见的。目前，数量众多的单元式组合列车都具备以下两点特征：

① 多个司机室，每个司机室都具备完全的列车操控能力。列车至少有两个司机室，一般分布于列车两端，在列车到站换向或中途换向时无需调头，有些列车具有更多司机室，可以在途中停站时轻易分解独立而完整的若干车辆。

② 编组完整风格统一，同一系列的列车，各个车尺寸样式不会相差太远，甚至无法轻易与本系列之外的车辆连挂。这个特征在高速列车和新型通勤列车中尤为显著。

2. 动车组的分类

(1) 按照动拖比分类。在列车中，有动力的车轴所承载的车重与无动力的车轴所承载的车重之比称为动拖比。列车动拖比小于 1∶3 为动力集中；小于 1∶1 但不小于 1∶3 为弱动力分散；等于和大于 1∶1 为强动力分散。当列车编组中，动力车全部车轴均有动力、每节动力车轴数与非动力车轴数相同且轴重接近的情况下，可以用动力车数量与非动力车节数之比粗略计算动拖比。

这是最常见的动车组分类方式。需要注意的是，这个分类方式也同样适用于传统列车。一个比较极端的强动力分散的示例是一台 132 t 机车与两节 55 t 车厢组合的编组。

动力集中系动车组非常少见，目前已知只有德国 ICE1 的 2 动车和 12 拖车编组曾用与城际特快，现用于长途直达班次。

弱动力分散系动车组相对最为常见，多用于通勤场合，但也常用于城际和中长途线路。地铁与轻轨中的动车组、日本的新干线各系、法国的 AGV 及 TGV－V150、德国的 ICE3、中国的 CRH 系列均属此列。

(2) 按照用途分类。目前，绝大多数型号和数量的动车组都被用于客运领域。但少量动车组被用于货运。还有极少一部分用于轨道检测等特殊用途。

(3) 按照动力/燃料类别分类。这本是一种有些牵强的分类，但因与该分类方式所对应的专用名词、词组和缩写已经存在，故有此分类方式。按照这一方式，动车组可以分为电力动车组和内燃动车组。

3. 动车组的特点

未来的城市轨道运输由“地铁＋轻轨＋市郊动车组”的模式组成，构成一个由内向外、层层分流的立体交通网络，即在市区采用地铁运输，在人口相对较少的地区采用轻轨，在城市周围和市郊采用动车组。这种组合的优点是：地铁运量大，可将密集地区的人流迅速分散出去；轻轨车运行时间机动，可灵活应对不确定的客流；市郊出行距离加大，更快速的动车组可大大缩短旅途时间。与用机车推动普通列车相比，动车组的优点是：

(1) 动车组在两端都有驾驶室，列车调头时无需先把机车在一端脱钩后再移到另一端挂钩，大大加快了运转的速度。同时亦减少车务人员的工作及提高安全。(机车也可以用推位操作达到一样的效果。）

（2）动车组可以容易地组合成长短不同的列车。有些地方的动车组先整成一列，到中途的车站分开成数节，分别开向不同的目的地。其中，动力分散的动车组具有以下明显的优点：

① 动力效率较高；特别是在斜坡上。动车组列车的重量放置在各个带动力的车轮上，而不会称为拖在机车后面无用的负重。

② 因为同样的原因，动车组上的动力轴对路轨黏着力的要求较低，每轴的载重亦减少。因此选用动车组的高速铁路路线，对路线的土木工程及路轨的要求都比较低。

③ 电力动车组因为有较多的电动机，所以再生制动能力良好。对于停站较多的近郊通勤铁路、地下铁路，这个优点特别明显。

④ 因为动车组运转快、占地小，行走市郊的通勤铁路很多都是动车组。轻便铁路、地下铁路使用的也几乎全是动车组。

4. 我国动车组的技术

（1）"和谐号"动车组的国产化意味着我国已经掌握了世界先进成熟的铁路机车车辆制造技术。法国阿尔斯通、日本川崎重工、加拿大庞巴迪、德国西门子、美国 GE 及 EMD 等公司，都是世界著名的铁路技术装备制造企业，他们拥有当今世界一流的时速为 200 km 及以上动车组的大功率电力、内燃机车设计制造技术。经过艰苦努力，我们成功实现了这些技术的转让和引进，使我国铁路装备技术跻身世界先进行列。

（2）动车组和大功率机车的核心技术已为我所有。高速动车组的总成、车身、转向架、牵引变流、牵引控制、牵引变压、牵引电机、列车网络控制和制动系统等核心技术，大功率电机车的总成、车体、转向架、主变压器、网络控制、主变流器、驱动装置、牵引电机、制动系统等核心技术，大功率内燃机机车的柴油机、主辅发电机、交流传动控制等核心技术以及大量的配套技术，这些技术我们已经掌握。运用这些技术生产的时速为 200 km 及以上动车组和大功率机车的国产化率可达到 70％以上。

（3）实现了低成本引进。我们引进的动车组的大功率机车技术，价格比其他国家低得多。之所以能够取得这样高的性价比，主要是因为我们充分利用了中国铁路巨大的市场优势以及在铁道部主导下国内各企业的组合优势，再加上采取了灵活的谈判策略，实现了国家利益的最大化。

（4）加快了我国机车车辆制造工业现代化步伐。在这次大规模的技术引进中，国内共有 10 多家机车车辆重点制造企业和几百家外围企业直接从中受益，实现了机车车辆制造水平的跨越，增强了市场竞争力，有力地推动了我国相关民族工业的发展壮大。在这些重点制造企业中，长春轨道客车股份有限公司受让法国阿尔斯通公司的技术，制造出了 CRH5 型动车组；四方机车车辆股份有限公司受让日本川崎重工公司的技术，制造出了 CRH2 型动车组；青岛 BSP 公司受让加拿大庞巴迪公司的技术，制造出了 CRH1 型动车组；唐山机车车辆厂受让德国西门子公司的技术，制造出了 CRH3 型动车组；大连机车车辆公司受让日本东芝公司和美国 EMD 公司的技术，制造出了和谐 HXD3 型大功率电力机车与和谐型大功率内燃机车；大同电力机车公司受让阿尔斯通公司的技术，制造出了 HXD2 型大功率电力机车；株洲电力机车公司受让德国西门子公司的技术，制造出了和谐 HXD1 型大功率电力机车；戚墅堰机车车辆厂受让美国 GE 公司的技术，制造出了和谐型大功率内燃机车。永济电机厂、株洲机车车辆研究所和铁道科学研究院等企业，也受让了先进的牵引电机、牵引和辅助变流器。牵引控制系统等关键技术，形成了我国铁路新的机车车辆制造产业群。

(5) 再创新工作已取得重要进展。在动车组方面，正在全力推进大编组动车组、卧铺动车组等自主创新工作，同时在时速为 200 km/h 的技术平台上，自主创新研制的时速为 300 km/h 动车组在京津、武广、京沪等客运专线上投用，成为未来我国高速客运的主力车型。在大功率机车方面，在 6 轴总功率 7200 kW 的技术平台上，正在组织实施牵引变流器、牵引电机、车体、转向架以及整车集成技术的自主创新。

9.4　轨道交通供电系统的特点

9.4.1　牵引供电系统

1. 概述

交通牵引供电系统由牵引变电所或牵引混合变电所(为便于叙述，以下统称为牵引变电所)和接触网系统构成，共同完成向交通列车输送电能的任务。

牵引变电所是牵引供电系统的核心，一般由进出线单元、变压变流单元及直流供电单元构成。其主要功能是将中压环网的 AC 35 kV 或 AC 10 kV 电源经变压变流单元转换为城轨交通列车所需的电能，并分配到上、下行区间供列车牵引用。在城轨交通工程中，由于地下土建工程造价很高，所以在地面有条件时最好将牵引变电所建于地面，但降压变电所由于压损的要求仍应设在车站内，这样可以有效地节约工程造价。

在设备选型上，随着设备制造技术的发展，设备在防火、减少占地面积等方面都有所进步。例如，干式变压器在防火、防潮湿等方面的优势都使其更适合城轨交通的运行环境；SF_6气体绝缘开关柜(GIS)占地面积要比传统的空气绝缘开关柜(AIS)小，地下变压站中采用 GIS 可降低工程造价，尤其在 35 kV 电压等级下采用 GIS 的优势更为突出。

接触网系统负责将牵引变电所输出的电能输送到列车上，一般有架空接触网和接触轨两种形式。从电压等级看，国内有 AC 25 kV、DC 1500 V 和 DC 750 V 三种等级，其中，AC 25 kV 和 DC 1500 V 采用架空接触网形式，DC 750 V 采用接触轨形式。

采用 AC 25 kV 或 DC 1500 V 接触网制式与 DC 750 V 接触轨形式相比，由于电压等级高，可以节省沿线牵引变电所的数量，并且由于接触网是架空悬挂，其安全性较好。但采用接触网形式对城市景观影响较大，运营中的维护工作量也较大。在具体的工程中可从一次投资、城市景观、安全因素和维护工作量等方进行综合比选来确定受流方式。

在接触轨材料的选择上，国内已运行的城轨交通线路大多采用低碳钢，在国外，有些城轨交通采用钢铝复合轨。与低碳钢三轨相比，钢铝复合轨载流量大，可以减少牵引变电所的数量，降低了运营维修费用，减少运行损耗。目前，国内武汉轻轨和天津地铁已采用该材料。

2. 组成与要求

在城市轨道交通牵引供电系统中，电能从牵引变电所经馈电线、接触网输送给电动列车，再从电动列车经钢轨(称为轨道回路)、回流线流回牵引变电所。由馈电线、接触网、轨道回路以及回流线组成的供电网络称为牵引网。牵引供电系统即由牵引变电所和牵引网组成，其中牵引变电所和接触网是牵引供电系统的主要组成部分。接触网按其结构可分为架空式和接触轨式，按其悬挂方式又可分为柔性(弹性)接触网和刚性接触网。习惯上，由于接触轨式是沿线路敷设的与轨道平行的附加轨，故又称其为第三轨，而当采用架空方式时，才称为接触网。

城市轨道交通牵引供电系统如图 9－8 所示，其各部分功能简述如下：

(1) 牵引变电所：供给城市轨道交通一定区域牵引电能的变电所。

(2) 接触网(或接触轨)：经过电动列车的受电器向电动列车供给电能的导电网(有接触轨方式和架空接触网两种方式)。

(3) 馈电线：从牵引变电所向接触网输送牵引电能的导线。

(4) 回流线：用以供牵引电流返回牵引变电所的导线。

(5) 电分段：为便于检修和缩小事故范围，将接触网分成若干段。

(6) 轨道：列车在行走时，利用行走轨道作为牵引电流回流的电路。在采用跨座式单轨电动车组时，需沿路线专门敷设单独的回流线。

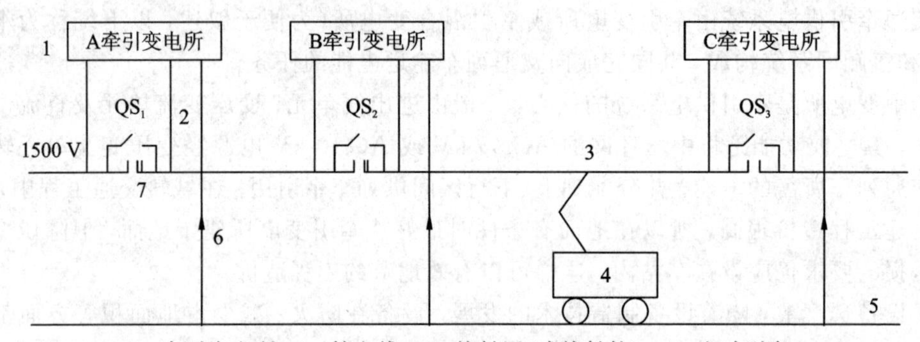

1—牵引变电所；2—馈电线；3—接触网(或接触轨)；4—电动列车；

5—钢轨；6—回流线；7—电分段

图 9－8　牵引供电系统示意图

在城市轨道交通牵引供电系统中采用直流供电制。我国早期建成的北京城市轨道交通的供电电压采用 750 V，上海、广州、南京、深圳城市轨道交通均采用 1500 V。

牵引变电所的数量、容量和设置距离是根据牵引计算的结果，并对经济技术条件比较后确定的。它们一般设置在城市轨道交通沿线若干车站及车辆段附近。每个牵引变电所按其所需容量设置两组牵引整流机组并列运行，当沿线任一牵引变电所有故障时，由两侧相邻的牵引变电所共同承担该区段的全部牵引负荷。牵引变电所的容量和设置距离一般需考虑以下设计原则和技术条件：

(1) 正线任一牵引变电所故障时，其相邻牵引变电所应采用越区供电方式，负担起该区段的全部牵引负荷，此负荷应满足远期高峰小时负荷。

(2) 牵引变电所的数量及其在线路上的位置，应满足在数股线路的情况下越区或单边供电时，接触网的电压水平。直流牵引供电系统的电压及其波动范围应符合表 9－1 的规定。

(3) 在任何运行方式下，接触网最高电压不得高于最高值，当高峰小于负荷时，全线任一点的电压不得低于最低值。

表 9-1　直流牵引供电系统电压值

标准值/V	最高值/V	最低值/V
759	900	500
1500	1800	1000

3. 运行方式

牵引变电所向接触网(或接触轨)供电方式有两种，即单边供电和双边供电。城市轨道交通接触网(或接触轨)在每个牵引变电所附近由电分段进行电气隔离，分成两个供电分区，每个供电分区也称为一个供电臂。例如，列车只从所在供电臂上的一个牵引变电所获得电能，这种供电方式称为单边供电。又如，一个供电臂同时从相邻两个牵引变电所获得电能，则称为双边供电。

一般来说，车辆段内采用单边供电方式，正线采用双边供电方式。在采用双边供电时，当某一牵引变电所故障退出运行时，该段接触网就成为单边供电。在列车正常运行时，列车从牵引变电所 B 和牵引变电所 C 以双边供电方式获得电能，越区隔离开关 QS_2 断开。当牵引变电所 B 因故障退出运行时，合上越区隔离开关 QS_2，通过越区隔离开关由牵引变电所 A 和牵引变电所 C 进行大双边供电。当正线上任何牵引变电所故障退出运行时，均由相邻牵引变电所越区供电。在越区供电方式下，供电末端的接触网(或接触轨)电压较低，电能损耗较大，因此，视情况要适当减少同时处在该供电区段的列车数目。另外，直流馈线保护整定时还需考虑大双边供电方式下的灵敏度。因此，越区供电只是在不得已的情况下，短时采用的一种运行方式。

9.4.2　动力照明系统

动力照明系统为除城轨交通列车以外的其他所有地铁用电负荷提供电能，其中包括通信、信号、事故照明和计算机系统等许多一级负荷。这些一级负荷均与城轨交通正常运营密不可分，因此在设计、设备选型和施工过程中都应对动力照明系统给予足够的重视。城轨交通降压变电所与城网 10 kV 变电所一样，都是将中压电经变电压变成 380 V/220 V 电源供动力照明负荷使用。在引入电源方面，每座降压变电所均从中压环网引入两路电源，有条件时还应从相邻变电所或市电引入一路备用电源，对于特别重要的负荷如控制系统计算机设备等负荷还应设蓄电池作为备用电源。

9.4.3　电力监控系统

电力监控系统是贯穿于整个供电系统的监视控制部分，是控制技术在电力系统中的应用。电力监控系统由控制中心、通信通道和被控站系统组成，对全线变电所及沿线供电设备实行集中监视、控制、测量。控制中心由数据服务器、通信前置机、工程师工作站及模拟盘显示器等组成，完成对所采集数据的分析、计算、存储、设备状态监视以及控制命令的发送等功能。被控站系统由变电所上位 PLC 或后台计算机、所内通信通道及下位 PLC 组成，完成对设备状态、信号等数据的采集、整理、简单分析计算及所内控制等功能。

9.4.4 城轨交通供电系统对电源的基本要求

一般工厂企业用电多集中在一个地方，而城轨交通用电则在沿线路几十千米的范围内，这是城轨交通与其他用户不同的地方。城轨交通作为城市电网的重要用户，属于一级负荷。城轨交通供电系统的主要电所。牵引变电所、降压变电所，都要求能获得两路电源。城轨交通供电系统对电源的基本要求是：

(1) 两路电源要求来自不同的变电所或同一变电所的不同母线。

(2) 每个进线电源的容量应满足变电所全部一、二级负荷的要求。

(3) 两路电源应分列运行，互为备用，当一路电源发生故障时，由另一路电源恢复供电。

(4) 为便于运营管理和建设损耗，要求集中式供电的主变电所的站位和分散式的供电的电源点，要尽量靠近城轨交通线路，减少引入城轨交通的电缆通道的长度。

9.4.5 城轨交通供电系统的电压等级

城轨交通供电系统电压等级主要有如下几种：

(1) AC 110 kV、AC 63 kV：为主变电所的电源电压，其中，AC 63 kV 电压级为东北电网所特有。

(2) AC 35 kV：为主变电所电源电压或牵引供电系统电源电压，如北京、青岛、上海、广州、深圳、香港的城轨交通主变电所的牵引供电系统电源电压都属于 AC 35 kV 等级。AC 35 kV 这一电压级在各大城市电网中将逐渐消失，而由 AC 110 kV 取代。作为城轨交通内部和环网供电专用，AC 35 kV 电压级还将继续存在下去，环网供电的电压如果不采用 AC 35 kV，则可采用 AC 10 kV。

(3) AC 10 kV：牵引供电系统、动力供电系统和电力监控系统适用这一电压级。

(4) AC 380 V/220 V：城轨交通动力照明等低压负荷用电的电源电压。

(5) AC 36 V：安全照明电源电压。

(6) DC 1500 V 或 DC 750 V：接触网(轨)电源电压。

(7) DC 220 V 或 DC 110 V：变电所直流操作电源电压和事故照明电压。

9.4.6 城市轨道交通杂散电流

1. 杂散电流的形成

直流牵引供电系统在理想的情况下，牵引电流由牵引变电所的正极出发，经由接触网、电动列车和回流轨(即走行轨)返回牵引变电所的负极。但钢轨与隧道或道床等结构钢之间的绝缘电阻不是无限大，这样势必造成流经牵引轨的牵引电流不能全部经由钢轨流回牵引变电所的负极，有一部分的牵引电流会泄露到隧道或道床等结构钢上，然后经过结构钢和大地流回牵引变电所的负极，这部分泄露到隧道或道床等结构钢上的电流就是杂散电流，也称为迷流。图 9-9(a)为直流牵引地下杂散电流示意图。

走行轨铺设在轨枕、道砟和大地上，由于轨枕等的绝缘不良和大地的导电性能，地下的杂散电流如图 9-9(a)所示那样杂散地流入大地，然后在某些地方又重新流回钢轨和牵引变电所的负极。在走行轨附近埋有地下金属管道和其他任何金属结构时，杂散电流的一部分就会从导电的金属体上流过。此时走行轨和地下金属体对大地的电位分布分别如图9-9(b)和图9-9(c)所示。

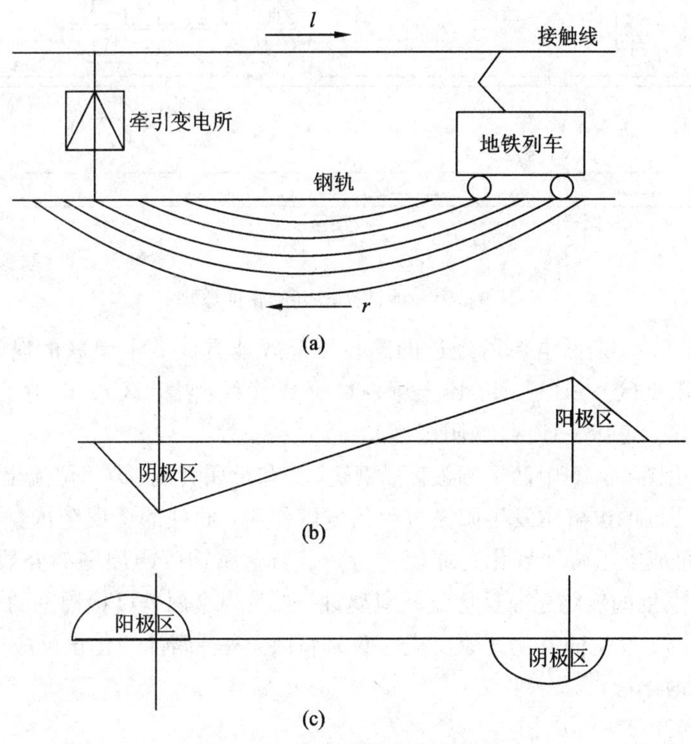

图9-9　地下杂散电流和电位

(a)直流牵引地下杂散电流示意图；(b)走行轨对大地电位分布图；(c)地下金属体对大地电位分布图

2. 杂散电流的影响和危害

城市轨道中的杂散电流是一种有害的电流，会对地铁中的电气设备、设施的正常运行造成不同程度的影响，而且对隧道、道床的结构钢和附近的金属管线造成伤害。这种危害主要表现在以下几个方面：

(1) 若地下杂散电流流入电气接地装置，将引起过高的接地电位，使某些设备无法正常工作。

(2) 若钢轨(行走轨)局部或整体对地的绝缘变差，则此钢轨(行走轨)对大地的泄漏电流增大，地下散乱电流增大，这时有可能引起牵引变电所的框架保护动作，则整个牵引变电所的断路器就会跳闸，全所失电，同时还会联跳相邻牵引变电所对应的馈线断路器，从而造成较大范围的停电事故，影响地铁的正常运营。

(3) 对城市轨道隧道、道床或其他建筑物的结构钢筋以及附近的金属管线(如电缆、金属管件等)造成电腐蚀。如果这种电腐蚀长期存在，将会严重损坏地铁附近的各种结构钢筋和地下金属管线，破坏了结构钢的强度，缩短了其使用寿命。

3. 地下金属结构被杂散电流腐蚀的基本原理

1) 腐蚀过程

直流牵引供电方式所形成的电流及其腐蚀部位如图9-10所示。图中的I为牵引电流，I_X、I_Y分别为走行轨回流和泄漏的杂散电流。

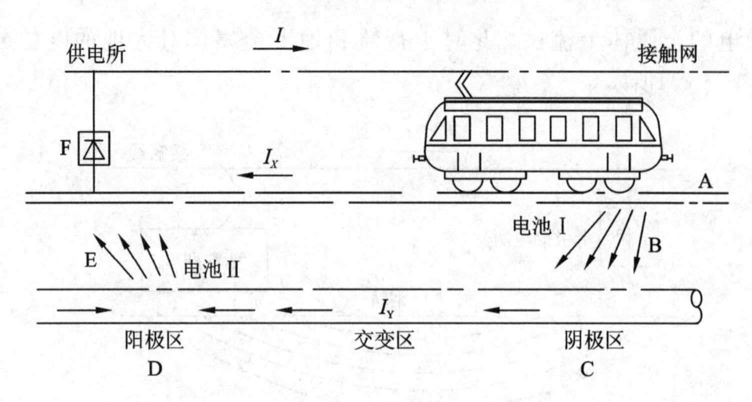

图 9-10　地铁杂散电流腐蚀原理

由图 9-10 可知，杂散电流所经过的路径可等效地看成 2 个串联的腐蚀电池。其中电池Ⅰ为 A 钢轨(阳极区)→B 道床、E 土壤→C 金属管线(阴极区)；电池Ⅱ为 D 金属管线(阳极区)→E 土壤、道床→F 钢轨(阴极区)。

当杂散电流由图 9-10 中两个阳极区、钢轨(A)和金属管线(D)部位流出时，该部位的金属铁(Fe)便与其周围的电解质发生阳极过程的电解作用，此处的金属随即遭到腐蚀。这种腐蚀的过程，实际可能发生两种氧化还原反应：一是当金属铁(Fe)周围的介质是酸性电解质，即当 pH<7 时，发生的氧化还原反应是析氢腐蚀；二是当金属铁(Fe)周围的介质是碱性电解质，即当 pH>7 时，发生的氧化还原反应为吸氧腐蚀。两种腐蚀的化学反应方程式如下：

在析氢腐蚀时

阳极：$2Fe \Leftrightarrow 2Fe^{2+} + 4e^-$。

阳极：$O_2 + 2H_2O + 4e^- \Leftrightarrow 4OH^-$(有氧的碱性环境)。

上述两种腐蚀反应通常生产 $Fe(OH)_2$，而在钢筋表面或介质中析出，部分还可以进一步被氧化形成 $Fe(OH)_2$。生产 $Fe(OH)_2$ 继续被介质中的 O_2 氧化成棕色的 Fe_3O_4(黑锈的主要成分)。

2) 腐蚀特点

杂散电流腐蚀一般的特点有：腐蚀激烈，集中于局部位置；当有防腐层时，又往往集中于防腐层的缺陷部位。杂散电流腐蚀和自然腐蚀有较大的差异，具体如表 9-2 所示。

表 9-2　杂散电流腐蚀和自然腐蚀的差异

项目		自然腐蚀	杂散电流腐蚀
钢铁	外观	孔蚀倾向较小，有黄色或黑色的质地较疏松的锈层，创面边缘不整齐，清除腐蚀产物后创面较粗糙	孔蚀倾向大，创面光滑，有时是金属光泽，边缘较整齐，腐蚀产物是炭黑色细粉状，当有水分存在时，可明显观察到电解迹象
	环境	几乎在土壤中均可发生	一般土壤电阻大于 1000Ω·cm 环境下，腐蚀较困难
铅	外观	腐蚀均匀，由空洞时亦表现为浅皿状，腐蚀物为不透明的粉状物	空洞内面粗糙，创面呈纹状，分布不匀或沿电缆呈一直线分布，腐蚀物为透明的或白色的结晶物
	环境	水的 pH 值一般在 6.7～8.5 范围之间，氯化物浓度大	地下水为中性，普通会有氯化物、碳酸盐、硫酸盐

4. 杂散电流腐蚀的防护与检测

1）杂散电流腐蚀防护的原则

城市轨道中杂散电流腐蚀防护应遵循以下基本原则：

(1) 采取措施，以治本为主，将城市轨道杂散电流减少至最低限度。

(2) 采取措施，限制杂散电流向轨道外部扩散。

(3) 轨道附近地下的金属管线结构，应采取有效的防蚀措施。

2）杂散电流的防护措施

杂散电流的防护设计应采取"以堵为主，以排为辅，防排结合，加强检测"的原则。

(1) 堵。就是隔离和控制所有可能的杂散电流泄露途径，减少杂散电流流入城市轨道的主体结构、设备及可能与其相关的设施。

(2) 排。就是通过杂散电流的收集及排流系统，提供杂散电流返回至牵引变电所负母线的通路，放置杂散电流继续向系统外泄流，以减少腐蚀。

(3) 检测。设计完备的杂散电流监测系统，监视、测量杂散电流的大小，为运营维护提供依据。

3）杂散电流防护的措施

(1) 确保牵引回流系统的畅流，使牵引电流通过回流系统流回牵引变电所，从根本上减少杂散电流的产生。

(2) 为保护整体道床结构钢筋不受杂散电流腐蚀及减少杂散电流扩散，利用整体道床内结构钢筋的可靠电气连接，建立主要的杂散电流收集网，收集由钢轨泄露出来的杂散电流，在阴极区经钢轨回流牵引变电所。

(3) 对于需设置浮动道床的区段，浮动道床内的纵向钢筋也应是电气连接，并和整体道床内的杂散电流收集网进行电气连接，使隧道内所有的道床收集网钢筋在电气上连为一体。

(4) 在条件允许的情况下，尽可能增强整体道床结构与隧道、车站之间的绝缘。

(5) 为保护地下隧道、车站结构钢筋不受杂散电流腐蚀及减少杂散电流向外部的扩散，利用隧道、车站结构钢筋的可靠电气连接，建立辅助杂散电流收集网，收集由整体道床泄露出来的杂散电流，在阴极区经整体道床和钢轨流回牵引变电所。

(6) 在盾构区间隧道，采用隔离法对盾构管片结构钢筋进行保护。在盾构区间相邻的车站，两车站的结构钢筋用电缆连接起来，使全线的杂散电流辅助收集网在电气上连续。

(7) 在高架桥区段，桥梁与桥墩之间增加橡胶绝缘垫，实现桥梁内部结构钢筋与桥墩结构钢筋绝缘，防止杂散电流对桥墩结构钢筋的腐蚀。

(8) 在高架桥车站内，车站结构钢筋和车站内高架桥结构钢筋要求在电气上绝缘，防止杂散电流对车站结构钢筋的腐蚀。

(9) 牵引变电所设置杂散电流排流装置，以便在轨道绝缘能力降低致使杂散电流增大时，及时安装排流装置使收集网(主收集网、辅助收集网)中杂散电流有畅通的电气回路。

(10) 直流供电设备、回流轨采用绝缘法安装。

(11) 各类管线设备应尽量从材质或其他方面采取措施，减少杂散电流对其腐蚀及通过其向轨道外部泄露。

(12) 轨道设计应采取以下的一些措施：

① 走行回流钢轨尽量选用重型轨(如 60 kg/m 型轨)，并焊接成长钢轨。钢轨接头的电阻应小于 5 m 长的回流钢轨的电阻值，以减少回流电阻。若采用短钢轨，则应用鱼尾板连接，在道岔与辙岔的连接部位的两根钢轨之间加焊一根 120 mm^2 及以上的绝缘铜电缆连接线，并应做到焊接可靠。

② 钢轨与轨枕或整体道床之间采用绝缘法安装，保证钢轨对轨枕或整体道床的泄露电阻不小于 15 Ω·km。为了达到此要求，在钢轨与混凝土轨枕之间，在紧固螺栓、道钉与混凝土轨枕之间以及在扣件与混凝土轨枕之间采取绝缘措施，加强轨道对道床的绝缘，以减少钢轨对地的泄露电流。其具体做法是：钢轨下加绝缘垫；使用绝缘扣件；钢轨采取绝缘套管固定安装；轨枕下加绝缘垫；道岔外加强绝缘；在有导轨处，导轨与走行轨之间加强绝缘；钢轨底部与整体道床之间的间隙不小于 30 mm；利用整体道床内结构钢筋形成杂散电流收集网。

(13) 隧道、地下车站采取的措施如下：

① 隧道、地下车站主体结构的防水层，必须具有良好的防水性能和电气绝缘性能；车站、隧道内应设有畅通的排水设施，不允许有积水现象。

② 为保护隧道、地下车站结构钢筋不受杂散电流腐蚀及减少杂散电流向外扩散，利用这些结构钢筋的可靠电气连接，建立辅助杂散电流收集网。其所收集的由整体道床泄露出来的杂散电流，经整体道床、钢轨或单向导通装置流回牵引变电所。

③ 在盾构区间隧道，采用隔离法对盾构管片结构钢筋进行保护。

④ 在过江隧道的轨道两端设立单向导通装置与其他线路单向隔离。

⑤ 车站动力照明采用 TN－S 系统接地形式。

⑥ 车站屏蔽门应绝缘，并与钢轨有可靠的电气连接。

5. 杂散电流的监测

1) 杂散电流腐蚀监测原理

(1) 极化电压的正向偏移平均值。杂散电流难以直接测量，通常利用结构钢极化电压的测量来判断结构钢筋是否受到杂散电流的腐蚀作用。极化电压的正向偏移平均值不应超过 1.5 V。一般在电化学腐蚀测量中，管、地电位差的标准测量方法如图 9－11 所示。

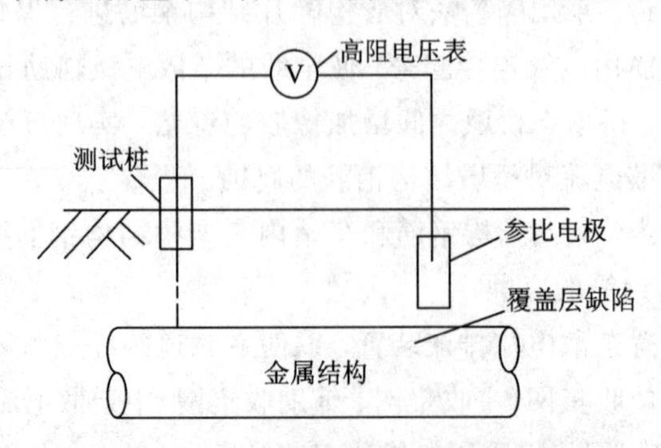

图 9－11　管、地电位差的标准测量方法

管、地电位差的标准测量方法在电化学腐蚀测量中称为近参比法。目的是为了使测量结果更为精确。此方法的测量要点是把参比电极(通常用长效铜/硫酸铜电极)尽量靠近被测构筑物或金属管路表面，如果被测表面带有良好的覆盖层，参比电极对应处应是覆盖层的露铁点。在地铁系统中，埋地金属结构对地电位的测量方法亦采用近参比法，需要使用长效参比电极作为测量传感器，在没有杂散电流扰动的情况下，测量的电位分布呈现一稳定值，此稳定电位称为自然本位电位 U_o，当存在杂散电流扰动的情况下，测量电位出现偏离，所测量电位为 U_1，偏移值为 ΔU。一般情况下，我们将测量电压为正的称为正极性电压，测量电压为负的称为负极性电压。

埋地金属结构受杂散电流干扰的影响，其对地电位，也就是相对于参比电极的电压会偏离自然本体电位 U_o。在杂散电流流入金属结构的部位，金属结构呈现阴极，此部位的电位会向负向偏移，阴极区域的金属不受杂散电流腐蚀。在杂散电流流出金属结构的部位，金属结构呈现阳极性。此部位的电位会向正向偏离，阳极区域的金属结构受到杂散电流腐蚀影响。因为腐蚀是一个长期作用的结果，而瞬间杂散电流的变化是杂乱无序的。仅测量瞬间金属结构对参比电极的电压不能直接反映测量点杂散电流的腐蚀情况，所以应该测量计算在一定时间内偏移自然本体电位 U_o的正向平均值，《地铁杂散电流腐蚀防护技术规程》(CJJ49—92)规定：测量时间为半小时，其计算公式为

$$U_a^{(+)} = \sum_{i=1}^{p} \frac{U_i^{(+)} - U_o}{n} \tag{9-1}$$

式中，$\sum_{i=1}^{p} U_i^{(+)}$为所有正极性电压瞬时值和绝对值小于 U_o值的负极性电压各瞬时值之和；P 为所有正极性电压瞬时值读取次数及绝对值小于 U_o值的负极性电压各瞬时值读取次数之和；n 为总的测量次数；U_o为自然本体电位；$U_a^{(+)}$为极化电压的正向偏移平均值。

(2) 半小时轨道电位最大测量。由于杂散电流的泄露受轨道电位的影响很大，因此轨道电位的测量监测也是非常重要的。轨道电位严格意义上来讲应是以无限远的大地为基准，而钢轨电位测量以无限远的大地为基准是很难实现的，在测量中测量钢轨对埋地金属结构的电压来代表轨道电位。由于轨道电位的瞬时值变化很大，在实际测量过程中，其监测和计算的参数为测量时间内的最大值 U_{max}，即半小时轨道电位的最大值。

(3) 自然本体电位 U_o的测量。自然本体电位 U_o是一个非常重要的测量参数，而我们探讨的测量方法最终要实现自动在线测量，所以测量装置本身应该能够测量自然本体电位 U_o。城市轨道交通的特点是一天内有几个小时是完全停止运营的时间，在列车停止运行 2 h后，可以进行自然本体电位 U_o的自动测量。

2) 杂散电流监测系统

杂散电流监测系统有分散式监测系统和集中式监测系统两种。分散式杂散电流监测系统由参考电极、道床收集网测试端子、高架桥梁收集网测试端子、隧道收集网测试端子、测试盒、测试电缆、杂散电流综合测试端子箱及杂散电流综合测试装置构成。集中式杂散电流监测系统由参考电极、道床收集网测试端子、高架桥梁收集网测试端子、隧道收集网测试端子、传感器、数据转接器、测试电缆及杂散电流综合测试装置构成。

其中，道床收集网测试端子、高架桥梁收集网测试端子、隧道收集网测试端子可利用

伸缩缝处的连接端子，不单独引出测试端子。

(1) 分散式杂散电流监测系统原理框图如图 9－12 所示。

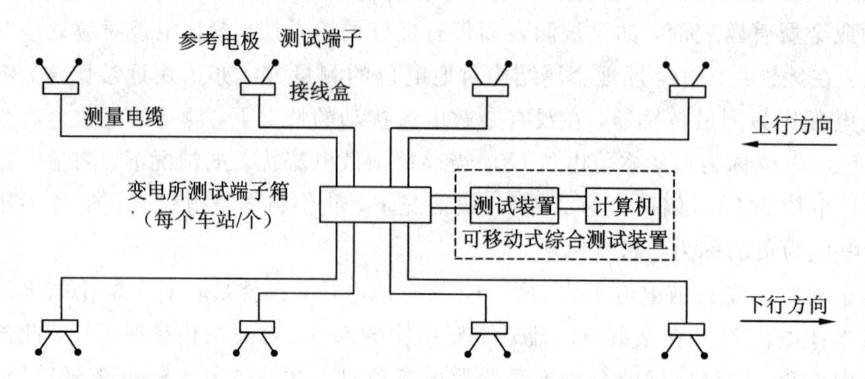

图 9－12 分散式杂散电流监测系统原理框图

在每个车站变电所的控制室或检修室内安装一台杂散电流测试端子箱，将该车站区段内的参考电极端子盒测试端子接至接线盒，由统一的测量电缆引入至变电所测试端子箱内的连接端子，将来用移动式微机型综合测试装置分别对每个变电所进行杂散电流测试及数据处理。

(2) 集中式杂散电流监测系统原理框图如图 9－13 所示。

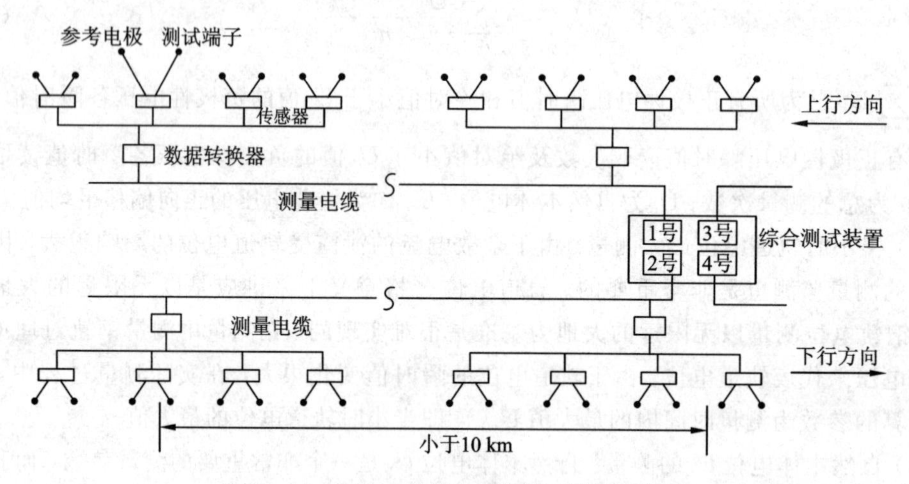

图 9－13 集中式杂散电流监测系统原理框图

在每个测试点，将参考电极端子和测试端子接至传感器。将该车站区段内的上、下行传感器通过测量电缆，分别连接到车站变电所的控制室或检修室内的数据转接器。车站的数据转接器通过测量电缆接至固定式杂散电流综合测试装置。综合测试装置至传感器的传输距离最远不超过 10 km，由此来考虑每条线路需设置几个杂散电流综合测试室。

以上两种监测系统均能满足杂散电流监测要求，采用哪种方案根据需要进行选择。

某地铁线的杂散电流监测系统原理框图如图 9－14 所示，主要监测整体道床排流网的极化电位、本体电位，隧道侧壁结构钢的极化电位、本体电位，所需监测点的轨道电位等。整个系统为一分布式计算监测系统。传感器是一个以单片机为核心的数据采集处理系统，可以实时采集处理监测点排流网和结构钢的自然本体电位 U_o，正向平均值 $U_a(+)$，半小时内的轨道电压最大值U_{max}，并把采集运算得到的参数送入指定的内存存储起来。由于整个地铁线路较长，通信距离比较长，为保证传感器的数据可靠传送到中央控制室的上位机，转接器起到了通信传输的中继作用。监测装置通过转接器向各个传感器要监测数据，同时可以计算各个供电区间的轨地过渡电阻和轨道纵向电阻。上位机与监测装置连接，把所有监测点监测和计算的有关杂散电流的信息参数以数据库的形式存入计算机。上位机软件具有查询、统计和预测功能，在上位机上可以实时查询到地铁沿线杂散电流腐蚀的防护情况。

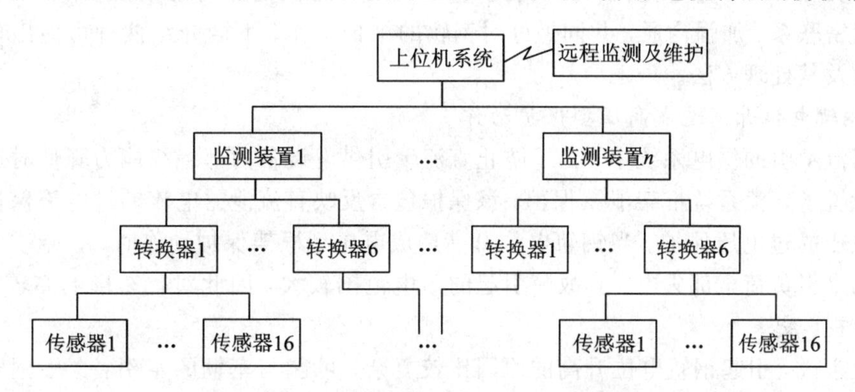

图 9－14　地铁杂散电流监测系统原理框图

6. 杂散电流防护系统的维护

(1) 定期利用杂散电流综合测试装置(杂散电流监测系统)在高峰时段测试整体道床结构钢筋、车站隧道结构钢筋、高架桥梁结构钢筋相对周围混凝土介质平均电位，以此电位作为判断有无杂散电流对结构钢筋腐蚀的依据。例如，测试到某段结构钢筋电位超过标准 0.5 V 的，则该区段杂散电流超标，应对钢轨回路及钢轨泄露电阻进行测试检查，然后结合测试结果进行维护。

(2) 每月定期对全线轨道线路清扫，保持线路清洁干燥，尤其是轨道扣件及钢轨绝缘垫要保持清洁干燥，不能有易导电的物质在钢轨扣件和绝缘垫表面，因为这些物质将导致轨道对地的泄露电阻下降。

(3) 在进行监测及测试后，针对测试结果，查出引起杂散电流腐蚀严重的原因，若是钢轨回流系统出现“断点”(如钢轨之间的接续线是否连接良好和脱落等)，则应及时将“断点”处焊接及连接至设计要求标准；若是某处钢轨泄露电阻太小，则应检查钢轨是否积水，灰尘污染是安装绝缘设备破坏引起，并及时清扫或对绝缘设备维护。

(4) 如果全线钢轨泄露电阻普遍降低，简单清扫或维护不能解决问题时，则应将牵引变电所的排流柜开通(如果牵引变电所内装有排流柜的情况下)，使杂散电流收集网与整流机组负极柜单向连通，以单项排流来保护结构钢筋免受杂散电流腐蚀。

(5) 定期检查各杂散电流收集网之间的连接线是否连接良好，如连接螺栓是否生锈等，如果这些连接部件状态不良，则应及时进行修复。

(6) 定期检查负回流电缆及均流电缆的连接是否良好，如有问题，要及时修复。

(7) 定期检查并测试单项导通装置的工作状态是否良好(检查单项导通装置中的二极管、隔离开关、消弧角等的工作状态)，发现问题及时处理。

(8) 定期检查杂散电流监测系统的参比电极、传感器、连接器及其连接是否良好，发现问题予以处理。

7. 钢轨电位异常的处理

在直流牵引供电系统中，不论是接触式系统还是架空接触网式系统均是利用走行钢轨作为牵引回流媒介流回变电所的负极。因此，钢轨也是牵引供电系统中的重要组成部分。同时，钢轨除为列车提供走行导轨外，还为轨道交通信号系统提供通路；另外，在装设站台屏蔽门的系统中，为了保护乘客安全，还将屏蔽门的非导电金属部分与钢轨相连。于是，为了运营安全和防护杂散电流，必须要求城市轨道交通供电部门与车辆维修、公务、信号等部门紧密联系、加强沟通，共同做好对钢轨的维护工作。下面介绍两种可能出现的钢轨电位异常及其处理方法。

1）钢轨电位升高造成高压型保护动作

在直流牵引的供电系统中，为了防止直流牵引供电设备内部绝缘能力降低时造成设备危害而设置了直流系统框架泄露保护，该保护包含反映直流泄露电流的过电流保护和反映接触式电压的过电压保护。当钢轨电位升高造成电压型框架保护动作时，该牵引变电所供电区域的牵引负荷全部失电。其故障引起的断电范围较大，因此对行车影响亦较大，需引起足够重视。

一般来说，引起钢轨电位升高的原因比较复杂，可能与车辆的牵引特性、钢轨的绝缘程度(含信号装置)、屏蔽门绝缘程度、变电所牵引设备绝缘情况、变电所保护配置等有关。

在对整个系统进行检查时，需详细了解车辆的牵引状况；全面仔细检查钢轨的绝缘程度，是否存在多个钢轨直接接地的情况；检查信号装置的安装情况，特别是道岔处信号装置的接地情况；检查屏蔽门非金属部分的接地情况是否良好等。

在运行的应急处理中，当确认电压型框架保护动作是由于该变电所牵引供电设备内部绝缘能力降低引起的，可将该牵引变电所退出运行，使用越区供电方式来保证牵引供电。而在判断为由于系统钢轨电位异常升高导致电压型框架保护动作时，作为临时应急措施，可强行合上钢轨电位限值装置，以抑制钢轨电位。

2）其他接口装置绝缘不佳且导致钢轨电位升高

当由于某种原因即信号装置、屏蔽门的非导电的金属框架的接地情况不佳、接触电阻增加时，可能引起该装置的接地处有放电现象，甚至起火，导致钢轨电位升高。此时应详细检查相关接口装置的接地良好情况及绝缘安装的情况。

轨道交通供电系统是为城市轨道交通运营提供所需电能的系统，不仅为轨道交通电动列车提供牵引力，而且还为轨道交通运营服务的其他设施提供电能，如照明、空调、通风、给排水、通信、信号、防灾报警、自动扶梯等。在城市轨道交通的运营中，供电一旦中断，不仅会造成轨道交通运输系统的瘫痪，而且还会危及乘客生命安全和造成财产的损失。因此，高度安全可靠而又经济合理的电力供给是城市轨道交通正常运营的重要保证和前提。

9.5 有轨电车

有轨电车是一种公共交通工具，简称电车，属于轨道交通的一种。在某些地区，因为其行驶轨道通常不高出街道路面而被称为路面电车。列车编组有单节，也有多节车厢的设计，但是总长度一般不大于100 m，以避免造成路口交通不畅。另外，某些在市区的轨道上运行的缆车也是有轨电车的一种，图9-15是现代有轨电车。

(a)

(b)

(c)

图9-15　现代有轨电车

(a) 上海首条现代化有轨电车；(b) 大连有轨电车；(c) 天津滨海新区有轨电车

1. 现代有轨电车的技术特征

老式有轨电车不但噪声大、性能差、耗电多，而且在速度、舒适度和灵活性方面与汽车比较相形见绌，到20世纪30年代至50年代中期逐渐衰落，许多国家纷纷拆除老式有轨电车轨道，为汽车让路。

现代有轨电车与旧式有轨电车的不同之处主要是它不但具有鲜明的现代化外貌色彩，而且车辆重量轻、速度快(轴重仅9 t左右)，车厢内设有空调。现代有轨电车系统一般包括普通电车、铰接电车、双铰接电车。有轨电车的车辆宽度通常受城市道路可容纳性的限制。

德国西门子公司和加拿大庞巴迪公司的有轨电车在世界是最先进的列车和技术。世界上第一辆有轨电车是西门子公司于1881年在德国柏林制造的。西门子公司制定了有轨电车发展的标准。车体的静态缓冲载荷已提高至400 kN，符合最新的国际标准。德国西门子公司有轨电车为8节车厢，是全世界最长的有轨电车。加拿大庞巴迪公司为7节车厢。

以下为德国西门子公司 Avenio — 新一代100%低地台有轨电车的数据：

车厢最短为2节，最长为8节，最高时速为80 kM/H。2节长18 m；3节长27 m；4节长36 m；5节长45 m；6节长54 m ;7节长63 m；8节长72 m。有三种列车宽度；第一种，宽2.3 m；第二种，宽2.4 m；第三种，宽2.65 m；列车宽度越大，载客量就越大。最大载客量为540人。

2. 有轨电车的种类

现代的路面电车多数以集电弓或集电杆从架空电缆取得电力。曾经也有极少数的路面电车透过埋设于地下的第三轨取电，如旧金山的叮当车，但这种设计已大多被淘汰。有轨电车的种类如下：

(1) 缆车：有些路面电车不以自带的电动机推动，而是使用钢索牵引，为缆索铁路，又称为缆车。这些钢索通常由固定在某地的机器拉动。

(2) 低地台路面电车：1990年起，开始有低地台的路面电车出现。乘客登上低地台路面电车时无需走上任何梯级，对行动不便的人士相当方便。

(3) 双层路面电车：有些地方的路面电车是双层的。例如，香港和英国城市布莱克浦(Blackpool)还行走着路面双层电车，而且占有重要地位。

3. 有轨电车的优点与缺点

(1) 优点：对于中型城市来说，路面电车是实用廉宜的选择。1 km路面电车线所需的投资只是1 km地下铁路的三分之一；无需在地下挖掘隧道；架空的单轨铁路及轻便铁路系统往往只能在特别的市区环境建造(如宽阔的大街)，路面电车一般无需架空路轨；相较其他路面交通工具，路面电车更有效减少交通意外的比率；路面电车因为以电力推动关系，车辆不会排放废气，是一种无污染的环保交通工具。

(2) 缺点：成本不及公共汽车低，对小型城市来说财政负担颇重，效率比地下铁路低：路面电车的速度一般较地下铁路要慢，除非路面电车行驶的大部分路段是专用的(主要行驶专用路段的路面电车一般称为轻便铁路)；路面电车每小时可载客约 7000 人，但地下铁路每小时载客可达 12 000 人。路面电车路轨占用路面，路面交通要为路面电车改道，并让出行车线；需要设置架空电缆。

4. 有轨电车的历史

首条用于客运的路面有轨车辆在 1807 年于英国启用，是以马匹拉动的，称为公共马车(Omnibus)。1828 年美国马里兰州的巴尔的摩修建了第一条有轨马车线路，类似线路于 1832 年在纽约开通，1834 年在新奥尔良开通。

1873 年旧金山修建了缆车线路，以钢缆牵引轨道车辆。同一时期，在一些城市出现了用小型窄轨蒸汽机车牵引的市内有轨交通。

1879 年，德国工程师西门子在柏林的博览会上首先尝试使用电力带动轨道车辆。此后俄国的圣彼得堡、加拿大的多伦多都进行过开通有轨电车的商业尝试。匈牙利的布达佩斯在 1887 年创立了首个电动电车系统，1888 年美国弗吉尼亚州的里士满也开通了有轨电车。

路面电车在 20 世纪初的欧洲、美洲、大洋洲和亚洲的一些城市风行一时。随着私家汽车、公共汽车及其他路面交通在 1950 年起普及，不少路面电车系统于 20 世纪中叶陆续被拆卸。路面电车网络在北美、法国、英国、西班牙等地几乎完全消失。但在瑞士、德国、波兰、奥地利、意大利、比利时、荷兰、日本及东欧等国，路面电车网络仍然保养良好或者被继续现代化。

近年大众开始认识到大量使用私家汽车会引起空气污染、依赖汽油、泊车困难等种种问题。不少政府因此亦改变过度依赖汽车的交通规划策略。公共汽车由于与其他汽车共用路面，速度不能得到很大的提高。而地下铁路成本高昂，在市郊使用亦不太合适。反观路面电车的优点逐渐明显。1970 年末起，部分没有路面电车的地方政府在研究后，开始建造新的路面电车线。很多仍有路面电车的城市亦增加线路或把原有的系统现代化。

中国大陆最早的有轨电车出现于北京，时间是 1899 年，由德国西门子公司修建，连接郊区的马家堡火车站与永定门。1904 年香港开通有轨电车，此后设有租界或成为通商口岸的各个中国城市相继开通有轨电车，天津、上海先后于 1908 年、1906 年开通。日本和俄国相继在大连、哈尔滨、长春、沈阳、抚顺开通有轨电车线路。北京的市内有轨电车在 1924 年开通。1920 年，南京曾修建市内窄轨火车线路。1950 年，鞍山开通有轨电车。

随着城市公共交通的发展和车辆增多，从 1950 年末开始，中国的大城市陆续拆除有轨电车线路。到 2006 年，中国大陆仍有有轨电车运营的城市只剩下哈尔滨、长春、大连。其中，长春、大连有轨电车已被改造为城市轨道交通的一部分，2007 年 12 月 30 日，大连公交集团对现有 201 路和 203 路有轨电车进行合并实现贯通运行。哈尔滨的有轨电车是 2000 年以后重建的。2006 年底，天津滨海新区开通了法国引进的胶轮导向电车 Translohr，部分媒体和网络也称之为有轨电车，天津是迄今为止中国大陆境内唯一使用胶轮导向电车的城市。2008 年至 2009 年，北京前门停用多年的有轨电车“铛(dang)铛车”再度被使用。中国多地发展有轨电车缓解拥堵，成本比地铁低。

第 10 章　接　触　网

内容摘要：接触网的组成、柔性接触网、刚性接触网、接触轨以及接触网(轨)故障分析。

理论教学要求：掌握接触网、接触轨的组成、接触网(轨)的结构与工作原理。

工程教学要求：掌握接触网、接触轨的组成、接触网(轨)的检修与维护。

接触网是在电气化铁道中，沿钢轨上空"之"字形架设的，是受电设备获取电流的高压输电线。接触网是电气化铁路、动车、高铁、地铁的主要设备，是沿铁路线上空架设的向电力机车、动车、高铁供电的特殊形式的输电线路。其由接触悬挂、支持装置、定位装置、支柱与基础部分组成。接触网主要由几项组成：① 基础构件，如水泥支柱、钢柱及支撑这些结构物的基础；② 基础安装结构件，这项内容的作用主要是连接接触网导线和基础构件；③ 接触网导线，这部分作用就是传输电流给电力机车；④ 其他辅助构件，包括回流线、附加悬挂等。接触网、钢轨及大地、回流线统称为牵引网。

接触网受流质量的好坏，对电力机车运行起着重要的作用。在城市轨道交通和地铁系统中，接触网的主要形式有三种：柔性接触网、刚性接触网和第三轨。下面对接触网进行研究。

10.1　接触网的组成

10.1.1　接触网的组成

牵引网是包括了接触网、钢轨回路(包括大地)、馈电线和回流线的一个大的范畴，它是轨道交通供电系统中向电动车组供电的直接环节。

接触网是一种悬挂在轨道上方沿轨道敷设的、与铁路轨顶保持一定距离的输电网。接触网是沿铁路线上空架设的向电力机车、动车、高铁、地铁供电的特殊形式的输电线路。通过电力机车、动车、高铁、地铁的车组设备(受电弓或受流器)和接触网的滑动接触，牵引电能就由接触网进去电动车组，驱动牵引电动机使列车运行。

馈电线是一种连接牵引变电所和接触网的导线，它把经牵引变电所变换成合乎牵引制式用的电能馈送给接触网。

轨道在非电牵引情形下只作为列车的导轨。在电力牵引时，轨道除仍具有导轨功能外，还需要完成导通回流的任务，因此，电力牵引的轨道还需要具有畅通导电的性能。

回流线是连接轨道和牵引变电所的导线，通过回流线将轨道中的回路电流导入牵引变电所。

接触网占牵引网的绝大部分，因而在牵引网的讨论中，主要是针对接触网而言的。

10.1.2　接触网的电压等级

接触网的电压等级：25 kV 到 30 kV 之间(对地而言)单相工频交流电，对电力机车电压均为 25 kV。考虑电压损耗，牵引变电所输出电压为 27.5 kV 或 55 kV，其中 55 kV 为 AT 供电方式，主要用于高速电气化铁路中。城市轨道交通的接触网电压一般为直流750 V 或 1500 V。

10.1.3　接触网的工作特点

1. 没有备用

牵引负荷是重要的一级负荷，向牵引变电所供电的电源线均设置两个回路，牵引变电所内主变压器及其他重要设备也在设计中考虑了备用措施，一旦主电源、主要设备发生故障时，备用电源、备用设备可及时(自动)投入运行，以保证对接触网的不间断供电。接触网由于与电力机车在空间上的关系，与轨道一样无法采取备用措施。所以，一旦接触网发生故障，整个供电区间即全部停电，在其运行的电动车组失去电能供应，列车停运。但动车、高铁、地铁有备用设备。

2. 经常处在动态的运行中

与一般的电力线路只在两点间固定传输电能的作用不同，在接触网下沿线有许多电动车组高速运动取流。电动车组受电弓(或受流器)以对接触网一定的压力和速度与接触网接触摩擦运行，通过接触网的电流很大。运行中不可避免地会产生受电弓离线而引起的电弧，再加上在露天区段还要承受风、雾、雨、雪及大气污染的作用，使接触网昼夜不停地震动、摩擦、电弧、污染、伸缩的动态运行状态之中。这些因素对接触网各种线索、零件都产生恶劣影响，使其发生故障的可能性较一般电力线路的概率要大得多。

3. 结构复杂且技术要求高

接触网的运行环境和运行特点决定了接触网的结构较一般电力线路有很大的不同。为了保证电动车组安全、可靠、质量良好地从接触网取流，接触网的结构比较复杂，技术要求也较高，如对接触网导线的高度、拉力值，定位器的坡度，接触网的弹性、均匀度等都要定量的要求。

10.1.4　对接触网的基本要求

接触网的工作状态主要是指接触线和电动车组受电弓(或受流器)滑板的接触和导电情况。从电路要求上，为保证良好的导电状况，滑板与接触线的接触应保持一定的接触压力。当电动车组静止时，接触压力可以保持不变。当电动车组运行时，滑板跟着运动，与接触网形成滑动摩擦接触。这时，如能继续保持一定的接触压力，不间断地向电动车组供电，接触网才处于良好的工作状态。

实际上，上述要求是不太容易做到的。由于电动车组的振动和接触线高度变化等因素，往往造成滑板和接触线间的压力变化很大，有时甚至脱离现象，致使滑板和接触线之间的脱离处发生电弧。当接触线本身不平直而出现小弯或是悬挂零件不符合要求超出接触面时，滑板滑到此处将发生严重碰撞或电弧，这是很不利的，这种情况称为接触线的硬点。因为碰撞和电弧会造成接触网和受电弓的机械损伤和烧灼，严重者将造成断线事故，而且取流不良对电动车组上的电机和电器产生不利的影响，所以应该尽量避免。因此，为了尽量保证对电动车组良好的供电，对接触网有以下一些基本的要求：

(1) 接触网悬挂应弹性均匀、高度一致，在高速行车和恶劣的气象条件下，能保证正常取流。

(2) 接触网结构应力求简单，并保证在施工和运营检修方面具有充分的可靠性和灵活性。

(3) 接触网的寿命应尽量长，具有足够的耐磨性和抗腐蚀能力。

(4) 接触网的建设应注意节约有色金属及其他的贵重材料，以降低成本。

10.1.5　接触网的分类

接触网分为架空式接触网和接触轨式接触网。架空式接触网用于城市地面或地下、铁路干线、工矿和电力牵引线路。接触轨式接触网一般仅用于净空受限的地下电力牵引。我国在地铁轨道系统中，架空式和接触轨式接触网均有采用。

架空式接触网的悬挂类型大致为三种：简单悬挂、链形悬挂、刚体悬挂。不同的类型其电线粗细、条数、张力都是不一样的。架空线的悬挂方式，要根据架线区的列车速度、电流容量等输送条件以及架设环境进行综合勘察来决定要采取什么方式。

接触轨式接触网是沿轨道线路敷设的附加接触轨，从电动客车转向架伸出的受流器通过滑靴与第三轨接触而取得电能。接触轨可以有三种形式，即上接触式、下接触式和侧接触式。

一般情况下，当牵引网电压等级较高时，为了安全和保证一定的绝缘距离，宜采用架空式接触网。在净空受限的线路和电压等级较低时多采用接触轨式接触网。北京地铁采用的是接触轨式接触网，上海和广州地铁均采用了架空式接触网。

10.1.6　接触网的供电方式

牵引变电所是沿铁路线布置的，每一个牵引变电所有一定的供电范围。供电距离过长，会使末端电压过低及电能损耗过大；供电距离过短，又使变电所数目太多而不经济。

牵引变电所向接触网供电有两种方式：单边供电和双边供电，如图 10－1 所示。接触网通常在相邻两牵引变电所间的中央断开，将两牵引变电所之间两供电臂的接触网分为两个供电分区。每一供电分区的接触网只能从一端的牵引变电所获得电流，称为单边供电。

如果在中央断开处设置开关设备，可将两供电分区连通，此处称为分区亭。将分区亭的断路器闭合，则相邻牵引变电所间的两个接触网供电分区均可同时从两个变电所获得电流，这称为双边供电。

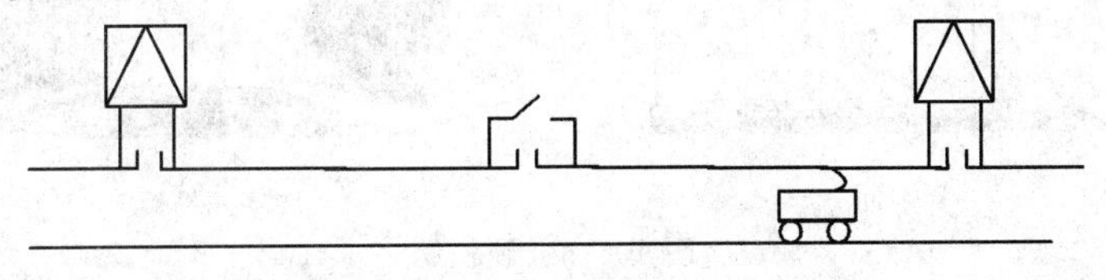

图 10－1　接触网供电原理图

10.2 柔性接触网

10.2.1 柔性接触网的主要组成部分

柔性由接触悬挂、支持定位装置、支柱与基础等几部分组成。

1. 支柱和基础

支柱与基础用以承受接触悬挂、支持和定位装置的全部负荷，并将接触悬挂固定在规定的位置和高度上。我国接触网中主要采用等径预应力钢筋混凝土支柱和钢支柱。钢支柱又分为普通桁架结构式钢柱、整体型材“H”形钢柱和圆形钢柱。

基础承受支柱所传递的力矩并传给土体，是起支持作用的。对于混凝土柱，它的地下部分代替了基础的作用，钢支柱的基础有混凝土浇筑预制而成，预留钢支柱安装的地脚螺栓。隧道内的支撑部件由埋入杆件和倒立柱等组成。接触网如图 10－2 所示。

(a)

(b)

图 10－2　接触网

(a) 倒立柱式柔性接触网；(b) 刚性与柔性合一的接触网

2. 支持定位装置

支持定位装置是指用来支持接触悬挂，对接触线进行水平定位，保证接触悬挂高度并将悬挂的负荷传递给支柱的装置。支持定位装置可分为腕臂形式和软横跨、硬横跨(梁)形式。

腕臂形式的支持定位装置包括腕臂、拉杆及定位装置等；软横跨、硬横跨(梁)形式的支持定位装置主要包括横向承力索、上下部定位绳及定位及定位器和吊弦等，广泛地应用于城市轨道交通的车辆段和地面咽喉地区，是属于多线路上的专用支持定位装置。

硬横梁(跨)装置，其支柱所受的横向力矩小，比较稳定，且便于机械化施工，多在 3～4股道上采用，如图 10－3 所示。

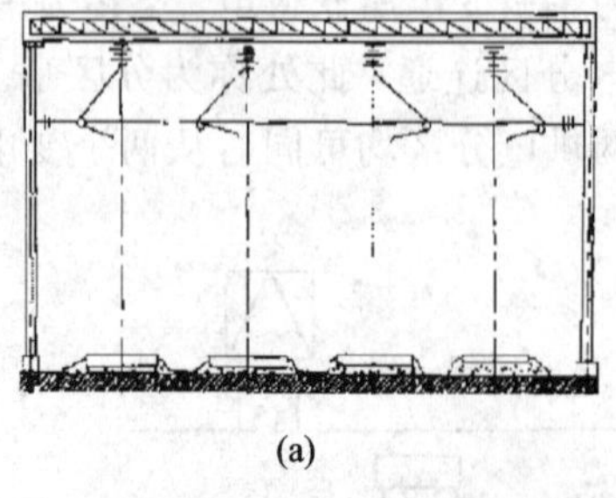

(a)

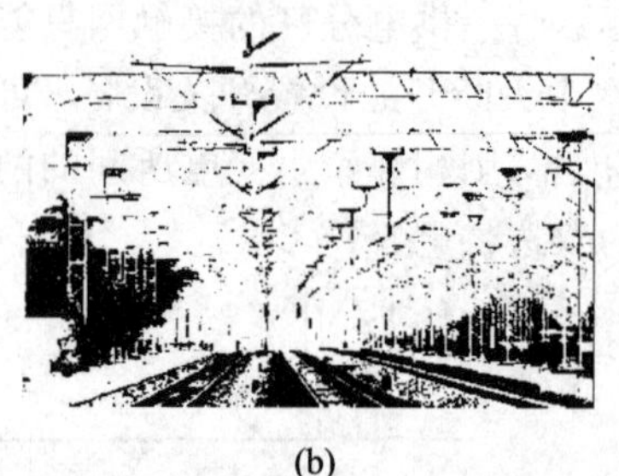

(b)

图 10－3　硬横跨

(a) 硬横跨接触网示意图；(b) 硬模跨接触网图

3. 接触悬挂

接触悬挂包括接触线、吊弦、承力索和补偿器及连接零件。接触悬挂通过支柱装置架设在支柱上，其作用是将从整流所获得的电能输送给电动车辆。当电动车组运行时，受电弓顶部的滑块紧贴接触线摩擦滑行得到电能(简称“取流”)。接触悬挂根据结构的不同，分为以下三种类型。

1）简单悬挂

简单接触悬挂，即由一根或几根互相平行的直接固定到支持装置上的接触线所组成的悬挂，如图 10 - 4 所示。一般用于车速较低的线路上，如次等战线、库线和净空受限的人工建筑物内以及城市电车和矿山运输线等，在城市轨道交通中主要用于车辆段，也有用于正线的情况，如上海城市轨道交通 1 号线。

简单悬挂结构简单，要求支柱高度较低，因此建设投资低，施工和检修方便。其缺点是导线的张力和弛度随气温的变化较大，接触线在悬挂点受力集中，形成硬点，弹性不均匀，不利于电力机车高速运行时取流。

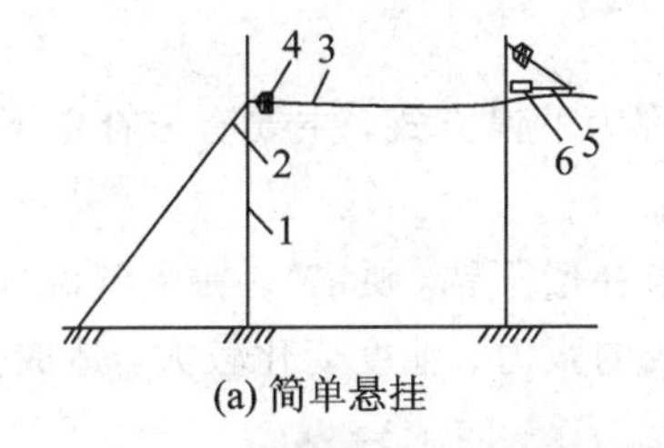

(a) 简单悬挂

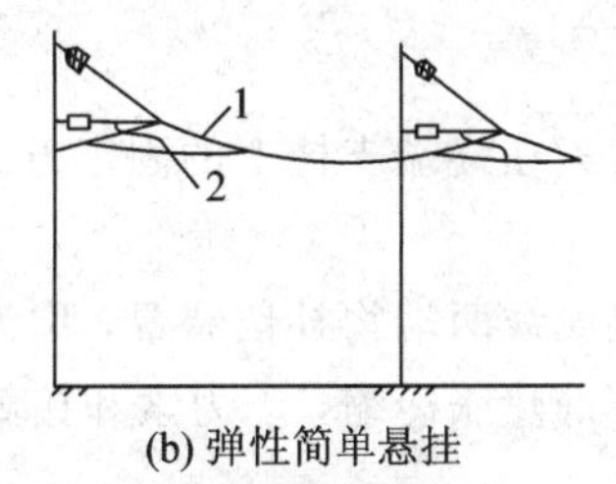

(b) 弹性简单悬挂

(c) 实物图

1—支柱；2—拉线；3—接触线；4—绝缘子；5—腕臂；6—绝缘子

1—弹性吊索；2—定位器

图 10 - 4　简单悬挂和弹性简单悬挂

为了改善简单悬挂的弹性不均匀程度，在悬挂点处加装带弹性吊索，这种带弹性吊索的简单悬挂称为弹性简单接触悬挂。这种悬挂的优点是在悬挂点处加了一个 8 m～16 m 长的弹性吊索，从而改善了悬挂点处的弹性。根据我国的试验，这种弹性简单接触悬挂可以在速度不超过 90 km/h 的线路上采用。由于弹性简单接触悬挂具有结构简单、支柱高度低、支柱负荷小、建造费用低及施工维修方便等优点，城市轨道交通车辆段一般采用这种形式的悬挂，如广州城市轨道交通1号线车辆段接触网。

2）链形悬挂

链形悬挂是一种运行性能较好的悬挂形式。它的结构特点是接触线通过吊弦悬挂在承力索上，承力索通过钩头鞍子、承力索座或悬吊滑轮悬挂在支持装置的腕臂上。使接触线在不增加支柱的情况下增加了悬挂点，通过调节吊弦长度使接触线在整个跨距中对轨面的高度基本保持一致。减小了接触线在跨距中的弛度，改善了接触线的弹性，在轨道交通中，最常见的链形悬挂形式是简单链形悬挂和弹性链形悬挂，如图10－5所示。

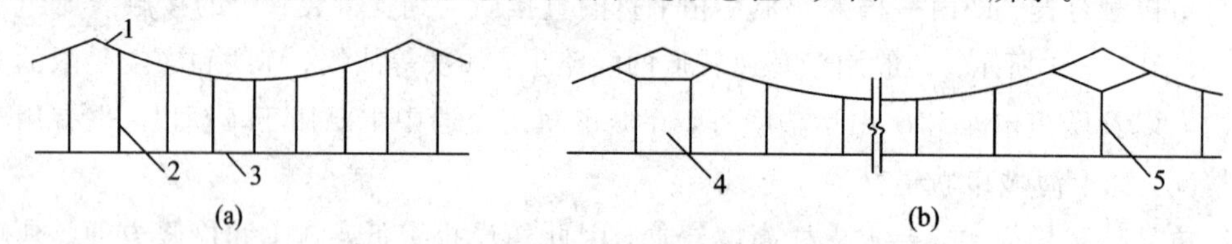

1—承力索；2—吊弦；3—接触线；4—H形弹性吊弦；5—Y形弹性吊弦

图10－5　链形悬挂示意图

(a) 简单链形悬挂；(b) 弹性链形悬挂

3）下锚方式

接触悬挂线索在终端支柱上的固定方式称为下锚方式，主要有未补偿下锚（硬锚）和补偿下锚两种。

承力索和接触线两端物补偿装置，称为未补偿下锚（硬锚）。在大气温度变化时，因为承力索和接触线的热胀冷缩，承力索和接触线的张力、弛度变化较大，造成受流状态恶化，一般不采用。

全补偿链形悬挂，即承力索和接触线两端下锚处均装设补偿装置，如图10－6所示。全补偿链形悬挂在温度变化时由于补偿装置的作用，承力索和接触线的张力基本不发生变化，弹性比较均匀，承力索和接触线均产生同方向纵向位移，因而吊弦偏斜大大减小（接触线和承力索为相同材质时，偏斜更小，几乎可以忽略），有利于电力机车高速取流。

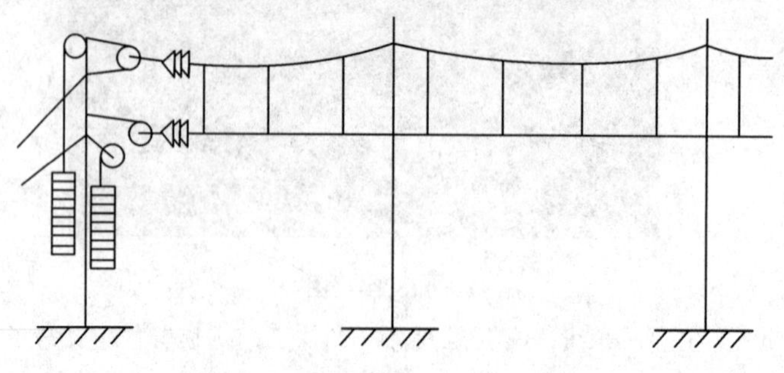

图10－6　全补偿链形悬挂示意图

10.2.2　接触网供电方式

整流所向接触网（或接触轨）供电方式有两种，即单边供电和双边供电。城市轨道交通接触网（或接触轨）在每个牵引变电所附近由电分段进行电气隔离，分成两个供电分区，每个供电分区称为一个供电臂。列车只从所在供电臂上的一个牵引变电所获得电能，这种供电方式称为单边供电；一个供电臂同时从相邻两个牵引变电所获得电能，则称为双边供电。

一般来说，车辆段内采用单边供电方式，正线采用双边供电方式。在采用双边供电时，当某一牵引变电所故障退出运行时，该段接触网就称为单边供电，如图 10－7 所示。正常运行时，列车从 B 牵引变电所和 C 牵引变电所以双边供电方式获得电能，越区隔离开关 QS_2 断开。当 B 牵引变电所因故障退出运行时，合上越区隔离开关 QS_2，通过越区隔离开关由 A 牵引变电所和 C 牵引变电所进行大双边供电。当正线上任何牵引变电所有故障退出运行时，均由相邻牵引变电所越区供电。在越区供电方式下，供电末端的接触网(或接触轨)电压较低，电能损耗较大，因此，视情况要适当减少同时处在该供电区段的列车数目。另外，直流馈线保护整定时还需考虑大双边供电方式下的灵敏度。因此，越区供电只是在不得已的情况下，短时采用的一种运行方式。

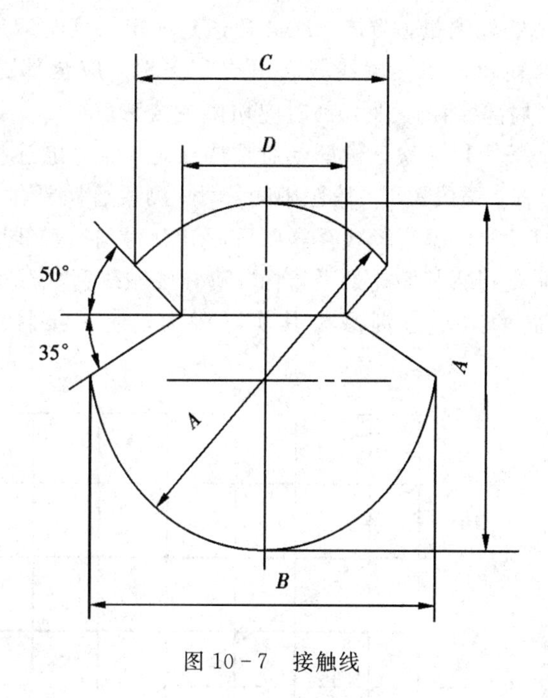

图 10－7　接触线

10.2.3　接触悬挂线索

地铁接触网是一个大电流牵引系统，接触悬挂要求有较大的载流量。正线通常采用双接触线全补偿简单链形悬挂方式。载流截面由两根 120 mm^2 银铜合金电车线和四根 TJ－150硬铜绞线(载流承力索和辅助馈线)共六根线组成，再加上一根贯通的架空地线，每条正线通常需架设七根线。

1. 接触线

接触线是接触网中直接和受电弓滑板摩擦接触取流的部分，电力机车从接触线上取得电能。接触线的材质、工艺及性能对接触网起着重要作用，要求它具有较小的电阻率、较大的导电能力；要有良好的抗磨损性能，具有较长的使用寿命；要有高强度的机械性，具有较强的抗张能力。

接触线制成上部带沟槽的圆柱状，沟槽是为了便于安装紧固接触线的线夹，同时又不影响受电弓取流。接触线底面与受电弓接触的部分呈圆弧状，如图 10－7 所示。接触线的主要材质是金属铜，常见的有纯铜、青铜、银铜合金、锡铜合金、镁铜合金导线等。

地铁中接触线常采用 120 mm^2 银铜合金电车线(Ris－120)，银铜合金线具有较好的机械强度和耐磨性。

运行中的接触线可能因为磨耗、损伤和断线而使锚段中的接头数量增加，为了保证整个接触网线路质量，一个锚段内的接触线和承力索接头、补强和断股的总数应符合的规定是：当锚段长度在 800 m 及以下时，接头数目不超过 4 个，当锚段长度在 800 m 以上时，接头数目不超过 8 个。

接触线在运行中，受电弓和接触线的摩擦会造成接触线截面积减小，这称为接触线磨耗。接触线的磨耗使接触线截面积减小，会影响到接触线的强度安全系数。在运行中，要求每年至少一次接触线磨耗测量，当接触线磨耗达到一定限度时应局部补强或更换。如发现全锚段接触线平均磨耗超过该接触线截面积的 20％时，应全部更换。当局部磨耗超过 30％时可进行补强。当局部磨耗达到 40％时应切换主接头。

接触线磨耗测量一般一年一次，测量点通常选在定位点、电连接线、导线接头、中心锚结以及电分组、电分段、锚段关节、跨距中间等处。测量磨耗要利用游标卡尺，测量磨耗后接触线的直径残存高度。根据直径残存高度可以计算得到接触线磨耗截面积，然后根据图 10－8 所示的磨损曲线判断其磨耗是否超标。随着接触线磨耗截面积加大，为了改善其运行条件，应通过坠砣的减小逐渐减少其实际张力，使其接触线内的实际张力保持在100 N/mm^2。

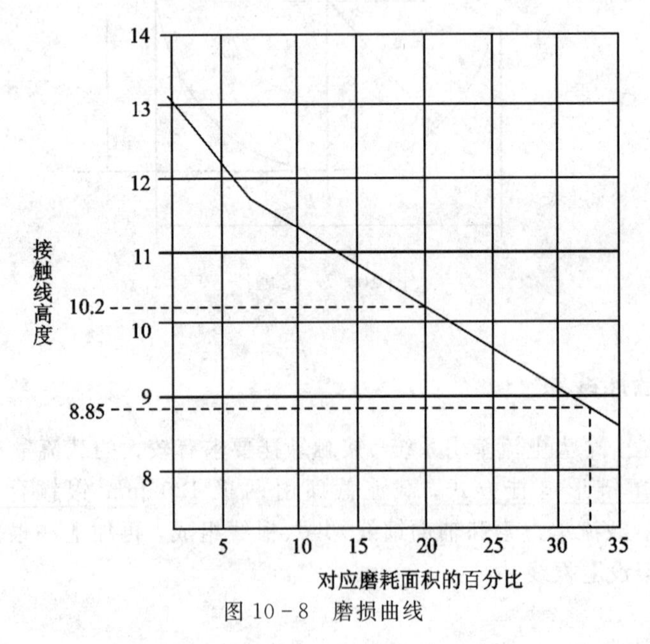

图 10－8　磨损曲线

2. 承力索

承力索的作用是通过吊弦将接触线悬挂起来。要求承力索能够承受较大的张力，具有抗腐蚀能力，并且在温度变化时弛度变化较小。同时，在地铁和城市轨道交通中，承力索往往还是牵引电流的一个重要通道，称为载流承力索。一般采用截面积为120 mm^2～150 mm^2的19股铜绞线(如TJ-150)，铜承力索导电性能好，可做牵引电流的通道之一，与接触线并联供电，降低压损和能耗，且抗腐蚀性能高。

3. 其他线索

及时采用了双接触线、双承力索的系统，也不能够满足地铁大牵引电流需要，所以和接触承力索平行架设多根辅助馈线。辅助馈线一般采用150 mm^2硬铜绞线(TJ-150)，根据需要设置多根(3～4根)。

为了防止绝缘子泄露电流的弥散，保证设备人身安全，地铁中设置了和接触悬挂平行的架空地线，架空地线所采用120 mm^2硬铜绞线(TJ-120)。

10.2.4　定位装置

定位装置是接触网结构中的主要组成部分，它是在定位点处实现接触线相对于线路中心进行横向定位的装置。也就是说，定位装置的作用就是根据技术要求，把接触线进行横向定位保证接触线始终在受电弓滑板的工作范围内，保证良好受流；在直线区段，相对于线路中心把接触线拉成"之"字形状；在曲线区段，相对于受电弓中心轨迹则拉成切线或割线。使受电弓滑板磨耗均匀；同时，定位装置要承担接触线水平负载，并将其传递给腕臂。

定位装置是由定位管、定位器、定位线夹及连接零件组成的。根据支柱所在位置不同及受力情况，定位装置采用不同形式，一般有正定位装置、反定位装置、软定位装置、双定位装置等。

1. 定位方式

在直线区段或大曲线半径区段，就采用这种正定位方式。该定位装置由直管定位器和定位管组成。定位器的一端利用定位线夹固定接触线；另一端通过定位环与定位管衔接，定位管又通过定位环固定在腕臂上。正定位用于将接触线拉向线路的支柱侧。

反定位一般用于曲线内侧支柱或直线区段"之"字形方向与支柱位置相反的地方。定位器附挂在较长的定位管上。

软定位方式只能承受拉力，而不能承受压力，因而它用于小曲线半径的区段，在曲线力抵消反方向的风力之后，拉力需保持一定小时数方能使用这种方式。

组合定位装置是用在锚段关节的转换支柱、中心支柱及站场线岔处的定位，这些地方均有两组悬挂在同一支柱处，分别固定在所要求的位置上。其定位方式如图10-9所示。

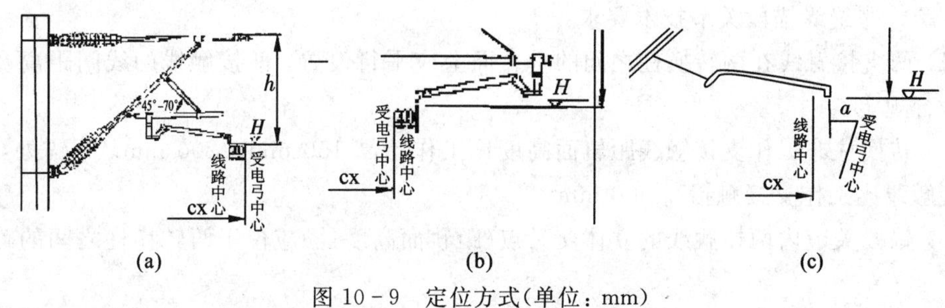

图10-9　定位方式(单位：mm)

(a) 正定位；(b) 反定位；(c) 软定位

2. 定位坡度

在机车运行过程中，受电弓始终给接触线施加以抬高力，以保证接触线与受电弓之间的可靠接触，机车能良好地取流，但受电弓的抬高力对接触悬挂产生的机械作用，不仅使接触线抬高，而且在通过定位点时，定位器也随之被抬高。为了避免定位器撞弓，一般要求定位器安装有一斜度，我国规定为 1∶10 至 1∶5 之间，定位器向上抬升应该不小于150 mm。

3. 拉出值

接触线直接与电力机车受电弓接触且发生摩擦，为了保证受电弓和接触线可靠接触、不脱线和保证受电弓磨耗均匀，要求接触线在线路上按技术要求固定位置，即在定位点处保证接触线与电力机车受电弓滑板中心有一定距离，这个距离在直线区段称为接触线的“之”字值，在曲线区段称为拉出值，一般用符号“α”表示。

接触线的“之”字值和拉出值可以使在运行中的电力机车受电弓滑板工作面与接触线摩擦均匀(否则会是滑板工作面某些部分磨出沟槽，降低受电弓使用寿命)，保证接触线与受电弓接触，不发生脱弓，避免因脱弓造成的弓网事故。一般在 200 mm～300 mm 左右，不能大于受电弓的允许工作范围，并要留有一定的裕度。

10.2.5 锚段与锚段关节

1. 锚段

为满足供电和机械受力方面的需要，将接触网分成若干一定长度且相互独立的分段，这种独立的分段称为锚段。

设立锚段可以限制事故范围。当发生断线或支柱折断等事故时，由于各锚段间在机械受力上是独立的，不影响其他线段的接触悬挂，则使事故限制在一个锚段内，缩小了事故范围；便于在接触线和承力索两端设置补偿装置，以调查线索的弛度与张力；有利于供电分段，配合开关设备，满足供电方式的需要。

2. 锚段关节

两个相邻锚段的衔接区段(重叠部分)称为锚段关节。锚段关节结构复杂，其工作状态的好坏直接影响接触供电质量和电力机车取流。当电力机车通过锚段关节时，受力弓应能平滑、安全地由一个锚段过渡到另一个锚段，且弓线接触良好，取流正常。

锚段关节按用途可分为非绝缘锚段关节和绝缘锚段关节两种。按锚段关节的所含跨距数来分，地铁中常见的三跨式锚段关节，如图 10-10 所示。

三跨式非绝缘锚段关节技术要求：

(1) 两支接触线在两转换柱之间的垂直面上应平行设置，两接触线的线间距离及其误差应符合规定。

(2) 转换柱非工作支接触线距轨面高度比工作抬高 150 mm～200 mm。下锚处，非工作支接触线比工作支接触抬高 500 mm。

(3) 锚段关节内两接触线的立体交叉点(距轨面高度处)应位于两转换柱之间的跨距中心处。

(4) 在转换柱与锚柱间，距转换柱 5 m～10 m 处分别加设一组电连接。

(5) 下锚处接触线在水平面内改变方向时，其偏角一般不应大于 6°，在困难情况下不得超过 12°。

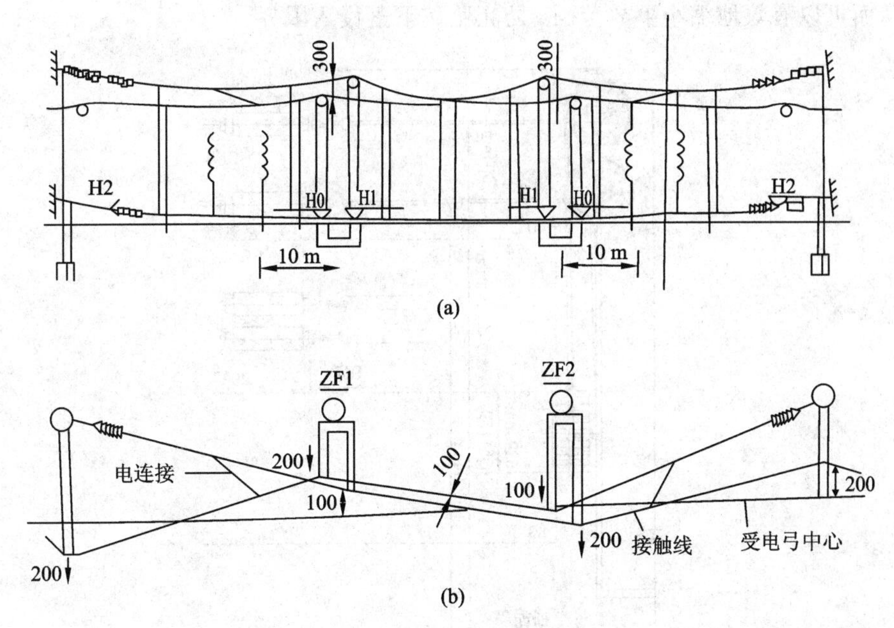

图 10-10　三跨式锚段关节(单位：mm)

(a) 立面图；(b) 平面图(直线)

三跨式绝缘锚段关节技术要求：

(1) 两根转换柱之间两支接触悬挂应在垂直面上保持平行，两支悬挂的线间距不小于 150 mm。

(2) 转换柱处非工作支接触线应比工作支接触线抬高不小于 150 mm，非工作支接触的分段绝缘棒应比工作支接触线高 25 mm 以上。

(3) 非工作支接触线和下锚支承力索在转换柱内侧加设绝缘棒，并用电连接将锚段最后一跨的线索与相邻锚段线索连接起来。电连接设在锚柱与转换柱间距转换柱 5 m～10 m 的地方。

(4) 当下锚处接触线在水平面内改变方向时，其偏角不应大于 6°，在困难情况下不应大于 12°。

(5) 锚段关节不得有卡滞现象。

10.2.6　接触网补偿装置

接触网补偿装置，又称为张力自动补偿器，它安装在锚段的两端，并且串接在接触线承力索内，它的作用是补偿线索内的张力变化，使张力保持恒定。

接触网补偿装置有许多种类，有滑轮式、棘轮式、鼓轮式、液压式及弹簧式等。常用的是带断线制动功能的棘轮补偿下锚装置。

棘轮补偿装置如图 10-11 所示。棘轮装置的棘轮与其他工作轮共为一体，没有连接复杂的滑轮组，安装空间比铝合金滑轮补偿装置小很多，可以解决空间受限时的补偿问题。棘轮本体大轮直径为566 mm，小轮直径为 170 mm，传动比为1∶3。补偿绳为柔性不锈钢丝绳，其主要优点是具有断线制动功能，在正常工作状态下，棘齿与制动卡块之间有一定间隙，棘轮可以自由转动；当线索断裂后，棘轮和坠砣在重力作用下下落，棘齿卡在制动卡块上，从而可以有效地缩小事故范围、防止坠砣下落侵入限界。

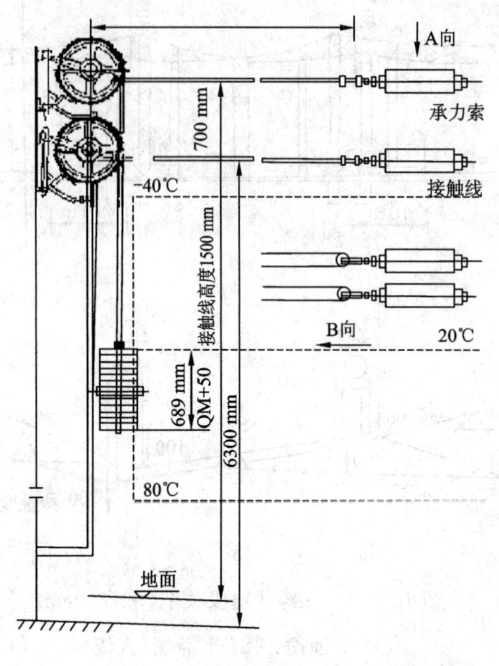

图 10-11 棘轮补偿装置

棘轮补偿安装曲线如图 10-12 所示，安装曲线下面标注的是半个锚段的长度(中心锚结到补偿器距离)，右侧数字从上到下是对应温度下坠砣的安装高度。

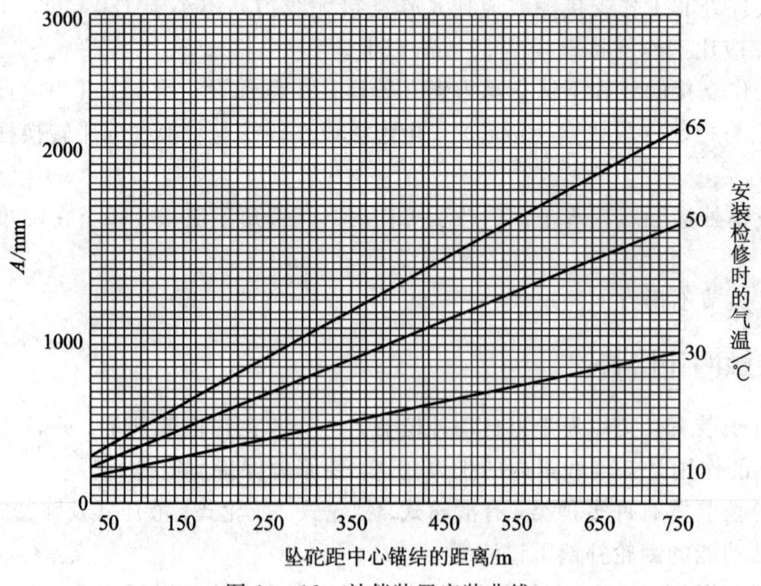

图 10-12 补偿装置安装曲线

10.2.7 中心锚结

在接触悬挂的中部，将接触线和承力索在支柱上进行可靠固定，称为中心锚结。在两端装设补偿器的接触网锚段中，必须加设中心锚结。每个锚段中心锚结安设位置应根据线路情况和线索的张力增量计算确定。一般布置靠近锚段中部。

链形悬挂的两跨式中心锚结结构如图10-13所示。承力索中心锚结由两个跨距组成，接触线中心锚结绳分别在两个跨距中，呈“人”字形布置。在采用弹性链形悬挂时，接触线中心锚结绳在跨中布置，称为“Z”形固定绳(简称“Z”索)。

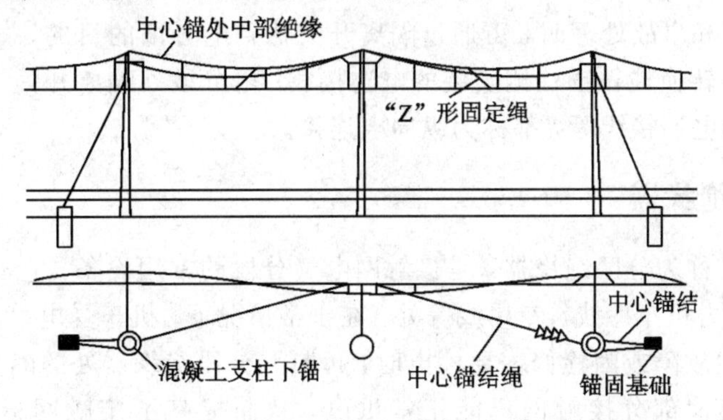

图10-13 链形悬挂的两跨式中心锚结结构

10.2.8 线岔

在站场上，站线、侧线、渡线、到发线总是并入正线的。如果线路设一个道岔，接触网就必须设一个线岔(也称为架空转撤器)。线岔的作用是保证电力机车受电弓安全平滑地由一条接触线过渡至另一条接触线，达到转换线路的目的。

交叉线岔在两条接触线交叉处用限制管固定，并限制两相交接触线位置的设备，称为接触网线岔。

接触网线岔是由两相交接触线、一根限制管和固定限制管的定位线夹、螺栓组成的。限制管两端，用定位线夹固定在下面的接触线上，通过限制管将两相交接触线互相贴近，当上面的接触线升高时，可利用限制管带动下面的接触线同时升高，以消除两条接触线的高度差。线岔如图10-14所示。

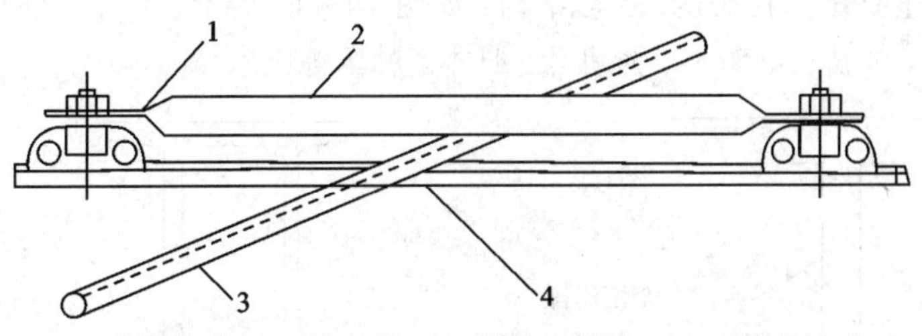

1—定位线夹；2—限制管；3—侧线接触线；4—正线接触线

图10-14 线岔

10.2.9 电连接线

电连接的作用是，将接触悬挂各分段供电间的电路连接起来，保证电路的畅通，通过电连接可实现并联供电，减少电能损耗，提高供电质量。在电气设备与接触网之间，用电连接线可进行可靠的连接，使设备充分发挥作用，避免出现烧损事故，完成各种供电方式和检修的需要。电连接线用导电性能好的材料制成，在铜接触线区段采用铜绞线TJ-95。

电连接按其使用位置不同，分为横向电连接和纵向电连接，其分述如下：

(1) 横向电连接。横向电连接的主要作用是实现并联供电，如并联馈线、承力索和接触线之间。满足站场上电力机车启动时所需的大电流，在各股道之间安装股道电连接线。

(2) 纵向电连接。纵向电连接的作用是，使供电分段或机械分段处两侧接触悬挂实现点的连通，在检修和事故处理时，可通过隔离开关达到电分段的目的，如绝缘锚段关节和非绝缘锚段关节；转换柱靠锚柱侧安装的电连接线；电分段处隔离开关与接触悬挂间的电连接线；线岔处的电连接线等，都称为纵向电连接。

10.2.10　分段绝缘器

分段绝缘器又称为分区绝缘器，是接触网电气分段的常用设备，它安装在各车站装卸线、车整备线、电力机车库线、专用线等处。在正常情况下，机车受电弓带电滑行通过。当某一侧接触网发生故障或因检修需要停电时，可打开分段绝缘器处的隔离开关，将该部分接触网断电，而其他部分接触网仍能正常供电，从而提高了接触网运行的可靠性和灵活性。

10.3　刚性接触网

刚性悬挂是和弹性悬挂相对应的一种悬挂方式，刚性悬挂要考虑整个悬挂导体的刚度。架空刚性悬挂，一般采用具有相应刚度的导电轨或具有相应刚度的汇流排与接触线组成。

架空刚性接触网主要用于地下铁道，至今有一百多年历史了。1895 年，架空刚性悬挂首次在美国巴尔的摩的第一条电气化铁路中应用。1961 年，作为架空刚性悬挂主要形式的"T"刚性悬挂在日本营团城市轨道日比谷线投入使用；1983 年，作为架空刚性悬挂另一主要形式的"π"形刚性悬挂在法国巴黎 RATPA 线投入使用。

架空刚性接触网有两种典型代表(以汇流排的形状划分)，即以日本为代表的"T"形结构和以法国、瑞士等国为代表的"π"形结构，如图 10－15 所示。目前，国外架空刚性悬挂已得到广泛应用，如法国、瑞士、西班牙、日本、韩国等国家。

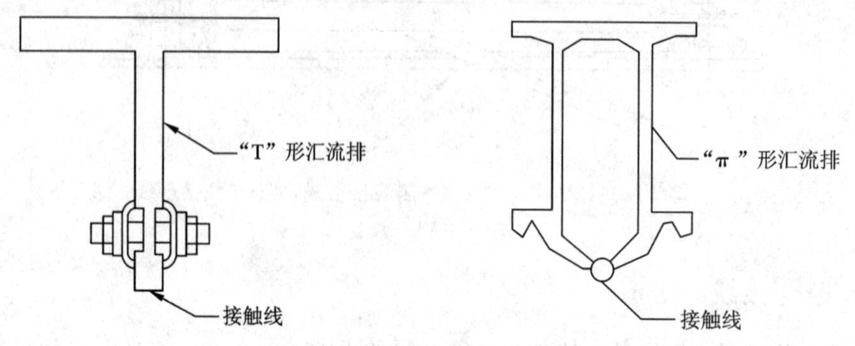

图 10－15　刚性接触网汇流排

国内第一条架空刚性悬挂于 2003 年 6 月 28 日在广州建成(即广州地下铁道 2 号线，三元里—琶洲，长约 18.4 km)，采用了 PAC110 型单"π"形汇流排结构。

10.3.1　刚性接触网的结构

1. 接触悬挂

架空刚性悬挂的“π”形结构和“T”形结构，均可分为单接触线式和双接触线式，本书以单接触线式“π”形结构为主要对象进行描述。

架空刚性悬挂主要由汇流排、接触导线、伸缩部件、中心锚结等组成。接触悬挂通过支持与定位装置安装于隧道顶或隧道壁上，“π”形刚性悬挂安装图如图 10－16 所示。

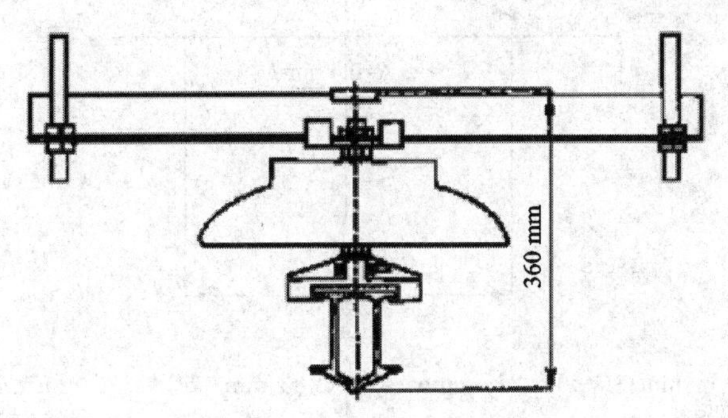

图 10－16　“π”形刚性悬挂安装图

1）汇流排和接触线

汇流排一般用铝合金材料制成，其形状一般做成“T”形和“π”形。“π”形结构汇流排包括标准型汇流排、汇流排终端及刚柔过渡元件。标准型汇流排一般有 PAC110 和 PAC80 两种，是刚性接触悬挂的主要组成部分，其长度一般被制成 10 m 或 12 m；汇流排终端用于锚段关节、线岔及刚柔过渡处，如图 10－17 所示，其作用是保证关节、线岔和刚柔过渡的平滑、顺畅过渡，其长度一般为 7.5 m。

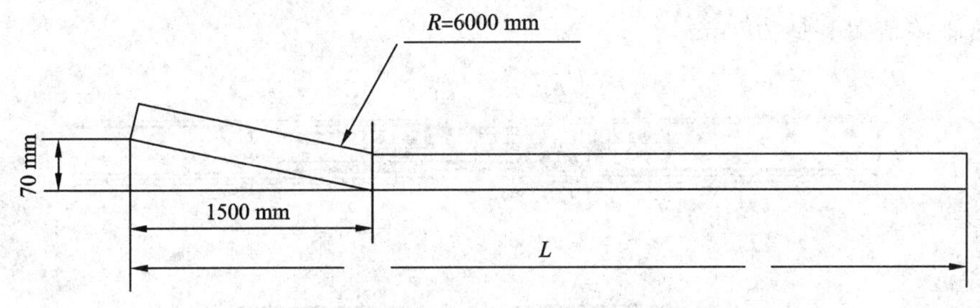

图 10－17　汇流排终端

刚柔过渡元件如图 10－18 所示，用于刚性悬挂与柔性悬挂过渡处，其作用是保证两种悬挂方式的平滑、顺畅过渡。

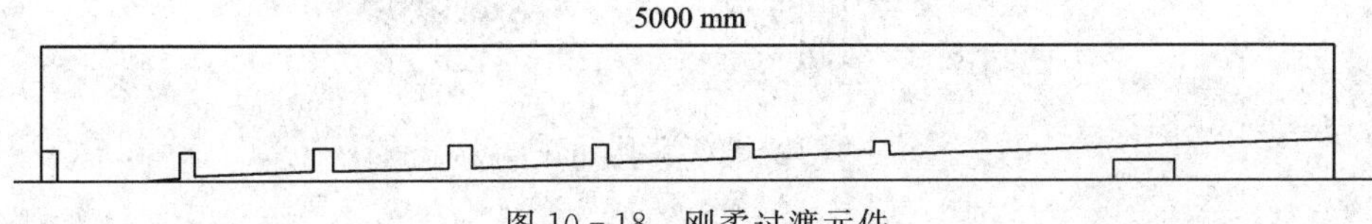

图 10－18　刚柔过渡元件

接触导线一般采用银铜导线，与柔性接触悬挂所采用的接触导线相同或相似，其截面图如图 10－19 所示，其截面积一般为 120 mm² 或 150 mm²。接触导线通过特殊的机械镶嵌于“π”形汇流排上或通过专用线夹固定于“T”形汇流排上，与汇流排一起组成接触悬挂。

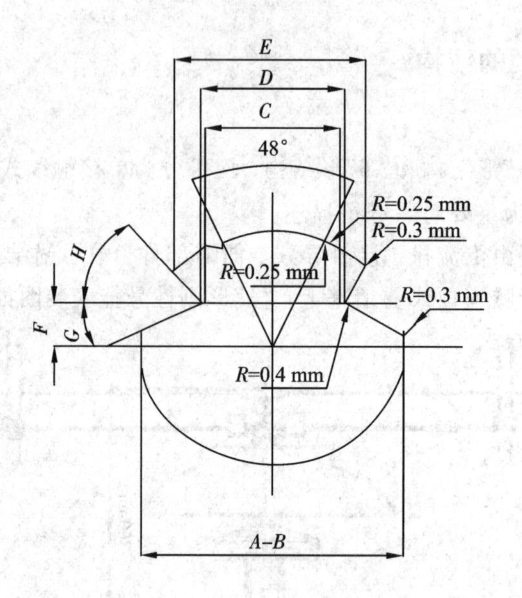

$A=13.2^{+0.13}_{0.26}$ mm；$B=13.2^{+0.13}_{-0.26}$ mm；$C=6.85$ mm；$D=7.27$ mm±0.15 mm；
$E=9.75$ mm±0.2 mm；$F=2.29$；$G=27°\pm2°$；$H=51°\pm2°$

图 10－19　接触导线的截面图(120 mm^2银铜线)

2）膨胀元件

图 10－20 是单接触线式“π”形结构汇流排膨胀元件的结构，其功能是能在一定范围内自由伸缩，同时又能满足电气性能的要求，既能够保证电气上的良好接触和导电的需要，又能保证机械上的良好伸缩性。一般一个锚段安装一个膨胀元件，其作用是补偿铝合金汇流排与银铜接触线因热胀系数不同而产生的热膨胀误差。根据计算，半个锚段汇流排与接触线的热胀差值大概是 70 mm。

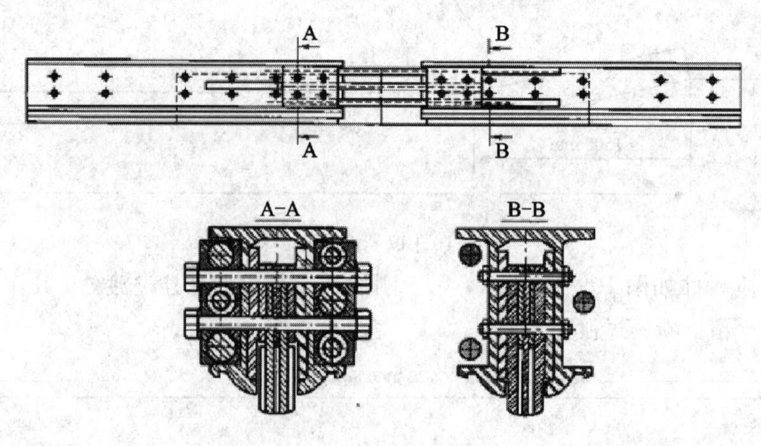

图 10－20　膨胀元件

3）接头

图 10－21 是单接触线式“π”形汇流排接头的结构，主要由汇流排接头连接板和螺栓组成，用于连接两根汇流排。其要求是既要保证被连接的两根汇流排机械上良好对接，又要有足够大的接触面积，确保导电性能良好。

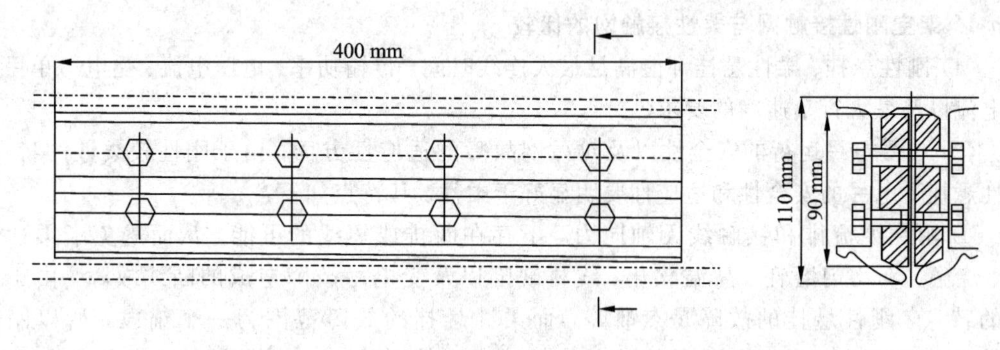

图 10－21　汇流排接头

4）中心锚结

图 10－22 是单接触线式"π"形结构架空刚性接触悬挂中心锚结的结构，主要由中心锚结线夹、绝缘线索、调节螺栓及固定底座组成。其作用是防止接触悬挂窜动。

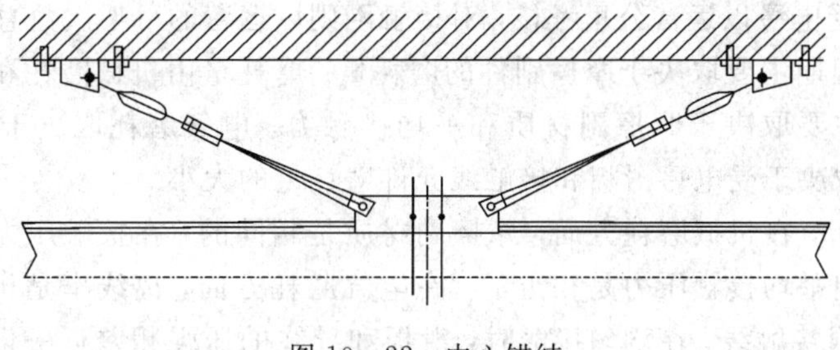

图 10－22　中心锚结

2. 支持和定位装置

架空刚性接触网的支持和定位装置主要有以下两种结构：

（1）腕臂结构，如图 10－23 所示，其主要由可调节式绝缘腕臂、汇流排线夹、腕臂底座、倒立柱或支柱等组成。其特点是调节灵活、外形美观，但结构复杂，成本高。此种结构主要用于隧道净空较高或地面的线路。

（2）门形结构，如图 10－24 所示，其主要由悬吊螺栓、横担槽钢、绝缘子及汇流排线夹等组成。其特点是结构简单、可靠，但调节较困难。此种结构大量用于隧道内。

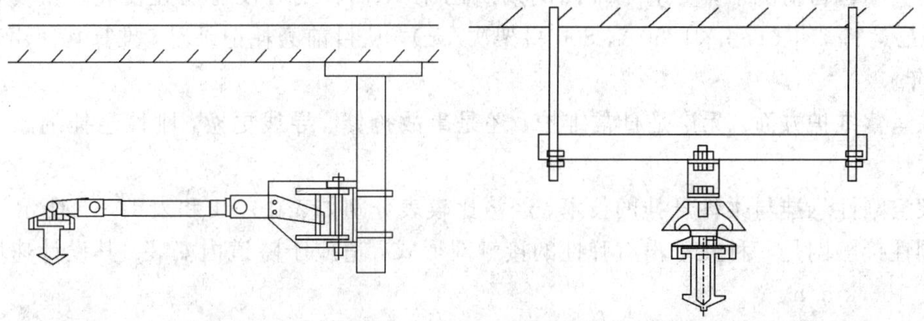

图 10－23　刚性悬挂腕臂式安装　　　　图 10－24　刚性悬挂门形架式安装

10.3.2　架空刚性接触网的特点

架空刚性接触网是与弹性（柔性）接触网相对应的一种接触网形式，与柔性接触网有明显的差别。

1. 架空刚性接触网与柔性接触网的比较

(1) 刚性悬挂、柔性悬挂都能满足最大连线时间、传输功率、电压电流、受电弓单弓受流电流以及最大行车速度的要求。

(2) 在受电弓运行的安全性以及对弓网故障的适应性方面，由于刚性较柔性的特点，刚性悬挂受电弓的安全性和适应性要明显好于柔性。其特点如下：

① 刚性汇流排和接触线无轴向力，不存在断排或短线的可能，从而避免了柔性钻弓、烧融、不均匀磨耗、高温软化、线材缺陷以及受电弓故障造成的断线故障。由于这样的特点，刚性悬挂的故障是点故障，而柔性悬挂的故障范围为一个锚段，所以刚性悬挂事故范围小。当然柔性悬挂的断线故障率也非常小，是能够满足运营要求的。

② 刚性悬挂的锚段关节简单，锚段长度是柔性悬挂的1/7～1/6，因此固定金具窜动回转范围小，相应地提高了运行中的安全性和适应性。

2. 弓网摩擦副件的更换周期

更换周期对受电弓以运营公里考核，对接触网则以运营的弓架次数总量或运营年限考核。正常的更换周期主要取决于摩擦副件的磨耗量。磨耗量由机械磨耗和电气磨耗两部分组成。机械磨耗主要取决于摩擦副材质和平均接触力。电气磨耗取决于离线率和受流电流。更换周期还取决于受电弓滑板和接触线允许磨耗量的大小。

从理论上分析，在机械磨耗方面，摩擦副材质是相同的；在接触压力方面，刚柔接触压力幅度不同，但平均接触压力是相近的。在电气磨耗方面，离线率是相近的。不同的是柔性悬挂采用双根接触线，在均匀接触时，滑板和导线的压强相差近一倍，导线的离线电流相差近一倍，因此从理论上分析，刚性悬挂的磨耗较柔性的要大。另一个不同点是，刚性的接触压力变化偏差较柔性的小，因而在磨耗的均匀性上刚性好于柔性。

在允许磨耗量方面，当柔性悬挂接触线磨耗面积小于或等于15%时，安全系数为2.5；当磨耗面积为15%～25%时，安全系数为2.2，最大允许磨耗量为25%。而刚性悬挂接触线没有张力，理论上接触线允许磨耗至汇流排夹口边缘，只要保证受电弓与汇流排不接触，平均来说，刚性悬挂接触线的最大允许磨耗是柔性悬挂的2倍。综合起来，从更换周期角度来看，两者是相近的。

在实际运营情况下，受电弓维修周期从巴黎RERC线看没有明显变化。在接触线方面，现已运行7年(4弓×1250A，800弓架次/天)，从目前磨耗记录看，推算其使用寿命约为20年。

在运营维护方面，无论是日常维护，还是事故抢修、导线更换，刚性悬挂的工作量要少于柔性。

架空刚性悬挂与柔性悬挂的技术、经济比较表分别如表10-1和表10-2所示。

刚性接触网是一种几乎没有弹性的接触网形式，适应于隧道内安装，其设计速度一般不大于160 km/h。

刚性悬挂分为若干锚段，每个锚段长度一般不超过250 m，跨距一般为6 m～12 m，且与行车速度有密切的关系，如表10-3所示。整个悬挂布置成正弦波的形状，一个锚段形成半个正弦波，各悬挂点与受电弓中心的距离(相当于柔性接触悬挂的拉出值或“之”字值)一般不大于200 m。

表 10－1　架空刚性悬挂与柔性悬挂的技术比较表

序　号	项　目	架空刚性悬挂	柔性悬挂
1	悬挂组成	结构紧凑(汇流排＋接触线＋地线)	较复杂(1 根承力索＋2 根接触线或 4 根辅助馈线＋1 根地线)
2	允许车速/(km·h^{-1})	一般为 80～160，瑞士试验速度提高到 140，弹性受电弓可达 160	一般为 80～160
3	可靠性	无断线,可靠性高	有断线隐患，可靠性较差
4	导线磨耗	导线磨耗均匀，允许磨耗是柔性的2 倍	导线磨耗不均匀，允许磨耗小
5	受电弓受流情况	无特殊硬点，受流效果良好。受流特性主要取决于受电弓特性	存在硬点，硬点处受流效果较差。受流特性取决于弓网匹配
6	精度要求	安装精度要求高	相对可以低
7	设计、施工技术	有较丰富的设计和施工经验	有较丰富的设计和施工经验
8	施工机械	导线安装和更换需进口专用设备	有成熟的施工机械设备
9	国产化率	90%以上	90%以上
10	维修、养护	维护工作量少	维护工作量大

表 10－2　架空刚性悬挂与柔性悬挂的经济比较表

序　号	项　目	架空刚性悬挂	柔性悬挂
1	隧道净空要求引起的土建费用	净空要求相对较小。无需下锚设置，可避免不必要的局部开挖，如暗挖车站，可节省上建费用	净空要求相对较大。需下锚装置，有时需要局部开挖，如暗挖车站
2	悬挂装置费用	悬挂点相对较多，费用相应增大	相对较少
3	维护费用	维护工作量少，周期长，费用低。日本、韩国经验，相对柔性可减少 30%～50%	维护工作量大，周期短，费用较高。

表 10－3　PAC110 型汇流排速度与跨距的关系

速度/(km·h^{-1})	60	70	80	90	100	110	120
跨距/m	12	11	10	9	8	7	6

10.4　接　触　轨

第三轨式接触网是沿线路敷设的与轨道平行的附加轨，又称为第三轨，其功用与架空接触网一样，通过它将电能出送给电动车组。不同点在于，接触轨是敷设在铁路旁的钢轨。电动车组由伸出的取流靴与之接触而接受电能。

接触轨(第三轨)受电方式最早在伦敦城市轨道采用，由于接触轨构造简单，安装方便，可维修性好，并对隧道建筑结构的要求较低，受流能满足 DC 750 V 供电的需要，因而在标准电压为 DC 750 V 的供电系统中得到广泛的采用。其中接触轨为正极，走行轨为负极。接触轨系统允许电压波动范围为 DC 500 V～ DC 900 V。

第三轨系统可降低隧道上方净空，节省投资，具有供电线路维修工作量少，架设不影响周围的景观等优点。

第三轨系统采用高导电性的钢铝复合接触轨，因此可以不用额外敷设沿线的馈电电缆；单位电阻小，可降低牵引网电能损耗，从而有效地节约运行成本；重量轻，易于调整，接触轨之间采用接板机械连接，不需要现场焊接，因此安装简便；复合材料制成的接触轨支架具有低维护、耐腐蚀的特点，可以有效降低生命周期成本；安装位置在走行钢轨旁边，对铁路周围景观影响较小；钢铝复合轨与电力机车集电靴之间的接触为不锈钢层，因此使用寿命长。

接触轨是将电能传输到地铁和城市轨道交通系统电力牵引车辆上的装置。它是一种古老的电力牵引车辆供电形式，早在1891年就有接触轨雏形的产生。20世纪前半个世纪一直都使用钢接触轨，20世纪中期以后，对钢接触轨的材质进行了改进，形成所谓的“铁接触轨”，实际上是进行了材质变化，降低了杂质，加入了提高导电性的元素，单位电阻得到了降低。我国的北京地铁1号线工程、北京地铁2号线工程、北京地铁复八线工程等所用的接触轨就属于这类。随着地铁和城市轨道交通事业的发展，面对接触轨电流大、轻型化的要求，20世纪70年代末出现了一种新型的接触轨——钢铝复合接触轨，德国在1978年建成了世界上第一条钢铝复合轨，运行长度为3.3 km。1996年后，美国、日本、意大利、马来西亚、泰国等国家都开始应用，至今世界上已建成钢铝复合接触轨运行线路1000多千米，遍布欧洲、美洲、大洋洲、亚洲。25年的实践证明，它是非常成熟的轨道交通供电方式。

我国城市轨道建设起源于北京，20世纪60年代初，北京在修建城市轨道时采用了接触式(第三轨)的受电方式，接触轨安装于线路行车方向的左侧，集电靴采用上部接触方式受电。目前，在我国有不少城市的地铁线路采用了接触轨系统。例如，北京地铁1号线工程、北京地铁环线工程、天津地铁1号线工程、北京地铁复八线工程、北京地铁13号线工程、北京地铁八通线工程、武汉轨道交通1号线工程。另外，由中国援建的1984年开通的朝鲜平壤地铁以及由中国承建的2000年2月21日开通一期工程的伊朗德黑兰地铁，也采用了接触轨系统。这些线路的总长度超过200 km，其接触轨电压等级均为直流750 V。

伴随着我国地铁建设事业的发展，接触轨技术也走过了近40年的发展历程。这期间接触轨技术不断发展，其主要表现为：安装方式由单一的上部接触受流方式，发展成上部接触受流方式与下部接触受流方式并存；导电轨由低碳钢材料发展成钢铝复合材料；防护罩(及支架)由木板材料发展成玻璃钢材料；绝缘子材料除电瓷外还开发出环氧树脂材料及硅橡胶材料；相应的一些施工安装方法也有所改进。目前，DC 1500V接触轨系统也在积极研究之中，同时钢铝复合接触轨的国产化工作也正在逐步展开。

10.4.1　接触轨的组成

在接触轨系统零部件中，除作为导电轨的接触轨以外，还包括绝缘支架(或绝缘子)、防护罩、隔离开关设备、电缆等。接触轨、绝缘支架(或绝缘子)、防护罩，是接触轨系统中送电、支撑、防护的三大件。

接触轨系统，其技术特征有三个：一是电压等级；二是安装方式；三是导电轨材料。

(1) 电压等级：目前世界上城市轨道交通中的直流牵引网电压等级繁多，接触轨系统的电压等级有：600 V、630 V、700 V、750 V、825 V、900 V、1000 V、1200 V等；国外接触轨系统的标称电压一般在1000 V以下，西班牙巴塞罗那采用过DC 1500 V及DC 1200 V接触轨，美国旧金山的 BART 系统为 DC 1000 V 接触轨。目前国内接触轨系统标称电压为 DC 750 V。国际上接触轨电压等级的发展趋向是 IEC 标准中的 DC 600 V、DC 750 V。

(2) 安装方式：接触轨系统根据受流位置的不同，可分为上接触式、下接触式及侧接触式三种形式。

(3) 导电轨材料：接触轨可采用低碳钢材料或钢铝复合材料。

10.4.2　接触轨的分类

接触轨按与受流靴的摩擦方式可分为上接触式、下接触式以及侧接触式三种。

1. 上接触式

上接触式是指接触轨面朝上固定安装在专用绝缘子上，并且由固定在枕木上的弓形肩架予以支持，如图 10－25(a)所示，由接触轨、绝缘子、三轨夹板、防护支架、防护板、端部三轨弯头、防爬器等构件组成。受流器滑靴从上压向接触轨的轨头顶面受流。受流器的接触力是由下作用弹簧的压力调节的，受流平衡，由于端部弯头的过渡作用，能够减少在断电区的电流冲击。上接触式接触轨因接触靴在其上面滑动，所以固定方便，但不易加防护罩。

上接触式三轨施工作业简便，可以在轨头上部通过支架安装不同类型的防护板。北京地铁、纽约地铁都是采用上接触式第三轨。

2. 下接触式

下接触式是指接触轨面向下安装，如图 10－25(b)所示。下接触式轨头朝下，通过绝缘肩架、橡胶垫、扣板收紧螺栓、支架等安装在底座上。下接触式的优点是防护罩从上部通过橡胶垫直接固定在接触轨周围，对人员的安全性好。莫斯科地铁就采用这种方式，利于防止下雪和冰冻造成集电困难。但是这种方式安装结构复杂，费用较高。

3. 侧接触式

侧接触式是近年来新开发的一种接触轨悬挂方式。侧接触式是指接触轨的轨头面朝向走行轨，集电靴从侧面受流，如图 10－25(c)所示。跨座式独轨车辆就采用侧接触式，其受流器装在转向架下部，接触轨装在轨道梁上。

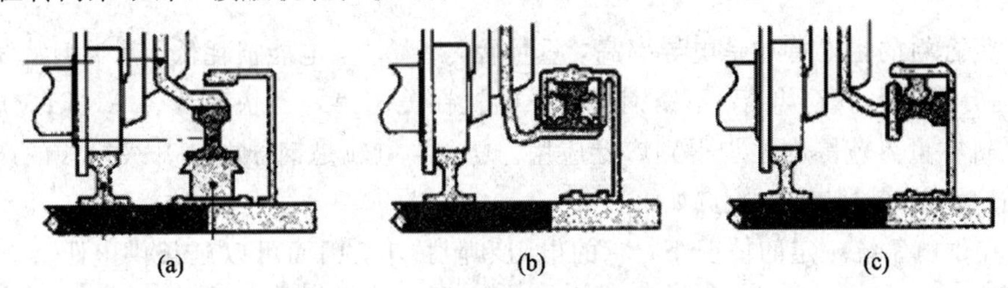

图 10－25　接触轨摩擦接触方式

(a) 上接触式；(b) 下接触式；(c) 侧接触式

10.4.3　接触轨材质

接触轨按照轨材料可分为高电导率低碳钢导电轨和钢铝复合轨，分述如下。

(1) 低碳钢导电轨主要的特点是磨耗小，制作工艺成熟，价格较低，主要规格有 DU48 型和 DU52 型，如北京城市轨道交通系统。

(2) 钢铝复合轨是由钢和铝组合而成的，其工作面是钢，而其他部分是铝。它的主要特点是导电率高，重量轻，磨耗小，电能损耗低。

近几年来随着复合材料的发展，由不锈钢与铝合金通过机械方法或冶金结合方法加工而成的钢铝复合接触轨已取代低碳钢接触轨，被世界上60多个城市采用。钢铝复合轨与低碳钢接触轨相比具有以下优势：

(1) 电导率高，电压降及牵引能耗成比例下降。因此可加大供电距离约1.4倍，适当减少牵引变电站的数目。虽然目前的钢铝复合轨还只能进口，成本比铁轨要贵3倍，但是节省下来的牵引变电站投资与接触轨增加的费用基本相抵，而且由于线路损耗降低，按20 km长的线路计，仅靠节电一项，5年可收回多投的资金。

(2) 不锈钢接触面光滑，耐腐蚀、磨损，可延长接触轨与受流器的寿命。

(3) 重量轻，便于施工安装。正因为钢铝复合轨有以上优势，新上项目采用钢铝复合轨已成为趋势。我国不少城市的轨道交通项目均使用钢铝复合轨方式。

10.4.4 接触轨式接触网的主要结构

接触轨式接触网主要由接触轨、端部弯头、接头、防爬器、安装底座和防护罩等构成。

1. 接触轨

在我国城市轨道第三轨供电中，接触轨多采用50 kg/m(或60 kg/m)高电导率低碳钢轨，轨头宽度为90 mm。伊朗城市轨道采用的DU48型导电轨理论重量为47.7 kg/m，横截面为6077 mm^2，15℃时导电率不超过0.125 Ω/m，轨头宽度为80 mm。有利于与集电靴接触，使受流效果最佳。低碳导电轨主要的特点是磨损小，制作工艺成熟，价格较低。主要规格有DU48型和DU52型。这两种导电轨在我国均为成熟产品，为适应伊朗德黑兰城市轨道建设的需要，由鞍钢和有关单位研制了DU48型导电轨，该导电轨比DU52型导电轨重量轻，导电性高，适于下部接触式受电方式。

接触轨单位制造长度一般为15 m。当线路的曲线半径大于190 m时，钢铝复合轨可以在施工现场直接打弯；当线路的曲线半径小于或等于190 m时，钢铝复合轨则要在工厂加工预弯。

钢铝复合轨的主要特点是电导率高，重量轻，磨耗小，电能损耗低。其类型从300 A～6000 A均有。自从1974年铝-不锈钢复合导电轨在美国第一条快速线(BART)应用以来，复合导电轨在世界范围内逐步得到广泛应用。复合导电轨是钢导电轨升级换代的产品，具有广泛的应用前景。其主要优点如下：

(1) 在供电系统一定的情况下，它的电阻和阻抗小，因而可以延长供电距离，减少变电所数量。

(2) 耐磨性好，电损失小，抗腐蚀和氧化性能好。

(3) 电阻率低(约为钢导电轨的24%)，导电性能大幅提高，工作电流的范围广(300 A～6000 A)。

(4) 接触轨重量轻，悬挂点间距可适当加大，一般为4 m，从而减少了支架数量及维修量。

2. 端部弯头

接触轨端部弯头主要是为了保证集电靴顺利平滑通过接触轨断轨处而设置的。在行车速度较高区段，端部弯头一般采用长约 5.2m、坡度为 1∶50 的标准，如图 10－26 所示。

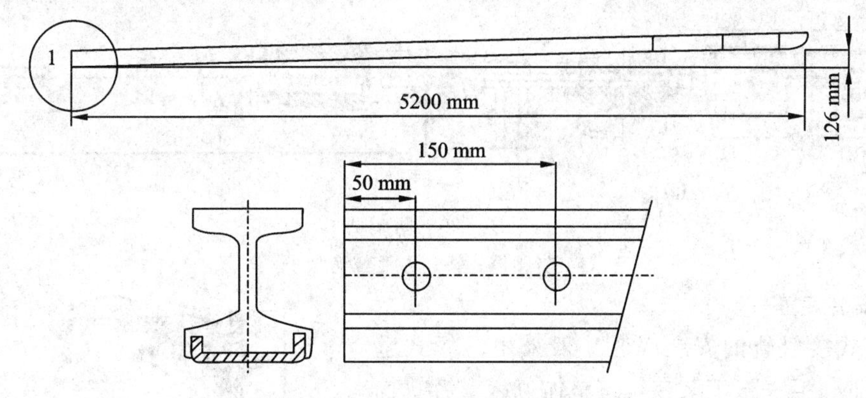

图 10－26　接触轨端部弯头

3. 接头

接触轨接头一般分为正常接头和温度伸缩接头两种：

（1）正常接头采用铝制鱼尾板进行各段导电轨的固定而不预留温度伸缩缝，但要求接头与支持点的距离不小于 600 mm，如图 10－27 所示。

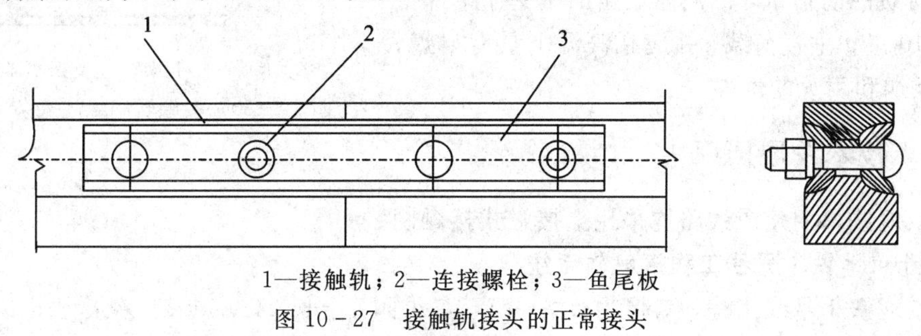

1—接触轨；2—连接螺栓；3—鱼尾板

图 10－27　接触轨接头的正常接头

（2）温度伸缩接头主要是为了克服接触轨随环境温度变化而引起的伸缩，如图 10－28 所示。在隧道内，接触轨自由伸缩段长度约按 100 m 左右考虑；地面及高架桥上接触轨自由伸缩段长度约按 80 m 左右考虑。

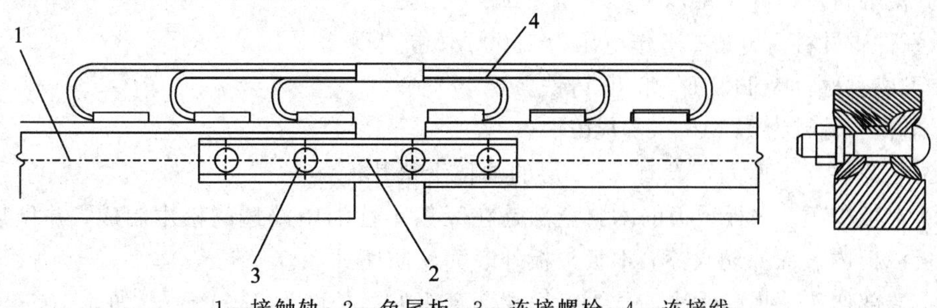

1—接触轨；2—鱼尾板；3—连接螺栓；4—连接线

图 10－28　接触轨接头的温度伸缩接头

4. 防爬器

防爬器即中心锚结，如图 10－29 所示。设置防爬器主要是为了限制接触轨自由伸缩段的膨胀伸缩量。在一般区段，在两膨胀接头的中部设置一处防爬器，并在整体绝缘支架两侧安装；在高架桥的上坡起始端、坡顶、下坡终端等处安装防爬器。

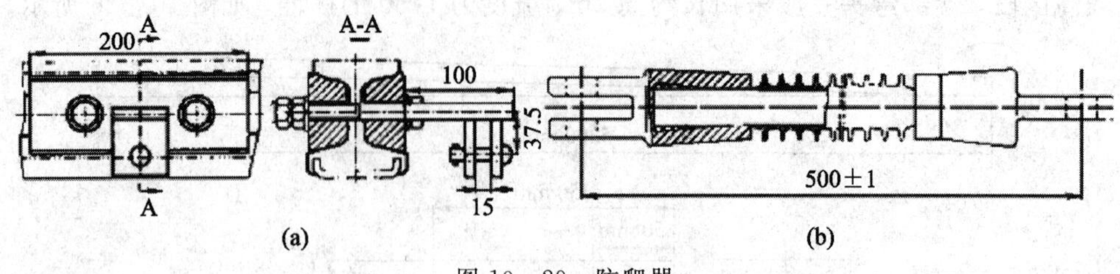

图 10-29　防爬器

(a) 防爬器；(b) 防爬器绝缘子

5. 安装底座

下模式接触轨的安装底座一般采用绝缘式整体安装底座，且一般安装在轨道整体道床或者轨枕上，如图 10-30 所示。

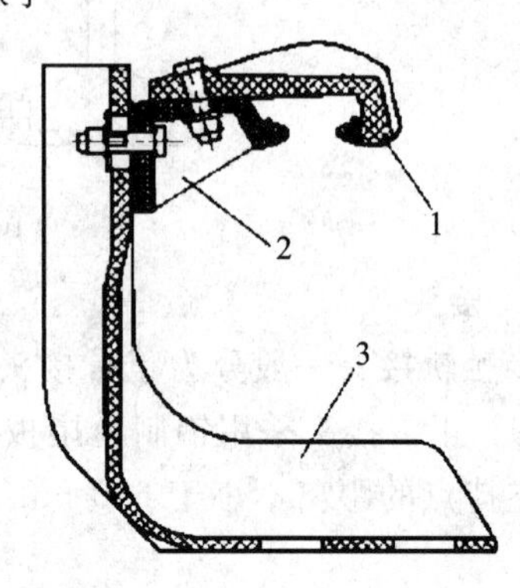

1—卡爪；2—托架；3—支架本体

图 10-30　接触轨绝缘式安装底座

6. 防护罩

防护罩的作用在于尽可能地避免人员无意中触碰到带电的设备，一般采用玻璃纤维增强树脂(GRP)材质的防护罩，机械性能在工作支撑条件下可承受 100 kg 垂直荷载，并应在高温下具有自熄、无毒、无烟和耐火的性能。

10.4.5　技术发展历程

北京地铁早期建成线路均采用上接触式接触网。

1. 北京地铁 1 号线工程接触轨系统

北京地铁 1 号线工程，东起北京站，西至苹果园，全长 24.17 km。该工程于 1958 年开始设计，1965 年 7 月 1 日开工建设，1969 年 9 月 20 日基本建成并试运营。该工程接触轨系统是我国第一个地铁接触轨系统，接触轨系统的电压等级开始为 DC 825V，以后随着牵引变电所设备的改造而成为 DC 750V，安装方式为上部受流方式，导电轨材质为低碳钢。

(1) 接触轨用绝缘子由以下三个主要部分组成：

① 瓷件：材料为电磁；工作电压为 1000 V；抗弯为 800 kg。

② 下座：材料为 HT15-33 灰铸铁。

③ 上帽：材料为 HT15-33 灰铸铁。

另外，瓷件与下座间还设有 1～5 层的油毡纸垫片。

(2) 木板护板。木板护板的木料全部是在天然干性油中浸透的松木制成，并做烘干处理，木板护板内表面涂防火漆，木板护板外表面涂防腐油漆。

(3) 端部弯头。北京地铁 1 号线工程端部弯头的总长度为 2300 mm，如表 10-4 所示。

表 10-4　北京地铁 1 号线工程端部弯头

坡　率	水平长度/mm	坡端的接触面到走行轨顶面的垂距/mm
1:25	1750	70
1:12.5	250	50

2. 北京地铁环线工程接触轨系统

北京地铁环线工程，由北京站向东北绕过古天文台，沿东城墙旧址经建国门、东直门、德胜门、西直门、阜成门、复兴门后，与 1 号线工程的礼式路至长椿街区间相接，线路全长 16.1km。1974 年完成接触轨施工图设计，1976 年建成并试运营。1984 年完成改造。

根据北京地铁 1 号线工程的施工运营经验，针对存在的问题，1974 年，环形工程接触轨系统在设计时进行了一些修改与完善，将环线工程接触轨防护板靠近线路侧上下两块和防护支架下边的一块予以取消，形成了目前的结构形式，如图 10 - 31 所示。

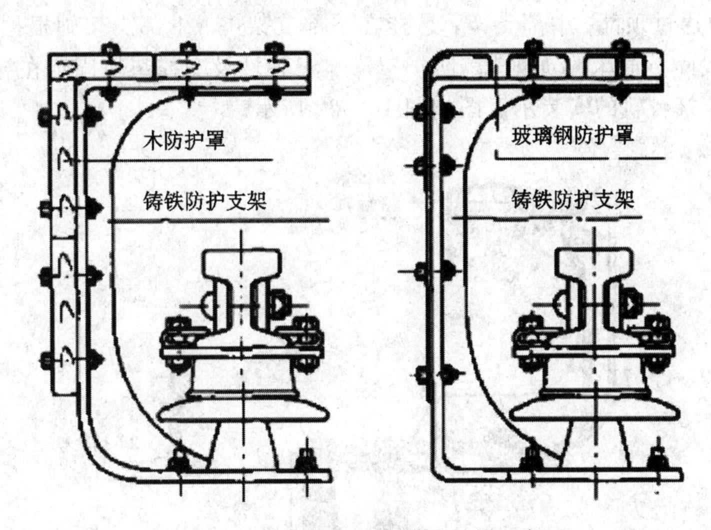

图 10 - 31　北京地铁环线接触轨示意图

3. 北京地铁复八线工程

北京地铁复八线工程，线路位于长安街下，西起复兴门，东至八王坟，线路全长 12.7 km。该工程接触轨系统施工图设计完成于 1993 年 10 月，工程于 1999 年 9 月通车。与北京地铁环线接触轨系统相比，主要进行的修改有：接触轨端部弯头由原来的 2300 mm 加长到 2775 mm，以使受流器与弯头接触时更平稳；减小了坡端的接触面到走行轨顶面的垂直距离。

采用 3000V 支柱绝缘子代替原绝缘子。3000 V 支柱绝缘子的主要技术要求如表 10 - 5 所示。

表 10 - 5　3000 V 支柱绝缘子的主要技术要求

电气性能	机械性能
额定电压 3000 V	抗弯强度不小于 8 kN
干弧电压 27 000 V	
湿弧电压 20 000 V	

结合工程需要，该工程研制开发了玻璃钢防护罩，并在车站、道岔、隧道联络线等局部地段进行了试验安装(单线总长度约为 6 km)。

4. 德黑兰地铁 1 号、2 号线的接触轨系统

德黑兰地铁 1、2 号线，线路长度约为 53 km。2000 年 2 月 21 日，第一期工程建成通车。

根据招标文件要求，北京城建院联合高校与工厂，以产学研相结合的方式，研制开发出“下部受流接触轨系统”，填补了国内空白，该技术成果于1994年6月8日获得了国家实用新型专利(ZI93 2 24173.5)。同时，研制出玻璃钢材料的接触轨支架及防护罩。代替了传统的木板防护罩。这一创新成果带来了接触轨支架与防护罩材料的革命。该工程接触轨系统的电压等级为DC 750 V，导电轨材质为低碳钢。

(1) 下部受流接触轨的安装结构描述。下部受流接触轨主要由导电轨、绝缘支架、防护罩等构成。绝缘支架由顶部支架、中部支架、下部支架三部分组成，并共同构成悬臂结构形式。导电轨通过顶部、中部支架，悬挂在下部支架上。下部支架则根据线路情况固定在整体道床上或碎石道床的轨枕上。防护罩靠自身弹性及支撑垫块固定在导电轨上。德黑兰地铁下部受流接触轨的安装示意图如图10-32所示。

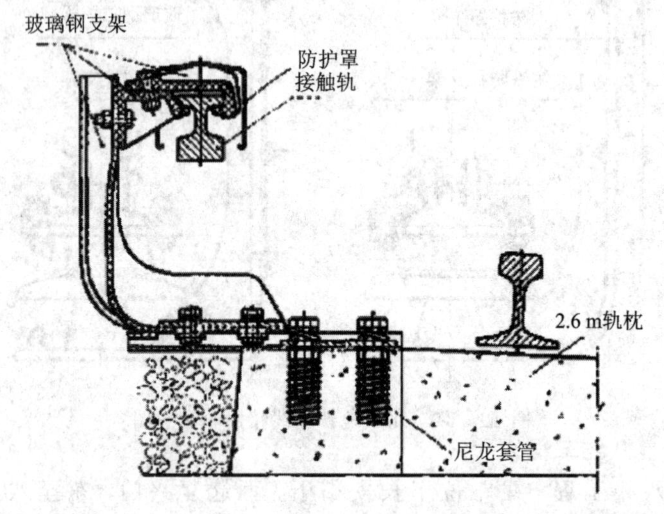

图10-32 德黑兰地铁下部受流接触轨的安装示意图

(2)下部受流接触轨的安装结构特点。防护罩对带电接触轨的防护性能好，带电接触轨不容易被无意识地碰撞到，能确保人身安全。另外，下部受流方式，遮挡雨雪的条件也优于上部受流方式，能确保牵引网系统的安全可靠运行。

(3) 玻璃钢支架制造工艺。玻璃钢支架制造采用了RTM成型工艺。其优点为：降低了产品成型过程中苯乙烯的挥发量，有利于提高产品质量，减少环境污染；工艺成熟，参数齐全，产品质量稳定；可防止玻璃纤维的排布方向发生偏移，使铺层设计、性能设计有保障；可使产品表面附着均匀的胶衣树脂层，增加产品的抗老化能力。

(4) 玻璃钢防护罩制造工艺。玻璃钢防护罩制造采用了拉挤成型工艺。其优点为可自动化连续生产、产品均匀且质量稳定、产品规格多样化。

5. 北京地铁13号线(北京城市铁路工程)

北京城市铁路工程，线路全长40.85 km。1999年8月12日，项目被批准立项；2000年9月26日，城市铁路西线全面开工；2002年9月28日，城市铁路西线开通试运行；2003年1月28日，城市铁路全线建成试运营。

结合本工程，北京城建设计研究总院联合北京城市铁路股份有限公司等单位研制开发出“新型上部受流接触轨系统”，如图10-33所示。本工程接触轨系统的电压等级为直流750 V，导电轨材质为低碳钢。

(1) 新型上部受流接触轨系统的特点：

① 防护罩支架及防护罩采用玻璃钢材质，具有一定的防火和耐候性功能，使用寿命长。

② 结构形式及造型比较美观。

③ 结构设计较为合理，承受力的情况较好，省材料。

④ 防护罩支架直接固定在接触轨上，所以能更好地保证防护罩支架及防护罩与接触轨的相对位置关系。

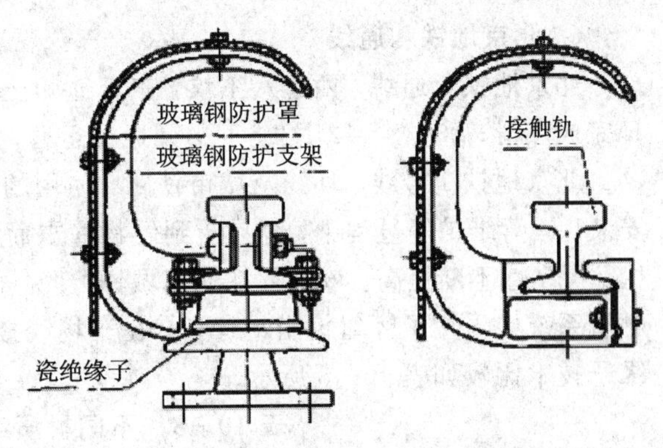

图 10-33 北京城市铁路新型上部受流接触轨系统

⑤ 防护罩支架可以在接触轨上移动安装，所以施工安装及运营管理维护比较方便，不受走行轨的轨枕间距施工误差的影响，从而使防护罩的定制长度与设计长度一致，避免了材料及施工费的损失。

(2) 玻璃钢防护罩支架的主要性能指标。玻璃钢防护罩支架采用绝缘高强级 SMC/BMC 高温模压而成。其典型材料的主要性能如表 10-6 所示。

表 10-6 玻璃钢防护罩支架的主要性能指标

1	弯曲强度	ASTMD790	120 MPa
2	开口冲击	ASTMD256	400 J/m
3	击穿强度	IEC243	6 kV/mm
4	耐泄露性	IEC112	PT1600
5	吸水率	ASTMD670	0.2%
6	阻燃性能	ASTMD229	V—0 级
7	绝缘电阻	IEC93	≥1011 Ω·m

(3)玻璃钢防护罩的主要性能指标。玻璃钢防护罩采用拉挤工艺制造，外表面有聚氨酯耐气候性涂层，其典型材料主要性能如表 10-7 所示。

表 10-7 玻璃钢防护罩的主要性能指标

1	纵向弯曲强度	ASTMD790	300 MPa(L)
	横向弯曲强度		130 MPa(W)
2	纵向弯曲强度	ASTMD796	17 GPa(L)
	横向弯曲强度		5 GPa(W)
3	击穿强度	ASTMD256	5 kV/mm
4	冲击强度	IEC	2.3 kJ/m^2
5	耐泄露性	IEC112	PT1600
6	吸水率	ASTMD570	0.3%
7	阻燃性能	ASTMD229	V—0 级
8	密度	ASTMD792	1.9 kg/m^3～103 kg/m^3

6. 北京地铁八通线

北京地铁八通线，西起八王坟，东至通州土桥，线路全长 18 964 km。2003 年 12 月 7 日完成热滑；2003 年 12 月 28 日，开通试运营。

北京地铁 1 号线、环线及城市铁路，使用的均是瓷绝缘子。瓷件是脆性材料，在运输、安装、运营维护等过程中，容易受到硬物撞击而破损。近年来，复合绝缘子发展迅猛。性价比、可靠性不断提高。该工程在北京城铁“新型上部受流接触轨系统”的基础上，在正线接触轨系统中采用了环氧树脂绝缘子，在车场线接触轨上使用了硅橡胶绝缘子，不同材质绝缘子技术比较如表 10－8 所示。

表 10－8　不同材质绝缘子技术比较

类　型		瓷绝缘子	环氧树脂绝缘子	硅橡胶绝缘子
外观	伞套材料	瓷绝缘子	环氧树脂	硅橡胶
	重量	较重	较重	较轻
机械性能	抗弯强度(最大)	12 kN	23 kN	35 kN
	阻燃性	好	好	好
	防水性	好	一般	好
	抗污物性	好	一般	好
电气性能	额定电压	3000 V	3000 V	3000 V
	干弧电压	27 000 V	27 000 V	27 000 V
	湿弧电压	20 000 V	20 000 V	20 000 V
	耐漏电起痕和电蚀	/	一般	好
耐候性		一般	一般	好
已使用年限		30 年	/	/
安装难易程度		易	易	易
运输		小心轻放	小心轻放	小心轻放
储存条件		干燥通风	干燥通风	干燥通风
易清洗性		易	一般	易
价格		低廉	贵	中等

7. 武汉轨道交通 1 号线一期工程的接触轨系统

武汉轨道交通 1 号线一期工程，自宗关站经硚口只黄浦路，线路全长 10 234 km，为全高架线路。2000 年 4 月开始初步设计，2003 年 12 月 11 日完成热滑，于 2004 年投入运营。

该工程在国内首次采用钢铝复合接触轨技术。接触轨采用钢铝复合材料制成(参见图 10－34)，可有效地降低电阻率，并减少个供电系统中牵引变电所的数量，降低运用时接触轨能量的损耗；防腐蚀性能较好；钢铝复合接触轨重量小，便于运输和安装；在铝合金轨的接触面上包覆有一层不锈钢带，可大大提高耐磨性。

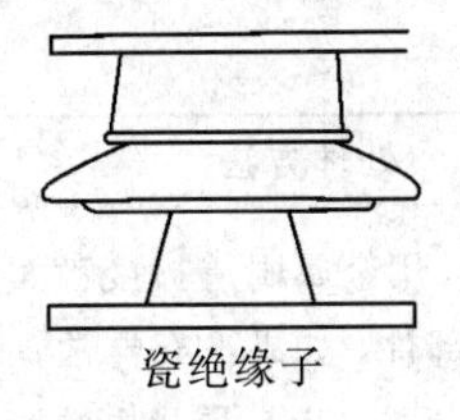
瓷绝缘子

环氧树脂绝缘子

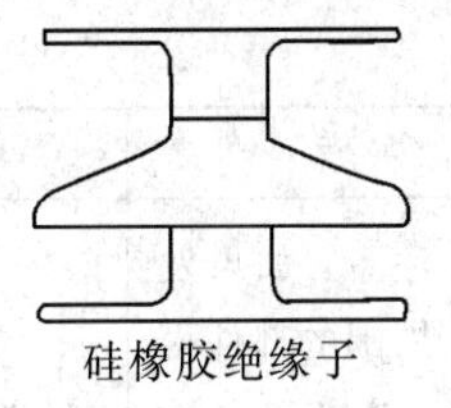
硅橡胶绝缘子

图 10－34　武汉用钢铝复合接触轨断面

该工程接触轨系统的电压等级为 DC 750V，安装方式为下部受流方式。

(1) 钢铝复合接触轨技术数据(如表 10－9 所示)。

表 10－9　复合接触轨技术数据

类　　别	复合接触轨(3500A)	复合接触轨(4500A)
轨高/mm	105	92.4
轨底高/mm	92	82.5
接触面宽/mm	65	76.2
总宽/mm	92	85.5
重量/(kg/m)	13.8	14.75
标准长度/m	10.15[注]	910[注]
电阻(Ω/m，20℃)	8.6×10^{-6}	6.56×10^{-5}
截流量(A，DC)	3658	4500
弹性模量	7000	7000
抗拉强度/(kg/mm^2)	20	20
膨胀系数/(mm/℃·m)	0.021	0.023

注：接触轨的标准长度可根据线路实际情况来定，单最长不能超过 18 m。

(2) 不锈钢带技术数据(如表 10－10 所示)。

表 10－10　不锈钢带技术数据

类　别	复合接触轨(3500A)	复合接触轨(4500A)
材料	X6Cr17130－170HB	X6Cr17130－170HB
导电性	2395%LACS[注]	2395%LACS
面积	220 mm^2	220 mm^2
重量	1.75 kg/m	1.75 kg/m

注：LACS 美国的一种对钢标准。

8. 天津地铁 1 号线(眼神)工程的接触轨系统

1984 年 12 月，天津地铁 1 号线中段 7.4 km 建成通车，其接触轨系统与北京地铁早期建成线路的接触轨系统一致，2001 年 7 月因线路需向两端延伸改造而停运。天津地铁 1 号线(延伸)工程，线路全长 26.2 km。本工程采用 DC 750 V 上部受流接触轨系统，接触轨材料为钢铝复合接触轨。

9. 广州地铁 4 号线接触轨系统

广州市轨道交通 4 号线大学城专线段工程，线路全长 14.11 km。2005 年 12 月建成通车。

故　障	可能的原因	处理方法
过热。注意：如果发生过热，周围的部件很可能因其燃烧和电弧而造成损坏。视损坏情况进行进一步的维修	普通接头连接松动	松开普通接头，用金属刷清扫接触面。彻底检查有电弧损伤的部件，如果没有异常，用金属刷清理接触面的毛刺并涂上一层导电油脂。重新安装普通接头并注意垫片的顺序。螺栓紧固力矩为70 N·m

10.5　接触轨故障分析

对接触轨系统的一般故障，给出了可能的解决办法。

故　障	可能的原因	处理方法
过热。注意：如果发生过热，周围的部件很可能因其燃烧和电弧而造成损坏。视损坏情况进行进一步的维修	普通接头连接松动	松开普通接头，用金属刷清扫接触面。彻底检查有电弧损伤的部件，如果没有异常，用金属刷清理接触面的毛刺并涂上一层导电油脂。重新安装普通接头并注意垫片的顺序。螺栓紧固力矩为70 N·m
过载	检查电气负荷。根据系统参数调整	
电连接中间接头松动	拆开电连接中间接头，重新清理接触面，涂导电油脂，然后按安装说明重新安装	
接触轨不锈钢接触面的不均匀磨损	受电靴与接触轨未对准	参照走行轨检查接触轨的接触面。接触轨的中心与最近的走行轨的内侧的水平距离应为726.5±5 mm，垂直距离为200±5 mm。调整相关的支架。如果接触轨和受电靴的角度不同，将会导致有效接触面减小，局部发生过热现象，并可能产生严重的电磨损 检查支架表面。如果损坏就更换。检查支架的紧固件是否松动。按照供货商的规范重新调整和紧固螺栓。用70 N·m的力矩紧固螺栓、螺帽
在轨间连接处产生微小的弯曲	普通接头紧固件松动	重新调接触轨系统，接触轨材料为钢铝复触面涂导电油脂

第 11 章　电力牵引与电气计算

内容摘要：牵引计算是指根据机车类型、牵引重量及必要的线路条件等原始数据，为电气铁路设计提供必要的结果的过程。在牵引供电系统中，馈线电流的计算方法特别重要。

理论教学要求：掌握牵引参数的计算方法。

工程教学要求：掌握模拟过载或接触网故障，分析原因及解决方法。

近年来，中国高速铁路进入快速发展期。截至 2010 年 5 月底，中国已经通车运营的高速铁路(时速不小于 200 km/h)达到 13 条，运营里程共计 655 km，位居世界第一。

中国以城市和城际网为核心，建设“四纵四横”客运专线和城际客运系统，到 2012 年中国将建成 1.3 万千米的高速铁路主干线，其中时速为 250 km/h 的线路为 5000 公里，时速为 350 km/h 的线路为 8000 km。

在城市化的推动下，中国地铁建设也迅猛发展。2009 年已有 11 个城市拥有地铁，总运营里程达 1038.7 km。其中，运营里程排名前三的城市是上海、北京和广州，占总运营里程的比重依次为 31.8%、22.0%和 15.4%。截至 2010 年 4 月，上海投入运营的地铁线路为 11 条，运营里程为 420 km。北京已经形成 9 条地铁交通网，总运营里程达到 228 km。2010 年年底，北京相继开通亦庄、大兴、房山、昌平一期、15 号线顺义段 5 条地铁线路，北京地铁运营里程达到 307 km。截至 2010 年 4 月，广州已经开通 5 条地铁线路，总运营里程为 160 km。2010 年年底开通 68 km，广州地铁运营线路达到 222 km。

到 2020 年中国主要城市的轨道交通建设规划：上海 1172 km；北京 789 km；广州 458 km；深圳 414 km；天津 265 km；重庆 349 km；南京 169 km；武汉 252 km；杭州 113 km；大连 170 km；长春 121 km；沈阳 133 km；成都 147 km；苏州 141 km；哈尔滨 46 km；宁波 230 km；合肥 181 km；郑州 138 km；厦门 97 km；西安 96 km；青岛 87 km；昆明63 km；东莞 59 km；无锡 56 km；南昌 51 km；福州 55 km；长沙 53 km；乌鲁木齐 53 km；南宁 44 km；石家庄 18 km。全国主要城市合计：6020 km。

从以上高铁和地铁建设情况及地铁发展规划可知，研究电力牵引具有现实意义和长远意义。

以电力机车为例，电力机车由于受到运行线路图及牵引重量、线路状况、司机操作情况等因素的影响，使牵引过程包括启动、加速、惰性、制动等多种工况，其从牵引网的区流(牵引负荷)在较大范围内变化，加上线路上列车密度及种类的变化，又使馈线负荷的变化具有随机性。可见，进行牵引负荷及电气量的精确计算是复杂而困难的。

下面主要讨论电力机车的牵引特性、牵引计算、馈线电流的描述与计算方法、牵引网电压等内容。

11.1　电力机车牵引特性

目前我国使用的电力机车，不论是国产的，还是进口的，大部分属于交—直（AC/DC）型，即电力机车从额定电压为 25 kV 的接触网上取得工频 50 Hz 交流电，经机车牵引变压器的降压和全波整流电路，将交流电变为直流牵引电机所需的直流电。实现这一转变过程的是机车主电路。

SS_1型电力机车是典型的交—直型机车，其他类型电力机车均由此发展而来。SS_1型电力机车的直流牵引电机是串激式，每轴 1 台，共 6 台。每小时功率（允许持续 1 h 的功率）为 700 kW，故机车功率为 4200 kW，直流额定电压为 1500 V。SS_1型电力机车主电路采用中抽式（全波）整流电流，如图 11－1 所示。图中，D_M为 6 个牵引电机，L_1、L_2为平波电抗器，D_1、D_2为整流机组，B 为机车主变压器。

电力机车的启动和调整靠改变牵引电机的端电压实现。机车牵引变压器低压侧设有调压分接头和转换机构 K，为了能大范围调压从而产生好的牵引特性，次边绕阻分为 2 个基本绕阻（a_1x_1、a_2x_2）和 2 个调压绕阻，调压绕阻可正接或反接于基本绕阻，其示意图如图 11－2 所示。加上机车自身的分接头，共形成 33 个调压级，级位越高，输出电压就越高。另外还在激磁绕阻上并联电阻来削弱磁场，如图 11－3 所示。

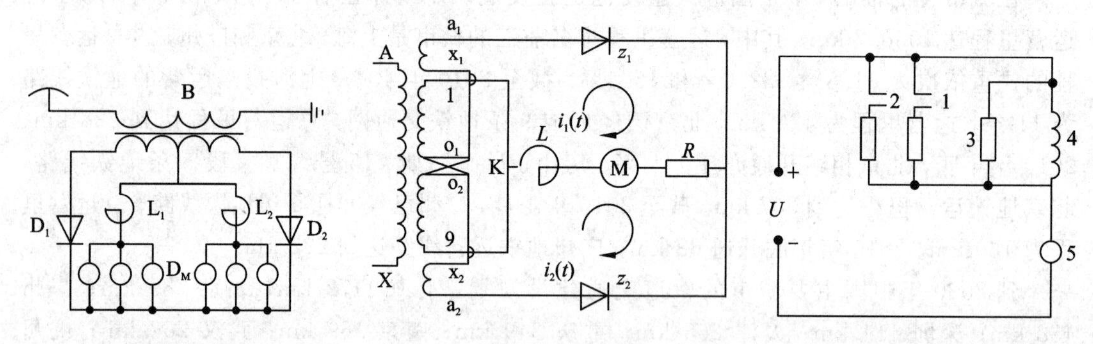

图 11－1　SS_1型电力机车主电路

图 11－2　机车牵引变压器次边绕阻正、反接示意图

1、2—电阻开关；3—并联电阻；4—串激绕阻；5—牵引电机

图 11－3　削弱磁场电路

串激电机的转速 n 与其等效端压 $U-I_dR_d$（R_d为电枢和串激绕阻电阻，I_d为电枢电流）及磁场磁通量 Φ 的关系为

$$n=\frac{U-I_dR_d}{C_c\Phi} \tag{11-1}$$

式中，C_c为给定电机常数。

串激电机，有 $\Phi=kI_d$（k 为一常数）。当有并联电阻用以削弱磁场时，可引入削弱系数 K_Φ，则有

$$n=\frac{U-I_dR_d}{C_ckK_\Phi I_d}$$

可见，改变削弱系数 K_Φ也能调制。SS_1型电力机车削弱磁场分为三级，其 K_Φ分别为 70％、54％、45％。

用于电力牵引的电机一般具有恒定功率或近似恒定功率的牵引特性，即当正常牵引时，牵引力与行车速度之积(功率)等于或近似等于常数。SS_1 型电力机车的牵引特性如图 11－4 所示。图中曲线上的数字表示调压级位，I、II、III 表示削弱磁场级，虽然有 33 个调压级，但长期运行级位只有 9 个，即 1、5、9、13、17、21、25、29、33 级，并多在高级位下运行。图中虚线表示启动曲线。整个曲线显示出明显的恒功特性：由于重载(含启动)而速度下降时，电机牵引力急剧上升；当负载减轻时，电机转速迅速提高；即使在某一固定级位上，电力机车也有自动调整速度和牵引力的特性。图 11－5 是 SS_1 型电力机车的牵引电流特性，即牵引网取流—走行速度曲线。

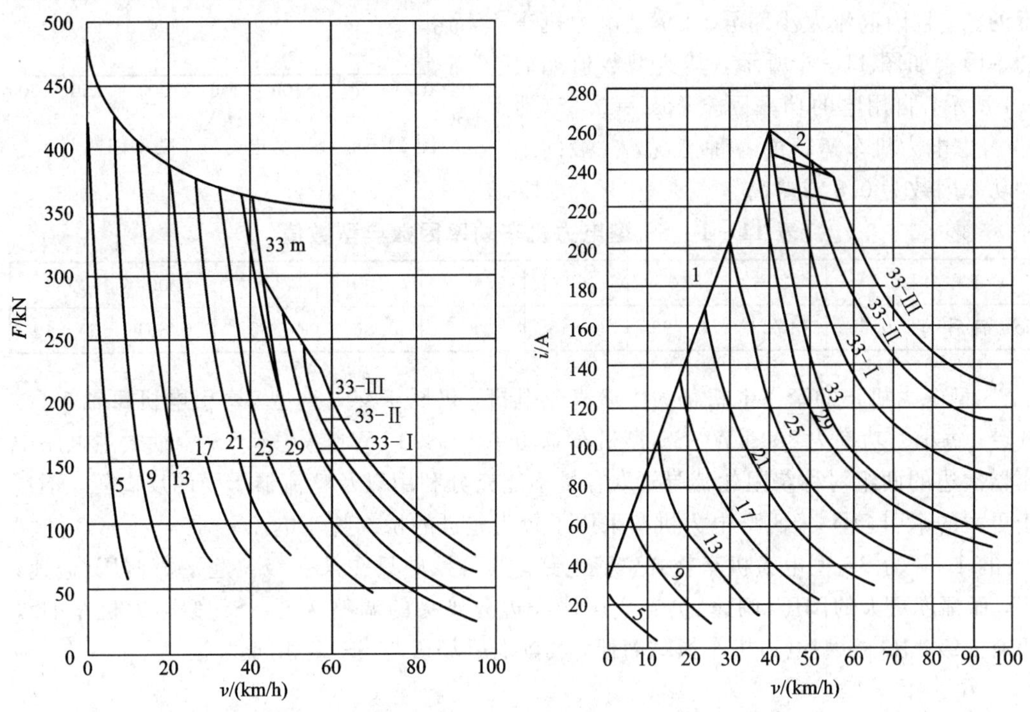

图 11－4　SS_1 型电力机车的牵引特性　　　图 11－5　SS_1 型电力机车的牵引电流特性

在启动过程中，机车从牵引网的最大取流为 236 A。图中电流不含机车供辅助机组的自用电，牵引时机车自用电为 7 A，电阻制动时为 12 A。

通过司机操作，机车可在启动、正常牵引、惰性、制动等多种状态下运行。当机车启动时，运行级位最低，运行速度很小，启动电流只有 10 A～20 A。随着机车加速，牵引力减小(如图 11－4 所示)，网上取流也减小(如图 11－5 所示)，同时，司机操纵的级位(机车牵引力变压器输出电压或磁场削弱)由小到大，机车取流增大，逐渐进入正常牵引。可见，在机车启动过程中，随着运行级位变大，网上取流迅速地从零增大到某级位下的最大值，进入正常牵引。正常牵引的工作点将根据阻力(含摩擦力、空气阻力、坡道阻力等)的变化自动按牵引力-速度即 $F=f(v)$ 曲线调整，当这种自动调整不能满足要求时，司机将改变级位来适应这一变化。不论是启动还是正常牵引，机车牵引力的发挥将受三方面的限制：一是牵引条件或电机允许的最大电流；二是最大速度；三是电机换向条件。

惰性，即机车断电运行(无牵引用电，仍有部分自用电)，此时机车靠惯性行驶。制动分为电能制动和机械制动。机械制动即列车制动，通过司机操纵，启动车辆制动阀来实现；

电能制动则将电动机转化为他励式发电机，从而将制动中的机械能转换为电能。电能制动又分为电阻制动和再生反馈制动两种，前者将制动产生的电能消耗在电阻器上，变成热能散发；后者将电能反送到牵引网，供其他处于牵引状态的机车使用或返回电力系统。当列车制动时，电能制动和机械制动可同时使用。电能制动可以在下坡高速重载线路上提高牵引定数(按规定牵引的列车质量)。下坡高速重载制动，列车重量越大，所需制动力越大。

电力机车牵引过程中的一个电能指标是其功率因数，交-直型机车上的网上取流都是感性滞后的，并且因取流大小而异。SS_1 型电力机车的功率因素如图 11－6 所示，其典型数值如表 11－1 所示，自用电的功率因素 $\cos\alpha=0.85$(滞后)。考虑电力机车运行的各种工况，一般网上平均功率因数为 0.8 或略高。

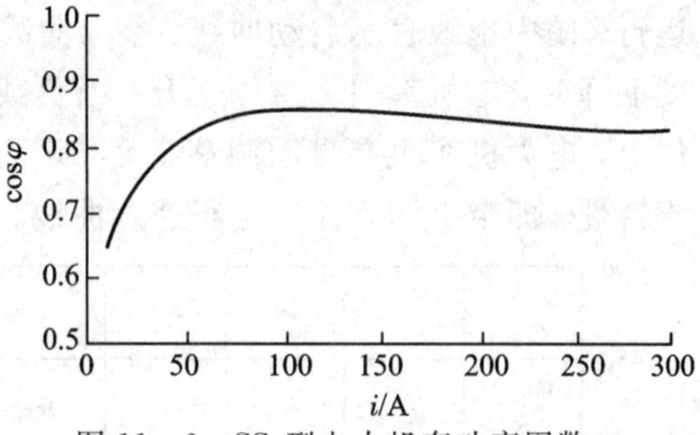

图 11－6　SS_1 型电力机车功率因数

表 11－1　SS_1 型电力机车功率因数典型数值

i/A	10	20	40	60	80	100	150	200	250
$\cos\alpha$ 滞后	0.65	0.723	0.799	0.845	0.862	0.866	0.857	0.851	0.849

SS_3 型电力机车的牵引电机仍为串激直流电机，仍属于交—直型。牵引电机每轴 1 台，共 6 台。每小时功率为 800 kW，SS_3 型机车总功率为 4800 kW。考虑到 SS_1 中抽式主电路中变压器次边的两组对称绕阻轮流导通，容量不能充分利用以及整流器承受的反高压，不适用于更大的牵引容量，SS_3 型电力机车采用了较为先进的桥式整流电流。

图 11－7 为 SS_3 型电力机车桥式整流电路。其可控硅只在某一级位起平滑调压(调速)作用，而幅度更大的调压(调速)仍靠变压器次边分接头的调整实现。SS_3 型电力机车的级位只有 8 级，比 SS_1 型电力机车操纵简便，其削弱磁场级与 SS_1 型相同。

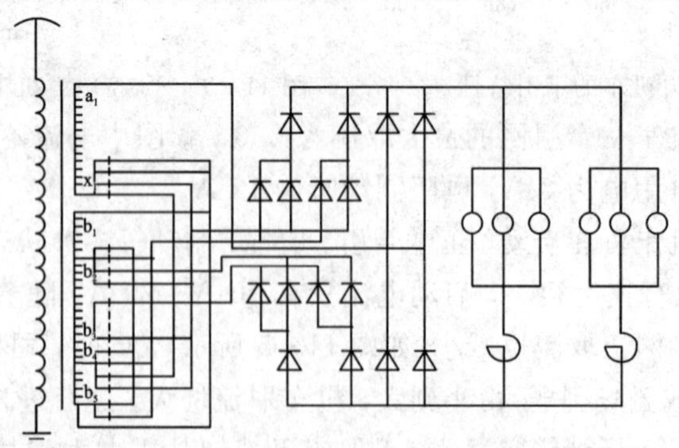

级号	绕阻接法	引线	电压/V	级号	绕阻接法	引线	电压/V
1	反接	$a_1x_1-b_2b_5$	277.8	1	正接	$a_1x_1+b_1b_2$	1388.9
2	反接	$a_1x_1-b_3b_5$	555.6	2	正接	$a_1x_1+b_1b_3$	1666.7
3	反接	$a_1x_1-b_4b_5$	833.3	3	正接	$a_1x_1+b_1b_4$	1944.4
4	基本绕阻	a_1x_1	111.1	4	正接	$a_1x_1+b_1b_5$	2222.2

图 11－7　SS_3 型电力机车桥式整流电路

SS_3 型电力机车的牵引特性(即 $F=f(v)$)曲线)如图 11－8 所示，机车在电网上取流特性(即 $i=f(v)$ 曲线)如图 11－9 所示，SS_3 型电力机车的最大取流为 270 A。

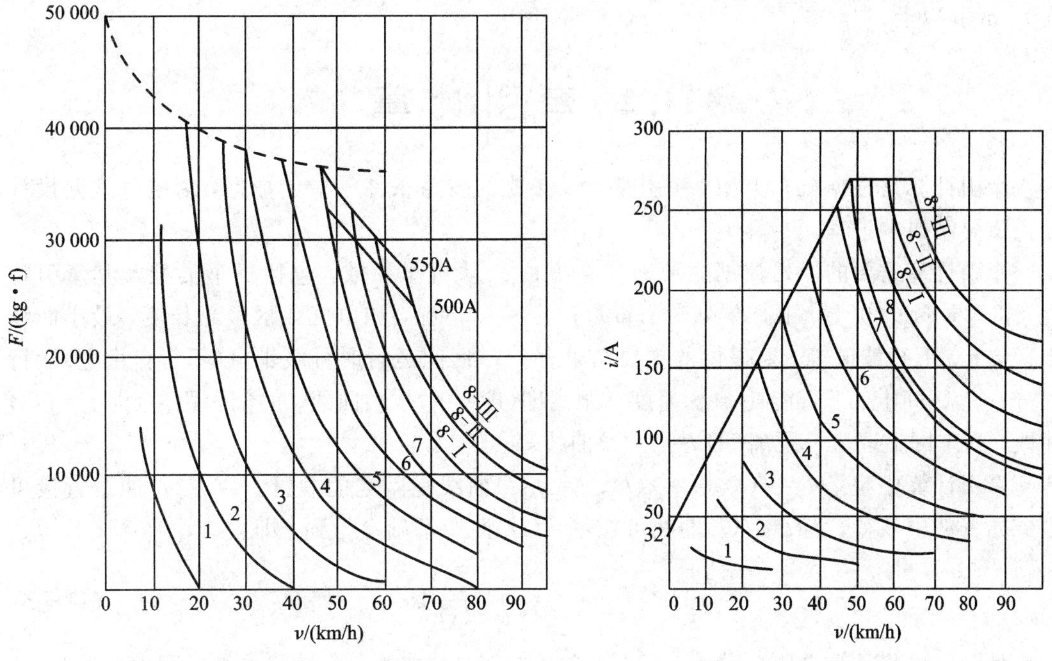

图 11－8　SS_3 型电力机车的牵引特性　　图 11－9　SS_3 型电力机车的取流特性

不论是 SS_1 型还是 SS_3 型电力机车，考虑到串激直流电机的自然牵引力特性曲线(如图 11－4 和图 11－8 所示)不是一条严格的恒功率曲线，随着机车提速，电机输出功率会减小，因此为发挥高速时应有的功率，均采用了削弱磁场的方法。由图 11－3 可以看出，在给定电压(级位)时，并联电阻削弱磁场将使电机电枢电流增大，故使电机输出功率增大，而且磁场削弱越深，电机输出功率增加越大。理论上，削弱磁场可在任意级位上采用，但削弱磁场在增大功率电机的同时，还会带来一些副作用：例如，电机磁场畸变加大，电位条件变差；火花增加；电枢电流增加，牵引能耗增加；削弱磁场的级数有限，调节时电流冲击大，会引起牵引力摆动等。因此，实际应用中，往往在满级位上(SS_1 型的 33 级，SS_3 型的 8 级)，当还需要提高速度时，才能使用削弱磁场。图 11－4、图 11－5 、图 11－8、图 11－9 中的特性曲线都是这样绘制出的。

根据我国具体条件和走自己发展的道路而设计制造的电力机车，其质量和性能不断提高。几十年的实践表明，国产 SS_1、SS_3 等型号电力机车运行可靠，操纵方便，能满足运输需要。电力机车功率大、速度快、检修率低，这是蒸汽机车和内燃机车都无法做到的。随着微电子技术的迅速发展，交流传动机成为当今世界机车技术的发展趋势。中国铁路在交流传动机车技术方面的研究开始于 20 世纪 70 年代末，其间进行过 300 kW 和 1000 kW 交—直—交电传动地面试验系统的研究。在这两个功率等级的地面试验系统等项目获得成功的基础上，吸收国外类似交—直—交传动电力机车的先进技术，结合中国传统交—直传动电力机车的特点，1991 年株洲电力机车厂和株洲电力机车研究所开始研究设计 AC4000 型交—直—交电力传动电力机车，1996 年试制成功第一台机车，功率为 4000 kW，最高速度为 120 km/h。2000 年，又研制出 DJ 型交流传动高速客运电力机车，机车持续功率为

4800 kW，最高速度为 220 km/h。2004 年，由大连机车车辆厂设计生产的 SSJ_3 交流传动机车，机械额定功率可达 7200 kW。目前生产的高速客运专线动车组和电力机车速度都在 200 km/h 以上。

11.2 牵引计算

牵引计算是根据机车类型、牵引重量及必要的线路条件等原始数据，为电气铁路设计提供重要结果的过程。

牵引计算需要的原始数据主要有三个方面：① 机车参数，包括机车类型及其牵引特性，机车重量；② 上、下行单列牵引重量；③ 线路情况，如电气化区段总长度，最小曲线半径，上、下行坡道等。要提供的主要结果有：① 区间运行时分级带电(不含自由电)运行时分；② 区间上、下行能耗；③ 速度—距离即(即 $v=f(l)$)曲线、时间—距离(即 $t=f(l)$ 曲线，列车网上取流—距离(即 $i=f(l)$)曲线等。

牵引计算中获得 $v=f(l)$、$t=f(l)$、$i=f(l)$ 曲线是问题的关键。$v=f(l)$ 曲线直接可由原始资料中获得，而 $t=f(l)$ 曲线可在 $v=f(l)$ 曲线基础上得到，即

$$t=f(l)=\int_0^l \frac{1}{v(s)}\mathrm{d}s \tag{11-2}$$

计算中可将计算总距离分为 n 等份，每份长 Δl，并取第 i 等份的平均速度为

$$v_i=\frac{1}{\Delta l}\int_l^{l+\Delta l} v(s)\mathrm{d}s$$

则式(11-2)成为

$$t=f(l)=\Delta l\sum_{l=1}^{n}\frac{1}{v_i} \tag{11-3}$$

当列车停车时，$v=0$，$t=f(l)$ 曲线中应在对应 l 处直接加上停车时分，也可用其他等效方法处理。可见，$t=f(l)$ 是一条非减单调曲线。图 11-10 给出了一组列车的 $v=f(l)$ 和 $t=f(l)$ 实例曲线。

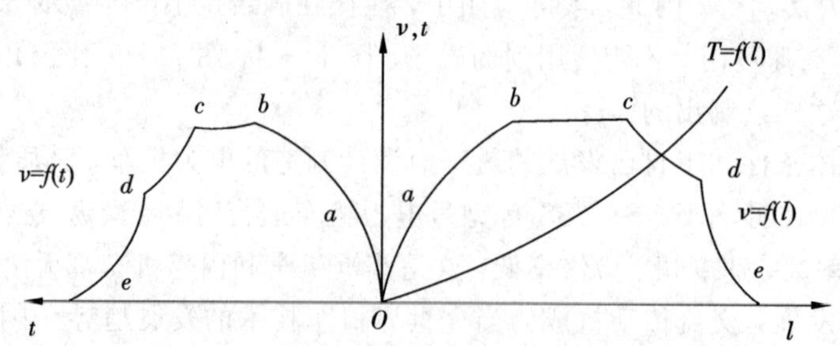

图 11-10　$v=f(l)$ 和 $t=f(l)$ 实例曲线

为进一步利用 $v=f(l)$ 曲线计算的方便性，$v=f(l)$ 曲线各段(状态段)对应的运行状态应予以说明，如电牵引、惰行、制动方式、满磁场(最高级位)或削弱磁场等，这样在带电牵引区段，结合机车网上电流特性 $i=f(v)$ 曲线(如图 11-5 或图 11-9 所示)，就能得到 $i=f(v)$ 曲线。该曲线中不包含惰行或制动区段相应的自用电，其应用示例如图 11-11 所示。曲线上的数字是功率因素，平均值为 0.80。

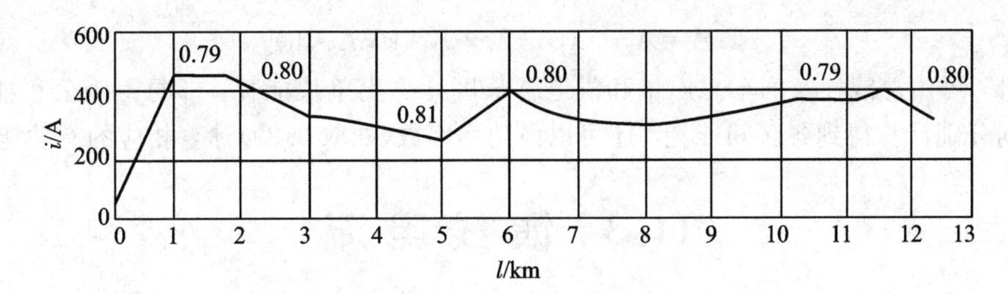

图 11-11　$i=f(v)$曲线的应用示例

由 $v=f(l)$曲线和 $t=f(l)$曲线所标明的各种状态，还可直接得到各区间的总运行时分、带电(牵引)运行时分等结果。

为方便起见，能耗是按上、下行供电臂分别得出的，可由 $t=f(l)$曲线和 $i=f(l)$曲线作出 $i=f(t)$曲线，如图 11-12 所示，再用积分求能耗。积分步骤是：在时间坐标上将上行(或下行)供电臂上的走行时分划分为 n 等份，每份为 Δt，如 $\Delta t=1$ min。每隔 Δt 从 $i=f(t)$曲线上读出对应的电流 i_0，i_1，$i_2\cdots$，i_n，共有 $n+1$ 个对应的 i 值。于是列车通过上行(或下行)供电臂的带电运行能耗为

$$A_g=\frac{n\Delta t}{60}\frac{U}{n+1}\sum_{k=0}^{n} i_k(\text{kVA}\cdot\text{h}) \tag{11-4}$$

式中，$U=25$ kV 为牵引网额定电压，Δt 单位是 min。显然，式(11-4)所计算出的能耗是带电(牵引)能耗，不包含惰行或制动时的自用电耗能。

列车通过上行(或下行)供电臂的带电运行平均电流为

$$I_g=\frac{60A_g}{t_g U}+7 \tag{11-5}$$

式中，t_g为列车区间电运行时分，单位是 min。

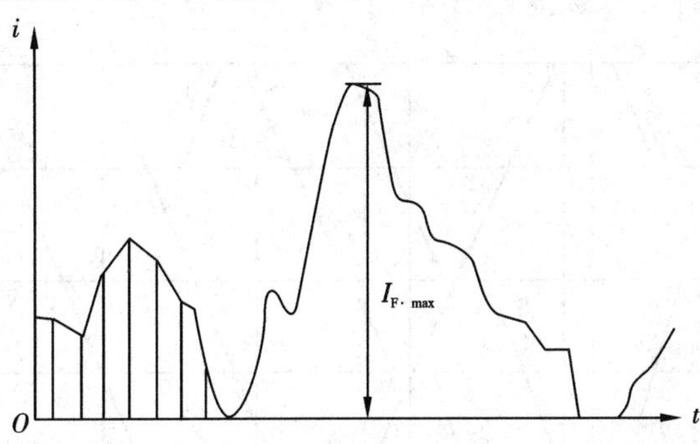

图 11-12　列车 $i=f(t)$曲线

自用电能耗可区别对待。正常带电运行时自用电取 7 A，惰行时取 3 A，电阻制动时取 12 A。若对应的时分分别是 t_{ga}、t_c和 t_b，则自用电能耗分别为

$$A_{ga}=\frac{7Ut_{ga}}{60}\ (\text{kVA}\cdot\text{h})$$

$$A_c=\frac{3Ut_c}{60}\ (\text{kVA}\cdot\text{h})$$

$$A_b=\frac{12Ut_b}{60}\ (\text{kVA}\cdot\text{h})$$

式中，$U=25$ V。这样供电臂上行(下行)的总能耗为

$$A = A_g + A_{ga} + A_c + A_b (\text{kVA} \cdot \text{h}) \tag{11-6}$$

另外，可由总能耗及列车总质量和供电臂长度计算出单位能耗，即每万吨公里能耗，也可按区间分别计算得到各区间能耗，还可以由功率因数(如取0.80)计算相应的有功能耗等。

11.3 馈线电流

在牵引供电系统中，馈线电流是确定主设备(如牵引变压器、进线及接触网导线等)容量的主要数据。由于用途或场合不同，馈线电流的计算方法也有所不同。在设计过程中，各种计算方法都是基于牵引计算的，经常采用的方法有"负荷过程法"、"同型列车法"和"概率统计法"。

11.3.1 负荷过程法

负荷过程法是指利用牵引计算和运行图作出关于某供电臂在一定时间 T(一般为一天)内馈线的电流-时间曲线，即 $i=f(t)$ 曲线，再进一步加工。

运行图是行车组织的重要数据，虽然利用运行图所得出的负载过程是复杂的，但却是相对最精确可信的，现在采用计算机仿真实现。

图 11－13 为某单线一供电臂 4 个区间的列车运行图。图中表示从 18:00 到 20:30 两个半小时内供电臂上列车的运行情况。横轴表示时间，纵轴表示里程，沿线车站分别为 A、B、C、D、E。变电所设在 A 站，某下行供电臂末端在 E 站。下行列车编号为单号，上行列车编号为双号。图中运行曲线的横折线表示列车停车会让时间，如上行 1206 次在 C 站与下行 23 次会让。1206 次于 18:27 离开 E 站上行，18:43 到达 C 站停车与 23 次会让，共停车 9 min 再向上行，并于 19:12 通过 A 站。

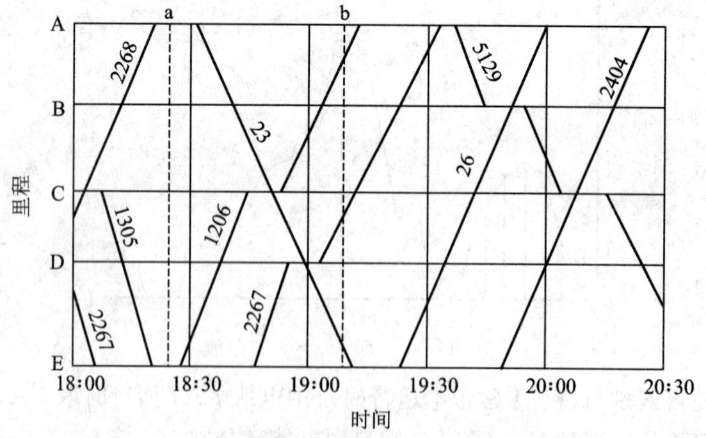

图 11－13　某单线一供电臂 4 个区间的列车运行图

为精确而不至于太复杂，可分别对上、下行的货车、客车(或等值货车)做出牵引计算，这样就得到 4 组 $i=f(l)$ 或 $i=f(t)$ 曲线，根据运行图可查出所讨论时间 T 内任一时间 t 时供电臂上的列车数及取流情况，当认为各机车功率因数相同时，馈线电流即为供电臂上各列车电流之和，即

$$i_F = i_1 + i_2 + \cdots + i_m$$

式中，i 都是即时值，即随时间变化的有效值。从运行图中可见，首先列车数 m 是变化的，

如时刻 a 供电臂上无列车，这时 $m=0$，$i_F=0$(未计自用电，下同)，而时刻 b 则有 3 列列车，此时 $m=3$。再者，对给定时刻，尽管 $m>0$，但有的列车可能处于非带电状态，如惰行、制动或停车会让等，这时相应列车的取流也为 0。就是说上式中 m 是一个变化的值，但无论如何，通过各个时刻的计算，就能得到馈线在时间 T 内的负荷过程，即

$$i_F=f(t)\qquad t\in T \tag{11-7}$$

馈线电流 $i_F=f(t)$ 曲线的实例如图 11-14 所示。

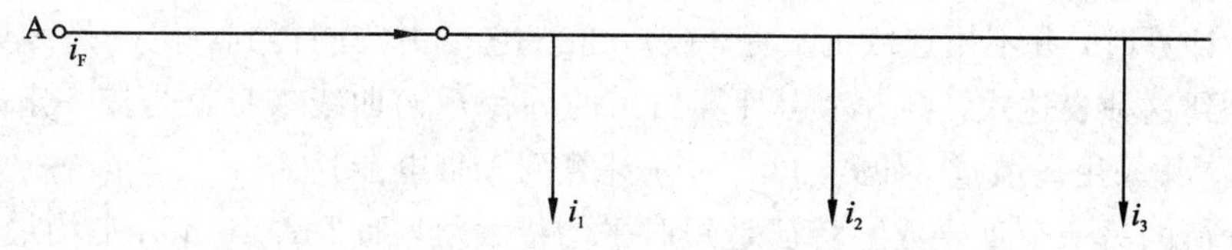

图 11-14　馈线电流 $i_F=f(t)$ 曲线的实例

研究牵引负荷最有用的数字特征是平均值(数学期望)和平均有效值(均方根值)。若在图 11-14 中得到 T 内总带电时间为 T_g，则定义为

$$P_F=\frac{T_g}{T},\ P_0=1-P_F \tag{11-8}$$

式中，P_F、P_0 分别为馈线带电概率和空载概率。可分别按总带电时间和总讨论时间定义 i_F 有关的数字特征，即带电平均电流为

$$I_g\overset{\Delta}{=}\frac{1}{T_g}\int_0^T i_F\,\mathrm{d}t \tag{11-9}$$

带电平均有效电流为

$$I_{\varepsilon g}\overset{\Delta}{=}\sqrt{\frac{1}{T_g}\int_0^T i_F^2\,\mathrm{d}t} \tag{11-10}$$

全日平均电流为

$$I\overset{\Delta}{=}\frac{1}{T}\int_0^T i_F\,\mathrm{d}t \tag{11-11}$$

全日平均有效电流为

$$I_\varepsilon\overset{\Delta}{=}\sqrt{\frac{1}{T}\int_0^T i_F^2\,\mathrm{d}t} \tag{11-12}$$

式中，$T=1440$ min。

由于

$$I_\varepsilon^2 T = I_{\varepsilon g}^2 T_g = \int_0^T i_F^2\,\mathrm{d}t\,I$$

所以有

$$I_{\varepsilon g}=\frac{I_g}{\sqrt{1-P_0}} \tag{11-13}$$

进一步引入日有效系数和带电有效系数 $k_{\varepsilon g}$，即

$$k_c=\frac{I_\varepsilon}{I}$$

$$k_{\varepsilon g}=\frac{I_{\varepsilon g}}{I_g}$$

则有

$$I_{\varepsilon g}=k_{\varepsilon g}I_g$$

$$k_{\varepsilon}=\frac{k_{\varepsilon g}}{\sqrt{1-P_0}}$$

前苏联的统计经验通常认为带电有效系数 $k=1.04\sim1.08$，在多数情况下 $k_{\varepsilon g}=1.04$。我国的统计经验要大一些，一般 $k_{\varepsilon g}=1.10$。馈线空载概率一般为 $P_0=0.2\sim0.5$，故馈线的日有效系数一般为 $k_{\varepsilon}=1.23\sim1.41$。单线偏高，复线偏低。

在实际计算时，并不用连续的 $i_F=f(t)$，虽然它可由实测得到，但一是因为无法在现阶段准确得到这种表达式，再者牵引计算给出的 $i_F=f(t)$ 曲线本身就是按一定时间间隔得到的，因此，常采用离散量，如式(11-4)来计算列车带电能耗。

牵引负荷的另一个重要数字特征是短时平均最大值，如 2 h、10 min 平均最大值，95%概率值等。这些值的计算是根据实际用途而指定的，如用于校验牵引变压器或导线容量、负序影响、通信干扰等。

通过计算机仿真，从负荷过程(如图 11-14 所示)得到短时平均最大值是方便的。当考虑到自用电时，可在式(11-11)、式(11-12)中区别惰行，电阻制动，停车等情况逐一计入，简单的方法是按三种情况自用电电流平均值(如 SS_1 型电力机车取 7 A)加入 I 和 I_t 中。

复线负荷过程可按上、下行逐一完成，由于不论采用哪种牵引网供电方式，馈线电流总是上、下行电流的和，因此，复线负荷过程可由上、下行负荷过程相加得到。

在列车运行比较平稳的区段，馈线电流也可由运行图和列车电流曲线直接计算。用于计算的列车电流曲线是 $i=f(l)$ 曲线，它可以像牵引计算那样由 $v=f(l)$ 和 $i=f(v)$ 曲线求得，但略去列车电流变化的细节，可用启动、加速、惰行、制动、停车等几个阶段来表示列车电流曲线 $i=f(t)$，如图 11-15(a)所示，启动阶段(0—1—2)电流迅速增大，然后进入加速阶段(2—3)，由图 11-5 或图 11-9 可知，随着列车加速，电流逐渐变小，最后是惰行、制动、停车阶段(3—4)。由于在非高速区段，列车启动时间和距离都很短，简化计算时可忽略，故图 11-15(b)称为简化曲线，而图 11-15(a)则称为全特征曲线。

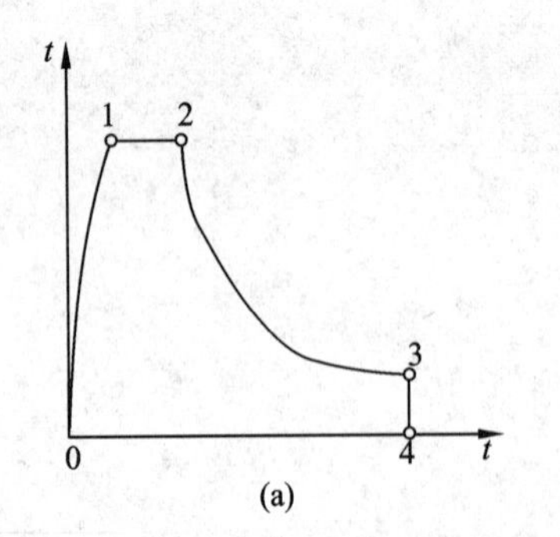

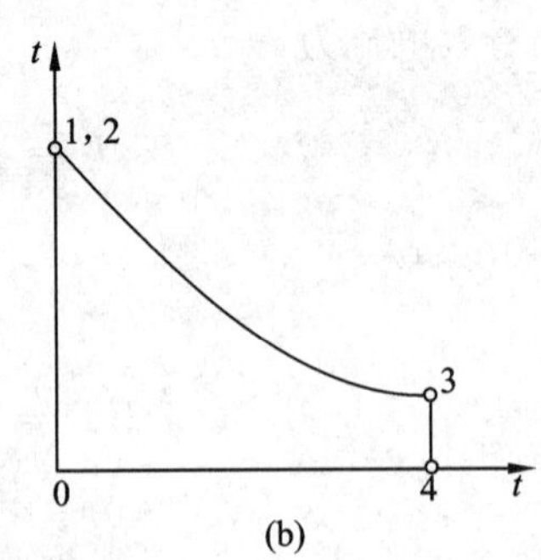

图 11-15　列车电流曲线

(a) 全特征曲线；(b) 简化曲线

图 11-16 示意性地表达了一个单线供电分区的运行图和列车电流曲线。运行图纵坐标向下，表示时间 t。图中只画出了 6：00 到 8：00 的时间段内列车运行惰行，为清楚起见，下行列车和上行列车的运行曲线分别用实线和虚线表示。对应的为列车电流曲线。

为了得到馈线电流曲线 $i_F=f(t)$，可把运行图分成等分间隔，如每个间隔为 1 min。查明每一时刻供电分区中运行的列车编号及其电流值。每一时刻所有运行列车电流之和，就是这一时刻的馈线电流。由此得出一天馈线电流过程，便可绘制馈线电流曲线 $i=f(t)$。因特性使然，城市地铁和轻轨惯常采用这种简化方法。

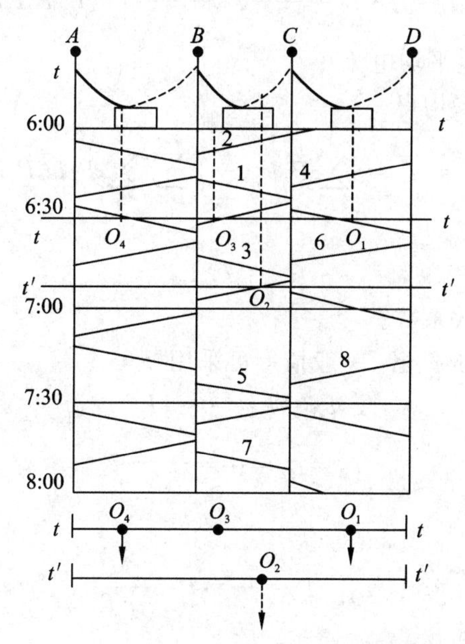

图 11-16　单线供电分区运行图和电流曲线

11.3.2　同型列车法

为简便地获得牵引负荷的数字特征，可用同型列车法化简计算过程。同型列车法，顾名思义，是指认为供电臂上的列车同属某一类型。

已知供电臂列车带电运行的平均电流为 I_g，则馈线日平均电流为

$$I_F=\frac{2Nt_g}{T}I_g \tag{11-14}$$

式中，N 为通过供电臂的全日列车对数；t_g 为列车通过供电臂的全日列车对数；T 为全日时分，$T=1440$ min。

对馈线平均有效电流的计算，可先写出即时电流，然后求其均方根。设供电臂的区间数为 n，则馈线即时电流为

$$i_F=i_1+i_2+\cdots+i_n \tag{11-15}$$

当各区间列车都取流时，式(11-15)右端各电流均为非零值。当并非所有区间列车都带电时，则只有取流列车的电流为非零值，取平方有

$$i_F^2=\sum_{k=1}^{n}i_k^2+2\sum_{k=1}^{n-1}\sum_{i=k+1}^{n}i_ki_i \tag{11-16}$$

再进一步求全日平均值时应注意下列细节，在带电运行时间内自乘项如 i_k^2 的平均值即为带电运行时的均方电流 I_{egk}^2，i_k^2 在全日的平均值则为

$$\overline{i_k^2}=\frac{2Nt_{gk}}{T}I_{egk}^2=P_kI_{egk}^2\qquad k=1,2,\cdots,n$$

式中，t_{gk} 为区间 k 的带电走行时分；$2Nt_{gk}$ 为全日内区间 k 总带电走行时分，它与全日时分 T 之比，记为 P_k，可称为区间 l 的带电概率。在互乘项中，如 $i_ki_l(k\neq l)$，由于区间 k 列车

带电运行与区间 l 带电运行是相互独立的，故 $i_k i_l$ 的平均值为其各自平均值的积，即

$$\overline{i_k i_l}=\overline{i_k}\cdot\overline{i_l}=\frac{2Nt_{gk}}{T}I_{gk}\frac{2Nt_{gl}}{T}=P_k I_{gk} P_l I_{gl}$$

式中，i_{gk} 为区间的列车带电平均电流。

于是对式(11－16)求平均得

$$I_{\varepsilon F}^2=\overline{i_F^2}=\sum_{k=1}^{n}P_k I_{\varepsilon gk}^2+2\sum_{k=1}^{n-1}\sum_{l=k+1}^{n}P_k I_{gk} P_l I_{gl} \tag{11-17}$$

而

$$I_{\varepsilon gk}=k_{\varepsilon g}I_{gk}$$

式中，$k_{\varepsilon g}$ 为带电期间的有效系数。

工程应用中还可进一步简化，一般情形可采用

$$I_{g1}=I_{g2}=\cdots=I_{gn}$$

$$t_{g1}=t_{g2}=\cdots=t_{gn}=\frac{t_g}{n}$$

所以

$$P_1=P_2=\cdots=P=\frac{2Nt_g}{nT} \tag{11-18}$$

式(11－17)可化简为

$$I_{\varepsilon F}^2=nPk_{\varepsilon g}^2 I_g^2+n(n-1)P^2 I_g^2=(nPI_g)^2\left[1+\frac{k_{\varepsilon g}^2-P}{nP}\right]$$

注意 $nP=\dfrac{2Nt_g}{T}$，则由式(11－15)知，$nPI_g=I_F$，故

$$I_{gF}=I_F\sqrt{1+\frac{k_{\varepsilon g}^2-P}{nP}} \tag{11-19}$$

按定义可知馈线全日内电流有效系数为

$$k_\varepsilon=\sqrt{1+\frac{k_{\varepsilon g}^2-P}{nP}} \tag{11-20}$$

式中，n 为供电臂区间数；P 为区间(平均)带电概率。

由于馈线电流总和是各区间电流之和，因此式(11－20)既适用于单线，也适用于复线。在计算复线馈线有效电流时，则需以上、下行连发列车时在供电分区同时给电运行的最大列车数代替单线计算中的区间数，应用式(11－18)、式(11－19)、式(11－20)。

根据馈线电流选择设备容量时，往往要区分正常运行和紧密运行。紧密运行时列车数按连发列车对数计，若连发追踪间隔为 τ min(常用于复线)，则紧密运行计算列车对数为

$$N=\frac{T}{\tau}$$

如 $\tau=8$ min，复线 $N=180$ 对，单线 $N=180$ 列(90 对)。

同型列车法对于分析计算馈线电流的平均值、平均有效值这两个数字特征是有效和方便的，但要给出短时平均最大值则有困难，当然，采用基于运行图的计算机仿真技术可得出详尽的信息。

11.3.3　概率分布法

有许多因素使牵引负荷的变化具有随机性，因此，常常把牵引负荷过程作为随机过程处理，随机性的稳定表现是统计规律，其中，前面论述的平均值、平均有效值等数字特征是一个重要方面，另外概率分布也是一个重要方面。

获得馈线电流的概率分布有多种方法。例如，直接从实际运行中统计；从负荷过程的计算机仿真中统计；根据已知的各种数字特征和分布特征用数字方法加以拟合等。结合同型列车法，这里提出一种简单实用的馈线电流概率分布的获得方法。

从图 11－13 已看到，供电臂上不同时刻的列车数是变化的，但却是有统计规律的。如图 11－17 所示，图中供电臂有三个区间，运行图下方是按时间间隔 1 min 统计的供电臂上走行列车的数目-时分分布。

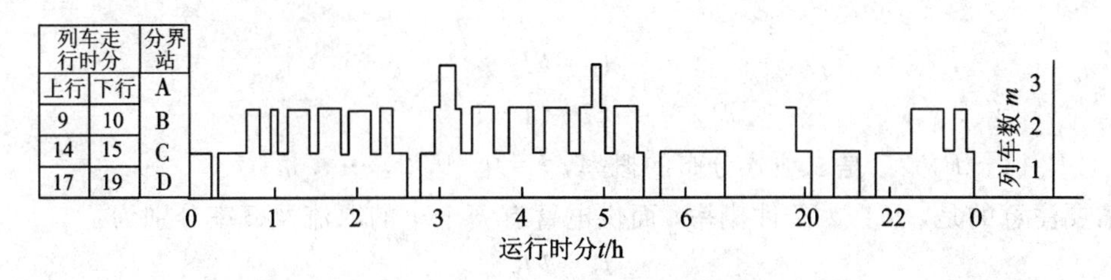

图 11－17　瞬时负荷图

大量的统计和分析表明，虽然有多种形式编制的运行图，根据实际情况还要对运行图进行调整，但供电臂上出现的走行（含停站）列车数 m 具有较稳定的概率分布 $P(m)$，图 11－18、图 11－19 便是两组典型的分布实例。由图不难得出相应的分布函数，其值在最大列车数 n 处取 1。

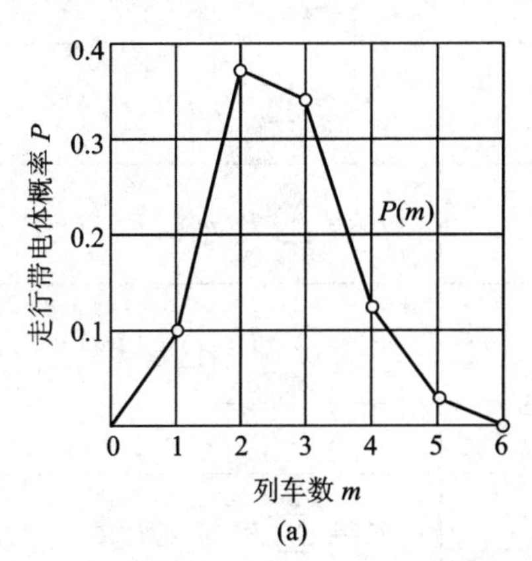

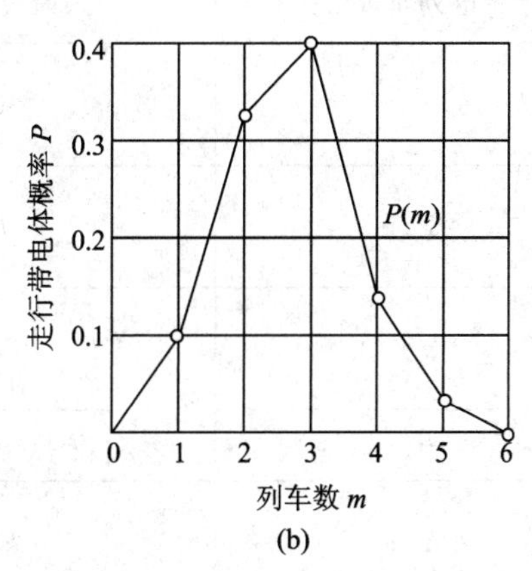

图 11－18　复线区段供电臂走行列车数的概率分布

(a) 夏季情况；(b) 冬季情况

供电臂上列车数的概率分布是求取馈线电流概率分布的基础。设供电臂上出现 m 个列车走行的概率已知为 $P(m)$，$m=1, 2, \cdots, n$。认为各区间的走行时分和带电时间相同（如可取各区间相应值的平均值），即走行带电概率为 P_g，列车带电平均电流为 I_g，相应无电（空载）概率为 $(1-P_g)$。

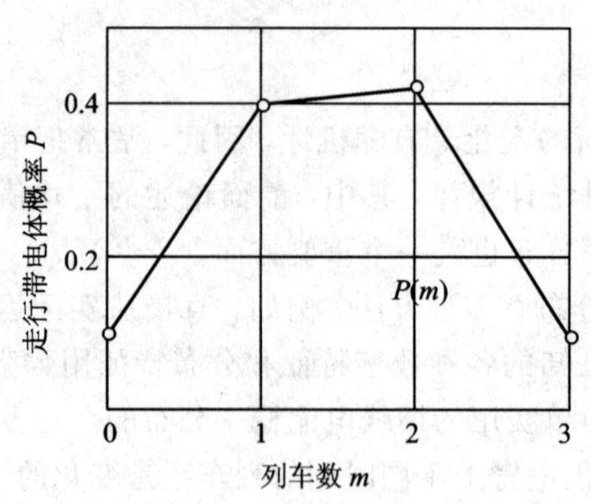

图 11-19　单线区段供电臂走行列车数的概率分布

在 m 个列车出现(走行)的条件下，有 $k(k\leqslant m)$ 个走行列车带电的馈线电流和概率分别为

$$I_F=kI_g$$

$$P_{gk}^{(m)}=c_m^k P_g^k(1-P_g)^{m-k}$$

式中，$c_m^k P_g^k(1-P_g)^{m-k}$ 是二项式分布的概率，$k=0,1,2,\cdots,m$。

需要注意的是，$P_{gk}^{(m)}$ 为条件概率，而供电臂有 k 个车的取流及概率分别为

$$I_F=kI_g \tag{11-21}$$

$$P_k^{(m)}=P_{(m)}P_{gk}^{(m)}=P_{(m)}c_m^k(1-P_g)^{m-k} \tag{11-22}$$

式中，$k=0,1,2,\cdots,m$；$m=0,1,2,\cdots,n$。

考虑各种取流情况，则可展开式(11-21)和式(11-22)得表 11-2。

表 11-2　馈线电流及其概率分布

带电列车数	馈线电流	概　率
0	0	$P_0=\sum_{m=0}^{n}P(m)c_m^0P_g^0(1-p_g)^m$
1	I_g	$P_1=\sum_{m=1}^{n}P(m)c_m^1P_g^1(1-P_g)^{m-1}$
2	$2I_g$	$P_2=\sum_{m=2}^{n}P(m)c_m^2P_g^2(1-P_g)^{m-2}$
…	…	…
k	kI_g	$P_k=\sum_{m=k}^{n}P(m)c_m^kP_g^k(1-P_g)^{m-k}$
…	…	…
n	nI_g	$P_n=P(n)P_g^n$

证明在表 11.2 中，有

$$\sum_{j=0}^{n}P_j=1$$

这是因为将表 11-2 的函数项展开后有

$$
\begin{aligned}
\sum_{j=0}^{n} P_j &= \sum_{j=0}^{n}\sum_{k=j}^{n} P(k) c_k^j P_g^j (1-P_g)^{k-j} \\
&= P(0) c_0^0 P_g^0 Q_g^0 + P(l) \sum_{i=0}^{1} c_1^l P_g^l Q_g^{1-l} + \cdots + P(j) \sum_{l=0}^{j} c_j^l P_g^l Q_g^{j-l} + \cdots + P(n) \sum_{l=0}^{n} c_n^l P_g^l Q_g^{n-1} \\
&= \sum_{k=0}^{n} P(k) \sum_{l=0}^{k} c_k^l P_g^l Q_g^{k-1} = \sum_{k=0}^{n} P(k) = 1
\end{aligned}
$$

式中，$\sum_{l=0}^{k} c_k^l P_g^l Q_g^{k-1} = 1$ 是二项式分布的概率和。

根据表 11－2，就能得出馈线电流的概率分布。

已知某复线区段上、下行供电臂共有 6 个区间，供电臂上出现 0，1，2，…，6 个列车的概率分别为 $P(0)=0.03$、$P(1)=0.1$、$P(2)=0.37$、$P(3)=0.35$、$P(4)=0.12$、$P(5)=0.03$、$P(6)=0$，各区间走行时分分别为 $t_1=10$ min、$t_2=11$ min、$t_3=9$ min、$t_4=9$ min、$t_5=11$ min、$t_6=14$ min，带电运行时分分别为 $t_{g1}=7$ min、$t_{g2}=6$ min、$t_{g3}=6$ min、$t_{g4}=7$ min、$t_{g5}=7$ min、$t_{g6}=8$ min。试求馈线电流的概率分布。

分析：由已知数据，可求出区间 k 的带电概率 $P_{gk}=\frac{t_{gk}}{t_k}$，求平均，可得 $P_g=0.65$，代入表 11－2 计算，结果列于表 11－3 并于图 11－20，分布函数示于图 11－21。

表 11－3　分析计算的结果

带电列车数	0	1	2	3	4	5	6
馈线电流 i_F	0	I_g	$2I_g$	$3I_g$	$4I_g$	$5I_g$	$6I_g$
概率 P_k	0.127	0.332	0.345	0.152	0.031	0.004	0.0
累积概率 P	0.127	0.459	0.813	0.965	0.996	1.00	1.00

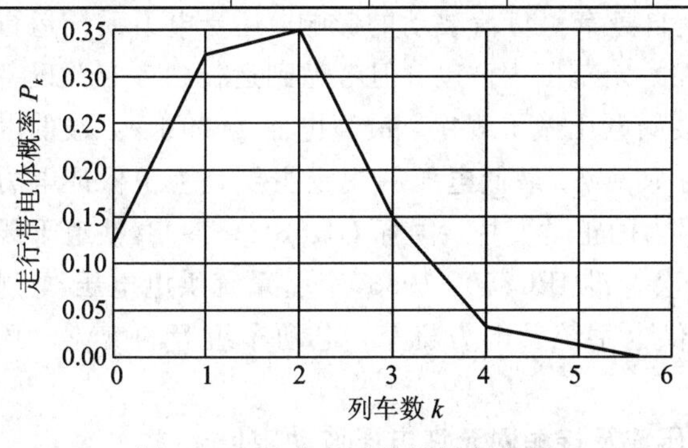

图 11－20　分布函数的概率分布

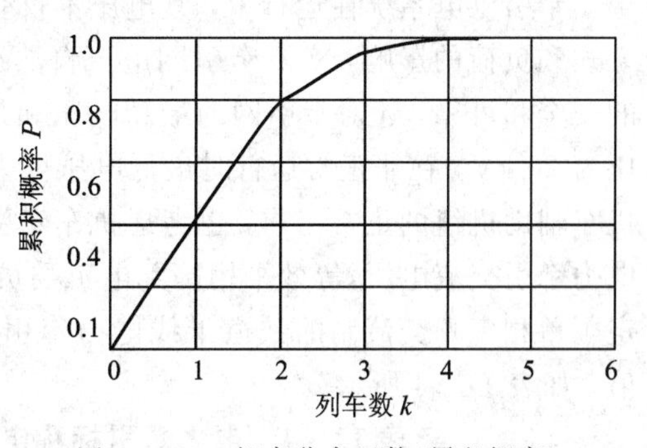

图 11－21　概率分布函数(累积概率)

由表 11－2 或图 11－21 可以看出，多数(如概率不低于 95%)情况下馈线最大电流 $i_{Fmax} \leqslant 3I_g$，一般可以认为 $3I_g$ 就是馈线的最大电流。

用概率分布法也可求出馈线日平均电流、平均有效电流等。借助表 11－2 易得馈线日平均电流为

$$I_F = \sum_{k=0}^{n} k I_g P_k \tag{11-23}$$

馈线平均有效电流为

$$I_{eF} = \sqrt{\sum_{k=0}^{n} (kI_g)^2 P_k} \tag{11-24}$$

馈线电流有效系数为

$$k_{\varepsilon F} = \frac{I_{\varepsilon F}}{I_F} = \frac{\sqrt{\sum_{k=0}^{n} k^2 P_k}}{\sum_{k=0}^{n} k P_k} \tag{11-25}$$

因此，$I_F = 1.64 I_g$，$I_{\varepsilon F} = 1.927 I_g$，$k_{\varepsilon F} = 1.175$，而 I_g 为列车带电平均电流。

11.4 牵引网电压

11.4.1 牵引网的额定电压

从经济运行和技术条件出发，电力系统划分为多种电压等级，以额定电压表示。电力系统的电压一般波动不大，其额定电压就是线路首，末端线电压的平均值，如 220 kV、110 kV、35 kV 等。电气化铁路牵引负荷的剧烈变化使牵引网上的电压波动较大，相对来说，牵引母线在电气上最靠近电力系统，其电压波动相对较小。铁道部发布的行业标准 TB10009—2005《铁路电力牵引供电设计范围》中，在牵引供电工程设计方面，对于线铁路交流工频牵引供电系统牵引侧母线电压，接触网电压及电力机车、电动车组受电弓电压的规定是：干线电力牵引变电所牵引侧母线上的额定电压为 27.5 kV，自耦变压器(AT)供电方式为 2×27.5 kV；电力机车，电动车组受电弓和接触网的额定电压为 25 kV，最高电压为 29 kV；电力机车，电动车组受电弓上最低工作电压为 20 kV；电力机车、电动车组在供电系统非正常情况下(检修或事故)运行时，受电弓上的电压不得低于 19 kV。

牵引供电系统在运行中，其电压不仅受自身牵引负荷波动的影响，还受电力系统运行方式和负荷的影响，实际牵引网电压自然在一定范围内波动，但考虑到运行中各有关设备的安全和可靠，还对牵引网的最高电压和最低电压做了规定，最高电压为 29 kV，最低电压为 20 kV，在非正常运行时最低电压可为 19 kV。最低电压的规定主要是为了保证电力机车辅助机组的正常工作，也考虑机车牵引力的正常发挥。国标 GB1402—1998《铁道干线电力牵引交流电压》等效采用国际电工委员会标准 IEC850：1988《牵引系统供电电压》，规定了单相工频交流制的铁道干线电力牵引供电系统及电力机车，电动车组等的交流电压值，如表 11-4 所示。

表 11-4 电力牵引标称电压值及接触网允许电压波动限值

标称电压值/kV	瞬时最小值①/kV	最低值/kV	最高值/kV	瞬时最大值②/kV
25	17.5	19	27.5	29

注：① 在牵引供电系统因故障或越区供电时可能出现的持续时间不大于 10 min 的电压最下值。

② 在牵引供电系统因改变运行方式或电网电压波动时可能出现的持续时间不大于 5 min 的电压最大值。

11.4.2 电压波动对牵引过程的影响

机车受电弓的电压是经常波动的。电压波动会对机车及牵引过程带来一定影响。这里主要分析电压波动对机车速度、牵引力、取流等的影响过程。

由式(11－1)可知，串激直流牵引电机的转速为

$$n=\frac{U-I_{d}R_{d}}{C_{e}\Phi}$$

式中，n 对应机车的走行速度 v，若引入速度常数 k_v 和串激磁通 $\Phi=kI_d$(k 为常数)，则有

$$v=\frac{U-I_{d}R_{d}}{k_{v}C_{e}kI_{d}} \tag{11-26}$$

而由电机转矩得到的牵引力为

$$F=C_{F}I_{d}\Phi=C_{F}^{1}I_{d}^{2} \tag{11-27}$$

即当电枢电流 I_d 并非特别大而引起磁路饱和时，机车的牵引力与电枢电流的平方成正比。

图 11－12 是根据式(11－26)和式(11－27)做出的串激直流牵引电机的特性曲线示意图。

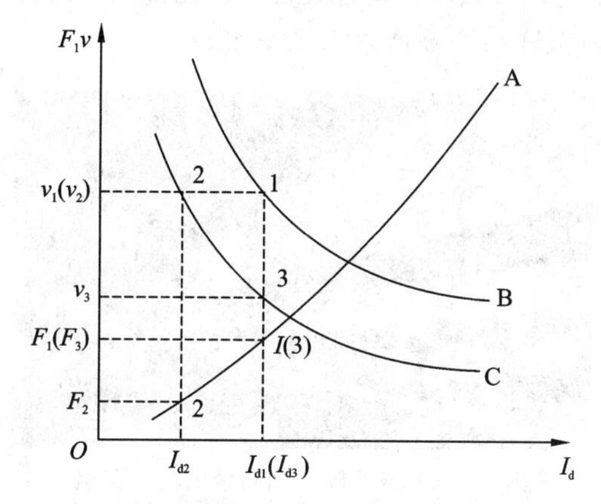

A—牵引力与电流的关系曲线 $F=f(I_d)$；B—U_1 下速度与电流的关系曲线 $v=f(U_1, I_d)$；

C—U_2 下速度与电流的关系曲线 $v=f(U_2, I_d)$，且 $U_2<U_1$

图 11－22　电压波动对速度和牵引力的影响

电压波动对速度、牵引力、电枢电流等的影响可结合图 11－22 进行简要分析。设开始时，机车在电压 U_1 下以稳定速度 v_1 运行，相应牵引力为 F_1，电枢电流为 I_{d1}，对应于图 11－22 中的工作点 1，若电压下降到 U_2，则由于机车惯性，机车速度不能马上变化，此时机车工作点 2 的速度 $v_2=v_1$，电枢电势 E_d 也不能马上变化，由式(11－26)知，电枢电流 I_d 将由 I_{d1} 减小到 I_{d2}，式(11－27)中的牵引力由 F_1 减小到 F_2，若保持 U_2 运行下去，在相同纵断面的线路上，牵引力下降将使列车减速，这又将使电枢电流由 I_{d2} 开始增加(见式(11－26))，并向原来的 I_{d1} 逼近，同样牵引力也开始向原来的 F_1 逼近(见式(11－27))。牵引力的增加使列车速度的降低逐渐减小，随着电流 I_d 和牵引力 F 向 I_{d1} 和 F_1 逼近的稳定，最终列车将在一个新的速度值 v_3($v_3<v_1$)上稳定下来，对应于图中的工作点 3，此时，电流 I_{d3} 和牵引力 F_3 分别近似等于原先的 I_{d1} 和 F_1。电压升高所引起电流、牵引力和速度的变化过程与上相似，读者可自行分析。

在正常运行过程中，牵引网电压波动的幅度是不大的，牵引力 F 和电枢电流 I_d 有其相对的稳定性，故通常可以认为电枢电流不随网压波动而波动，除非电压波动(变化)幅度变化明显，如大范围调节操纵级位、机车断电通过分相绝缘器等。

但我们必须看到，不论是网压波动还是分级调压，都对速度有直接的作用，因此网压

的下降会使列车运行速度降低，延长走行时间，影响线路的通过能力。虽然上调电压(用更高级位运行)能提高列车速度，但在牵引网上还有其他机车(一般为感性取流)的情况下，则会损失其他列车的运行速度。总之，牵引网电压降低，在一定程度上影响列车的通过能力。研究表明，当网压低于规定的最低值时，机车将迅速丧失牵引力。

11.5 CRH系列动车组简介

和谐号CRH1型动车组，是中华人民共和国原铁道部为进行中国铁路第六次大提速，于2004年起向庞巴迪运输和青岛四方庞巴迪铁路运输设备有限公司(BST)(前称“青岛四方-庞巴迪-鲍尔铁路运输设备有限公司”，BSP)订购的CRH系列高速电力动车组车款之一。中国铁道部将所有引进国外技术、联合设计生产的中国铁路高速(CRH)车辆均命名为“和谐号”。图11-23是CRH系列高速电力动车组。

图11-23 CRH系列高速电力动车组

1. 简介

CRH1A型动车组的原型车是庞巴迪运输为瑞典国家铁路提供的Regina C2008型。2004年6月，铁道部展开为用于中国铁路第六次大提速、时速为200 km/h级别的第一轮高速动车组技术引进招标，中外合资企业青岛四方-庞巴迪-鲍尔铁路运输设备有限公司(BSP)为中标厂商之一，获得了20列的订单。2004年10月12日，铁道部与BSP正式签订合同，合同编号为790，铁道部代表签约方为广州铁路(集团)公司。2005年5月30日，广深铁路股份有限公司决定以25.83亿元人民币的价格向BSP另外订购20列时速为200 km/h级别的动车组，以满足广深铁路第四线于2008年开通之后的运营需求；同年8月25日，广深铁路公司董事会通过有关议案。而BSP的40列时速为200 km/h级别的动车组其后最终被定型为CRH1A，动车编号为CRH1－001A到CRH1－040A。

CRH1A型动车组采用交流传动及动力分布式，标称速度为200 km/h，持续运营速度为200 km/h，最大运营速度为250 km/h，但实际运用中CRH1A型动车组的最大运营速度受动车组微机控制系统软件锁定(软件限速)，初期最高运营速度为205 km/h，至后期大部分均放宽至220 km/h。列车编组方式是全列8节，包括5节动车及3节拖车(5M3T)，其中，包括2节一等座车、5节二等座车、1节二等座车/餐车。动车组轴重不大于16 t，牵引总功率为5300 kW，车体为不锈钢焊接结构。列车在2号、7号车厢设有受电弓及附属装置，受电弓工作高度最低为5.3 m、最高为6.5 m。动车组正常运行时，采用单弓受流，另一台备用，处于折叠状态。车端连接装置采用德国系统的夏芬伯格式10号密接全自动车钩，内置机械、空气、电气连接机构和通路。头车两端采用半自动密接车钩，内有机械、空气连接机构和通路，带有车钩引导杆，容许两组动车重组运行。列车网络控制系统采用符合 IEC 61375 标准的 TCN 分布式智能网络系统，通过网络对列车及各设备实施控制、监视和诊断。

牵引及供电系统方面，CRH1 型动车组采用交—直—交传动，即牵引电源经过单相定频交流电压→固定直流电压→三相变压变频交流电压的转换后，供应交流牵引电动机并驱动列车运行。首先，受电弓通过接触网接入 25 000 V(50 Hz)的高压交流电，输送给牵引变压器，降压成单相 902 V(50 Hz)的交流电。降压后的交流电再输入逆变器(或称为变流器)，其中，2 台并联的 4 相限脉冲整流器模块(LCM)将输入的交流电压整流成 2 路 1650 V直流电：一路直流电再经 2 台 IGBT 牵引逆变器模块(MCM)逆变成电压和频率均可控制的三相交流电驱动电压，输送给牵引电动机牵引列车；同时，另一路直流电输入辅助逆变器模块(ACM)，同步将 1650 V 直流电转换成三相 876 V(50 Hz)交流电，输出至滤波箱的三相变压器，变压并输出三相 400 V(50 Hz)交流电源交流电输出至列车上的用电设备。另外，牵引变流器在再生制动过程中，也负责将牵引电动机产生的电能反馈至电网上。动车组的牵引电动机采用了三相鼠笼异步交流电动机，架悬式安装在转向架上，冷却方式为强迫风冷，电动机控制方式为矢量控制。电动机通过连轴节连接驱动齿轮，最后带动轮对输出力矩。

CRH1A 型动车组全部由 BSP 在青岛的厂房组装生产。第一组列车(CRH1－001A)于 2006 年 8 月 30 日在青岛出厂，并在同年 9 月至 12 月间先后到北京环型铁路试验场、遂渝铁路、京沪铁路、胶济铁路、陇海铁路和广深铁路等地进行试验。2007 年 2 月 1 日起，CRH1A 型动车组正式开始在广深线投入载客试运行，首发车次为 T971 次，由广州东站出发前往深圳站。最初生产的 11 组 CRH1A(CRH1－001A～011A)的风笛是置于驾驶室挡风玻璃上方，在其后出厂的车辆(CRH1－012A～040A)则改至列车首尾两端的连接器整流罩两侧。而首批 CRH1A 型动车组的最后一列(CRH1－040A)已于 2009 年 3 月 7 日出厂并交付上海铁路局。CRH1A 型动车组又在 2009 年 10 月开始配属成都铁路局，运行重庆北——遂宁——成都的城际列车。

2010 年 7 月，中国铁道部向 BST 追加订购 40 列 CRH1A(CRH1－081A～CRH1－120A)，订单总值 7.61 亿美元，折合约 52 亿元人民币，其中，庞巴迪的份额为 3.73 亿美元。这批 CRH1A 增购车将于 2010 年 9 月开始交付，到 2011 年 5 月交付完毕。第二批 CRH1A 型动车组在第一批的基础上做了少量改进，除了列车最大运营速度因取消了软件限速而达到时速 250 km/h，及对部分列车设备重新布置，最明显的差异是 4 号和 5 号车厢的座席布置。5 号车厢由二等座车/餐车(ZEC)改为一等/二等座车(ZYE)，采用一等包厢座席和二等座混合布置，二等座的座席数量减少至 61 个，但新增了四个一等座包间共 16 个座席，其中，2 人包间和 6 人包间各 2 个，五号车厢总定员为 77 人。而 4 号车厢则由二等座车改成二等座车/餐车。按铁道部统一计划，CRH1A 型增购车将供南昌铁路局、成都铁路局和广州铁路集团分配运用。

2012 年 9 月，中国铁道部更改有关和谐号 CRH380D 型电力动车组的订单，在新订单中，铁道部订购了 46 列 CRH1A 型及 60 列新一代 CRH1 型动车组。新一代 CRH1 型动车组将使用铝合金车身以减轻重量、增强牵引系统、优化列车气密性及减少能源消耗。

由于 CRH1 型动车组主要用于城际运输，加上车体外观与地铁列车相似，而其原形车(Regina C2008)在国外都是以两节或三节短编组运行，所以中国国内铁路迷普遍将 CRH1 型动车组称为“地铁”。铁路迷对此车型有“大地铁”的昵称。列车通常运行沪宁、沪杭线的城际列车，其发车密度大约只有 15 min，犹如城市轨道交通线路；另外列车设计也酷似上海轨道交通 6 号线、8 号线的 AC10、AC12 列车。

2. 配置

编组形式：8 辆编组，可两编组连挂运行。

动力配置：2(2M1T)＋(1M1T)。

车种：一等车、二等车、酒吧座车。

定员(人)：670。

客室布置：一等车 2＋2、二等车 2＋3。

最高运营速度(km/h)：200。

区最高试验速度(km/h)：250。

适应轨距(mm)：1435。

适应站台高度(mm)：500～1200。

传动方式：交直交牵引功率为 5500 kW。

编组重量及长度：420.4 t，213.5 m。

车体材料：不锈钢。

头车车辆长度(mm)：26 950。

中间车辆长度(mm)：26 600。

车辆宽度(mm)：3328。

车辆高度(mm)：4040。

空调系统：分体式空调系统。

转向架类型：无摇枕空气弹簧。

转向架一系悬挂：单组钢弹簧单侧拉板定位＋液压减振器。

转向架二系悬挂：空气弹簧＋橡胶堆转向架轴重总体不大于 16 t。

转向架轮径(mm)：915/835。

转向架固定轴距(mm)：2700。

受流电压：AC 25 kV，50 Hz。

牵引变流器：IGBT 水冷 VVVF。

牵引电动机：265 kW。

启动加速度(m/s^2)：0.6。

制动方式：直通式电空制动紧急制动距离(制动初速度为 200 km/h)不大于 2000 m。

辅助供电方式：三相 AC 380 V，50 Hz；DC 100 V。

3. 其他 CRH 系列动车组

(1) CRH1B 型动车组：BSP 在 2007 年 10 月 31 日再获得铁道部 40 列 16 节编组动车组新订单，合同编号 796。其中，20 列是在 CRH1A 型动车组基础上扩编至 16 节车厢的大编组座车动车组，称为 CRH1B，编号为 CRH1－041B～CRH1－060B。全列 16 节编组中包括 10 节动车配 6 节拖车(10M6T)，其中，包括 3 节一等座车、12 节二等座车、1 节餐车。最高运营速度为 200 km/h～250 km/h，而车体外观不变。2009 年 3 月 5 日，第一列 CRH1B 型动车组完成了 BSP 公司内部的环形线测试，3 月 8 日开始在北京环行铁道试验。CRH1B 型动车组在 2009 年 4 月起配属上海铁路局，运行上海——南京、上海南——杭州的城际列车。整批 20 列 CRH1B 型动车组在 2010 年 4 月交付完毕。

(2) CRH1E 型动车组：2007 年 10 月 31 日签订的合同中另外 20 列动车组将以庞巴迪新研发的 ZEFIRO 250 系列为基础，为 16 节车厢的大编组卧铺动车组，每组包括 10 节动车配 6 节拖车(10M6T)，最高运营速度为 250 km/h，将成为世界上第一种能达到 250 km/h 的高速卧铺动车组。编组中有 1 节高级软卧车、12 节软卧车、2 节二等座车和 1 节餐车。列车所使用的庞巴迪 MITRAC 牵引系统将由庞巴迪 CPC 牵引系统公司(庞巴迪在常州设立的中外合资公司)和庞巴迪在欧洲的工厂生产。首 12 列 CRH1E 型动车组编组中有 1 节高级软卧车(WG)、12 节软卧车(WR)、2 节二等座车(ZE)和 1 节餐车(CA)，全列定员 618 人。其中位于 10 号车厢的高级软卧车每车定员 16 人，设 8 个包厢，每个包厢 2 个铺位，每个包厢中均有沙发和衣柜，但没有独立卫生间，车厢一端设有带转角式沙发的休息室。但由第 13 列动车组(CRH1－073E)起取消了高级软卧车，并以软卧车代替，全列定员增加至 642 人。2009 年 10 月，首列 CRH1E 型动车组出厂，并开始配属上海铁路局。2009 年 11 月 4 日，CRH1E 型动车组开始上线运营，担当来往北京、上海的 D313/314 次动车组列车。整批 20 列 CRH1E 型动车组计划会在 2010 年 8 月前交付。

(3) CRH380D 型动车组：铁道部于 2009 年 6 月招标采购时速为 350 km/h 级别高速动车组，BST 成为中标厂商之一，获得了 20 列 8 节编组和 60 列 16 节大编组座车的订单。2009 年 9 月 28 日，BST 与上海铁路局签订了 350 km/h 速度级别的动车组销售合同，总值 274 亿元人民币。列车将以庞巴迪 ZEFIRO 380 超高速动车组为技术平台，设计运营速度为 350 km/h，最高运营速度为 380 km/h，最高试验速度为 420 km/h。预计于 2012 年 7 月至 2014 年 9 月间交付。BST 的时速为 350 km/h 级别高速动车组，原项目名称为 CRH1－380(或称 CRH1－350)，BST 内部研发代号为 798VHS(Very High Speed)。2010 年 9 月，铁道部下发《关于新一代高速动车组型号、车号及座席号的通知》，正式将 BST 的 CRH1－380 型动车组型号名称更改，其中，短编组动车为 CRH380D，而长编组动车为 CRH380DL。

在 2010 年 9 月举行的德国柏林国际轨道交通技术展览会(InnoTrans 2010)上，庞巴迪首度公开展示了最新 ZEFIRO 380 动车组头车的 1∶1 全尺寸实体模型，并用互动式三维显示技术展示了车厢内部的设计。

4. 问题与改进

(1) 座位无法旋转：最早出厂的 21 组 CRH1A(编号 001～021)列车，一等座及二等座(定员 101 人)均没有回转座椅设备，导致座椅方向不能调校，所以整列列车大约有一半乘客会坐反向座位(倒后位)，容易引致乘客不适。而其后的 19 组的 CRH1A(编号 022～040)做出了改进，通过减少定员(定员 92 人)，使大部分座椅(二等座车/餐车除外)可以回转，但是回转座椅设备的可靠性比 CRH2、CRH3 和 CRH5 等型号的动车组差，而且仍然有部分座椅不能调校。

(2) 座椅角度：所有 CRH1 型动车组的二等车厢的座椅均不能调校角度，而所有 CRH2、CRH3 和 CRH5 型动车组的二等车厢的座椅均能调校角度。

(3) 车厢振动：根据不完全的测试结果，由于CRH1型动车组采用不锈钢车身，当时速达130 km/h左右时，会和部分较旧铁轨产生共振(已知广深铁路存在此现象)，车身会振动，这种情况是其他CRH系列所没有的。

(4) 乘客上下速度慢：在大客流多停站的线路(如沪宁线)，每节车厢单侧单车门设计的CRH1型动车组上下乘客的速度很慢，在高峰期经常造成列车晚点。

(5) 过隧道时的耳鸣感：在隧道较长且较为密集的线路(如甬台温线、温福线、遂渝线)，由于车体气密性的原因，在列车高速运行中进出隧道，会使大部分乘客产生强烈的耳鸣感，有小部分人甚至难以忍受；而这种情况在CRH2型动车组上几乎不存在，绝大部分乘客不会有耳鸣的感觉。

11.6 中国高速铁路网规划

国家《中长期铁路网规划》于2004年经国务院审议通过，其发展目标为：到2020年，全国铁路营业里程达到10万千米，其中高铁达到3万千米以上，接近国际领先水平。主要繁忙干线实现客货分线，复线率和电化率均达到50%，运输能力满足国民经济和社会发展需要，主要技术装备达到或接近国际先进水平。2020年中国高速铁路网如图11-24所示。

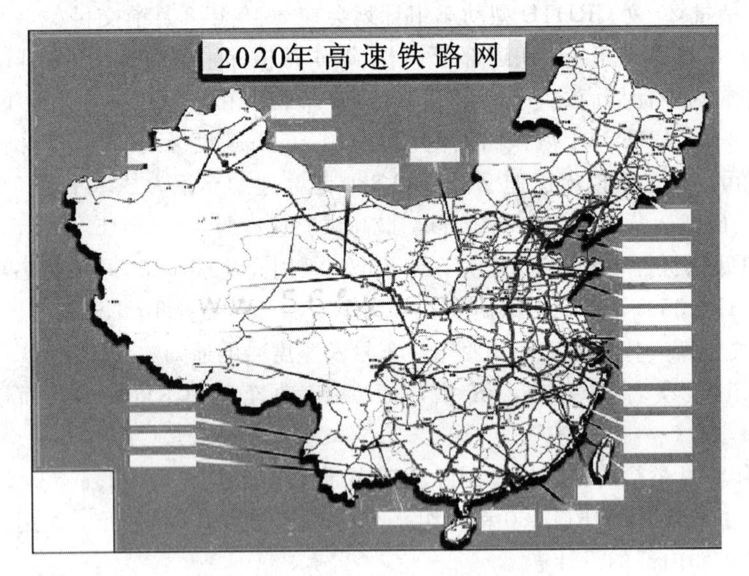

图11-24 2020年中国高速铁路网

11.6.1 规划方案

1. 客运专线

建设客运专线1.2万千米以上，客车速度目标值达到200 km/h及以上。其具体建设内容如下：

(1) “四纵”客运专线：① 北京——上海客运专线，贯通京津至长江三角洲东部沿海经济发达地区；② 北京——武汉——广州——深圳客运专线，连接华北和华南地区；③ 北京——沈阳——哈尔滨(大连)客运专线，连接东北和关内地区；④ 杭州——宁波——福州——深圳客运专线，连接长江、珠江三角洲和东南沿海地区。

(2)“四横”客运专线：① 徐州——郑州——兰州客运专线，连接西北和华东地区；② 杭州——南昌——长沙客运专线，连接华中和华东地区；③ 青岛——石家庄——太原客运专线，连接华北和华东地区；④ 南京——武汉——重庆——成都客运专线，连接西南和华东地区。

(3) 三个城际客运系统：环渤海地区、长江三角洲地区、珠江三角洲地区城际客运系统，覆盖区域内主要城镇。

2. 完善路网布局和西部开发性新线

规划建设新线约为 1.6 万千米。其具体建设项目如下：

(1) 新建中吉乌铁路喀什——吐尔尕特段，改建中越通道昆明——河口段，新建中老通道昆明——景洪——磨憨段、中缅通道大理——瑞丽段等，形成西北、西南进出境国际铁路通道。

(2) 新建太原——中卫(银川)线、临河——哈密线，形成西北至华北新通道。

(3) 新建兰州(或西宁)——重庆(或成都)线，形成西北至西南新通道。

(4) 新建库尔勒——格尔木线、龙岗——敦煌——格尔木线，形成新疆至青海、西藏的便捷通道。

(5) 新建精河——伊宁、奎屯——阿勒泰、林芝——拉萨——日喀则、大理——香格里拉、永州——玉林、永州——茂名、合浦——河唇、西安——平凉、柳州——肇庆、桑根达来——张家口、准格尔——呼和浩特、集宁——张家口等西部区内铁路，完善西部地区铁路网络。

(6) 新建铜陵——九江、九江——景德镇——衢州、赣州——韶关、龙岩——厦门、湖州——嘉兴——乍浦、金华——台州及东北东边道等铁路，完善东中部铁路网络。

3. 路网既有线

规划既有线增建二线为 1.3 万千米，既有线电气化线路为 1.6 万千米。其具体建设方案如下：

(1) 在建设客运专线的基础上，对既有线进行扩能改造，在大同(含蒙西地区)、神府、太原(含晋南地区)、晋东南、陕西、贵州、河南、兖州、两淮、黑龙江东部等十个煤炭外运基地，形成大能力煤运通道。近期要优先考虑大秦线扩能、北同蒲改造、黄骅至大家洼铁路建设和石太线扩能，实现客货分运，加大煤炭外运能力。

(2) 结合客运专线的建设，对既有京哈、京沪、京九、京广、陆桥、沪汉蓉和沪昆等七条主要干线进行复线建设和电气化改造。

(3) 以北京、上海、广州、武汉、成都、西安枢纽为重点，调整编组站，改造客运站，建设机车车辆检修基地，完善枢纽结构，使铁路点线能力协调发展。

(4) 建设集装箱中心站，改造集装箱运输集中的线路，开行双层集装箱列车。

11.6.2　实施计划

1.“十五”建设计划调整

到 2005 年铁路营业里程达到 7.5 万千米，其中，复线铁路为 2.5 万千米，电气化铁路为 2 万千米以上。其具体建设项目调整如下：

建设客运专线，开工建设北京——上海、武汉——广州、西安——郑州、石家庄——太原、宁波——厦门等客运专线。建设城市密集地区城际客运系统，开工建设环渤海地区北京——天津，长江三角洲的南京——上海——杭州，珠江三角洲的广州——深圳、广州——珠海、广州——佛山城际客运系统。

加快完善路网结构，开工建设宜昌——万州、烟台——大连轮渡、合肥——南京、麻城——六安、太原——中卫(银川)、精河——伊宁、永州——玉林(茂名)、铜陵——九江、大理——丽江、龙岗——敦煌、黄骅——大家洼铁路等新线。

加快既有线扩能改造，实施京沪线、焦柳线、黔桂线、兰新线武威至嘉峪关段、沪杭线、天津——沈阳、石德线电化改造，开工建设沪汉蓉既有段、昆明——六盘水、滨洲线海拉尔至满洲里、湘桂线衡阳至柳州复线，进行大秦线、西延线扩能改造。

加快主要枢纽及集装箱中心站建设，对北京、上海、广州、武汉、成都、西安枢纽进行改造，建设上海、昆明、哈尔滨、广州、兰州、乌鲁木齐、天津、青岛、北京、沈阳、成都、重庆、西安、郑州、武汉、大连、宁波、深圳等18个集装箱中心站。

2. 2010年阶段目标

到2010年，铁路网营业里程达到8.5万千米左右，其中，客运专线约为5千千米，复线为3.5万千米，电气化为3.5万千米。

进一步建设客运专线。建成北京——上海、武汉——广州、西安——郑州、石家庄——太原、宁波——厦门等客运专线。开工建设北京——武汉、天津——秦皇岛、厦门——深圳等客运专线。

进一步扩大路网规模，建设云南进出境、中吉乌、合浦至河唇、赣州至韶关、龙岩至厦门、湖州至乍浦、兰州(或西宁)至重庆(或成都)、西安至平凉、隆昌至黄桶、东北东边道等铁路。

进一步提高既有线能力，建设邯济线、宁芜线、西康线、平齐线、大郑线、滨绥线等复线。

从云南入藏的滇藏线仍继续做好地质调查和技术经济分析，是否建设视研究论证结果再定。

11.6.3 规划特点

1. 实现客货分线

针对目前我国主要铁路干线能力十分紧张，除秦沈客运专线外，均为客货混跑模式，客运快速与货运重载难以兼顾，无法满足客货运输的需求，并影响旅客运输质量提高的实际情况，《中长期铁路网规划》提出，实施客货分线，专门建设客运专线，在建设较高技术标准“四纵四横”客运专线的同时，为满足经济发达的城市密集群的城际间旅客运输日益增长的需求，规划以环渤海地区、长江三角洲地区、珠江三角洲地区为重点，建设城际快速客运系统。

2. 完善路网布局

长期以来，我国铁路网布局一直呈现着不合理态势，特别是在广大西部地区，运网稀疏，运能严重不足，与东中部的联络能力差。为此，《中长期铁路网规划》提出，2020年前，以西部地区为重点，新建一批完善路网布局和西部开发性新线，全面提高对地区经济发展的适应能力。西部地区集中力量加强东西部之间通道的建设，在西北至华北及华东、西南至中南及华东间形成若干条便捷、高效的通道，形成路网骨架，满足东西部地区客货交流的需要。东中部地区新建一批必要的联络线，增强铁路运输机动灵活性。新建和改扩建新疆通往中亚，东北通往俄罗斯，云南通往越南、老挝等东南亚国家的出境铁路通道，为扩大对外交流服务。

3. 提升既有能力

根据我国资源分布、工业布局的实际，结合国民经济和社会发展的需要，《中长期铁路网规划》提出，在建设客运专线和其他铁路线路的同时，加强既有铁路技术改造，扩大运输能力，提高路网质量。第一，以京哈、京沪、京九、京广、陆桥、沪汉蓉、沪昆等七条既有干线为重点，增建二线和电气化改造，扩大既有主干线的运输能力。第二，根据煤炭行业发展规划，结合铁路煤炭运输径路的实际，通过建设客运专线实现客货分线和对既有煤运通道进行扩能改造，形成铁路煤运通道 18 亿吨的运输能力。第三，在加快新线建设和既有线改造的同时，系统安排枢纽建设，强化重点客站，并与其他交通运输方式有机衔接，系统提高运输能力、运输质量和运输效率，最大限度地发挥路网整体作用。第四，在北京、上海、广州等省会城市及港口城市布局并建设 18 个集装箱中心站和 40 个左右靠近省会城市、大型港口和主要内陆口岸的集装箱办理站，发展双层集装箱运输通道，使中心站间具备开行双层集装箱列车的条件。

4. 推进技术创新

由于对国外高新技术的跟踪、研究、推广应用力度不够，关键技术的自主研发能力、引进技术的消化吸收能力和国产化水平不高，使得目前我国铁路技术装备水平总体上仅相当于 20 世纪 80 年代发达国家的水平，高速动车组的技术尚处于研发阶段。国家《中长期铁路网规划》提出，要把提高装备国产化水平作为“十一五”和今后铁路建设一项重要内容来抓。以客运高速和货运重载为重点，坚持引进先进技术与自主创新相结合，快速提升铁路装备水平，早日达到或接近发达国家水平。时速为 200 千米/小时以上的机车车辆及动力组，充分整合国内资源，采取国际合作，科研攻关等措施尽快实现国产化。重载货运机车、车辆系统引进关键技术，提升设计制造水平。适应客运高速、快速和货运重载的要求，提高线桥隧涵、牵引供电、通信信号技术水平。广泛应用信息网络技术，实现铁路信息化。装备水平的提升要与铁路体制的改革相结合，提高劳动生产率、资源使用效率和运输效益。

11.7　中国时速为 605 千米/小时列车试验

1. 中国高铁的速度有望再翻倍

2014 年 1 月 17 号，南车青岛四方机车车辆股份有限公司厂区内，一列银灰色超速试验列车停放在厂区的铁轨上，这列台架试验速度达到 605 千米/小时的列车，被命名为更高速度的试验列车。实际上，这项试验早在两年多前就已开始，为了这次试验，南车四方公司经过七次方案讨论会。

参加试验的电气开发部部长焦京海最近回忆说：“每小时 100 至 200 千米时一点担心都没有，车速在 550 千米/小时以上心情开始激动，到 600 千米/小时时就开始有点紧张了。”试验止步于 605 千米/小时，是因为制定的试验目标为 600 千米/小时，“试验台建设时是按 600 千米/小时设计的，再往上冲速度，担心对试验台不好”，高级主任设计师李兵解释说。

当时速提升到 605 千米/小时的时候，试验没有马上停止，保持速度运行了 10 分钟，这相当于在地面上行驶了 100.8 千米。

2. 技术难度比飞机高

“高铁就像一架飞机在不停地起降”，中科院力学所杨国伟研究员这样说。杨国伟创立了跨声速非线性气动弹性研究，为中国高铁与大飞机研制提供空气动力与气动弹性的技术支撑。

“坐飞机最危险的是起飞和降落，因为地面效应包括建筑、风对飞机的激扰，所以，飞机设计的难点在起和降的过程。而高速列车始终在地面上高速运行，从空气动力学车与空气相互的作用角度，既要考虑地面对列车的强激扰，也要考虑到高速运行状况下气流激扰。波音 737 的巡航阻力系数约在 0.028 左右，6 辆编组试验列车整车阻力系数约为 0.48 左右，所以说更高速列车比飞机在天上巡航时的技术难点要复杂得多。”杨国伟说。

民用飞机每小时飞行距离为 800 至 850 千米，中国研制的更高速试验列车设计速度在每小时 500 千米以上，与目前在线上以每小时 380 千米最高时速运行的 CRH380A 相比，技术的边界条件必须清晰。

“空气动力学性能受轨道不平顺影响，振动激扰响应不断加大，如何保证列车高速运行的安全性，如何保证舒适的乘车环境是个课题，比提高速度更重要的是能够很好地停下来。”试验现场指挥梁建英说。

列车运行的阻力，包括车轮与轨道摩擦的机械阻力和车辆受到的空气阻力。高速下制约速度的抗衡者是空气，“当列车以每小时 200 千米行驶时，空气阻力占总阻力的 70%左右，和谐号 CRH380A 在京沪高铁跑出的时速为 486.1 千米/小时，气动阻力超过了总阻力的 92%，如果跑到 500 千米以上，95%以上都是气动阻力了”，李兵说。空气阻力和列车运行速度的平方成近似正比关系，速度提高 2 倍，空气阻力将增至 4 倍。正是这个平方关系，让设计师绞尽脑汁。

空气阻力受三大因素影响：一是车头迎风受到正压力，与车尾受到的负压力间产生的压差阻力；二是由于空气黏性作用于车体表面的摩擦阻力；三是列车底架以及列车表面凹凸结构引起的干扰阻力。

工程师们为降低空气阻力，应用仿生学和空气动力学理论，创作了 100 多种头型概念，优选构建了 80 余种三维数字模型，开展了初步空气动力学仿真；比选出 20 个气动性能较优的头型，进一步进行气动优化，制作出 1:20 实物模型；根据仿真数据和美观效果，最终制作五款 1:8 头型，分别做了风洞力学试验和气动噪声试验，名为“箭”的头型被选中，其气动噪声、气动阻力参数最优。“从气动性能来讲，‘箭’与民航客机是可以 PK 的。”李兵说。

让数百吨重的更高速列车在线路上飞跑，除了减少气动阻力外，加大牵引能力是另一个关键。“六辆编组更高速试验列车牵引总功率可达到 21 120 千瓦。正是有了我们自主开发的大功率牵引系统，才有高速试验列车实现台架试验 605 千米/小时的可能。”焦京海说。

大功率的牵引传动系统的技术研发，具有强大的技术扩散效应，除列车之外可应用在其他制造领域。“大功率的牵引传动系统技术具有很好的外延性，除轨道交通领域以外，大功率的牵引传动系统在很多工业传动领域都有很广泛的应用，如轧钢系统、船舶推进系统、石油钻井、电力系统等。”南车时代电气技术中心主任荣智林说。

高速列车运行依靠电能，是由受电弓与接触网接触完成的，这个过程被称为“受流”环节。这项技术也是迄今为止技术专家们最关注的技术之一。“双弓受流”技术曾经是困扰工程技术人员的一个技术难点，“现在看来这个也不太像技术难点了”，梁建英说，“车辆在高速运行中，前弓在取电滑过接触网时，会形成一个激扰波，导致后弓的离线可能性加大，影响车辆的牵引性能。如何保证后弓受流的稳定性，这是技术上的难点。但是现在看来，已经不存在了”。

3. 追求更快速度

速度是技术发展的综合实力。如同中国“两弹一星”的研制，举全国之力，近万名科研技术人员参与了高速列车的技术创新。“试验列车的速度还只是实验室内的数据，实际的线路数据还有待于进一步验证，我们希望有个高的速度值，让全世界都能进一步了解中国的高铁技术和产品水平，其中的过程需要踏踏实实去做，而决不能急于求成。”梁建英说。

“时速为 605 千米/小时是试验台上跑出的，不是在线路上的数据，实际的线路试验还需要一系列的考核。”李兵说。2007 年 4 月 3 日，法国 TGV 在线路上创造了 574.8 千米/小时的试验最高速度，目前为止尚未有新的纪录刷新。2010 年 12 月京沪先导段试验蚌埠——枣庄，CRH380A 的最高时速达到 486.1 千米/小时，这个速度尽管是运营试验速度，它有别于法国 TGV 的纯粹试验速度。就运营试验的速度值来讲它是世界上最高的。

2011 年，“7·23”甬温线特别重大铁路交通事故后，中国高铁开始了对更高质量目标的追求，其中包括安全性、可靠性、舒适性等。实际上事故并不是缘于车的质量，但是这次事故却对中国高铁的发展带来了极大的影响。所有的铁路人，包括南车四方的技术人员都在反思一个问题，那就是如何更好、更稳健地推进国家的高速铁路事业。试验列车的研制是一个非常艰苦的过程。它以新一代 CRH380A 型动车组技术创新成果为基础，遵循安全可靠的运行目标，针对系统集成、车体、转向架、牵引、网络控制、制动系统进行了诸多技术创新，实现了碳纤维材料、镁铝合金、纳米材料、风阻制动系统等一系列新技术、新材料的装车试验验证。整个列车的研制历经了两年多的时间。

试验列车完成在实验室的测试后，在厂区内一条 3.7 千米的环形试验线上进行了一个月可靠性试验，运行里程约为 1000 千米。受线路条件限制最高速度不得超过每小时 30 千米，“对整车、系统及部件完成了初步可靠性验证，”工程师告诉记者。

4. 多项新技术有待验证

高铁，是中国战略性新兴产业之一，而更高速列车则是中国创新能力的又一标志性作品。工程师与科学家渴望上线试验衔接试验台的验证结果，更加深入地探索超高速列车三大核心技术理论，即轮轨技术、空气动力学性能与弓网关系。

对工程师而言，诸多项设计是无法在台架试验中完成的，更高速列车的三项核心技术有两项无法验证，即空气动力学性能与弓网关系。

例如，台架试验在室内完成，缺少了风，则无法完成空气动力的试验。“更高速列车首要的验证是车的阻力特性，牵涉到能耗；其次是升力特性，涉及脱轨系数；第三是脉动力的大小，涉及列车的安全性。还有就是交会瞬时风的阻力以及安全的避让距离。从理论上讲，目前已有的公式对每小时 400 千米与 500 千米的车应该是适用的，就研究和印证来说，这些都是需要通过线上试验进一步验证。”杨国伟说。另外，即便是双向滚动试验台，也无法完成受电弓与接触网的受流试验。

对进行基础理论研究的科学家而言，他们希望验证共性关键技术的基础理论机理。以脱轨系数为例，当车辆运行时，在线路状况、运用条件、车辆结构参数和装载等因素最不利的组合条件下可能导致车轮脱轨，评定防止车轮脱轨稳定性的指标称为脱轨系数，这个系数越大越容易脱轨。

根据国际标准，0.8 作为脱轨安全性的指标。“但是我们对高速列车试验时发现，列车在线上以每小时 480 千米的速度，脱轨系数只有 0.1～0.2 左右，远远小于 0.8。如果以每小时 550 千米的速度，实际运行时的脱轨系数是多少？它涉及高速基础力学的研究。全球范围的科学家们一直希望破解脱轨系数之谜。”转向架高级工程师马利军说。

5. 带动行业发展

21 世纪是高铁的时代。美国总统奥巴马在 2011 年国情咨文中表示，“没有理由让欧洲和中国拥有最快的铁路”，奥巴马强烈意识到，高铁将是重塑美国全球竞争力的技术制高点。“技术上一定是要抢占制高点，谁有抢占技术的制高点的能力，谁就有带动行业发展的能力。以技术的先进性驱动市场的需求，这是全球市场经济竞争的规律。”梁建英说。

2007 年法国 TGV 创造“全球第一速”，以抗衡德国磁悬浮列车抢占市场的挑战。“法国正是因为在路上跑了 570 多千米，给世界各国明确的信号，我的技术是可行的。从此之后，世界高铁市场法国成为佼佼者。”杨国伟说。中国高铁驶向世界的脚步正在提速，说明高速仍旧是趋势。探索每小时 500 千米以上超高速列车的技术，既是一项前瞻性的研究，也是拓展国际市场的技术储备。

技术的成熟需要积淀，而市场的拓展则是瞬间的外延。中国高铁从 2004 年开始，经过 9 年的时间，从引进、消化、吸收到如今技术的全面领先，更高速试验列车的研制是技术纵向发展的制高点，只有掌握技术的制高点，才能够使技术纵向与横向相互传递，覆盖市场的面积递增。“这个试验列车它的基础是在 CRH380A 型动车组技术向上拓展的，而城际列车则是向下的拓展。高铁这么多年的技术创新，其技术先进性已经向上下游产品传递。”梁建英说。

对技术的追求并未停止。为了更好地理解空气动力学的作用关系，南车四方股份公司正在计划筹建一个小规模的风洞实验室。“虽然我们是一个工程单位，但是我们需要自己去突破，掌握和积淀一些新技术，想为以后留下点什么。”梁建英对记者说。

对更高速试验列车的线路验证，国家有关方面给予了充分的关注，列车的上线试验工作已经全面展开，列车的各项技术性能将在线路试验中得到进一步验证。整个过程将分阶段实施，会一步步获取各种技术参数。“我们期盼它有非常好的表现，让全世界都进一步了解中国高铁技术。”工程师们说。

第12章 电力监控系统

内容摘要：电力监控系统的基本组成功能、电力监控系统的硬件构成、电力监控系统的软件构成。

本章理论教学要求：电力监控系统的硬件构成和软件构成的工作原理。

本章工程教学要求：电力监控系统的硬件构成和软件构成的安装调试、维护、使用方法。

电力监控系统以计算机、通信设备、测控单元为基本工具，为变配电系统的实时数据采集、开关状态检测及远程控制提供了基础平台，它可以和检测、控制设备构成任意复杂的监控系统，在变配电监控中发挥了核心作用，可以帮助企业降低运作成本，提高生产效率，加快变配电过程中异常的反应速度。

电力监控系统(以下简称 SCADA 系统)实现在控制中心(OCC)对供电系统进行集中管理和测度，实时控制和数据采集。除利用"四遥"(遥控、遥信、遥测、遥调)功能监控供电系统设备的运行情况，及时掌握和处理供电系统的各种事故，报警事件功能外，利用该系统的后台工作站还可以对系统进行数据归档和统计报表，以更好地管理供电系统。

随着计算机和通信技术的发展，自20世纪90年代末开始，以计算机为基础的变电所综合自动化技术为供电系统的运行管理带来了一次变革。它包含计算机保护，调度自动化和当地基础自动化。可实现电网安全监控、电量及非电量监控、参数自动调整信号当地电压无功综合控制、电能自动分时控制、事故跳闸过程自动记录、事件按时排序、事故处理提示、快速处理事故、微机控制免维护蓄电池和微机运动一体化功能。它为推行变电所无人值班提供了强大的技术支持。

12.1 电力监控系统的基本组成功能

12.1.1 电力监控系统的基本组成及其功能

电力监控系统由设置在控制中心的主站监控系统，设置在各种变电所内的子站系统及联系两者的通信通道构成。电力监控系统的设备选型、系统容量和功能配置应能满足运营管理和发展的需要。其系统构成、监控对象、功能要求，应根据城市轨道交通供电系统的特点，运营要求，通信系统的通道条件确定。

电力监控系统主站的设计，应确定主站的位置，主站系统设备配置方案，各种设备的功能、形式和要求以及系统容量、远动信息记录格式和人机界面形式要求等。电力监控系统子站的设计，应确定子站设备的位置、类型、容量、功能、形式和要求。电力监控系统通道的设计要求，应包括通道的结构形式、主/备通道的配置方式、远动信息传输通道的接口形式和通道的性能要求等。电力监控系统的结构宜采用1对 N 的集中监控方式，即1个主站监控 N 个子站的方式。系统的硬件和软件一般要求充分考虑可靠性、可维护性和可扩性，并具备故障诊断和在线修改功能，同时遵循模块化和冗余的原则。远动数据通道宜采用通信系统提供的数据通道。在设计中应向通信设计部门提出对远动数据通道的技术要求。

1. 主站监控系统的基本功能

(1) 实现对遥控对象的遥控。遥控种类分为选点式、选站式、选线式控制三种。

(2) 实现对供电系统设备运行状态的实时监视和故障报警。

(3) 实现对供电系统中主要运行参数的遥测。

(4) 实现汉化的屏幕画面显示、模拟盘显示或其他方式显示以及运行和故障记录信息的打印。

(5) 实现电能统计等的日报，月报制表打印。

(6) 实现系统自检功能。

(7) 实现主/备通道的切换功能。

2. 子站设备(远动终端)应具备的基础功能

(1) 远动控制输出。

(2) 现场数据采集(包括数字量、模拟量、脉冲量等)。

(3) 远动数据传输。

(4) 可脱离主站独立运行。

此外，子站设备(远动终端)的通信对用户完全开放。

3. 变电所综合信息化装置应具备的基础功能

(1) 保护、控制、信号、测量。

(2) 电源自动转接。

(3) 必要的安全联锁。

(4) 程序操作。

(5) 装置故障自检。

(6) 开放的通信接口。

当采用主控单元对各变电所综合自动化装置进行管理时，除提供多种形式的现场网络接口外，变电所间断路器连跳等功能通过综合自动化主控单元与控制中心监控主站的信息传递，交换共同来实现。重要设备之间除考虑二次回路硬线联动、联锁、闭锁外，由综合自动化软件实现逻辑判断、计算、继电器等功能，并通过下位监控单元执行操作。

12.1.2 监控的基本内容

监控对象应包括遥控对象、遥信对象、遥测对象三部分。

1. 遥控

遥控是指调度中心向地铁沿线各被控变电所中的开关电器设备发送“合闸”和“分闸”指令，实行远距离控制操作。遥控对象应包括下列基本内容：

(1) 主变电所、开闭所、中心降压变电所、牵引变电所、降压变电所内1 kV及以上电压等级的断路器、负荷开关及系统用电动隔离开关。

（2）牵引变电所的直流快速断路器、直流电源总隔离开关，降压变电所的低压进线断路器、低压母联断路器、三级负荷低压总开关。

（3）接触网电源隔离开关。

（4）有载调压变压器的调压开关。

2. 遥信

遥信是指调度中心对地铁沿线各变电所中被控制对象（如开关电器等）的工作状态信号进行监视。遥信对象应包括下列基本内容：

（1）遥信对象的位置信号，如开关电器设备所处的"分闸"、"合闸"位置信号。

（2）高中压断路器、直流快速断路器的各种故障跳闸信号。

（3）变压器、整流器的故障信号。

（4）交直流电源系统故障信号。

（5）降压变电所低压进线断路器、母联断路器的故障跳闸信号。

（6）钢轨电位限制装置的动作信号。

（7）预告信号。

（8）断路器首车位置信号。

（9）无人值班变电所的大门开启信号。

（10）控制方式。

3. 遥测

遥测是指调度中心对地铁沿线各变电所中的工作状态参数远距离的测量。遥测对象应包括下列基本内容：

（1）主变电所进线电压、电流、功率、电能。

（2）变电所中压母线电压、电流、功率、电能。

（3）牵引变电所直流母线电压。

（4）牵引整流机组电流与电能、牵引馈线电流、负极柜回流电流。

（5）变电所交直流操作电源母线电压。

12.2　电力监控系统的硬件构成

12.2.1　电力监控系统的硬件应包括的主要设备

电力监控系统的硬件一般包括以下主要设备：

（1）计算机设备（主机）与计算机网络。

（2）人机接口设备。

（3）打印记录设备和屏幕拷贝设备。

（4）通信处理设备。

12.2.2　主站监控系统

主站监控系统由局域网络、主备服务器、主备操作员计算机、维护计算机、数据文档计算机、信号系统用行调计算机、前置通信机、打印机、模拟盘等设备构成。主站监控系统的网络结构如图 12 - 1 所示。

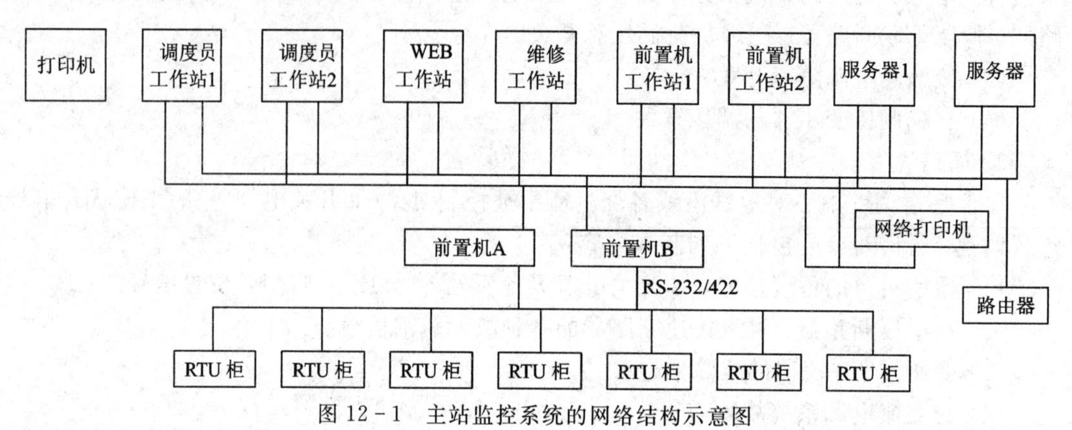

图 12 - 1　主站监控系统的网络结构示意图

1. 局域网络

控制中心主站网络访问方式可采用客户机、服务器访问方式，局域网络结构采用双以太网构成，相互备用。正常情况下两个网络同时工作，平衡网络信息流量。网络切换采取基于网络口切换的策略，每台服务器和客户机保持同时监视两个网段上与其他通信节点的连通状况。当服务器或客户机某一个网络口(如网卡)故障时，只改变本机器与其他节点的通信路径，不会影响到其他节点之间的通信。当两个网段的其中之一故障时，网络通信管理程序会根据网络口的连通状况，自动在另一个网段上形成通信链路。

网络通信协议采用 TCP/IP 协议，网络传输媒介为光纤，通信速度率为 100 Mb/s。系统网络具有良好的扩展性，可方便地增加客户机而不影响网络性能。

2. 服务器

控制中心主站配置两套功能等价、性能相同的计算机用于整个系统的网络管理、数据处理，并作为网络内其他计算机的共享资源。当系统正常工作时，一台主用，另一台备用。控制命令仅通过主服务器发出。主、备服务器均能接收来自被控站的各种上传数据。当主服务器故障时，系统自动切换到另一台备用服务器上，故障信息在打印机上打印，并在另一台服务器系统故障画面上显示故障信息。

3. 工作站计算机

工作站计算机用于正确同步反映服务器上的所有数据(包括图像、警报、遥测量等)，提供给调度员和维护员各一个工作的窗口，进行维护系统软件、定义系统允许参数、定义系统数据库及编辑、修改、增扩人机界面的画面等工作。

4. 前置通信机

系统配置两套功能等价的前置通信机，通过通信系统提供的通信通道实现与被控站设备的远方通信，两套前置通信机实现相互之间的热备用。配置监视两套前置通信机工作运行状态的看门狗软件。正常时，两套前置通信机同时接受来自被控站的信息，但只有一个前置通信机与系统进行信息交换，当主用前置通信机发生故障时，系统自动切换到备用前置通信机，故障信息记录在系统报警报表中。前置通信机与各被控站采用点对点的通信方式，两个串口对应一个被控站，其中一个串口作备用。通信前置机至通信设备室的每个变电所的通信电缆采用单独回路。前置通信机是经验成熟、性能先进、质量稳定的产品，通信接口为串行 RS - 422，通信传输速率不低于 9600 b/s。

5. 时钟子系统

时钟子系统的数字显示时钟与本系统计算机时钟的同步，此数字显示时钟镶嵌在模拟盘中央上部，并可通过 CRT 屏幕上的操作键对其进行时间设定，显示形式为:“年：月：日：时：分：秒”。该系统主站定时与各变电所综合自动化系统定时同步对时，每 10 min～15 min 同步一次，同步间隔时间可调。

6. 模拟盘

为全面、系统、直观地掌握供电系统的运行情况，在控制中心设置模拟盘。模拟盘显示系统以彩色灯光(红、绿)形式提供供电设备的运行状态，以光带方式监视接触网线路的带点状态。模拟盘应具有暗盘和亮盘两种进行方式，其控制命令由操作员控制台发出。在暗盘运行时，当被控站发生故障，模拟盘相应的站名灯、事故及相关开关灯闪烁，被闪光复归键后停闪。

12.3　电力监控系统的软件构成

12.3.1　主控站系统的管理功能

主控站系统的管理功能主要由五个部分组成：数据库管理子系统、网络管理子系统、图形管理子系统、报表管理子系统和安全管理子系统。

1. 数据库管理子系统

(1) 为各种应用功能模块提供共享的数据平台，提供开放式的数据库接口，实现数据库的定义、创建、录入、检索和访问。

(2) 提供数据断面的管理机制，实现历史数据的存储、拷贝和再利用。

(3) 数据库的控制功能可完成对数据库的安全性控制、完整性控制和数据共享时并发控制。

(4) 具有故障恢复功能，安全保护功能以及网络通信功能等。

(5) 可采用商用数据库管理系统保存历史数据。

2. 图形惯例子系统

(1) 具有风格统一、友好方便的操作界面。

(2) 可完成图元编辑、引用、画面生成、调用、操作、管理等功能。允许用户自定义图元。

(3) 可生成多种类型画面，有接线图、地理图、工况图、棒图、饼图、曲线图、仪表图、其他图。

(4) 可在画面上完成各种操作，有图形缩放、应用切换、调度操作、任务启动等。

(5) 画面显示具有网络动态着色功能。

(6) 画面打印可任选：行式打印、彩色打印、激光打印。

(7) 具有的技术特点：全面图形显示，可漫游变焦、自动分层、随意移动、多窗口技术、快速直接鼠标控制和多屏幕技术。

3. 报表管理子系统

(1) 操作员可在显示器上一交互式定义报表格式或报表数据等。

(2) 可制定任意形式的数据表格。

(3) 表格可显示实时及历史数据内容。

(4) 表格在窗口中提供翻滚棒操作。

(5) 表格内各数据具有计算功能，用户可在表格内自动加减运算。考虑通道质量等因素，系统提供报表数据编辑修改功能。

(6) 报表操作可完全在线进行，不影响系统运行。

(7) 报表打印分成正常打印和异常打印，启动方式为定时启动、事件启动和召唤启动。全图形为汉化的人机界面。

4. 网络管理子系统

(1) 基于国际标准传输层协议(TCP/IP)，实现网上工作站之间的实时信息传输及这个网络系统的信息共享。

(2) 所有工作站之间的信息交换、功能实现，在网络环境下均能实现完全镜像信息，任一工作站的实时更新或操作定义，其他各站实时同步变化，任一工作站的实时画面可实时在任一监视器上显示。任一工作站故障或退出，不丢失信息也不影响系统功能。

(3) 可以支持双以太网结构。

(4) 可以通过网桥和管理网进行信息交换，实现信息共享。

(5) 支持5.2协议的远程分组交换网之间的通信，实现和远方机器的连接。

5. 安全管理子系统

采用多级安全管理策略，在用户一级采用口令和权限管理机制，给每个用户分配一个用户名和口令，并且每个用户都赋予一定的操作权限，例如，电调只有对图形的读取、遥控、置数等权限，而没有修改的权限，还可定义该口令的有效时间，防止用户忘记退出时被别人误用；在系统一级，采用防火墙技术，防止黑客进入。

12.3.2 变电所综合自动化系统的主要功能

变电所综合自动化实现变电所各种设备的控制、保护、监视、联动、联锁、闭锁、电源、电压、功率、电度量的采集等功能。利用下位监控单元实现对0.4 kV进线开关、母联开关、三级负荷总开关的控制。

1. 现场网络接口

由于变电所的二次监控单元和保护单元采用不同厂商的设备，因而也造成了下层设备使用不同的通信协议，因此采用多个支持多种介质网络的通信接口(RS－232、RS－422、RS－485、CAN、IONWORKS、以太网、MODBUS、PROFIBUS、LON等)的主控单元对所有网络进行管理，通过现场监控网络对各开关柜内监控单元和保护单元的运行状态进行监视。主控单元与0.4 kV下位监控单元及公共部分I/O单元采用CAN－BUS现场总线互联，网络拓扑为总线型；主控单元与AC 110 kV、AC 35(33) kV、DC 1500V设备、所被交流装置、变压器温控器上的智能设备的连接采用RS－485、LONWORKS、MODBUS、PROFIBUS、LONBUS、LON接口实现，传输介质采用光纤/双绞线。主控单元多采用CPU、不同设备或传输介质采用不同的接口模块，所有网络接口模块在主控单元内采用CAN-BUS通信。

除设置主控单元外，还设有I/O模块单元，直接控制监视不宜装设下位监控单元的开关设备，如接触网上网电动隔离开关、所用电交流电源的投切自动装置等。

2. 主控单元的功能

主控单元接受控制中心主机或当地维护计算机的控制命令，向控制中心主机或当地维护计算机传送变电所操作、事故、预告等信息。除实现网络接口外，还实现下述功能：

(1) 实现直流馈线断路器与接触网电动隔离开关之间的软联锁。主控单元通过网络通信采集到直流馈线断路器与接触网电动隔离开关的位置状态。在操作选择、校核时，主控单元按操作对象编程的联锁条件进行操作闭锁软件判别，决定执行或终止操作，从而实现直流馈线断路器与接触网电路隔离开关之间的软联锁。

(2) 实现电源自动投切功能，采用可视化顺控流程的编程特点在主控单元固话电源自动投切的软件模块中，实现变电所 35 kV/33 kV 高压侧电源、所用交流电源的投切自动装置的功能。其实现方式为：通过所内控制信号盘、监控网络、开关柜内下位监控单元(控制、保护设备)来实现，所有信号的传递均由所内监控网络完成。

12.4　电力监控系统在电力行业中的应用

近年来，随着电力组网规模的迅速扩大，变电站的数量越来越多，使各大电力集团公司对集中管理的要求越来越高。传统的监控防盗、安全管理需要电力公司支出庞大的人力、物力。不仅耗费了巨大的资源，而且无法做到中心管理，不能第一时间下达警讯，起不到事故防范的作用。所以对电力系统的远程监控、统一管理也就成了必行之势。

网络技术飞速发展，使得网络搭建愈显方便，网络使用成本也大大降低，一种新的技术——网络视频监控也就孕育而生。它是一种对音视频数据进行编码处理并完成网络传输的高端技术。不仅保持了传统安防系统实时监控的特点，而且其丰富的网络功能使中心管理更加方便高效。

12.4.1　行业特点

变电站/所作为电网“大动脉”的枢纽，在国家电网中的地位举足轻重，使其安全之基稳如磐石、固若金汤，是所有电力企业的不懈追求。变电站的运行管理主要遵循安全、高效的原则。综合监控系统可以完全响应变电站运行管理的原则，保障变电站的安全运行。

12.4.2　系统架构

根据变电站综合监控系统的硬件组成，同时结合变电站综合监控应用的实际需求与特点，我们将整个变电站综合监控系统分为 4 个系统层次，既前端设备层、传输网络层、系统控制层与系统应用层，同时层与层之间采用标准的 TCP/IP 协议进行通信，不受网络平台的限制。

1. 视频监控子系统

监控前端由模拟摄像机、网络视频编码器(采用 H.264 压缩标准)和网络摄像机组成，它将数字化的视频信号通过网络传输到后端的监控计算机，并采用专用的视频监控平台与存储方案，其不仅保证了视频信号和控制信号的准确传输，更为重要的是在设计该系统时充分分析了用户的需求，从实际出发，为用户解决了众多的实际问题。

2. 安全防范子系统

由于大多数变电站都建在郊外或者比较偏僻的地方，变电站内的设备和线材都比较昂贵，因此有一些不法分子，在利益的驱使下，破坏变电站的设施，盗取相关器材变卖。同时，变电站也是高压场区的所在，如果对相关区域未做严密防范，还会导致一些无知者误入其中，发生一些人员伤亡的事故。

安全防范子系统的各种探测器将与视频监控子系统中的视频设备连接。在发生触发报警的情况下，直接和视频设备联动，将报警信息上传至综合监控平台，同时促发其他声光报警设备。

3. 综合监管平台

综合监管平台用于实现对前端所有网络视频监控设备(包括网络视频服务器、网络摄像机)的集中监视、存储、数据转发、管理和控制。该管理软件可最大同时管理1000个前端网络监控设备；可对任意设备进行设置和控制，远程升级等功能；支持自定义 $n*n$ 画面单屏显示，以及双向语音对讲、电子地图、日志检索、报警控制、远程检索回放等功能。功能强大、界面友好、操作简便，方便用户实现大型远程网络监控系统的组网应用。

12.4.3 典型功能

(1) 用户管理功能：具有多种用户属性设定功能；支持用户组设置；支持用户等级、用户控制权限设定；支持用户账户密码保护、支持多用户同时登录。

(2) 设备管理功能：支持远程控制与管理设备、远程设置云台预置位、故障预警、软件远程升级与维护。

(3) 电子地图功能：具有多级电子地图联动功能，可准确定位每个镜头并查看其相关信息。电子地图可以与报警装置或报警设备关联，当发生警情时将给予报警提示，使得管理者能够及时掌握报警现场的地理位置与情况。

(4) 录像存储计划及回放功能：支持实时录像/计划录像/移动侦测录像/开关量报警录像；支持录像计划拷贝。支持多录像文件异步回放，同时也可逐帧回放。

12.4.4 发展前景和趋势

随着电力行业的不断发展，电力监控应用也会不断扩大，针对于电力行业监控需求特点及产品目前的不完善性，电力监控行业会涌现出许多新产品、新技术，并呈现出新的发展方向。

(1) 新产品：开发出集成度高的工作站产品，一台主控设备可同时实现对视频、动力环境、报警信息、门禁信息等的集中采集与处理。

(2) 新技术：

① 3G网络传输：随着3G技术的应用与发展，各行各业均对3G技术进行了较多的应用，较容易地实现了网络功能，解决了网络应用难题。

很多偏远的电力基站、变电站、电力铁塔均无网络，对其实施安防监控遇到了网络难题，重新布网，费用极高，所以采用3G网络传输，促进行了电力行业的安防应用发展。

② 高清技术：在监控网络化大潮的推动和市场需求的驱动下，高清监控技术获得了重大突破，并进入到重大安保项目的实际应用中，随着电力监控需求及电力网络带宽的不断

拓宽，高清监控系统，将加速促进电力监控系统与安防其他子系统的无缝整合，再进一步促进安防系统与行业业务管理系统的无缝对接，这也为高清视频监控带来更广阔的发展空间。

③ 智能行为分析技术：视频智能行为分析技术的应用，可做到事前预警、事中处理、事后取证，同时也提高了视频检测的功能，如烟火检测、周界入侵检测、物品搬移检测、遗弃物检测、非法停留检测、徘徊人员检测，检测到目标自动跟踪和报警，做到了人性化、智能化监控。这些应用在电力行业、无人值守应用中在不断发展。

(3) 新方向：电力监控的是向着前端图像监视系统、环境监测系统、防盗系统、消防系统、报警系统一体化的高度集成化方向发展，从而提高无人或少人值守，提高人员和设备的安全性及便利性，这是一个综合监控的发展。

为了加强对重变电站及无人值守变电站在安全生产、防盗保安、火警监控等方面的综合管理水平，实现创一流的目标，越来越多的电力企业正在考虑建设集中式远程图像监控系统，这促使了电力综合监控的网络化发展。以 IP 数字视频方式，能够对各变电站/所的有关数据、环境参量、图像进行监控和监视，实时、直接地了解和掌握各个变电站/所的情况，并及时对发生的情况做出反应，适应电力行业需要。

电力行业是安防系统中一直走在前列，需求与功能也随着信息技术的发展而不断完善与提高。集成化、数字化、高清化、智能化的新产品、新技术的应用，将是其发展的方向，使电力行业安全防范技术提高到一个新的水平。

参考文献

[1] 康胜武，王应明，蔡志峰. 基于粗糙集和模糊集理论和规则提取方法[J]. 厦门大学学报，2002，41(2)：173-176.

[2] 余贻鑫，张崇见，张弘鹏. 空间电力负荷预测小区用地分析[J]. 电力系统自动化，2001，25(7)：23-26.

[3] 付惠琪，袁东升. 电力系统中性点接地方式分析及选择[J]. 河南理工大学学报(自然科学版)，2006，25(6)：493-496，526.

[4] 吴斌，陈章潮，包海龙. 基于人工神经元网络及模糊算法的空间负荷预测[J]. 电网技术，1999，23(11)：1-4.

[5] 屈莉莉，张波. PWM 整流器控制技术的发展[J]. 电气应用，2007，26(2)：6-11.

[6] 王兆安，刘进军. 电力电子装置谐波抑制及无功补偿技术的进展[J]. 电力电子技术，1997(1)100-104.

[7] 肖湘宁，徐永海. 电网谐波与无功功率有源补偿技术的进展[J]. 中国电力，1999(8)10-13.

[8] 李晓辉，罗敏，刘丽霞. 动态等值新方法及其在天津电网中的应用[J]. 电力系统保护与控制，2010，38(3)：61-66.

[9] 慈文斌，刘晓明，刘玉田. ±660 kV 银东直流换相失败仿真分析[J]. 电力系统保护与控制，2011，39(12)：134-139.

[10] 赵良，李蓓，卜广全，等. 云南—广东±800 kV 直流输电系统动态等值研究[J]. 电网技术，2006，30(16)：6-10.

[11] 赵勇，欧开健，张东辉，等. 云广直流并联运行时南方电网系统模型简化的研究[J]. 南方电网技术，2010，4(2)：39-42.

[12] 吴晔，殷威扬. 用于直流系统动态性能研究的等值计算[J]. 高电压技术，2004，30(11). 18-20.

[13] 姚海成，周坚，黄志龙，等. 一种工程实用的动态等值方法[J]. 电力系统自动化，2009，33(19)：111-115.

[14] 谢开，刘永奇，朱治中. 面向未来的智能电网[J]. 中国电力，2008，41(6)：19-22

[15] 胡学浩. 智能电网：未来电网的发展态势[J]. 电网技术，2009，33(14)：12-14.

[16] 常康，薛峰，杨卫东. 中国智能电网基本特征及其技术进展评述[J]电力系统自动化，2009，33(17)：10-15.

[17] 张明锐. 上海市轨道交通供电系统现状分析. 城市轨道交通研究，2004(2)：49-50.

[18] 葛世平. 从运营角度谈城市轨道交通的总体设计. 城市轨道交通研究，2004(2)：13-16.

[19] 朱军，宋键. 城市轨道交通资源共享探讨. 城市轨道交通研究，2003(2)：7-10.

[20] 张明锐. 上海市轨道交通供电系统现状分析. 城市轨道交通研究，2004(2)：49-50.

[21] 葛世平. 从运营角度谈城市轨道交通的总体设计. 城市轨道交通研究，2004(2)：13-16.

[22] 薛淳，方鸣. 中国和谐号 CRH 动车组[J]中国科技投资，2008，(12)：36-38.

[23] 李建民，张伟. 城市轨道交通供电系统变压器运行方式分析研究[J]. 变压器，2007，44(8)：20-24.

[24] 李建民，尹传贵. 城市轨道交通牵引供电系统谐波分析[J]. 城市轨道交通研究，2004，(6)：46-49.

[25] 王磊，刘小宁，王伟利. 大功率整流电路直流侧非特征谐波的分析[J]. 继电器，2007，35(3)：37-40，65.

[26] 王念同，魏雪亮. 轴向双分裂式 12 脉波牵引整流变压器均衡电流的分析计算[J]. 变压器，1999，36(7)：15-20.

[27] 曹珍崇，王文立，杨学昌，等. 中性点接地方式的加权多指标区间数灰靶决策算法[J]. 广西电力，2007，30(6)：1-5.
[28] 朱家骝. 城乡配电网中性点接地方式的发展及选择[J]. 电气工程应用，2001(2)：4-7.
[29] 兰玉彬. 配电网中性点接地方式的探讨[J]. 电工技术，2008(1)：12-13.
[30] 方勇. 配电网中性点接地方式的探讨[J]. 科技与企业，2012(24)：281.
[31] 贾九荣，陈霖. 配电网中性点接地方式分析及选择[J]. 机电元件，2011，31(2)：33-35.
[32] 周琴. 电力系统中性点运行方式之浅探[J]. 机械工程与自动化，2010(1)：210-211，214.
[33] 陆国庆，姜新宇，芮冬阳，等. 一种新型配电网中性点接地方式的研究与实践[J]. 电力设备，2005，6(4)：8-13.
[34] 贺德强，张锐锋，苗剑. 铁路高速列车网络控制系统及其电磁兼容性研究[J]. 广西大学学报(自然科学版)，2008，(3)：251-255.
[35] 刘建强，郑琼林，张永锋，等. CRH3 型动车组列车网络传输介质电气特性研究[J]. 机车电传动，2010，(6)：7-11.
[36] 张永康. 地铁供电系统外部电源供电方式的分析与比较[J]. 城市轨道交通研究 2005(6)80-82.